中国核科学技术进展报告

（第八卷）

中国核学会 2023 年学术年会论文集

中国核学会◎编

第 10 册

核仪器分卷

核石墨及碳材料测试与应用分卷

数字化与系统工程分卷

核质量保证分卷

核电运行及应用技术分卷

核心理研究与培训分卷

U0345260

科学技术文献出版社

SCIENTIFIC AND TECHNICAL DOCUMENTATION PRESS

·北京·

图书在版编目（CIP）数据

中国核科学技术进展报告. 第八卷. 中国核学会2023年学术年会论文集. 第10册，核仪器、核石墨及碳材料测试与应用、数字化与系统工程、核质量保证、核电运行及应用技术、核心理研究与培训 / 中国核学会编. —北京：科学技术文献出版社，2023.12
ISBN 978-7-5235-1051-3

Ⅰ. ①中… Ⅱ. ①中… Ⅲ. ①核技术—技术发展—研究报告—中国 Ⅳ. ① TL-12

中国国家版本馆 CIP 数据核字（2023）第 229124 号

中国核科学技术进展报告（第八卷）第10册

策划编辑：胡 群　　责任编辑：赵 斌　　责任校对：张永霞　　责任出版：张志平

出 版 者	科学技术文献出版社	
地 址	北京市复兴路15号　邮编 100038	
编 务 部	(010) 58882938，58882087（传真）	
发 行 部	(010) 58882868，58882870（传真）	
邮 购 部	(010) 58882873	
官方网址	www.stdp.com.cn	
发 行 者	科学技术文献出版社发行　全国各地新华书店经销	
印 刷 者	北京厚诚则铭印刷科技有限公司	
版 次	2023 年 12 月第 1 版　2023 年 12 月第 1 次印刷	
开 本	880×1230　1/16	
字 数	693千	
印 张	24.25	
书 号	ISBN 978-7-5235-1051-3	
定 价	120.00元	

中国核学会 2023 年
学术年会大会组织机构

主办单位　中国核学会

承办单位　西安交通大学

协办单位　中国核工业集团有限公司　　　　国家电力投资集团有限公司

　　　　　中国广核集团有限公司　　　　　清华大学

　　　　　中国工程物理研究院　　　　　　中国工程院

　　　　　中国科学院近代物理研究所　　　中国华能集团有限公司

　　　　　哈尔滨工程大学　　　　　　　　西北核技术研究院

大会名誉主席　余剑锋　中国核工业集团有限公司党组书记、董事长

大 会 主 席　王寿君　中国核学会党委书记、理事长

　　　　　　　卢建军　西安交通大学党委书记

大会副主席　王凤学　张涛　邓戈　欧阳晓平　庞松涛　赵红卫　赵宪庚

　　　　　　　姜胜耀　殷敬伟　巢哲雄　赖新春　刘建桥

高级顾问　王乃彦　王大中　陈佳洱　胡思得　杜祥琬　穆占英　王毅韧

　　　　　　赵军　丁中智　吴浩峰

大会学术委员会主任　欧阳晓平

大会学术委员会副主任　叶奇蓁　邱爱慈　罗琦　赵红卫

大会学术委员会成员　（按姓氏笔画排序）

　　　　　　　　　　于俊崇　万宝年　马余刚　王驹　王贻芳　邓建军

　　　　　　　　　　叶国安　邢继　吕华权　刘承敏　李亚明　李建刚

　　　　　　　　　　陈森玉　罗志福　周刚　郑明光　赵振堂　柳卫平

　　　　　　　　　　唐立　唐传祥　詹文龙　樊明武

大会组委会主任　刘建桥　苏光辉

大会组委会副主任　高克立　田文喜　刘晓光　臧航

大会组委会成员　（按姓氏笔画排序）

　　　　　　　　丁有钱　丁其华　王国宝　文静　帅茂兵　冯海宁　兰晓莉

　　　　　　　　师庆维　朱华　朱科军　刘伟　刘玉龙　刘蕴韬　孙晔

　　　　　　　　苏萍　苏艳茹　李娟　李亚明　杨志　杨辉　杨来生

　　　　　　　　吴蓉　吴郁龙　邹文康　张建　张维　张春东　陈伟

　　　　　　　　陈煜　陈启元　郑卫芳　赵国海　胡杰　段旭如　昝元锋

耿建华　徐培昇　高美须　郭　冰　唐忠锋　桑海波　黄　伟

黄乃曦　温　榜　雷鸣泽　解正涛　薛　妍　魏素花

大会秘书处成员　（按姓氏笔画排序）

于　娟　王　笑　王亚男　王明军　王楚雅　朱彦彦　任可欣

邬良芃　刘　宣　刘思岩　刘雪莉　关天齐　孙　华　孙培伟

巫英伟　李　达　李　彤　李　燕　杨士杰　杨骏鹏　吴世发

沈　莹　张　博　张　魁　张益荣　陈　阳　陈　鹏　陈晓鹏

邵天波　单崇依　赵永涛　贺亚男　徐若珊　徐晓晴　郭凯伦

陶　芸　曹良志　董淑娟　韩树南　魏新宇

技术支持单位　各专业分会及各省级核学会

专业分会　核化学与放射化学分会、核物理分会、核电子学与核探测技术分会、原子能农学分会、辐射防护分会、核化工分会、铀矿冶分会、核能动力分会、粒子加速器分会、铀矿地质分会、辐射研究与应用分会、同位素分离分会、核材料分会、核聚变与等离子体物理分会、计算物理分会、同位素分会、核技术经济与管理现代化分会、核科技情报研究分会、核技术工业应用分会、核医学分会、脉冲功率技术及其应用分会、辐射物理分会、核测试与分析分会、核安全分会、核工程力学分会、锕系物理与化学分会、放射性药物分会、核安保分会、船用核动力分会、辐照效应分会、核设备分会、近距离治疗与智慧放疗分会、核应急医学分会、射线束技术分会、电离辐射计量分会、核仪器分会、核反应堆热工流体力学分会、知识产权分会、核石墨及碳材料测试与应用分会、核能综合利用分会、数字化与系统工程分会、核环保分会、高温堆分会、核质量保证分会、核电运行及应用技术分会、核心理研究与培训分会、标记与检验医学分会、医学物理分会、核法律分会（筹）

省级核学会　（按成立时间排序）

上海市核学会、四川省核学会、河南省核学会、江西省核学会、广东核学会、江苏省核学会、福建省核学会、北京核学会、辽宁省核学会、安徽省核学会、湖南省核学会、浙江省核学会、吉林省核学会、天津市核学会、新疆维吾尔自治区核学会、贵州省核学会、陕西省核学会、湖北省核学会、山西省核学会、甘肃省核学会、黑龙江省核学会、山东省核学会、内蒙古核学会

中国核科学技术进展报告
（第八卷）

总编委会

前　言

　　《中国核科学技术进展报告（第八卷）》是中国核学会2023学术双年会优秀论文集结。

　　2023年中国核科学技术领域取得重大进展。四代核电和前沿颠覆性技术创新实现新突破，高温气冷堆示范工程成功实现双堆初始满功率，快堆示范工程取得重大成果。可控核聚变研究"中国环流三号"和"东方超环"刷新世界纪录。新一代工业和医用加速器研制成功。锦屏深地核天体物理实验室持续发布重要科研成果。我国核电技术水平和安全运行水平跻身世界前列。截至2023年7月，中国大陆商运核电机组55台，居全球第三；在建核电机组22台，继续保持全球第一。2023年国务院常务会议核准了山东石岛湾、福建宁德、辽宁徐大堡核电项目6台机组，我国核电发展迈进高质量发展的新阶段。我国核工业全产业链从铀矿勘探开采到乏燃料后处理和废物处理处置体系能力全面提升。核技术应用经济规模持续扩大，在工业、医学、农业等各领域，产业进入快速扩张期，预计2025年可达万亿市场规模，已成为我国核工业强国建设的重要组成部分。

　　中国核学会2023学术双年会的主题为"深入贯彻党的二十大精神，全力推动核科技自立自强"，体现了我国核领域把握世界科技创新前沿发展趋势，紧紧抓住新一轮科技革命和产业变革的历史机遇，推动交流与合作，以创新科技引领绿色发展的共识与行动。会议为期3天，主要以大会全体会议、分会场口头报告、张贴报告等形式进行，同时举办以"核技术点亮生命"为主题的核技术应用论坛，以"共话硬'核'医学，助力健康中国"为主题的核医学科普论坛，以"核能科技新时代，青年人才新征程"为主题的青年论坛，以及以"心有光芒，芳华自在"为主题的妇女论坛。

　　大会共征集论文1200余篇，经专家审稿，评选出522篇较高水平的论文收录进《中国核科学技术进展报告（第八卷）》公开出版发行。《中国核科学技术进展报告（第八卷）》分为10册，并按40个二级学科设立分卷。

《中国核科学技术进展报告（第八卷）》顺利集结、出版与发行，首先感谢中国核学会各专业分会、各工作委员会和23个省级（地方）核学会的鼎力相助；其次感谢总编委会和40个（二级学科）分卷编委会同仁的严谨作风和治学态度；最后感谢中国核学会秘书处和科学技术文献出版社工作人员在文字编辑及校对过程中做出的贡献。

《中国核科学技术进展报告（第八卷）》总编委会

核仪器
Nuclear Instrumentation

目　录

霞浦核电汽轮机安全监视装置通道测试

张　灯，谭　平，王兰兰

（中核霞浦核电有限公司，福建　宁德　355100）

摘　要：汽轮机安全监视装置是保证汽轮机安全高效运行的重要系统。如何对汽轮机安全监视装置进行调试及预防性维护是电厂面临的一个重要课题。霞浦核电汽轮机安全监视装置包含振动传感器、轴向位移传感器、热膨胀传感器、转速传感器、键相传感器和控制机柜。其中振动传感器有 3 种类型，分别是电涡流、磁电式和压电式，用于测量振动的位移、速度、加速度。一般用信号的峰峰值或有效值来表征振动的大小。轴向位移传感器采用电涡流式，热膨胀传感器采用电涡流式，转速传感器采用霍尔元件型，键相传感器采用电涡流式。其中，汽轮机相对振动、转速、轴向位移会设定自动停机限值，当达到限值时触发自动停机。汽轮机安全监视系统通道测试复杂且重要，不同于常规压力、温度仪表通道测试。本文详细介绍了霞浦核电汽轮机安全监视装置传感器原理及基于上述内容如何开展霞浦核电汽轮机安全监视装置通道测试，该测试方法也可用于装置的预防性维修。最后，介绍了霞浦核电汽轮机安全监视装置调试期主要问题及解决方法。

关键词：汽轮机安全监视装置；通道测试；振动传感器

如何开展汽轮机安全监视装置调试及预防性维修，这是一个电厂汽轮机工程师需要重点考虑的问题。开展汽轮机安全监视装置通道测试是汽轮机安全监视装置的重要调试方法之一。本文将从传感器原理及通道测试方法两个方面总结汽轮机安全监视装置的调试方案。本文最后的调试期遇到的问题及解决方法，可借鉴于汽轮机安全监视装置的预防性维修。霞浦核电汽轮机安全监视系统用于监视汽轮机支撑轴承相对振动（又称轴振）、汽轮机转速、汽轮机轴向位移、汽轮机支撑轴承绝对振动（又称瓦振）、汽轮机胀差、汽轮机高压阀门阀体振动、汽轮机绝对膨胀、汽轮机偏心、汽轮机键相。其中，汽轮机相对振动、转速、轴向位移会设定自动停机限值，当达到限值时触发自动停机，以保护汽轮机。汽轮机安全监视系统通道测试复杂且重要，不同于常规压力、温度仪表通道测试。汽轮发电机组的原始振动信号是周期信号，通过快速傅里叶变化，可以将任意周期信号分解成一系列不同频率的简谐振动的合成。对于工作转速为 3000 rpm 的机组，基频振动频率是 50 Hz。除了振动位移外，振动分析时还经常用到振动速度和加速度。振动传感器将振动的位移、速度或加速度转化为电信号送控制机柜显示。通道测试则是模拟传感器送出的电信号，在控制机柜侧检查示值是否与预期一致，以验证就地信号到机柜的回路是正常工作的。

1　磁电式振动传感器的原理和通道测试方法

1.1　磁电式振动传感器的原理

霞浦核电汽轮机绝对振动（瓦振）采用的是磁电式振动传感器。绝对振动传感器安装在汽轮机支撑轴承轴瓦套的仪表支架上。如图 1 所示为磁电式振动传感器结构示意。当汽轮机振动时，绝对振动传感器内的顶杆相对线圈产生位移，即跟顶杆相连的磁铁产生的磁场相对线圈产生位移。根据法拉第电磁感应定律，在线圈中会产生感应电动势 ε：

$$\varepsilon = n\Delta\Phi/\Delta t 。 \tag{1}$$

式中，n 为线圈匝数，Φ 为磁通量，t 为时间。当磁感应强度 B 近似恒定时，式（1）变为式（2）：

作者简介：张灯（1996—），男，本科，助理工程师，现主要从事汽轮机控制系统运维工作。

$$\varepsilon = n\Delta\Phi/\Delta t = nBLV。 \tag{2}$$

式中，B 为磁感应强度，L 为每匝线圈的平均长度，V 为磁铁相对于线圈的速率。

感应电动势 ε 的大小与振动的速率 V 成正比，因为振动是往复的，因此感应电动势 ε 为交流信号（实际传感器会叠加一个直流偏置电压，称为 OK 电压）。

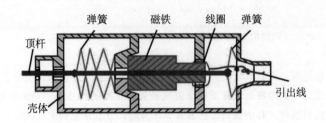

图1　磁电式振动传感器结构示意

1.2　磁电式振动传感器的通道测试方法

霞浦核电绝对振动传感器采用 Vibro-Meter 的 CV160 型号振动传感器，该型号振动传感器主要参数如表 1 所示。

表1　CV160 振动传感器主要参数

参数项	参数明细
传感器类型	CV160
是否带前置器	否
测量物理量	振动的速度
灵敏度	4 mV/mm/s（电压信号为 AC，4 mV 指的是有效值）
频率响应	5～4000 Hz
传感器连接线制	两线制
供电方式	直流电流源，6.16 mA
偏置电压	12 V DC

绝对振动传感器 CV160 的典型接线图如图 2 所示。传感器预制电缆连接到就地接线箱内，然后通过电缆连接到控制机柜。通道测试方法为在就地接线箱内断开 CV160 的预制电缆，做好线头保护。使用过程校验仪（如 FLUKE754）接入就地接线箱内相应端子，模拟交流信号，该过程校验仪需串联一个 12 V DC 的直流电压，以提供直流偏置，使得机柜检测出的 OK 电压在有效范围内（若不串联 12 V DC 电压源，机柜仍可显示振动值，但会报 OK 电压故障）。过程校验仪模拟的交流信号一般采用一倍频频率（即相对于转速的频率，3000 rpm 的机组则为 50 Hz），交流电压的有效值计算如式（3）所示。

$$U_{rms} = kV。 \tag{3}$$

式中，U_{rms} 为过程校验仪模拟电压的有效值，k 为 CV160 灵敏度，V 为振动的速率。

通道测试一般选取包含零点和满量程点总计 5 个点进行，电厂可根据自身情况选择 5 点法或 3 点法。允许误差范围可参照厂家提供的机柜运维手册执行。

振动传感器需定期检定，以使计量可靠。检定方法为采用标准振动台加标准电信号计量器具对振动传感器进行测试，以检查传感器的频率响应、线性误差等是否满足要求。

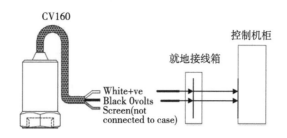

图 2 CV160 的典型接线图

2 电涡流式振动传感器的原理和通道测试方法

2.1 电涡流式振动传感器的原理

霞浦核电汽轮机相对振动（轴振）采用的是电涡流式振动传感器。相对振动传感器安装在汽轮机支撑轴承轴瓦的仪表支架上。安装时需调整传感器间隙电压为-9.6 V DC。如图 3 所示为电涡流式振动传感器结构简图。

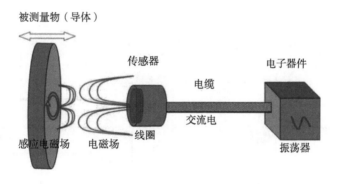

图 3 电涡流式振动传感器结构示意

当汽轮机振动时，轴作为被测量物，传感器固定在轴瓦上，当轴相对于轴瓦振动时，即被测量物相对传感器有位移时，在被测量物内产生的感应电流的磁场对传感器的影响随距离不同而不同。因此，传感器可以测量相对振动的位移。通过传感器内部电路设计，可使传感器输出电压正比于振动的位移，如式（4）所示。

$$U_{P\text{-}P} = kX_\circ \tag{4}$$

式中，$U_{P\text{-}P}$ 为传感器输出交流电压的峰峰值，k 为传感器的灵敏度，X 为相对振动的位移量。

2.2 电涡流式振动传感器的通道测试方法

霞浦核电绝对振动传感器采用 Vibro - Meter 的 TQ402 型号振动传感器，该型号振动传感器主要参数如表 2 所示。

表 2 TQ402 传感器主要参数

参数项	参数明细
传感器类型	TQ402
是否带前置器	是，前置器为 IQS450
测量物理量	振动的位移

参数项	参数明细
灵敏度	8 mV/μm（电压信号为 AC，8 mV 指的是有效值），该灵敏度为传感器与前置器组合的灵敏度
频率响应	0～20 000 Hz
传感器连接线制	传感器通过快速插头接到前置器，前置器输出为三线制
供电方式	−27 V 直流电压源
偏置电压	−9.6 V DC

相对振动传感器 TQ402 的典型接线图如图 4 所示。传感器自带电缆连接到就地接线箱内的前置器 IQS450，然后 IQS450 连接到控制机柜。通道测试方法为在就地接线箱内断开 TQ402 的自带电缆，做好线头保护。使用过程校验仪（如 FLUKE754）接入就地接线箱内 IQS450 的 COM 和 OP 端（COM 端为系统地）模拟交流信号，该过程校验仪需串联一个 −9.6 V DC（在 OK 电压范围内即可，−9.6 V DC 是最接近实际使用情况的偏置电压）的直流电压，以提供直流偏置，使得机柜检测出的 OK 电压在有效范围内（若不串联 −9.6 V DC 电压源，机柜仍可显示振动值，但会报 OK 电压故障）。过程校验仪模拟的交流信号一般采用一倍频频率（即相对于转速的频率，3000 rpm 的机组则为 50 Hz，也称基频）。

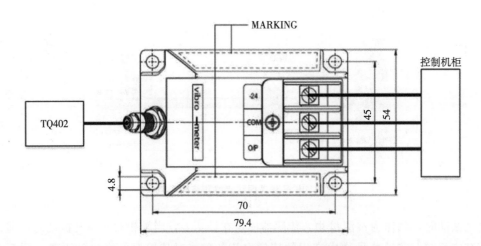

图 4　相对振动传感器 TQ402 的典型接线图

霞浦核电汽轮机轴位移、偏心同样采用 TQ402 传感器，通道测试方法类似，需要注意灵敏度、信号量程会有所区别。霞浦核电汽轮机热膨胀采用的是电涡流式位移传感器，其输出采用 4～20 mA 的标准信号。

3　压电式振动传感器的原理和通道测试方法

3.1　压电式振动传感器的原理

霞浦核电汽轮机阀体振动采用的是压电式振动传感器。阀体振动传感器安装在汽轮机高压阀门阀杆与操纵座的联轴器外壳的仪表支架上，如图 5 所示为压电式振动传感器结构示意。

压电式振动传感器的本质为加速度传感器。压电式传感器主要是利用压电石英晶体或压电陶瓷（如锆钛酸铅）作为敏感元件而制成的传感器，在振动测量方面，主要是压电式加速度计。根据压电效应，输出端的电荷量与振动的加速度成正比，因此可以通过测量电荷量知道振动的加速度。

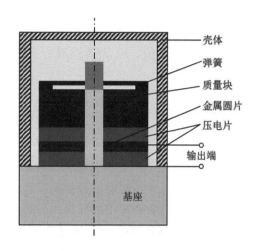

图 5 压电式振动传感器结构示意

右侧标注（从上到下）：壳体、弹簧、质量块、金属圆片、压电片、输出端

中间标注：基座

3.2 压电式振动传感器的通道测试方法

霞浦核电阀体振动传感器采用 Vibro－Meter 的 CA202 型号振动传感器，该型号振动传感器主要参数如表 3 所示。

表 3 CA202 传感器主要参数

参数项	参数明细
传感器类型	CA202
是否带前置器	是，前置为 IPC707
测量物理量	振动的加速度
灵敏度	传感器为 100 pC/g。前置器为 1 mV/pC（mV 为有效值）
频率响应	0.5～5000 Hz
传感器连接线制	三线制，传感器输出为差分式，可抑制共模干扰
供电方式	27 V 直流电压源
偏置电压	9 V DC

CA202 振动传感器通过前置器 IPC707 连接的控制机柜，图 6 为 IPC707 接线图。通道测试时拆除控制机柜的接线，即端子 OUT、COM 端的接线，在该接线处接入过程校验仪，模拟交流电压信号，交流信号的频率为 50 Hz。过程校验仪需串联直流 9 V 电压源。

图 6 IPC707 接线图

过程校验仪模拟交流信号的有效值通过式（5）进行计算。

$$U_{rms}=k_1k_2G。 \tag{5}$$

式中，U_{rms} 为过程校验仪模拟交流信号的有效值，k_1 为传感器的灵敏度，k_2 为前置器的灵敏度，G 为振动的加速度。

4 转速、键相传感器的原理和通道测试方法

4.1 转速、键相传感器的原理

霞浦核电汽轮机转速测量采用的是霍尔元件型转速传感器 BWF1210。转速传感器安装在汽轮机前轴承箱及发电机侧的仪表支架上，与转速齿轮盘配合测量转速。当转速传感器接触到齿轮盘的齿顶时，转速传感器会输出一个电压脉冲，通过计算转速传感器脉冲的频率即可得到汽轮机的转速。

霞浦核电键相传感器采用的是电涡流传感器 TQ412，测量原理同转速传感器，键相传感器的齿轮盘为一齿。配合振动的相位可以判断汽轮机振动缺陷位置。

4.2 转速、键相传感器的通道测试方法

在就地接线箱内断开转速传感器的接线，做好线头保护。转速传感器 BWF1210 红线和黑线为 24 V 电压供电，红线和黄线为方波输出，白线为屏蔽地。在红、黄线的端子侧接入过程校验仪，过程校验仪选择方波，幅值固定 9 V，频率根据式（6）来计算。

$$f=NZ/60。 \tag{6}$$

式中，f 为过程校验仪输出信号频率，Hz；N 为模拟转速值，rpm；Z 为测速齿轮盘齿数。

键相传感器通道测试方法与转速类似，将 Z 定为 1 计算频率 f 即可。

5 汽轮机安全监视装置通道测试中遇到的问题及处理方法

5.1 汽轮机阀门阀位传感器（LVDT）漂移的问题及处理方法

汽轮机阀门阀位传感器（LVDT）用于将汽轮机主汽阀、主调阀的阀位开度转换为 4～20 mA 的标准电信号，该传感器需控制机柜提供 24 V DC 电压供电。在调试期发现，LVDT 在阀门全关的情况下显示的阀门开度为 0，但经过一段时间后阀门开度会漂移到 -2%。针对该问题，仪控人员展开了原因分析。

经过对 LVDT 传感器校验，仪表通道已测试合格，因此传感器、电缆、板卡是没有问题的。在对机柜装配图进行详细分析的时候，仪控人员发现基于单一故障原则，控制机柜内采用两路 220 V 交流线路供电，该两路 220 V 交流线路每路下游有一个开关电源模块，用于产生 24 V DC 输出。这两路 24 V DC 输出是直接并联在机柜供电端子排上的。因此，存在两电源互相之间供电的情况。电源的不稳定可能导致 LVDT 的输出产生漂移。为了验证该想法，仪控人员做了对比试验。将其中一路 24 V DC 电源模块的输出从供电端子排上拆除，只保留一路电源模块输出，经过一段时间的观察，LVDT 未产生漂移。因此，两路 24 V DC 电源直接并联到供电端子排上是导致 LVDT 漂移的原因。

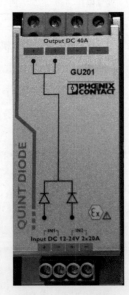

为了既满足单一故障原则又避免两路电源直接并联到供电端子排的情况，仪控人员开展设计改进，在两路 24 V DC 电源模块下游增加冗余模块，该冗余模块接收两路 24 V DC 输入，产生一路 24 V DC 输出，冗余模块能做到失去一路 24 V DC 输入不会导致 24 V DC 输出失去，并通过内部电路进行负载均衡。冗余模块外形如图 7 所示，其基本组成包括二极管，可防止电源之间互相供电的情况。

图 7　冗余模块外形

5.2 控制机柜 MPC4 板卡硬件故障的问题及处理方法

汽轮机安全监视装置的 MPC4 板卡用于收集传感器的信号进行处理，传感器需要 MPC4 板卡提供电源，在进行通道测试的过程中，因为振动传感器航空插头内焊接点有毛刺导致短路，在机柜上电的过程中发生 MPC4 板卡硬件故障的问题。此时 MPC4 板卡上的 DIAG 指示灯会变红，根据硬件手册说明，此时 MPC4 板卡出现硬件故障，需要返厂维修。图 8 为 MPC4 板卡外形。

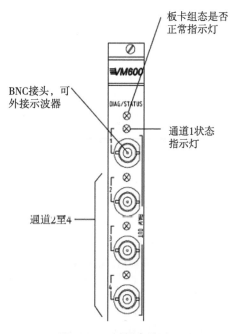

图 8　MPC4 板卡外形

MPC4 板卡对短路敏感，因此除进行管理上改进检修流程防止短路外，需对 MPC4 板卡进行有效的设计优化，消除其短路敏感的固有缺陷。仪控人员经过分析讨论后决定采用在 MPC4 的输入端子排上增加保险丝的方式进行设计优化，该保险丝的熔断电流大于正常运行时的电流，小于 MPC4 板卡的损坏电流。

5.3 闭式冷却水泵振动通道测试计算公式有误的问题及处理方法

汽轮机安全监视装置辅机部分用于监视常规岛重要泵组的振动。其中，闭式冷却水泵的振动采用压电式振动传感器，在通道测试过程中仪控人员根据式（5）进行计算模拟信号电压的有效值时发现机柜实际显示值与期望值不一致。

在对控制机柜组态进行详细检查时发现，该振动传感器在机柜内是以振动的速度来显示的，而传感器本身的信号代表的是振动的加速度，因此需要对信号进行积分才能得到正确的期望值。

在对闭式冷却水泵的振动传感器原理及控制机柜组态进行详细分析后，仪控人员最终确定了式（7）进行闭式冷却水泵振动的通道测试。

$$U = \frac{2 \times \sqrt{2} \times 2\pi f K V}{9.8 \times 1000}。 \tag{7}$$

式中，U 为过程校验仪模拟信号的峰峰值，mV；f 为基频 50 Hz；K 为传感器的灵敏度，mV/g；V 为期望的振动速度的有效值，mm/s。

该公式的详细推导过程如下：

$$X = A\sin(2\pi f t + \phi)。 \tag{8}$$

式中，X 为振动的位移，A 为振动的幅值，f 为基频频率，ϕ 为振动的相位。对位移求一阶和二阶导数可以得到振动的速度 V 和振动的加速度 a。

$$V = 2\pi f A \sin(2\pi ft + \phi + \pi/2),\qquad(9)$$

$$a = 4\pi^2 f^2 A \sin(2\pi ft + \phi + \pi)。\qquad(10)$$

故有

$$a = 2\pi fV。\qquad(11)$$

因为

$$U = \frac{2 \times \sqrt{2}\, aK}{9.8 \times 1000}。\qquad(12)$$

联立式（11）和式（12）即可得到式（7）。

致谢

在汽轮机安全监视装置通道测试过程中，得到了东方电气自动控制工程有限公司、中核霞浦核电有限公司的专家大力支持，在此一并表示衷心的感谢。

参考文献：

[1] 曹美杰，王延明，潘作新. 汽轮发电机组振动监测保护系统研究及应用 [J]. 冶金动力，2022 (6)：75 - 79.

[2] 宁心怡. 压电式加速度传感器电路原理 [J]. 科技创新与应用，2019 (32)：42 - 45，47.

[3] 汪嘉洋，刘刚，华杰，等. 振动传感器的原理选择 [J]. 传感器世界，2016，22 (10)：19 - 23.

[4] 李小泉，徐广学. 基于霍尔效应的转速传感器在核电厂的应用 [J]. 电子技术与软件工程，2016 (6)：24.

Channel test method for
turbine supervisory instruments of XNPC

ZHANG Deng，TAN Ping，WANG Lan-lan

(CNNP Xiapu Nuclear Power Co. ，Ltd. ，Ningde，Fujian 355100，China)

Abstract： Turbine Supervisory Instruments is important for turbine. How to carry out the debugging and preventive maintenance of Turbine Supervisory Instruments is an important issue for power plants. Turbine Supervisory Instruments includes vibration sensors, axial displacement sensors, thermal expansion sensors, speed sensors, keyphasor sensors, and control cabinets. There are three types of vibration sensors, eddy current, magnetoelectric, and piezoelectric, used to measure displacement, velocity, and acceleration of vibration. Generally, the magnitude of vibration is characterized by the peak to peak value or effective value of the signal. The axial displacement sensor adopts an eddy current type. The thermal expansion sensor adopts an eddy current type. The speed sensor adopts the Hall element type. The keyphase sensor adopts an eddy current type. The relative vibration, speed, and axial displacement of the steam turbine will set automatic shutdown limits, which will trigger automatic shutdown when the limit is reached. The channel testing of the Turbine Supervisory Instruments is complex and important, which is different from conventional pressure and temperature instrument channel testing. This paper provides a detailed introduction to the sensor principle of the XNPC Turbine Supervisory Instruments and how to conduct channel testing based on the above content. This testing method can also be used for preventive maintenance of the device. Finally, this paper introduces the main problems and solutions during the debugging period of XNPC Turbine Supervisory Instruments.

Key words： Turbine supervisory instruments；Channel test；Vibration sensor

一种便携式氚检测仪设计

朱杰凡，毕明德，艾　烨，梁英超，程紫阳

（武汉第二船舶设计研究所，湖北　武汉　430064）

摘　要：本文在氚活度浓度监测的相关理论基础之上设计了一种便携式的氚检测仪，用以保障相关涉核工作人员的辐射安全。该便携式设备采用流气式电离室搭配 GM 管的方式对环境中的氚浓度进行测量，流气室电离室用于测量环境中氚浓度，GM 管则用于测量环境中的 γ 本底值，通过构建合适的算法模型将两种测量结果组合起来反推环境中真实的氚浓度值。

关键词：便携式氚检测仪；氚浓度；流气式电离室

随着我国工业化、城镇化进程的不断推进，对能源的需求也在快速增长。而作为支撑全社会发展基础能源的电能，现阶段主要以火力发电为主，水力、风力、太阳能和核电为辅。受化石能源储量的限制、国际形势的不确定性等影响，火力发电正在慢慢被取代，水力、风力、太阳能发电又受限于地理环境影响，因此核电作为一种技术成熟、清洁环保的能源得到了越来越多的关注与发展。与排放大量二氧化硫、烟尘、氮氧化物等有害气体的火电相比，核电具有资源消耗少、对环境影响小、发电效率高等优点，在满足能源需求快速增长的同时，也很好地契合我国可持续发展的基本理念。随着国家核电工程的快速发展[1]，核安全方面的问题[2]也在不断被研讨，尤其是日本福岛核事故，其造成的影响之大、危害之深，更突出了在发展核电能源工程时对核安全问题的重视要求。

1　氚检测的目的与意义

氚作为氢的唯一放射性同位素[3]，其半衰期为（12.323±0.004）年，衰变方式为 β 衰变，氚衰变所产生的 β 粒子平均能量为 5.7 keV，由于其较低的能量导致氚衰变的 β 粒子对物质的穿透能力较弱，不足以穿透人体皮肤，因此人体外的氚并不会对人体造成辐射损伤。氚辐射对人体造成伤害主要来自于内照射，散布在空气中的放射性氚通过肺部的呼吸、人体皮肤吸收，或者含放射性氚的水源、食物通过饮食的方式进入人体造成辐射伤害。核电站在运行过程中产生的含氚核废水可以通过集中管控的方式进行处理，产生的气态放射性氚却很难被以这种方式处理。这些在反应堆运行过程中释放的气态氚[4]，一方面会对环境造成污染，对核电站的相关工作人员带来核辐射危害；另一方面，也变相体现了当前反应堆的运行状态。因此，对于氚的监测是十分重要且必需的[5]。考虑到气体的流动性和不确定性，除开特殊部位的固定式检测设备，对于便携式的氚监测设备[6]的研究设计是十分必要的。

2　便携式氚检测仪设计

本文设计了一种便携式氚检测仪，该设备主要由粒子过滤器、离子捕集器、流气补偿式电离室探测器、γ 补偿 GM 管探测器、抽气泵、前置放大电路、显示与控制单元，其主要的系统组成如图 1 所示。

使用时，抽气泵工作将被测空气通过进气口吸入，经由过滤器与捕集器消除空气中的颗粒、灰尘和自由离子，以保证气溶胶不会对测量结果产生影响。氚衰变产生的 β 粒子在电离室中电离产生的电

作者简介：朱杰凡（1995—），男，助理工程师，现主要从事核辐射检测设备的研发工作。

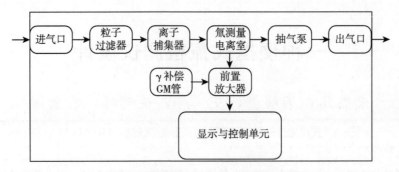

图 1　便携式氚检测仪系统组成示意

信号经过前置放大电路进行整流、滤波、放大处理后传输给显示与控制单元进行分析计算。同时，为了消除环境中的 γ 辐射影响，需要再使用一个测量 γ 的 GM 管来对环境中的 γ 剂量进行测量，并且测量结果同样经过前置放大电路进行处理后传输给显示与控制单元进行分析计算，之后将 2 种探测器测量计算的结果再做一次补偿运算，最终得到待测气体的氚活度浓度。

显示与控制单元主要功能包括处理探测器的输出信号、测量结果的显示与存储、工作电压采样显示、与上位机的通信、过阈值报警、挡位切换控制、气体的流量、压力及设备温度信号采集等功能。

3　性能测试实验

3.1　初级校准测试

使用氚检测仪刻度器对便携式氚检测仪样机进行标定试验，得到 CPS 与氚活度浓度的对应关系。氚检测仪刻度器钢瓶内装有氚化氢标准气体，气体浓度是根据每次充气体积及衰变校正后计算给出的值。便携式氚检测仪的进气口与刻度器的出气口相连接，出气口与刻度器的回气管相接，使之形成闭路。测试示意如图 2 所示。

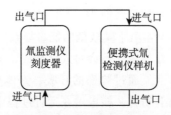

图 2　校准测试示意

校准测试结果如表 1 所示，对校准系数求平均后，得到初级校准的平均校准系数为：1.91×10^4 Bq/m³/CPS。

表 1　初级校准试验结果

氚标准气体/（Bq/m³）	4.63×10^5	9.40×10^5	1.88×10^6	8.39×10^6	7.37×10^7
计数率/CPS	24.6	46.0	94.4	468.4	4039.2
统计涨落	4.7%	3.0%	1.5%	0.7%	0.3%

3.2　次级校准测试

对已经完成初级校准的氚检测仪再次进行校准标定，这次采用 γ 标准场进行。这样就可以得到该型设备对于 γ 剂量与氚浓度之间的转换关系，后续再有校准标定时，就可以用 γ 标准场代替氚刻度器，从而大大节约时间，也避免了过度使用气态氚的问题。次级校准的测试结果如图3所示，设备具有良好的线性，经计算得到γ剂量率与氚浓度之间的转换系数为：1.89×10^{12} Bq/m³/Gy/h，设备相对测量误差在 20% 以内。

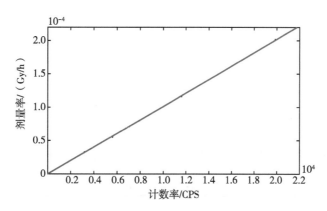

图 3 次级校准试验结果

3.3 γ 补偿测试

为了消除γ射线对电离室的干扰，设备携带有 GM 管探测器对环境中的γ剂量率进行探测，通过次级校准得出的γ剂量与氚浓度之间的转换关系从而消除γ本底对氚测量电离室的干扰。同样通过γ标准场对 GM 管进行单独的校准标定。通过测试结果可以看出，GM 管对γ的测量误差基本稳定在 10% 以内，可以说明使用其对电离室的γ补偿的效果是良好的。

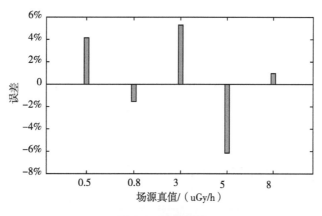

图 4 γ 测量结果

4 结论

该便携式氚检测仪的探测器采用了流气式电离室搭配 GM 管的方式对环境中的氚浓度进行测量，流气室电离室用于测量环境中氚浓度，GM 管则用于测量环境中的γ本底值，在本底值 10 uGy/h 范围内的测量误差在 10% 以内，对γ的补偿效果良好。该氚监测仪的测量相对误差在 20% 以内，可以满足便携式设备对氚的测量要求。

参考文献：

[1] 秦来来.核设施周围大气中多形态氚监测方法研究 [D].上海：中国科学院大学（中国科学院上海应用物理研究所），2018.

［2］ 温伟伟，程金星，吴友朋，等．多种场景下氚监测技术［J］．哈尔滨工程大学学报，2022，43（11）：1579－1584．

［3］ 周传文．低本底氚浓度测量仪的研制［D］．成都：成都理工大学，2011．

［4］ 吴甜甜，洪永侠，刘琢艺，等．便携式氚监测仪现场校准装置设计［J］．科技视界，2020，299（5）：79－81．

［5］ 王海军，鲁永杰．氚监测技术概述［J］．核电子学与探测技术，2012，32（8）：911－913．

［6］ 曾俊辉，连晓雯，庹先国，等．一种低浓度气态氚测量仪的研制［J］．核电子学与探测技术，2012，32（12）：1421－1424．

A design of portable tritium detector

ZHU Jie-fan，BI Ming-de，AI Ye，LIANG Ying-chao，CHENG Zi-yang

(Wuhan Second Ship Design and Research Institute，Wuhan，Hubei 430064，China)

Abstract：This paper designs a portable tritium detector based on the relevant theory of tritium activity concentration monitoring to ensure the radiation safety of nuclear workers. This portable device uses a fluid ionization chamber coupled with a GM tube to measure the tritium concentration in the environment. The flow gas chamber ionization chamber is used to measure the tritium concentration in the environment，and the GM tube is used to measure the tritium concentration in the environment γ The background value is used to infer the true tritium concentration value in the environment by constructing an appropriate algorithm model to combine the two measurement results.

Key words：Portable tritium detector；Tritium concentration；Fluid ionization chamber

闪烁晶体阵列余辉测试技术研究

王　强[1,2]，丁雨憧[1,2]，肖　雄[3]，王　标[4]，张泽涛[1,2]，

万前银[1,2]，屈菁菁[1,2]，徐　扬[1,2]

［1. 中电科芯片技术（集团）有限公司，重庆　401332；2. 中国电子科技集团公司第二十六研究所，重庆　401332；

3. 国民核生化灾害防护国家重点实验室，北京　102205；4. 国家核安保技术中心，北京　102401］

摘　要：余辉性能是闪烁晶体阵列最重要的性能指标之一，特别是在高速成像的医疗 CT、工业 CT、安检领域，余辉性能的好坏将直接影响整个系统的成像质量和分辨能力。本文通过对闪烁晶体阵列余辉测试技术的研究，设计了一套基于机械快门的余辉测试系统，该系统将 X 射线源发射的射线通过准直器狭缝进行准直，测量时通过电机带动挡块在滑轨上快速滑动将准直器的狭缝挡住，实现对 X 射线的快速斩断，斩断时间 1 ms。使用该套测试系统对 CsI（Tl）、CWO、GOS、GAGG 等闪烁晶体阵列进行测试，得到 CsI（Tl）的余辉为 1.1‰@10 ms，CWO 的余辉为 0.02‰@10 ms，GOS 的余辉为 0.04‰@10 ms，GAGG 的余辉为 0.03‰@10 ms，表明该套测试系统能准确测试不同种类闪烁晶体阵列的余辉性能，对实际生产中闪烁晶体阵列余辉性能测试具有重要指导意义。

关键词：闪烁晶体；余辉；X 射线源；机械快门；准直器

　　近年来，随着核医学影像设备、工业无损检测、安全检测等领域的迅猛发展，对闪烁晶体的需求逐年增加，这些领域常用的闪烁晶体有碘化铯［CsI（Tl）］、钨酸镉［$CdWO_4$］、硫氧化钆（GOS）、钆镓铝石榴石（GAGG），余辉是高速成像闪烁晶体最重要的性能指标之一，它的性能的好坏将直接影响整个系统的成像质量和分辨能力。余辉是指闪烁晶体由于外界射线的激发，材料中的电子吸收能量，由基态跃迁至激发态，在返回基态过程中，一部分电子直接回到基态产生闪烁光发射，另一部分电子则不会直接回到基态，而是要通过自身热运动或外界能量才能逐渐将激发能量以光子形式释放[1]。

　　闪烁晶体阵列余辉测试的关键是对射线的快速斩断，目前主要有 3 种方式：第一种是采用单次或者多次脉冲 X 射线源，通过测试 X 射线照射时和照射终止后一段时间的发光强度比值来计算待测样品的余辉值[2-4]；第二种是使用紫外 LED 进行照射，通过测量照射前后的发光强度数值来计算待测闪烁晶体的余辉[5-7]；第三种是使用连续 X 射线源，通过机械快门快速斩断 X 射线源，测试 X 射线照射时和斩断后的发光强度比值得到待测样品的余辉值[8-10]。

　　本文在现有机械快门技术的基础上研发了一套余辉测试系统，该系统将 X 射线源发射的射线通过准直器狭缝进行准直，测量时通过电机带动挡块在滑轨上快速滑动将准直器的狭缝挡住，实现对 X 射线的快速斩断，保证了闪烁晶体阵列余辉测量的准确性。

1　测试系统

1.1　测试原理

　　基于机械快门的余辉测试系统结构示意如图 1 所示：利用连续 X 射线源产生 X 射线，使 X 射线

作者简介：王强（1986—），男，重庆人，硕士，工程师，主要从事核辐射探测相关的研究。

基金项目：正电子断层成像探测器（"国家重点研发计划资助"项目：2022YFF0707900），三维复杂结构非接触精密测量与无损检测仪（"国家重点研发计划资助"项目：2022YFF0706400），核辐射成像探测器（"中电科芯片技术（集团）有限公司发展资金"项目：K2605ZZ2022026）。

只能通过准直器狭缝,准直器狭缝宽度固定。在准直器和探测器之间设置挡块,由电机驱动在滑轨上快速移动,通过改变挡块移动速度可以对 X 射线的斩断时间进行控制。

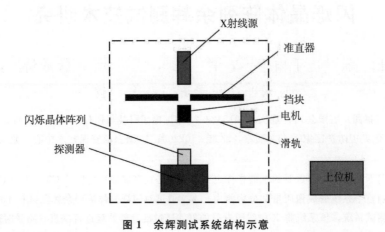

图 1 余辉测试系统结构示意

1.2 测试设备

基于机械快门的余辉测试系统如图 2 所示,其中 X 射线源为 spellman 的 Z 系列,电压 150 kV,电流 1 mA;准直器为钨镍铁合金板,狭缝宽度 10 mm;挡块为铅块,宽度 40 mm,运行速度 10 m/s;探测器由光电二极管(PD)阵列模块和数据采集卡组成,PD 阵列模块选用滨松 CF248-09,数据采集卡选用滨松 CF382-01,积分时间设置为 1016 μs,输出数据 16 bit,像素间距 1.575 mm。

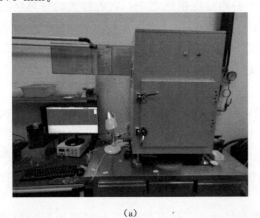 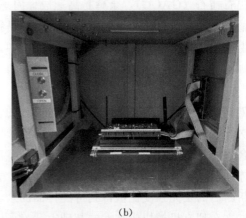

(a)   (b)

图 2 余辉测试系统示意

(a) 测试系统照片;(b) 内部照片

2 余辉测试及结果

2.1 测试样品

CsI(Tl)、CWO、GOS、GAGG 4 种闪烁晶体性能参数如表 1 所示,这 4 种闪烁晶体是核医学影像设备、工业无损检测、安全检测领域最常用的闪烁晶体。闪烁晶体阵列测试样品如图 3 所示,闪烁晶体阵列像素数 1×16,单像素尺寸 1.375 mm×2.4 mm×4 mm,像素间距 1.575 mm,闪烁晶体阵列外形尺寸 25.4 mm×3 mm×4.3 mm。

表 1　闪烁晶体性能参数

闪烁晶体	光产额/（ph./MeV）	密度/（g/cm³）	衰减时间/ns	发射峰值波长/nm	有效原子序数	潮解性
CsI（Tl）	56 000	4.52	1100	550	54	轻微
CWO	14 000	7.9	1400	480	64.2	否
GOS	30 000	7.34	3000	512	60	否
GAGG	54 000	6.63	80	540	54	否

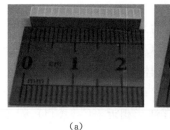 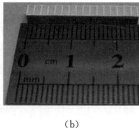 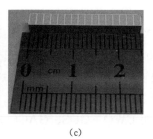 

（a）　　　　　　　　（b）　　　　　　　　（c）　　　　　　　　（d）

图 3　闪烁晶体阵列测试样品

（a）CsI（Tl）；（b）CWO；（c）GOS；（d）GAGG

2.2　闪烁晶体阵列余辉测试

将 4 种闪烁晶体阵列样品与光电二极管阵列通过 EJ-550 硅油耦合，先测试未开 X 射线源情况下闪烁晶体阵列的光输出本底值 P_0，再测试打开 X 射线源情况下闪烁晶体阵列的光输出值 P_i，最后测试 X 射线斩断后 t 时刻闪烁晶体阵列的光输出值 P_t，根据如下公式可计算闪烁晶体阵列中每个像素的余辉 A_t。

$$A_t = \frac{P_t - P_0}{P_i - P_0} \times 100\%。 \tag{1}$$

测试得到 4 种闪烁晶体阵列样品余辉曲线如图 4 所示。

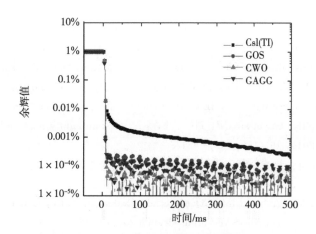

图 4　4 种闪烁晶体阵列余辉曲线

2.3　测试结果及分析

通过式（1）计算得到 CsI（Tl）、CWO、GOS、GAGG 4 种闪烁晶体阵列在 10 ms、20 ms、50 ms、100 ms、500 ms 的余辉值如表 2 所示。

表 2 4 种闪烁晶体阵列余辉值

闪烁晶体	余辉				
	10 ms	20 ms	50 ms	100 ms	500 ms
CsI（Tl）	1.10%	0.43%	0.22%	0.15%	0.02%
CWO	0.02%	0.01%	<0.01%	<0.01%	<0.01%
GOS	0.04%	0.01%	<0.01%	<0.01%	<0.01%
GAGG	0.03%	0.01%	<0.01%	<0.01%	<0.01%

从表 2 可以看出：在 X 射线斩断后 10 ms，CsI（Tl）闪烁晶体阵列的余辉值为 1.10%，CWO 闪烁晶体阵列的余辉值为 0.02%，GOS 闪烁晶体阵列的余辉值为 0.04%，GAGG 闪烁晶体阵列的余辉值为 0.03%；在 X 射线斩断后 50 ms，CWO、GOS、GAGG 3 种闪烁晶体阵列余辉值降到 0.01% 以下，而 CsI（Tl）闪烁晶体阵列余辉值仍为 0.22%；在 X 射线斩断后 500 ms，CsI（Tl）闪烁晶体阵列余辉值为 0.02%，表明 CWO、GOS、GAGG 3 种闪烁晶体阵列余辉性能相近，CsI（Tl）闪烁晶体阵列余辉性能相对较差。

3 结论

采用机械快门斩断射线的方法搭建余辉测试系统，测量 CsI（Tl）、CWO、GOS、GAGG 4 种闪烁晶体阵列射线斩断前后的光输出值，通过对数据进行计算，得到 CsI（Tl）、CWO、GOS、GAGG 4 种闪烁晶体阵列在 10 ms、20 ms、50 ms、100 ms、500 ms 的余辉值，与参考文献［11-15］报道的基本一致，表明该套余辉测试系统能准确测试不同种类闪烁晶体阵列的余辉性能，对核医学影像设备、工业无损检测、安全检测等领域高速成像用闪烁晶体阵列余辉的性能测试具有重要指导意义。

参考文献：

［1］ DILILLO G, ZAMPA N, CAMPANA R, et al. Space applications of GAGG：Ce scintillators：a study of afterglow emission by proton irradiation ［J］. Nuclear instruments and methods in physics research section B beam interactions with materials and atoms，2022，513（1）：33-43.

［2］ DOURAGHY A, PROUT D L, SILVERMAN R W, et al. Evaluation of scintillator afterglow for use in a combined optical and PET imaging tomograph ［J］. Nuclear instruments and methods in physics research section a：accelerators，spectrometers，detectors and associated equipment，2006，569：557-562.

［3］ OVECHKINA E E, MILLER S R, GAYSINSKIY V, et al. Effect of Tl^+ and Sm^{2+} concentrations on afterglow suppression in CsI：Tl，Sm crystals ［J］. IEEE transactions on nuclear science，2012，59（5）：2095-2097.

［4］ WU Y T, REN G H, NIKL M, et al. CsI：Tl^+，Yb^{2+}：ultra-high light yield scintillator with reduced afterglow ［J］. Crystengcomm，2014，16（16）：3312-3317.

［5］ 张彤，刘明哲，刘彦韬，等. 影响 LYSO：Ce 晶体余辉强度的几个主要因素 ［J］. 人工晶体学报，2016，45（7）：4-7.

［6］ YONEYAMA M, KATAOKA J, ARIMOTO M, et al. Evaluation of Ce：GAGG scintillator for future use in space enviromnent ［C］// The 64th JSAP Spring Meeting 2017，2017.

［7］ 尹士玉，郭浩，颜敏，等. 无机闪烁体性能测试方案研究 ［J］. 光电工程，2021，48（6）：40-49.

［8］ 郑海东，史运峰，霍梅春，等. CsI 探测器余辉性能测试仪关键技术研究与实现 ［J］. 机电产品开发与创新，2015，28（4）：26-28.

［9］ LUCCHINI M T, BABIN V, BOHACEK P, et al. Effect of Mg^{2+} ions co-doping on timing performance and radiation tolerance of Cerium doped $Gd_3Al_2Ga_3O_{12}$ crystals ［J］. Nuclear instruments and methods in physics research，section a. accelerators，spectrometers，detectors and associated equipment，2016，816：176-183.

［10］ 唐华纯，李中波，张亮. 低余辉碘化铯闪烁晶体的生长与性能研究 ［J］. 人工晶体学报，2022，51（7）：

1147 – 1151.

[11] GRINYOV B, RYZHIKOV V, LECOQ P, et al. Dual – energy radiography of bone tissues using ZnSe – based scintielectronic detectors [J]. Nuclear inst & methods in physics research a, 2007, 571 (1/2): 399 – 403.

[12] NAGORNAYA L, RYZHIKOV V, APANASENKO A, et al. Application prospects of cadmium – containing crystals based on tungstates and double tungstates [J]. Nuclear instruments and methods in physics research section a: accelerators, spectrometers, detectors and associated equipment, 2002, 486: 268 – 273.

[13] GRINYOV B V, RYZHIKOV V D, NAYDENOV S V, et al. Radiation Detectors Scintillator – Photodiode on the Base of A2B6 Crystals for Application in Homeland Security and Medical Equipment [C] // 2006 IEEE Nuclear Science Symposium Conference Record, IEEE, 2007, 1134 – 1138.

[14] MORI M, XU J, OKADA G, et al. Comparative study of optical and scintillation properties of Ce: YAGG, Ce: GAGG and Ce: LuAGG transparent ceramics [J]. Journal of the ceramic society of Japan, 2016, 124 (5): 569 – 573.

[15] ZHANG W J, WEI Q H, SHEN X, et al. Preparation and properties of GAGG: Ce/glass composite scintillation material [J]. Chinese physics B, 2021, 30 (7): 311 – 320.

Research on the afterglow testing technology of scintillation crystal array

WANG Qiang[1,2], DING Yu-chong[1,2], XIAO Xiong[3], WANG Biao[4], ZHANG Ze-tao[1,2], WAN Qian-yin[1,2], QU Jing-jing[1,2], XU Yang[1,2]

(1. CETC Chips Technology Group Co., Ltd, Chongqing 401332, China;

2. 26th Research Institute of China Electronics Technology Group Corporation, Chongqing 401332, China;

3. State Key Laboratory of NBC Projection for Civilian, Beijing 102205, China;

4. State Nuclear Security Technology Center, Beijing 102401, China)

Abstract: The afterglow is one of the most important performance indicators of scintillation crystal arrays, especially in the fields of medical CT, industrial CT, and security inspection for high – speed imaging. The quality of afterglow will directly affect the imaging quality and resolution ability of the system. This article designs an afterglow testing system based on mechanical shutter by studying the afterglow testing technology of scintillation crystal arrays. The system collimates the X – rays of the X – ray source through the collimator slit. During measurement, the motor drives the stop block to quickly slide on the slide rail to block the collimator slit, achieving fast X – ray cutting with a cutting time of 1ms. This testing system was used to test scintillation crystal arrays such as CsI (Tl), CWO, GOS, and GAGG. The results showed that the afterglow of CsI (Tl) was 1.1%@10ms, the afterglow of CWO was 0.02%@10ms, the afterglow of GOS was 0.04%@10ms, and the afterglow of GAGG was 0.03%@10ms. This indicates that this testing system can accurately measure the afterglow of different types of scintillation crystal arrays, and has important guiding significance for testing the afterglow of scintillation crystal arrays in actual production.

Key words: Scintillation crystal; Afterglow; X – ray source; Mechanical shutter; Collimator

核石墨及碳材料测试与应用
Test and Application of Nuclear Graphite & Carbon Materials

目　录

干袋式等静压成型对球形燃料元件基体材料
综合性能的改善

卢振明[1,2]，芦安源[1]，赵　薇[1]，张凯红[2]，张　杰[2]，刘　兵[2]

（1. 武汉科技大学化学与化工学院，湖北　武汉　430081；2. 清华大学核能与新能源技术研究院，北京　100084）

摘　要： 采用干袋式等静压方式制备基体石墨球，并用有限元方法对软模压制过程进行了模拟；通过研究基体石墨球坯的密度随压力的变化，揭示了干袋式等静压压制过程中基体石墨粉体的结构变化。使用干袋式等静压方式所制备的基体石墨球和球形燃料元件的冷态性能都满足技术要求；与准等静压方式相比，基体材料的各向异性度明显降低。干袋式等静压方式除了能大幅提升产能和生产效率，还能改善燃料元件性能，有望用于大规模球形燃料元件的生产。

关键词： 高温气冷堆；干袋式等静压；球形燃料元件；有限元模拟

高温气冷堆商业示范的成功，意味着其将面临广阔的发展空间[1]，与之相匹配的更大规模的燃料元件生产技术也面临新的挑战，需要满足高效率、高质量、低成本的发展趋势。我国高温气冷堆使用的燃料元件为直径 60 mm 的球体，其中基体石墨占元件体积的 90％以上。在元件生产中，压制工艺是实现粉体与颗粒混合体向球形坯体形态转变的手段，是影响基体材料性能的关键环节，也是提高生产效率的限制性环节。HTR－PM 燃料元件生产所采用的成型工艺为准等静压压制[2]，相对钢模模压成型，所生产燃料元件的各向异性度明显降低，但该方式一次只能压制一个元件球坯，在更大规模的生产组织上存在局限性，一定程度上影响了生产效率和元件生产成本。本文采用真空干袋式等静压成型技术制备基体石墨球坯，并考察其各项冷态性能，以期在提高产能和生产效率的同时改善元件综合性能。

1　实验及性能测试

1.1　干袋式等静压设备

本研究所用真空干袋式等静压压机的主机体核心结构主要包括液压缸、弹性内胆、承压封头及真空装置[3]，如图 1 所示。该设备具备低、高压工作状态切换功能，低压状态用于密度较小的燃料区球芯的初压，高压状态用于密度较大的球坯的终压。

本实验所用软模为硅胶软模，叠放三层，每层均布 9 个球形模腔。压制时，承压封头与弹性内胆形成密封腔体；通过真空系统排除模腔内基体石墨粉内的空气；液压介质将压力从各个方向均匀传递给弹性内胆，再通过内胆传递给软模，粉体在各方向压力作用下被压制成球形[4]。

1.2　样品的制备

实验所用基体石墨粉以天然石墨粉和人造石墨粉为骨料，以酚醛树脂为黏结剂，经如下工序制备而成：骨料均混、加酚醛树脂的醇溶液进行混捏、挤条造粒、真空干燥去除乙醇、粉碎并进行筛分。

压制时，石墨基体粉填充至芯球软模模腔中，逐层堆垛后，在小于 10 MPa 压力下压制成型得到石墨球芯；元件则使用基体石墨粉与穿衣颗粒均匀混合后填充至模腔中，在同样条件下压制成芯球；

作者简介： 卢振明（1975—），男，教授，主要从事特种炭及石墨材料研究。

基金项目： 大型先进压水堆和高温气冷堆国家科技重大专项（ZX－06901）。

接着使用终压模具将球芯包埋在基体石墨粉中，分别在 50、90、120、150、210、230、250、280 MPa 压力下进行压制。

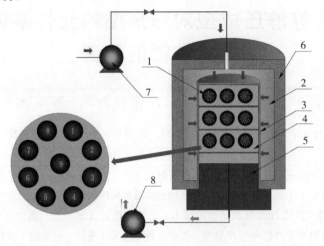

1—基体石墨；2—液压介质；3—弹性内胆；4—橡胶软模；5—承压封头；6—液压缸；7—真空泵；8—液压泵

图1 干袋式压制方式示意

基体石墨球坯及模拟元件在氩气环境中以设定的升温制度加热到 800 ℃进行炭化，炭化后的球坯经数控车床加工成直径为 60 mm 的球体，最后在真空条件下经 1900 ℃纯化处理。

1.3 测试与表征

根据基体石墨球的质量控制规则[5]，本文对干袋式等静压工艺制备基体石墨球的冷态性能做了全面检测，包括密度、导热、腐蚀、磨损、落球强度、压碎载荷及热膨胀各向异性度。

1.4 数值模拟

采用有限元方法对九球三层堆垛软模在干袋式等静压条件下的石墨球坯成型过程及球坯应力分布进行了模拟分析，有限元模型如图 2 所示。建模中，设定石墨粉体为可压缩的连续体，其本构方程为 Shima - Oyane 模型[6]，弹性软模所使用的橡胶材料用 Mooney - Rivlin 模型定义[7]。

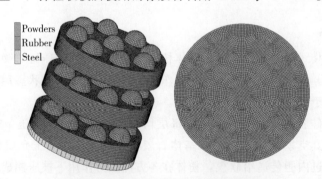

图2 九球三层干袋式等静压有限元模型

2 结果及分析

2.1 压力与密度的关系

基体石墨粉在干袋式等静压条件下压制的球坯密度随压力变化如图 3 所示。其中，低压下密度的数据分别使用松装密度、装料振实密度和初压芯球的密度。

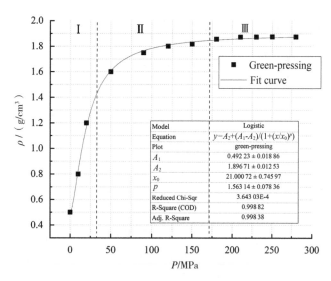

图 3 P-ρ 特性曲线

根据图 3 中所拟合曲线的方程,结合量纲与取值,可得基体石墨粉在干袋式等静压条件下的压制特性方程为

$$\ln\frac{\rho_\mathrm{m}-\rho}{\rho_\mathrm{m}-\rho_o}=b\ln P-b\ln a。 \qquad (1)$$

式中,ρ_m 为密实状态球坯密度;ρ_o 为基体石墨粉的松装密度;a、b 为特征常数。

式(1)与经典的黄培云双对数压制方程[8]极为相似,所拟合模型的决定系数和校正后的决定系数分别为 0.998 82 和 0.998 38,具有很高的拟合优度。可将压制过程分为 3 个阶段来解释基体石墨粉在整个压制过程中的变迁。

第 I 阶段,模腔收缩变形,颗粒发生位移,颗粒间因"拱桥效应"形成的空洞坍塌,粉体彼此填充孔隙,重新排列位置,接触面增加。此阶段粉体变形所需克服的力较小,所以,模腔内粉体密度随压力加大而迅速增加。此状态下,粉体与粉体之间啮合力较小,尚且不足以压制成块体。

第 II 阶段,在粉体空洞被互相填充后,基体粉颗粒的运动自由度受限,在进一步加压时,基体粉颗粒会发生变形,进一步填充。但由于颗粒变形需要较大的外力,所以球坯密度随压力增大变化越来越缓慢。由于颗粒之间啮合形式增多和啮合界面增加,以及高压下颗粒之间摩擦产生的热会软化酚醛树脂起到黏合作用,所以在此阶段球坯的机械强度也会随压力增加而明显增加。

第 III 阶段,基体粉颗粒变形后互相啮合与支撑,彼此间接触界面很大,进一步提高压力时,密度的增加依靠颗粒碎裂来减少孔隙,此时需要的外力较大,所以密度增加很有限。

而从有限元模拟结果来看,如图 4 所示的压力在 10 s 内由 0 上升至 280 MPa 的过程中压坯的相对密度分布云图,随着压制压力的升高,模型中球形压坯的相对密度也随之升高,而在 252 MPa 与 280 MPa 相对密度差异不大,与实际情况一致。结合以上数值模拟和实验结果,下文中元件样品制备所用压制压力为 280 MPa。

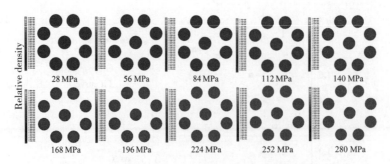

图 4　有限元模拟基体石墨球相对密度随压力变化云图

2.3　机械性能变化

图 5 为在 210、230、250 和 280 MPa 压力下生产的基体石墨球在平行（∥）和垂直（⊥）压制方向上的压碎载荷和弹性模量。在压制压力大于 230 MPa 时，基体石墨球在"∥"和"⊥"压制方向上的压碎载荷随压力变化并不明显，但弹性模量则保持着上升的趋势。在相同的材质条件下，不同的弹性模量源于其内部孔隙的大小，压力越大，内部孔隙越少，同样应力下应变会更小，所以模量更大。而在大于 230 MPa 下压碎载荷保持稳定则说明：当压力增加到某个值时，石墨基体的压碎强度不是依赖于粉体颗粒间啮 合而是由酚醛树脂炭化后形成的玻璃态炭结构决定。

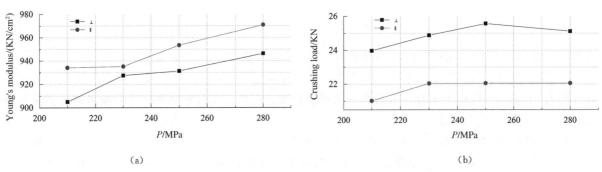

|(a)|(b)|

图 5　不同压力基体石墨球的弹性模量（a）和压碎载荷（b）

2.4　压制过程应力分布

图 6 为各层的软模内部的应力分布径向截面图和轴向截面图。可以看出，上中下三层的受力分布状况基本相同，层与层之间石墨球坯周边应力并不明显；每层石墨球坯周边软模的等效应力分布显现区域为环状，相邻球体之间应力显现区域相接但边界明显，说明彼此间等效应力相互影响并不大。总体来说，每个球基本独立存在于所在的软模区域内，液压通过软模可以将压力均匀传递到每个球坯。

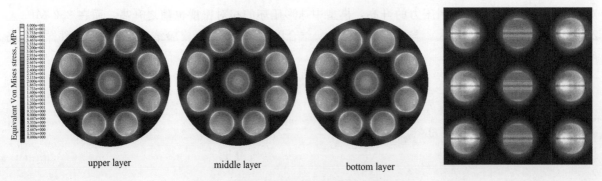

图 6　软模内部应力分布有限元模拟截面

3 综合性能评价

从表1可见，干袋式等静压工艺制备的基体石墨球各项冷态性能都达到技术要求。对比清华大学INET[9]和德国AVR（Arbeitsgemeinschaft Versuchs Reaktor）堆[10]采用准等静压方法制备的基体石墨球，密度、腐蚀率、磨损率、导热率、热膨胀系数等性能指标的平均值相当，但从热膨胀系数各向异性度来看，干袋式等静压工艺制备的基体材料明显小于准等静压方式。而其他与各向异性有关的指标，如压碎载荷、热导等，在"//"方向与"⊥"方向的差异也都是干袋式等静压明显小于准等静压。

基体石墨球的性能各向异性产生的原因与原料特性及成型过程都有相关性。在装料和压制过程中，鳞片状或棒状的石墨粉更倾向于朝水平方向倾斜，这种微观结构上的择优取向就导致宏观性能上的各向异性。结合数值模拟结果来看，干袋式等静压工艺制备的基体材料各向异性度的降低来源于压制方式，软模模腔内每个球坯独立存在于等静压环境中，各个方向的受力基本均等。

本文也对干袋式等静压工艺制备的模拟元件的压碎载荷性能进行了测试。在"⊥"方向和"//"方向的压碎载荷也都大于基体石墨技术指标要求的18 MPa。从测试后破坏形态（图7）可见，断面贯穿元件内部，而没有从无燃料区与燃料区分界面裂开，说明模拟元件燃料区与无燃料区基体的性状一致，两者紧密结合为一体，这有效保证了燃料元件的力学性能。

表1 干袋式等静压工艺制备的基体石墨球性能对比

测试项目		干袋式等静压	准等静压		性能指标
			INET	AVR	
密度/(g/cm³)		1.75	1.74	1.73	＞1.70
压碎载荷/kN	//	21.86	21.20	—	≥18
	⊥	23.77	26.36	—	
导热率/[W/(m·K)]	//	37.41	38.49	41	≥25
	⊥	35.57	33.68	37	
热膨胀系数/(m/K)	//	3.42×10^{-6}	3.38×10^{-6}	2.89×10^{-6}	
	⊥	3.48×10^{-6}	3.63×10^{-6}	3.45×10^{-6}	
热膨胀各向异性/($\alpha_\perp/\alpha_{//}$)		1.02	1.07	1.19	≤1.3
腐蚀率/[mg/(cm²·h)]		1.05	1.02	0.97	≤1.3
磨损率/(mg/h)		2.01	1.81	—	≤6
落球强度/次		≫50	≫50	437	≥50

图7 模拟元件压碎载荷测试后的形态

4 结论

燃料元件在反应堆中的工作环境严酷,除了要承载自重、冷却剂压差、控制棒的负荷、输送过程中的碰撞和摩擦,还要面对从内到外的温度梯度产生的热应力和快中子从外到内注量梯度所产生的辐照应力,而元件基体的各向异性会在运行过程中受温度变化和辐照的影响而进一步扩大。采用干袋式等静压球坯成型方式能有效降低球形燃料元件基体石墨的各向异性度,提高元件综合性能。在核反应堆内的严酷环境中,这能减少因温度场分布和中子辐照产生的内应力,进一步巩固高温气冷堆的安全性[4]。

元件球坯压制成型是球形燃料元件生产的关键环节之一。干袋式等静压压机结合了准等静压洁净的工作条件和湿袋等静压压力均衡、产能大的优点,相对 HTR-PM 所用的准等静压技术,干袋式等静压技术能大幅提高产能和生产效率,降低元件成本的同时还能改善元件质量,符合元件的发展趋势,可以作为未来更大规模生产的备选方案之一。

致谢

感谢清华大学唐春和、李江华、王磊、宋晶、刘世福、周湘文等同事对本研究工作的大力支持;感谢东北大学安希忠教授在数值模拟方面给予的帮助和建议。

参考文献:

[1] ZHANG Z Y, DONG Y J, SHI Q, et al. 600 MWe high temperature gas-cooled reactor nuclear power plant HTR-PM600 [J]. Nuclear science and techniques, 2022, 33 (8): 69-76.

[2] 张杰,卢振明,刘兵,等. 准等静压真空液压机:中国,201210177503.7 [P]. 2012-05-31.

[3] 卢振明,张杰,刘兵,等. 一种压制球形燃料元件生坯的装置及方法:中国,201810509223.9 [P]. 2018-05-24.

[4] LU Z M, ZHANG W K, ZHANG J, et al. Research on manufacture technology of spherical fuel elements by dry-bag isostatic pressing [J]. Nuclear science and techniques 2022, 33 (10): 79-89.

[5] ZHAO H S, LIANG T X, ZHANG J, et al. Manufacture and characteristics of spherical fuel elements for the HTR-10 [J]. Nuclear engineering and design, 2006, 236 (3): 643-647.

[6] SHIMA S, YAMADA M. Compaction of metal powder by rolling [J]. Powder metallurgy, 1984, 27 (1): 39-44.

[7] LEE D N, KIM H I S. Plastic yield behavior of porous metal [J]. Powder metallurgy, 1992, 35 (4): 275-279.

[8] 黄培云. 粉末冶金原理 [M]. 2版. 北京:冶金工业出版社, 1997: 169-189.

[9] LU Z M, GAO X F, ZHANG W K, et al. Effect of soft – mould pressing method on anisotropy of the graphitic matrix spheres: dry – bag isostatic vs. quasi – isostatic [J] . Journal of nuclear materials, 2022, 570: 153950.

[10] SCHULZE R E, SCHULZE H A, RIND W. Graphitic matrix materials for spherical HTR fuel elements [R] . Juel – Spe – 167, Juni, 1982.

Improvement of comprehensive performance of graphite matrix for HTR fuel by dry – bag isostatic pressing

LU Zhen-ming[1,2] , LU An-yuan[1] , ZHAO Wei[1] , ZHANG Kai-hong[2] ,
ZHANG Jie[2] , LIU Bing[2]

(1. College of Chemistry and Chemical Engineering, Wuhan University of Science and Technology, Wuhan, Hubei 430081, China;
2. Institute of Nuclear and New Energy Technology, Tsinghua University, Beijing 100084, China)

Abstract: The matrix graphite spheres were prepared using a dry – bag isostatic pressing method, and the soft mold pressing process was simulated using finite element method. The structural changes of the matrix graphite powder during the dry – bag isostatic pressing process were revealed by studying the density variation of the matrix graphite with pressure. The cold performance of the matrix graphite spheres and spherical fuel elements prepared by dry – bag isostatic pressing method meets the technical requirements; Compared with the quasi – isostatic pressing method, the anisotropy of the matrix material is significantly reduced. The dry – bag isostatic pressing method can not only significantly increase production capacity and efficiency, but also improve quality of fuel, and is expected to be used for the large – scale production of spherical fuel elements.

Key words: High – temperature gas – cooled reactor (HTR); Dry – bag isostatic pressing; Spherical fuel element; Finite element simulation

数字化与系统工程
Digitization and Systems Engineering

目　　录

区块链在集团级企业应用研究综述

舒　畅，韩春林

（中核工程咨询有限公司科技信息部，北京　100037）

摘　要： 在集团级企业中，区块链技术有着广泛的应用场景。例如，在供应链管理方面，区块链技术可以实现对供应链全程的透明化管理，提高供应链的效率和安全性。另外，在财务领域，区块链技术可以用于实现跨国支付和汇款，降低成本并提高效率。此外，区块链技术在版权保护、物联网、医疗等领域也有着广泛的应用前景。本文对区块链技术的底层技术原理如组成形式、共识类型、区块链结构、智能合约等做出阐述，并针对集团级企业可能的应用场景做出了相应的阐述。本文在集团层级上，阐述了区块链系统对于各板块及成员单位将产生的影响。

关键词： 区块链；信息化；共识算法

1　简介

目前，在现代大型企业中，多级子公司的架构常常不可避免，子公司之间的协作可能引入的审计、协调沟通成本日益上涨。各设施单位信息化存在业务孤岛、信息孤岛，数据利用率不高。公司越大，所涉及领域范围越广，可能的沟通成本越高。为解决管理单位"检查靠跑，信息靠报，数据靠要"和"连不上、看不清、管不到"的痛点，大型集团企业尤其急需在充分考虑保密和网络安全要求的前提下，对利用新一代信息技术创新安全管理的方法、模式做出实践性应用。打通数据链路，支撑职能部门与生产、技术等部门的横向协同，支撑各层级的纵向管控，实现信息的互联互通。

我们认为，区块链的出现，尤其是以 Hyperledger Fabric[1] 为代表的联盟链的引入，可以帮助企业降低沟通与审计的成本，缩短指挥链，使得企业各级子公司及部门协同更加顺畅。

自从 2008 年中本聪[2] 提出比特币以来，区块链这一概念被人们熟知，由以太坊[3] 提出的智能合约的概念扩展了区块链的适用领域，并在金融、物流、知识产权甚至政务等领域有着各种探索性应用。从本质上来说，区块链是一种去信任化的分布式存储计算系统。所谓去信任化，即节点之间的协作不依赖第三方信用机构提供信任，组织节点之间依照共识协议自发地进行协作以维护系统稳定性，保障系统顺利运行。

所谓第三方信用节点，即网络服务提供商或企业内部软件服务提供机构或部门，因此传统企业架构不可避免地引入第三方信用节点提供服务。在实际运行中，全集团依赖网络服务商提供安全可信的网络应用服务，同时，如果遇到服务升级改造、网络攻击、机房受灾等情况，集团服务将不可避免地遭受影响。而各成员单位之间软件服务分别部署的形式则不可避免地造成信息孤岛。而引入区块链技术，将在一定程度上缓解这种情况的发生，具体程度将视采取的区块链技术形式而异。

通常情况下，区块链在信任成本较高的领域中有着先天优势。表 1 为目前区块链技术的一些落地场景。可以看出，在审计成本较高、信任难以穿透的场景下，区块链有着较为适合的应用。以跨境支付为例，跨境支付当前使用美元体系为主的 SWIFT 交易方式，分为交易—清算—结算三大步骤，涉及不同国家间的多家银行，每一步都有资金审计与结汇合规上的要求，对接相对烦琐。到账时间在 2～5 个工作日不等，遇到合规相关审计则可能长达半月之久，而利用区块链的结算系统则可做到实时到账。

作者简介：舒畅（1991—），男，研究生，工程师，现从事信息化管理工作。

表 1　落地场景

落地场景	价值	具体项目
公益追溯	让每笔善款的去向和用途都有迹可查	支付宝爱心捐赠溯源、信美互助保险溯源
商品溯源	让每件商品都有一张不可篡改的"身份证"	澳新进口奶粉溯源、五常大米溯源
城市服务	让每项城市服务更透明、更高效	雄安房屋租赁溯源、上海华山医院上线区块链电子处方
跨境支付	让每笔跨境汇款成本更低、实时到账	AlipayHK 区块链跨境服务（可向菲律宾钱包 Gcash 随时转账）、实时到账
司法确权和维权	让司法纠纷维权成本极大降低，如高效确权	杭州互联网法院上线区块链审判系统

无论是公益追溯、商品溯源、城市服务、跨境支付，还是司法确权和维权，区块链都能提供更为安全可信的数据链流。在城市服务、跨境支付及司法领域，因审计成本的降低，区块链技术可显著降低个人、公司或政企的开支成本，减少流程链及决策链，同时加速了服务的可达性及提升了服务的质量。

2　组成形式

区块链依其节点架构的组成形式，主要可分为公链、私有链、联盟链（表 2）。

表 2　组成形式

类型	节点数量	网络环境	去中心化程度
公链	高	不安全	高
私有链	低	安全	低
联盟链	较低	安全	较高

公链是公开的区块链系统，也是最早被提出的区块链形式。公链去中心化的程度最高，节点可以随意随时加入及退出整个网络，在多数情况下并不会对网络运行产生影响。公链是最为稳定的架构形式，然而因为其需要消耗大量算力进行冗余计算及通信，其效率很难提高。

私有链，即将区块链系统置于内部网络下的区块链系统。

联盟链，以 Hyperledger Fabric[1] 为代表，引入了准入机制与多链机制，适用于多企业协作及大型企业内部协作。联盟链节点数量一般较少且一定，运行效率显著高于公链，也因此在去中心化程度上低于公链。

我们认为，在短时间内合适的企业级项目应采用联盟链的形式。

3　共识类型

共识类型如表 3 所示。

表 3　共识类型

类型	节点数量	容错	去中心化程序	速度	消耗
CFT	低	崩溃	低	快	低
BFT	低	拜占庭	低	较快	低
PoX	无上限	概率拜占庭	高	慢	极高

3.1 CFT

CFT，即崩溃容错（Crash Fault Tolerance）是为应对节点的崩溃产生的算法，以 Paxos[4] 与 Raft[5] 应用最为广泛，大部分企业传统灾备容错使用 CFT 容错共识。CFT 不具备拜占庭容错能力，即在节点主动作恶的情况下，很难保证系统安全。

3.2 BFT

BFT，即拜占庭容错（Byzantine Fault Tolerance），是为解决 Lamport Leslie 提出的拜占庭将军问题[6] 的共识算法，即在节点不可信的情况下保证系统稳定的方案，传统拜占庭容错算法意在解决节点主动作恶的情况。PBFT[7] 为第一个实用化的拜占庭容错算法，拥有 $3f+1$ 的拜占庭容错能力，f 为作恶节点的数量。脸书 Libra 采用的 Hotstuff[8] 算法即为改进后的 BFT，将三轮交互改为两轮链式确认，同时降低了消息复杂度与时间复杂度。但从本质上看，它依然是一个 BFT 类算法，而 BFT 算法在区块链的应用上仅作为私有链及联盟链结构，难以支持节点更多、随时进入及退出、网络环境更复杂的公链模式。

3.3 PoX

中本聪改进了 Proof of Work[9] 算法以将其使用于比特币系统，这种改进后的工作量证明机制是一种在海量不确定节点下的拜占庭概率性解。与传统拜占庭容错算法相比，其理论节点数量没有上限（BFT 算法支持的节点数量很难高于 100 个），能够支持完全匿名化，去中心化程度更高，并且由于前几条原因，更适用于 DAOs（去中心化自治组织）。尽管学界有着各种针对 PoW 及其变种的攻击模式的假设，比特币网络本身自 2009 年上线以来，可以被认为是没有遭受过真正的安全风险。虽然随着比特币期货的上线，这种假设本身是否可靠受到了质疑，但是截至 2022 年 10 月，我们可以认为，原版 PoW 算法是安全的。PoS[10] 作为一种改进，不使用工作量证明而使用持有币量作为证明来进行押注挖矿，被认为是对 PoW 的一种改进。然而 PoS 及其变种，其安全性并未受到严格的数学证明，并且由于以币挖币的模式完全不依赖系统外输入，整个系统更容易造成强者恒强的马太效应，加剧了系统的不公平。DPoS，是以持币作为投票来选出代理节点进行共识，共识核心更接近于 BFT 甚至 CFT 模式，不做更多讨论。

4 区块链结构

所谓区块链结构，即将每块区块内数据做 Hash 计算，后一块区块中带上前一块的 Hash 值以作为证明，保证数据的安全及不可篡改。在搜索数据时，一般采用 Merkle 树来进行快速索引。在部署应用时，也可采用 LevelDB 等本地缓存的方式以加快查询。在公链中，存在不同节点在相近时间内挖到矿的可能性，这种情况被称之为分叉。比特币规定，被接受的最长链为合法链。这被称为最长链原则。在以太坊中，一定程度上分叉数据也会被接受并获得奖励（称为叔块），该协议被称为 GHOST 协议，这被称为工作量最高原则。除了链式结构，DAG（有向无环图）[11] 结构也被认为是值得研究的一种方向，它被认为可以加快公链的共识速度，然而就目前而言，还没有一个被严格数学证明安全的区块链系统出现。

5 智能合约

智能合约的概念是由以太坊提出并实现的，但其原型可以追溯至更早的比特币脚本。比特币脚本作为特意设计成的图灵不完备的脚本语言，意在降低系统风险。而以太坊智能合约实现了图灵完备，可以在没有第三方监控的基础上自动运行，能够支持各种金融及非金融应用，就目前而言，智能合约作为区块链 2.0 的象征，被加入进大部分新出现的区块链系统中。智能合约指在区块链上运行的图灵完备的程序或程序片段，因其强安全、不可篡改等特性受到关注，也因其不可撤销性，其上的漏洞可能会造成比传统软件更大的伤害，并且由于运行以太坊智能合约需要向全网络支付手续费，而以太坊本身高昂的价格且不稳定的特性并不适用于企业级开发。

6 集团及跨企业运用

随着区块链应用的成功落地，"区块链＋"服务已成为各头部公司竞相追赶的目标和新的发力点之一，已由原来的数字金融逐渐向各应用领域进行了延伸，其使用场合也越来越丰富，并与其他产业深入融合，其中政务、民生、公共服务等已成为各厂商布局的重要领域。

跨企业应用被认为是联盟链的主要应用场景，联盟链模式以各企业为节点部署区块链系统，并于其上运行智能合约以保证公平性。在链上的数据对双方公开透明，并且不可更改，这保证了企业间交易与交流的可信性。作为下属成员单位众多的大型集团，成员单位之间的沟通与审计成本将急剧提升，区块链作为新生底层技术，可被视为这种情况的一种解决方案。在这种情况下，各成员单位可被视为多个节点并分别部署系统以组成一个企业内部的联盟链网络。

6.1 依据其不可篡改特性，降低单位之间的审计成本

区块链是一种分布式账本或共享账本，由所有的参与者共同记账，这在会计学中被称为全民记账，是一种去中心化分布式记账法。账本记录由所参与者的共同事项组成，账本与账本之间在财务和业务上紧密关联，各位记账者之间信息相互连通，以达到共享共识共信。这种分布式账本原理应用到大数据审计模式，一般采取"近亲板块"形式立项。一个审计项目由一个审计组执行审计，每个单独的审计组意味着区块链的一个节点，多个审计组节点组成分布式节点组织结构，相当于一个分布式账本。审计组节点之间有紧密关联关系，以审计数据流联网组成区块链审计网络。各审计组之间证据互相印证，可以显著提升审计的可靠性，并降低可信成本。

6.2 倚靠其去中心化自治特性，加强灾备容错的能力及缩短指挥链，加速顶层决策传达的效率及精准性

在传统的C/S模型中，如果服务商处于离线状态，客户就立即失去了访问他们数据的权利，或者无法执行他们想要执行的操作。区块链点对点解决方案有比传统架构更强的可靠性及容错能力，正因如此，在复杂多节点的大型集团企业内部，各应用之间的通信及各应用之间的稳定性可以由弱中心化自治的区块链技术来加强。而数据之间的共享可以有效地缩短决策时间，加速顶层决策传达的效率及精准性。

通常系统搭建高可用集群需要特殊架构的配合配置，这种配置可能十分复杂，且复杂程度随节点增加而指数级膨胀。然而，区块链系统，无论采取哪种架构，多节点作为原生特性得到支持。底层采用区块链的系统将提供远高于通常架构的访问可达性。因此，在构建云服务及云原生应用时，区块链系统将大幅降低运维难度，节省海量成本。

6.3 凭借智能合约的强制执行特性，对单位间形成约束力

智能合约具备实时更新的能力，且效率很高。智能合约的执行不需要第三方的参与，它可以随时响应用户的请求，进而确保了交易的效率。区块链系统可以精确地执行预定合约。因为智能合约在部署之前就已经制定好了所有的条款和执行过程，并在分布式图灵机的绝对控制下执行，因此整个过程几乎不可能出现流程错误。更进一步说，合约是在计算机的控制下自动执行，因此可以节省大量的人工成本。

6.4 跨企业间协作业务应用场景

建设监理工作是对建设项目的监督、管理、组织、协调和控制，覆盖建设的全过程。监理业务是典型的多方参与的业务，涉及业主方、施工方、监理单位三方。

传统工程管理主要采用中心化数据库方式储存数据，数据在共享方面难度大，不同建设方之间数

据不共享且安全性差，因此在施工过程中，无法对数据进行精准追踪导致许多问题，如安全质量隐患、资金挪用、违规转包等，从而严重影响项目质量和进度。同时，因为管理与项目进度的要求之间的平衡或政策性项目的特殊要求，底层数据在一定程度上与真实情况可能产生偏差，即使强调管理合规与加强人员从业素质依然无法在根本上解决相关风险。

区块链技术在共享数据的同时增强了信息的安全性。为建设单位、设计单位、施工单位提供共享信息平台，对该扩建施工进行动态监管，保证施工工序按顺序完成并监督施工质量，实现人员管理和责任可追溯。在与 IoT 设备（工业探针、摄像头、智能仪表等）结合的数字孪生项目中，区块链也因其难以篡改的特性在获得实时数据的同时保证数据的安全、完整与可信。

图 1 是一个标准的监理通知单流程，该流程在监理工作的质量管理方面占有重要的地位。通常情况下，由监理单位起草并批准生成监理通知单，发送给实施单位进行整改，并由总包或业主进行验证后各方归档。

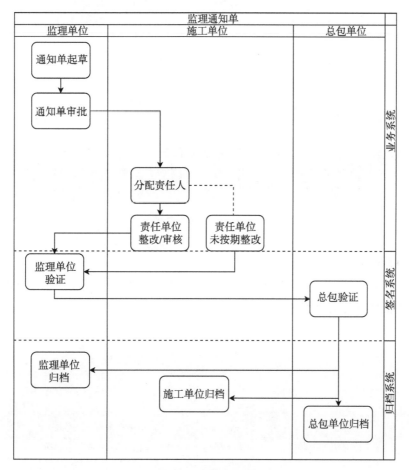

图 1　监理通知单流程

该流程因涉及多个公司，可能涉及多个系统（如多方的业务系统、签名系统、档案管理系统等），因此在多方验证时将产生大量信任成本。在应用区块链系统方面，可以沿多个思路进行改造以降低相关成本。

在因成本或管理要求等实际情况下无法打通各公司间系统时，相关存证可以以指纹的形式上链，链上不存储原文，各公司系统进行分别存储。存储数据在需要时可以与区块链系统进行验签以保证数据未被篡改。相关系统仅需与链上系统进行对接，解耦了各异构系统的架构问题，同时因不保存原始数据保证了数据的安全。在部署条件成熟时，可利用基于区块链的存证系统对签名进行存证，进一步强化签名的法律效力及认可度。在施工单位进行整改时，区块链系统可依照智能合约生成整改非同质化通证（NFT），持有者需在合约规定的时间内进行整改，否则该NFT将自动依照合约生成罚款单，该罚款金额在时限内未被确认缴纳将依照合约再次扩大。整个过程因使用了链上智能合约，无法被人为干预，减少了人因影响。施工单位整改可与IoT设备相连接，生成场景相关实时数据辅助验证整改结果。该时序IoT设备实时生成，数据因上链无法篡改，提高了伪造成本，增加了可信度。例如，整改问题为止回阀闭起过速，未整改前××××× -1和××××× -2两P点采集数据为1分钟内起闭，整改后数据多次为间隔5分钟，则可以证明确已整改。

在以上的例子中，我们将业务系统与区块链底层分隔开来，并以抽象API的形式提供服务，这是当前场景下最为合理的工业解决方案。业务开发人员无须理解复杂的区块链网关、管理、共识等机制，仅将其作为一个最终状态机来操作即可将实际工作流程与底层平台有机结合在一起（图2）。

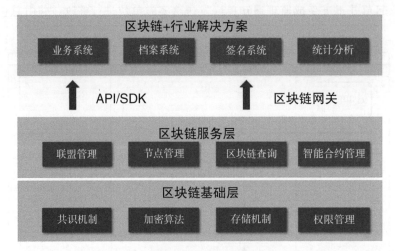

图2 行业解决方案

6.5 跨企业间建设模式

我们以上述监理业务管理系统作为场景，项目可分步进行建设，分散了项目建设风险，也降低了新技术在跨企业团队间推行的难度（图3）。

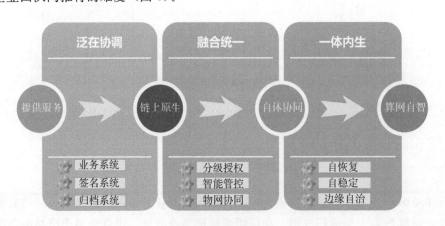

图3 建设模式

第一期建设时以泛在协调为主，可将区块链系统定位为存证、验证系统，各系统向区块链系统提交存证签名而非真实数据。该期由单机或单一公司集群构成，向各项目相关方提供服务，在权限上仅做到单位级或系统级划分，以降低部署及集成难度。

第二期建设时可与各方统一身份认证系统进行集成，各方自行部署维护链上人员身份。由于多方认证机制的引进，需建立跨公司级区块链链上统一平台进行身份互认，人员分级权限划分。链上合约依赖的身份体系完善后，各单位可进行智能合约的编写与发布，自行与本单位系统进行集成，以及对内对外提供相关 API。同时，可有限接入 IoT 设备以达到物网协同的模式，借助区块链系统保证数据的不可篡改。

在有前两期系统的铺垫下，三期建设主要以融合统一、一体内生的模式进行。各单位根据本单位具体访问要求，扩大链上节点（如扩大至各分子公司、项监部等）范围。区块链系统将提供自稳定式的算力支持与自恢复式的运维管理。在统一的区块链节点集群及庞大泛化的链上应用 API 基础上，集团级的统一应用的建设将水到渠成。

7 结论

我们认为，在短期内集团及跨企业应用应参照联盟链形式，并采用 BFT 类算法保证安全性。因为其透明公开性，可在智能工厂、企业协作、物流运输、票据流转、民主投票、专家抽取等场景有着显著优势。

同时，其自发的冗余及去中心化自治特性在应对极端情况时相较传统灾备模式拥有更好的适应性。我们希望，在未来针对但不限于上述场景做出探索，通过业务融合、数据治理，将区块链技术落地于实际运用。在充分考虑保密和网络安全要求的前提下，利用新一代信息技术创新安全管理的方法、模式，并且架构设计具备开放性和柔性，支持现有系统适配集成，支持未来新应用需求的拓展，支持业务变革，实现数据的高效收集、分析和利用。为实现覆盖全业务范围、全产业环节、全生命周期、全管控要素的综合管控做出应有的贡献。

参考文献：

[1] DHILLON V, METCALF D, HOOPER M. The hyperledger project [M]. Blockchain Enabled Applications, 2017: 139 - 149.

[2] NAKAMOTO S. Bitcoin: a peer - to - peer electronic cash system [EB/OL]. [2023 - 02 - 01]. https://citese-erx. ist. psu. edu/viewdoc/download; jsessionid = 051480446BB56691DB1BBA726F21AA37? doi = 10. 1. 1. 221. 9986&rep = rep1&type = pdf.

[3] BUTERIN V. Ethereum white paper [EB/OL]. [2023 - 02 - 01]. https://github. com/ethereum/wiki/wiki/White - Paper.

[4] LAMPORT L. Paxos made simple [J]. ACM sigact news, 2001, 32 (4): 18 - 25.

[5] ONGARO D, JOHN O. In search of an understandable consensus algorithm [C] //USENIX Annual Technical Conference. Philadelphia, PA, USA, 2014: 305 - 319.

[6] LAMPORT L, ROBERT S, MARSHALL P. The Byzantine generals problem [J]. ACM transactions on programming languages and systems, 1982, 4 (3): 382 - 401.

[7] CASTRO M, BARBARA L. Practical Byzantine fault tolerance [C] //OSDI. New Orleans, Louisiana, 1999: 173 - 186.

[8] YIN M F, MALKHI D, REITER K M, et al. Hotstuff: BFT consensus in the lens of blockchain [J]. arXiv preprint arXiv, 2018: 1803. 05069.

[9] DWORK C, MONI N. Pricing via processing or combatting junk mail [C] //Annual International Cryptology Conference. Springer, Berlin, Heidelberg, 1992.

[10] KING S, SCOTT N. Ppcoin: peer - to - peer crypto - currency with proof - ofstake [Z]. self - published paper, 2012.

[11] BENCIC F M, ZARKO I P. Distributed ledger technology: blockchain compared to directed acyclic graph [C] //IEEE 38th International Conference on Distributed Computing Systems. Vienna, Austria, 2018.

A survey of blockchain application for group level enterprise

SHU Chang, HAN Chun-lin

(CNCC Dept of Scientific Information, Beijing 100037, China)

Abstract: In enterprise – level companies, blockchain technology has a wide range of application scenarios. For example, in supply chain management, blockchain technology can achieve transparent management of the entire supply chain, improving efficiency and security. Additionally, in the financial sector, blockchain technology can be used for cross – border payments and remittances, reducing costs and increasing efficiency. Furthermore, blockchain technology has promising applications in areas such as copyright protection, IoT, and healthcare. This paper is a survey for the blockchain system and its implementation, including the construction, consensus algorithm, smart contract and so on. And describe the application scenario in the large group company with multiple subsidiary corporations. This paper expounds the impact of the blockchain system on each sector and member units based on the scenario of group leader's view.

Key words: Blockchain ; Informationize; Consensus algorithm

远距离集中控制在地浸采铀生产中的应用

柳亚军，于长贵，曾亮亮，巴哈提亚，丁　益

（新疆中核天山铀业有限公司，新疆　伊宁　835000）

摘　要：本文以中核新疆矿业伊犁基地控制中心为例，从网络架构、网络安全、操作员监控站等几个方面，通过自动化、信息化、数字化手段整合、集成原有分布在三厂一中心的数据资源，实现了生产参数、视频的远程集中监控，形成了集生产调度、应急指挥功能于一体的集中控制中心，优化了生产运行模式，提升了生产管理能力，为后期类似矿山建设提供案例依据。

关键词：控制中心；网络安全

"数字化"是地浸采铀矿山目前的重要指标之一，也是支撑地浸采铀持续发展的重要措施之一，推动以自动化为支撑的全面数字化建设，实现生产现场调度重要性尤为突出。

作为"数字化"地浸采铀建设的一环和地浸采铀生产模式改革的需求，建立伊犁基地生产调度中心，实现新生产运行组织模式下的管控与调度指挥，对实现少人高效和提质增效具有重大意义[1]。

本文中地浸采铀生产场所生产调度的信息化应用是指利用信息通信技术、网络技术、计算机技术、自动控制技术将地浸生产中的单个信息孤点整合为信息汇聚中心，实现各子系统的整合集成，建成一个对业务范围内生产、生活、工作、安全等运行过程全方面监测、监控和操作的平台，一方面实现生产过程的统一监控、调度和指挥，提升地浸采铀安全生产水平；另一方面优化生产资源配置，提高人员工作效率，降低劳动强度，提升地浸采铀数字化水平[2]。

1　现状

1.1　各厂网络现状

中核新疆矿业伊犁基地目前在伊犁有 3 个生产现场，距离伊宁市 50 km 左右，3 个生产现场均在办公区建设了控制中心，各厂队建设有完备的自动化控制网络，采用 100 M 自适应冗余环网的方式，各厂自动化系统网络示意如图 1 所示。

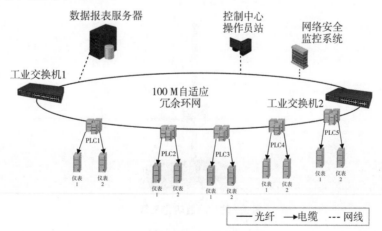

图 1　各厂自动化系统网络示意

作者简介：柳亚军（1981—），男，本科，工程师，现从事地浸采铀矿山自动化及信息化运维工作。

1.2 数据采集与存储

数据采集与存储主要流向为采集系统采集现场测量仪表数据，通过网络传输至各控制中心，以供操作人员和生产管理者使用，如图 2 所示。

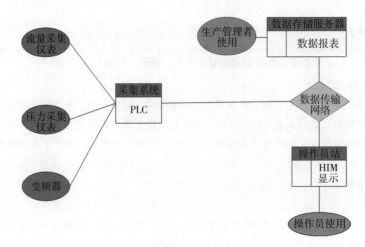

图 2 生产数据采集与存储示意

1.3 各分控制中心现状

各厂队建设有完备的自动化控制网络，采用环网冗余的方式；视频监控网络采用星型布置；控制中心配备完备的操作员站及视频监控大屏显示系统，其中七三七厂配备 2 台操作员站、1 套监控显示系统；七三九厂配备 2 台操作员站、1 套监控显示系统；七三五厂配备 6 套操作员站、1 套监控显示系统。

1.4 网络安全设备

各厂队自动化控制网络均配备了网络安全系统，主要包括漏扫设备、杀毒设备、审计系统、防火墙等。

防火墙采用透明模式，在自动化控制网络出口，负责监测自动化控制网络运行状态。防火墙布置模式如图 3 所示。

图 3 防护墙透明化布置示意

2 需求

需要将 3 个厂队控制中心内容迁移至伊犁基地，能够实现远程控制；组建基于伊犁基地的自动化网络，保障 3 个厂队在同时运行的基础上能够实现数据互通，实现系统稳定运行。

3 应用及实施

3.1 地址冲突与统一规划

由于前期各厂队独立运行，各厂队根据自己的设备进行 IP 地址的划分，如七三七厂的自动化系统和监控系统，均使用 192.168.1.×××段地址；七三七厂自动化系统、七三九厂自动化系统地址均为 192.168.1.×××；七三七厂、七三九厂、七三五厂监控系统使用 192.168.1.×××段地址。由于地址混淆，容易造成冲突，在整合过程中，首先将地址进行统一规划并实施了修改（表1），避免了冲突，方便了识别、维护与扩展，减少了系统故障。

表 1 伊犁基地信息系统 IP 地址分派表

序号	名称	自动化系统段	监控系统段	其他系统（不含 OA）
1	七三七	192.168.80－82.×××	192.168.83－85.×××	192.168.86－88.×××
2	七三九	192.168.70－72.×××	192.168.73－75.×××	192.168.76－78.×××
3	七三五	10.86.30－39.×××	192.168.63－65.×××	192.168.66－68.×××

3.2 网络建设

伊犁基地自动化网络在 3 个厂队自动化系统的基础上建立，在保障 3 个厂队现有网络安全运行的基础上，采用通信商专线的方式进行组建，主要结构如图 4 所示。

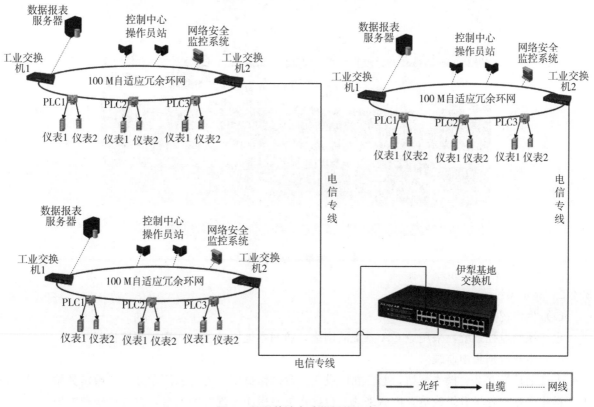

图 4 伊犁基地自动化网络示意

3.3 网络安全问题

为了降低投资，本次整合沿用各厂队网络安全监控系统，但从实际出发选择采用旁站方式对防火墙进行布置。防火墙旁站的特点和优势：具有高性能的网络出口，可以使用防火墙的 VPN、DHCP等功能。防火墙布置如图 5 所示。

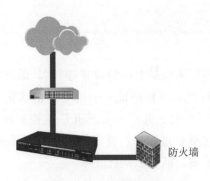

图 5　防火墙旁站示意

3.4 控制中心建设

3.4.1 操作员站

原有的各厂队控制中心操作员站保持运行，作为数据备份和应急操作使用。在伊犁基地控制中心新增操作员站，如图 6 所示。

图 6　伊犁基地操作员站

3.4.2 显示系统

（1）生产视频集中监控

生产视频监控系统，采用原 OA 系统的网络，访问本地服务器，实现视频监控互通。

（2）生产数据集中监视

七三七厂设立 2 台操作员站，七三九厂设立 2 台操作员站，七三五厂设立 4 台操作员站。对七三五厂操作员站进行了升级改造，由原来的 6 台操作员站压缩至现有的 4 台，方便操作和维护。

图 7　视频监控系统显示效果

3.4.3　通信系统

通信系统采用固定电话加移动电话的布置方式。

3.4.4　操作员站优化

（1）历史趋势

采用单点与复合型历史趋势，建立流量、压力、电流、频率等单点历史趋势；在需要分析某项数据时可以选择复合历史趋势。具有单点历史数据加载快、复合历史数据互相参考的特点，有利于操作人员进行数据分析（图8）。

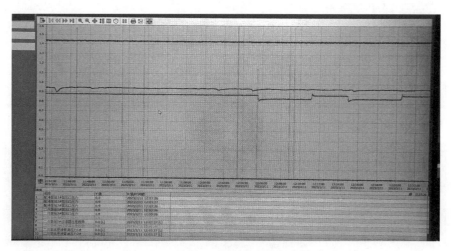

图 8　历史趋势效果

（2）优化数据一览功能

数据一览功能集中了该操作员站的主要数据，操作人员通过该功能可以掌握操作员站的运行情况，操作简便，降低了操作人员的操作强度（图9）。

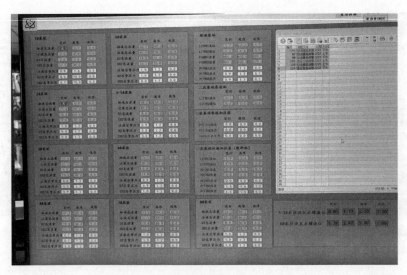

图 9　数据一览

（3）报警系统

报警系统分为单采区单孔高限、低限报警一览，主要数据报警一览，语音报警系统。其中，语音报警系统采用 BV 读取 WinCC 报警一览进行精确的语音报警，降低了操作人员的操作强度，采用外部控件的方式易于部署和修改，方便操作人员检查操作（图 10）。

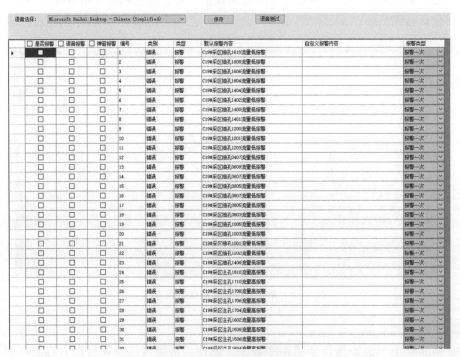

图 10　语音报警设置界面

（4）标准的组态

基于 IEC 61131−3 标准化的组态技术，主要特点是具有多样性、兼容性、开放性、可读性、易操作性和安全性，为后期项目移植提供基础（图 11）。

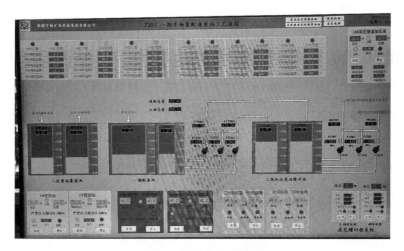

图 11　标准化组态界面

4　应用效果

（1）优化辖区无人值守运行模式（只巡检，不值守），实现由"有人值守"到"无人值守，有人巡检"的运行模式转变。

（2）精简机构，精减人员，经济高效。

（3）提升异常、应急处置效率，安排专业资质人员在生产调度中心值班，发现异常情况及时通知值班领导及生产安全值班人员到生产调度中心通过查看运行参数及视频进行研判，准确、快速下达处置指令。

（4）集中控制至投入以来，网络及控制系统运行稳定，为后期智能化地浸采铀提供案例依据。

5　经济效益

本次实施预算为 160 余万元，后采用自主实施的方式进行设备安装调试及操作员站编程调试，节约投资约 90 万元。

对天山铀业自动化运维部工作人员业务水平进行项目实施测试，提高了个人技术水平。

6　结束语

本文以生产现场实例描述通过自动化、信息化、数字化手段整合了原有的分布式资源，优化了原有生产运行模式，提升了工作人员生产管理能力。

后期还要在稳定运行基础上对系统进行升级改造，主要方向为国产化控制系统的实施和应用、网络安全系统的加强应用及智能化等方面的应用，进一步提高新疆地浸采铀矿山的信息化水平。

参考文献：

[1]　皮光林，光新军，王敏生，等．油气行业数字化创新模式与启示 [J]．中国矿业，2019，28（10）：117－123．

[2]　卢文刚．生产调度中心信息化应用 [J]．科技资讯，2014（18）：162－164．

[3]　同鸣．探讨地浸采铀数字化建设中存在的问题和对策 [J]．化工管理，2019．

[4]　吴丙奇．物联网技术分析及其在地浸采铀中的应用探讨 [J]．中国设备 工程．2020．

Application of long – distance centralized control in the production of ground – leaching uranium

LIU Ya-jun, YU Chang-gui, ZENG Liang-liang, Bahatia, DING Yi

(Xinjiang CNNC Tianshan Uranium Industry Co. , Ltd. , Yining, Xinjiang 835000, China)

Abstract: Taking the control center of CNNC Xinjiang Mining Yili Base as an example, this paper integrates the data resources distributed in the three plants and one center through automation, informatization and digital means from several aspects such as network architecture, network security and operator monitoring station, so as to realize remote centralized monitoring of production parameters and videos. It has formed a centralized control center integrating production scheduling and emergency command functions, optimized the production operation mode, improved the production management ability, and provided a case basis for similar mine construction in the later stage.

Key words: Control center; Network security

核质量保证
Nuclear Quality Assurance

目　　录

基于卓越绩效管理模式的中核建中质量目标管理的改进

童梦瑶

（中核建中核燃料元件有限公司，四川　宜宾　644000）

摘　要：质量目标是评价企业质量方针落实情况和质量管理体系运行情况的标准。中核建中核燃料元件有限公司（简称"中核建中"）作为国内最大的压水堆核电燃料元件生产基地，已建立和有效运行质量管理体系 30 余年，但对于质量目标的管理仍存在缺少过程管理、目标分解不协调、监测评价体系不完整等问题。通过分析和识别中核建中以往质量目标管理中存在的问题和缺陷，在考虑目标管理的基本要素的基础上，结合先进的卓越绩效管理模式的过程管理、绩效测量等特点，从战略规划出发，以过程思维对目标进行设定，实施统一分解目标的模式，创新监测和统计平台，开展精准的分析、评价和改进，使得中核建中的质量目标管理紧跟公司战略部署，各管理部门能够及时客观地掌握目标的完成情况，从而实施针对性的改进，最终形成更加系统的、有效的质量目标管理体系。

关键词：质量管理；质量目标；卓越绩效；核燃料元件

　　到 2035 年，我国在运和在建的核电装机容量合计将达到 2 亿千瓦。随着我国核电的发展，核燃料元件制造产业将迎来新时代的重大发展机遇。中核建中核燃料元件有限公司（简称"中核建中"）是国内最大的压水堆核电燃料元件生产基地。核燃料元件作为核电运行的"粮食"，为保障核电的稳定运行，需要将"高质量发展"放在关键位置。随着国内核电迎来新一轮发展，核电站对核燃料元件质量的要求和期望都越来越高。

　　企业质量目标的建立可以为全体员工提供在质量方面关注的焦点，同时，质量目标可以帮助企业有目的地、合理地分配和利用资源，以达到策划的结果[1]。中核建中自 20 世纪 80 年代正式建立起质量管理体系以来，运行状况良好，在行业内拥有良好的质量口碑。但中核建中对质量目标的设定和管理仍存在缺少过程管理、目标分解不协调、监测评价体系不完整等问题。

　　卓越绩效管理模式是全球公认的高效质量管理模式，以领导、战略、顾客和市场、测量分析改进、人力资源、过程管理、经营结果为关注方向。本文通过识别中核建中质量目标设定中的问题，结合卓越绩效模式的关注方向，从公司战略出发，改进质量目标的管理模式，形成全面、系统的质量目标管理体系。

1　质量目标设定考虑的因素

　　GB/T 19001—2016 中规定："组织应对相关职能、层次和质量管理体系所需的过程设定质量目标，质量目标应：a) 与质量方针保持一致；b) 可测量；c) 考虑适用的要求；d) 与产品和服务合格以及增强顾客满意相关；e) 予以监视；f) 予以沟通；g) 适时更新。"[2] 结合中核建中生产的实际情况，质量目标设定中考虑的主要因素有以下几个。

1.1　组织的质量方针

　　质量方针表明了公司的质量宗旨、方向和承诺，是公司各项质量工作的行动纲领，为质量目标的设定建立了基础性的框架，在充分理解公司质量方针的基础上，可以引出公司中长期质量目标。

　　中核建中的质量方针为"质量第一，以人为本，改进创新，追求卓越，为顾客提供安全可靠的核

作者简介：童梦瑶（1994—），女，工程师，主要从事核燃料制造质量管理研究。

燃料"。

1.2 顾客的核安全要求

核燃料元件的直接顾客就是各核电站。由于核电的特殊性，对于核电站来说，安全稳定地运行是最为重要的。燃料组件在核电站反应堆中发生很小的破损，都可能对电站的安全造成不利的影响。因此，对中核建中来说顾客对核燃料元件的产品质量和产品性能都有极高的要求。

1.3 产品合格的要求

我国核燃料元件是由专业的设计院设计，经过反复试验，最终固化的产品。鉴于燃料组件的安全重要性，对产品合格性的要求非常高。

中核建中的核燃料元件的生产过程主要包括化工转化、芯块制造、零部件加工、燃料棒加工、组件组装等过程，从核燃料元件的制造流程（图1）来看，主要的中间产品有粉末、芯块、管座、格架、燃料棒等，只有控制好这些中间产品，才能确保最终产品达到高质量的要求。

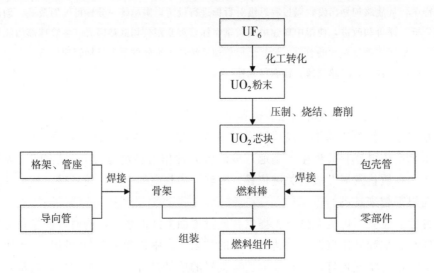

图 1 核燃料元件制造流程

1.4 其他利益相关方的要求

从外部环境和利益相关方来看，近年来国内核电发展态势良好，这就要求中核建中在保质保量地完成生产任务的同时，还需要承担对核电及其他核产品的科研项目，推动对核能的有效利用。国家对核电产业的监管也日益完善，对核电燃料元件制造过程的管控提出了更高的要求。

从内部环境和利益相关方来看，中核建中组织机构稳定，根据不同的生产流程组成车间，自动化水平较高，员工的操作技能熟练，工作环境良好。但作为带有辐射临界危险的生产企业，中核建中还要对环境的辐射水平进行特别的关注，并需要确保设备的稳定运行，以减少可能带来的风险。

2 中核建中质量目标管理中存在的问题分析

2.1 原质量目标管理情况

中核建中根据质量方针分解设定的部分原公司级质量目标如表1所示。

表 1　部分原公司级质量目标

序号	指标名称	目标值	周期	责任部门
1	中间 A 产品一次交验合格率	97.5%	月	二、八车间
2	中间 B 产品一次交验合格率	97.5%	月	四、八车间
3	中间 D 产品一次交验合格率	99.7%	月	三车间
4	组件一次交验合格率	99.7%	月	四、八车间
5	产品现场交付合格率	100%	产品交付	市场部
6	燃料元件入堆运行后因制造原因发生的破损率	0	年	技术部
7	合同履约率	100%	季	市场部
8	顾客满意度指数	94	年	质量管理部
9	因管理不善造成的经济损失 5 万元以上的质量问题数不超过	3	年	质量管理部
10	主要生产设备完好率	98%	半年	生产运行部
11	测量设备送检合格率	100%	季	质量管理部
12	培训一次合格率	96%	月	人力资源部
13	专用物项复验一次通过率	95%	季	物资供应部

2.2　质量目标管理问题分析

2.2.1　以产品为焦点，缺少对过程的关注

无论是卓越绩效模式，还是 GB/T 19001—2016 标准，都将过程方法作为质量管理的基本方法，在 GB/T 19001—2016 中明确提出：倡导在建立、实施质量管理体系以及提高其有效性时采用过程方法，通过满足顾客要求增强顾客满意。

中核建中所承担的核燃料元件制造质量要求高，过程复杂，且不易进行最终的验证，这就更需要用过程方法进行质量控制。但在以往的质量目标设定过程中，中核建中多从生产的各类产品的角度出发，缺少对制造过程的关注。然而，中核建中所生产的产品种类多，中间产品类型复杂，以产品为焦点就导致设定的目标很多，没有针对性，且统计复杂，分析评价不明确。

例如，原来在设定公司级产品质量目标时，对多种类型的中间产品和最终产品的一次交验合格率都设定了目标值。但实际交付用户的产品为燃料组件，在公司级设置了过多的指标项目，对关键中间产品的关注反而不突出了。

2.2.2　质量目标的分解不协调，责任部门不明确

将公司级质量目标分解落实到各部门和各岗位，可以使质量目标在企业内部做到"千斤重担大家挑，人人肩上有指标"，能使质量目标更具有操作性。

在以往的质量目标分解中，中核建中采用公司领导组织质量管理部门确定公司级目标，各部门自行确定部门级、岗位级目标，质量管理部再进行综合统一的方式。这样的方式导致部门级目标与公司级目标的匹配度不够，各目标间缺乏协调性，部门间各自为政。对同一公司目标的分解目标责任部门也会出现重合，不利于对目标的监测和评价。

2.2.3　质量目标的监测和统计不全面

质量目标进行设定和分解后，还需要对目标进行必要的监测和统计，跟踪目标的完成情况，修正和改进出现的问题。中核建中以往采用各单位自行进行监测的方式，缺少可以集成各单位实时目标完成情况的平台。这样导致对质量目标的完成情况把握不全面，未将监测和统计的结果相互关联，不易察觉可能出现的风险，也无法及时识别质量管理体系的运行情况。

2.2.4　质量目标的分析、评价和改进不完整

在质量管理体系运行过程中，采用"策划—实施—检查—处置"（PDCA）循环对过程和整个体

系进行管理。基于 PDCA 循环过程，对质量目标不仅要有测量和统计，还需建立分析、评价、改进的机制。但以往中核建中公司级、部门级质量目标的分析、评价过程没有从顶层出发，而是各自为政，未考虑公司总体内外部环境的变化情况。常常只关注是否达到了质量目标，对目标实施结果的深层次原因未加以分析，也未关注目标设定的适宜性和有效性。

3 基于卓越绩效模式的中核建中质量目标管理的改进方案

卓越绩效模式将过程、质量管理和绩效进行了系统性的整合，其倡导以公司战略为引导，涵盖以顾客为中心、系统思考和系统整合、坚持可持续发展，以及对组织文化和社会责任的要求。其中，过程管理和绩效测量系统是卓越绩效模式的核心部分，这正是质量目标管理的改进方向。

3.1 承接公司战略目标

卓越绩效模式的开展是以公司战略布局为起点，紧跟战略规划开展管理工作。从中核建中"燃料组件零破损"的战略目标出发，分解"质量第一，以人为本，改进创新，追求卓越，为顾客提供安全可靠的核燃料"的质量方针，重点关注"高质量""顾客为本""安全可靠"，可将公司中长期质量目标设定为：

① 产品现场交付合格率 100%；
② 顾客满意度指数 94 以上；
③ 燃料元件入堆运行后因制造原因发生的破损为 0。

3.2 识别管理过程

卓越绩效模式强调过程管理，基于中核建中的公司使命、愿景，从核心竞争力及关键成功因素出发，以业务流程为导向，通过定性或定量的分析，可以识别出中核建中质量管理的主要过程，分为价值创造过程和管理及支持过程两类，其中价值创造过程包含 5 个一级流程和 7 个二级流程，管理及支持过程包含 14 个流程（图 2）。

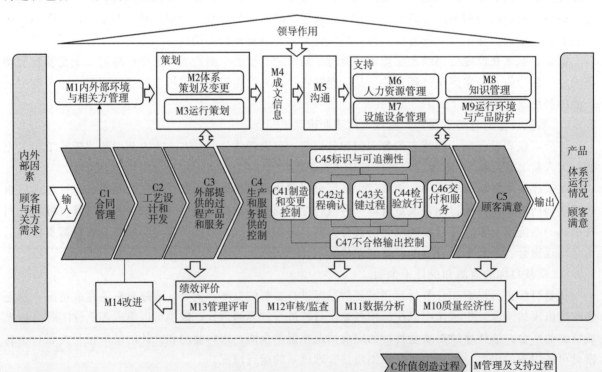

图 2 中核建中质量管理流程

与质量目标相关的流程主要包括：生产和服务提供的控制、顾客满意、人力资源管理、设施设备管理、知识管理、运行环境与产品防护、审核/监查、质量经济性、改进等。通过对这些过程的逐一分析，可以得到过程运行中所必须关注的质量目标。

3.3 形成公司级年度质量目标

为实现中长期目标，考虑质量目标设定的各项因素，结合质量管理体系的各个过程，将"产品现场交付合格率""顾客满意度指数""燃料元件入堆运行后因制造原因发生的破损"拆解和分析，可以形成公司级年度目标（表2）。

表2 公司级年度质量目标（部分）

序号	指标名称	目标值	周期	责任部门
1	燃料组件合格率（成品率）	100％	月	四、八车间
2	燃料组件一次交验合格率（出厂合格率）	100％	月	质量管理部
3	燃料组件用户接收合格率	100％	月	市场部
4	顾客满意度指数	94	年	质量管理部
5	顾客意见处理率	100％	季	计划部，市场部
6	质量责任追究事故/事件数	0	季	质量管理部
7	特种设备按时检定率	100％	年	生产运行部
8	主要生产设备完好率	98％	半年	生产运行部
9	测量设备周检率	100％	季	质量管理部
10	培训一次合格率	100％	月	人力资源部

与原目标相比，除了改进描述不准确的项目外，还主要进行了3项完善：①减少了对中间产品的关注，将其放入部门级目标以更加直观地进行统计，如骨架一次交验合格率等；②减少了过程中无法准确统计的指标项，如专用物项复验一次通过率，该指标是由原材料提供厂的产品质量决定的，与公司质量管理关系较小；③增加了与顾客、生产设备、科研管理等项目相关的指标项，如顾客意见处理率等，可以更加全面地了解质量管理体系的运行情况。

3.4 统筹质量目标分解

一个有魅力的质量目标可以激发员工的工作热情，引导员工自发地努力为实现企业的总体目标做出贡献[3]。运用卓越绩效模式的系统性思维，在进行质量目标分解时，需统筹各部门/车间所承担的不同任务，分析各部门/车间对整体目标的影响，进行系统的质量目标分解，以确定各目标都有明确的责任部门，且目标间相互协调，共同促进总目标的完成。

公司级质量目标是企业质量方针的直接量化，部门级目标主要关注为实现公司目标的关键过程，岗位级目标则需将实际工作与岗位职责进行结合。将公司级和部门级目标改进由公司统一进行设定和分解，岗位级目标再由各部门在部门级目标的基础上继续进行分解，自行考虑相应的目标值、统计方式和统计周期，并对目标进行管理[4]。面对不同的车间和岗位，分解应有差异，符合自身实际。3个层次的目标相互关联，通过分层级的统筹管理，可以实现对中核建中质量管理全过程的监视和测量。质量目标分层管理模式如图3所示。

质量责任制的建立，就是将质量目标分解落实到责任人的过程。从公司领导到岗位员工都有自己的责任，通过签订《质量责任书》，可以落实各级各类人员的质量目标责任。依据相关质量责任追究和激励办法，可以对责任落实情况进行考核，确保最终实现公司战略目标。

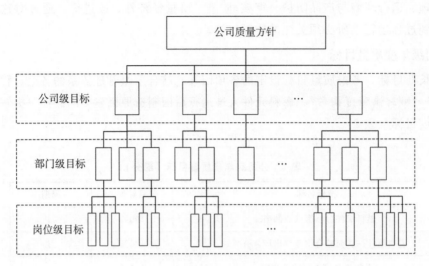

图 3　质量目标分层管理模式

从生产过程的角度出发，以每月统计的燃料组件合格率的分解为例。为实现燃料组件合格率的目标，要确保其生产过程的平稳有效，可以将其分解成"中间 A 产品合格率""中间 B 产品合格率""中间 C 产品合格率""中间 D 产品合格率""中间 E 产品合格率"等。这些中间产品的生产车间各不相同，考虑其生产工艺流程、设备运行状况及以往的合格率情况，为达到总目标，也将进行差异化的设置，具体设置如表 3 所示。

表 3　燃料组件合格率目标分解

序号	指标名称	目标值	周期	责任部门
1	中间 A 产品合格率	85%	月	二、八车间
2	中间 B 产品合格率	98%	月	四、八车间
3	中间 C 产品合格率	99%	月	四、八车间
4	中间 D 产品合格率	98%	月	三车间
5	中间 E 产品合格率	97%	月	三车间

以反映顾客关注的顾客满意度指数为例。中核建中根据生产产品不同，与顾客间的接口部门主要为计划部和市场部。为确保达到更高的顾客满意度指数，按不同产品的生产情况设定顾客满意度指数目标值。从卓越绩效管理模式的过程思维出发，要提升最终的顾客满意度指数，还可以通过分解出的用户接收合格率和顾客意见处理率来进行跟踪和控制。无论是产品被用户接收的情况还是处理意见的情况，其指标值越高，越能保证顾客满意度指数目标的实现，具体设置如表 4 所示。

表 4　顾客满意度指数目标分解

序号	指标名称	目标值	周期	责任部门
1	Ⅰ产品顾客满意度指数	91.5	年	市场部
2	Ⅱ产品顾客满意度指数	98	年	市场部
3	Ⅲ产品顾客满意度指数	94	年	市场部
4	顾客意见处理率	100%	季	市场部
5	用户接收合格率	100%	月	市场部

3.5 全面监测和统计目标完成情况

卓越绩效模式倡导全面收集、分析和统计监测数据，以此对质量目标的监测和统计模式进行改进。打破各自统计的方式，采用管理部门统一建立数据平台，各部门按照统计周期上报各自的质量目标完成情况的方式。管理部门可以全面把握质量目标的整体完成情况，识别各部门在完成目标过程中遇到的问题和障碍，提供必要的支持，还可以起到监督的作用，对未能达到目标的过程进行及时的改进，减少可能出现的风险[5]。质量目标统计示例如表5所示。

表 5　质量目标统计示例

序号	指标名称	目标值	周期	责任部门	统计值					
					1月	2月	3月	4月	5月	6月
1	中间 A 产品合格率	85%	月	二车间	85.2	86.1	85.7	85.4	86.3	85.6
2	中间 A 产品合格率	87%	月	八车间	87.7	87.4	87.3	87.8	87.3	87.4
3	中间 B 产品合格率	98%	月	四车间	98.6	98.8	98.0	98.1	98.7	98.8
4	中间 B 产品合格率	99%	月	八车间	99.1	99.1	99.0	99.3	99.4	99.4
5	中间 C 产品合格率	99%	月	四车间	99.3	99.2	99.2	99.4	99.3	99.2
6	中间 C 产品合格率	99%	月	八车间	99.3	99.4	99.2	99.4	99.4	99.2
7	中间 D 产品合格率	98%	月	三车间	98.5	98.8	98.6	98.5	98.7	98.8
8	中间 E 产品合格率	97%	月	三车间	97.5	97.7	97.4	97.7	97.6	97.8

3.6 精准开展分析、评价和改进

为打造竞争能力，卓越绩效模式要求对绩效指标进行有针对性的分析、评价，进而开展相应的改进，这样可以形成一套改进流程[4]。

一方面，在某一个质量目标实施过程中，各责任部门需按统计周期对目标进行统计、汇总，同时对目标完成情况进行分析和评价。对于未能达到目标值的质量目标，或者虽然达到目标值，但发生了较大波动的情况，都应该从各个角度分析其产生的原因，并针对原因采取有效的改进措施。另外，质量目标还需要与往年同期的目标完成情况进行比较，分析目标值是否稳定或改进有效，对于与同期数据有较大差异或是有下降趋势的目标值，提出有针对性的改进措施。这时，应该考虑更多地使用统计学的方法，客观地分析质量目标的变化情况。单个质量目标分析改进流程如图4所示。

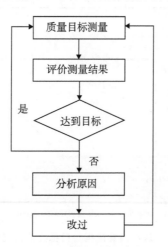

图 4　单个质量目标分析改进流程

另一方面，每年进行的管理评审中，在沟通质量方针的同时，也需对总体质量目标管理情况进行整体评价。质量目标的统计数据可以支持公司领导考虑质量目标是否能满足企业中长期战略发展规划的需要。同时，质量目标的结果可以与"标杆"企业相对比，分析管理中存在的不足，采取有针对性的改进措施，不断追求更好的目标。总体质量目标分析改进流程如图 5 所示。

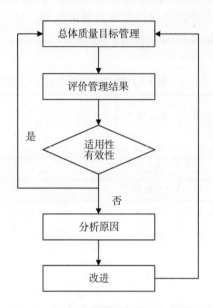

图 5　总体质量目标分析改进流程

以顾客满意度指数的改进为例。顾客满意度指数（CSI）可以作为"顾客满意"过程的质量目标之一，其统计过程主要是以年为统计周期，通过顾客对产品制造或服务提供的不同环节的打分，再以一定的权重来进行综合得出一个客观分数。这个分数可以直接体现顾客满意的程度，也可以进行相互比较，识别改进点。2017—2021 年顾客满意度指数目标完成情况对比如表 6、图 6 所示。

表 6　顾客满意度指数目标完成情况对比

对比项	2017 年	2018 年	2019 年	2020 年	2021 年
目标设定值	92	92	92	94	94
实际完成值	95.08	95.26	95.59	94.12	94.32

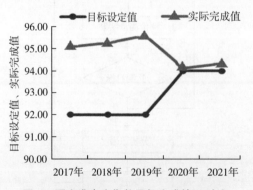

图 6　顾客满意度指数目标完成情况对比

从以上图表可以看出，2017—2019 年顾客满意度指数一直呈现上升趋势，原有的目标值 92 与实际值有一定的差距，经过相关评审和讨论，将 2020 年顾客满意度指数的目标值升高至 94。然而，2020 年虽完成了质量目标的设定值，却打破了原有的上升趋势，与前 3 年相比顾客满意度指数有一定的下降。这样的情况明显表现出了在"顾客满意"方面存在的不足。针对这种情况，提升顾客满意度指数成为公司 2021 年质量工作的改进项之一。相关管理部门组织了与顾客的座谈会，听取顾客意见，再与相关接口部门讨论具体情况，最终形成有针对性的改进计划。2021 年的顾客满意度指数有所提升，但分析来看，仍需继续加强相关工作。

4 中核建中质量目标管理的改进效果

4.1 紧跟公司战略部署

公司采用 PEST、波特力分析等方法确定了公司战略和战略目标，改进后的质量目标管理体系将紧跟公司的战略部署，与公司绩效考核和对标工作相结合。从顶层开始分解，从底层开始实施，指引公司全体员工为实现"十四五"总体规划目标而努力。

4.2 客观及时掌握目标动态

通过对质量目标体系的改进，管理部门可以客观及时地掌握各级质量目标的动态情况。利用信息化技术，可以获得产品的实时信息，并在统计平台上集中体现出来。这样可以快速、科学地发现目标实施中出现的异常情况，及时采取有效措施，减少可能的质量损失，降低可能出现的风险。

5 结论

核燃料元件的质量会对核电站的安全运行，以及国家利益、公共环境安全和社会利益产生巨大的影响。正是这样的高质量要求，导致核燃料元件制造过程中的质量控制环节多。所以，引入国际领先的卓越绩效管理模式，可以极大地提升中核建中质量管理的有效性。

通过将卓越绩效管理模式与中核建中实际的生产、经营和管理状况相结合，可以识别和确定核燃料制造过程的质量目标，并对质量目标进行层层分解，对质量目标的完成情况进行监视、测量和分析，不断改进中核建中质量目标管理工作，进一步保障中核建中产品质量，提升公司核心竞争力，实现核燃料产业安全、高质量的发展。

参考文献：

[1] 贾伟江 . 把企业质量目标管理做细做实 [J] . 质量工作，2006 (2)：42 - 46.

[2] 全国质量管理和质量保证标准化技术委员会 . 质量管理体系　要求：GB/T 19001—2016 [S] . 北京：中国标准出版社，2017.

[3] 梁斌 . 浅谈对质量目标的管理 [J] . 世界标准化与质量管理，2008 (1)：29 - 33.

[4] 蔡艺 . DC 企业质量目标体系的构建与应用研究 [D] . 大连：大连理工大学，2019.

[5] 朱泽云 . 企业质量目标管理存在的问题及对策研究 [J] . 电子质量，2020 (5)：80 - 82.

Improvement of quality objective management for CJNF based on excellent performance management model

TONG Meng-yao

(CNNC Jianzhong Nuclear Fuel Assembly Co. , Ltd. , Yibin, Sichuan 644000, China)

Abstract: The quality objective is a standard for evaluating whether the company's quality policy is implemented and whether the quality management system (QMS) is operating effectively. CNNC Jianzhong Nuclear Fuel Assembly Co. . Ltd (CJNF) is the largest pressurized water reactor nuclear fuel component production base in China. It has established and effectively operated a QMS for more than 30 years. However, there are still some problems in the management of quality objectives, such as lack of process management, uncoordinated decomposition of objectives, and incomplete monitoring and evaluation systems. Quality objective management can be improved by analyzing and identifying the problems and deficiencies of previous quality objective management, and using a method combined on excellent performance management model and the basic elements of objective management. Improvement starts from strategic planning. First, set objectives with process thinking, then implement a unified model of decomposing objectives, and innovate a monitoring and statistical platform, and finally carry out accurate analysis, evaluation and improvement. In this way, quality objective management can keep up with the company's strategic deployment, and management departments can timely and objectively grasp the completion of the target, so as to implement targeted improvement. A more systematic and effective quality objective management system will be formed.

Key words: Quality management; Quality objective management; Excellent performance; Nuclear fuel component

核工程质量保证工作改进提升研究

杨利群

（中核工程咨询有限公司，北京　100000）

摘　要： 核工程质量保证工作（简称"质保工作"）涉及领域广，如核电、核化工等，单位多，如监理、勘察、设计、业主、施工、设备制造等。作者通过长期的质保工作实践、观察和总结发现，行业内大部分涉核单位的质保工作水平总体不高且参差不齐。该现象产生的原因是多方面的，作者认为，一是部分国家核安全法规、标准修订发布滞后，难以满足核工程质保工作需求；二是国家职业教育至今尚未设置"质量保证"专业学科，质保专业人才培养主要依靠自学、工作实践，缺少系统的专业化学习；三是企业的重视程度不足，缺少质保工作提升目标和规划。本文基于作者长期的核工程质保工作经验，从质保工作现状、现状的成因、问题解决对策等方面进行探讨交流，力争达成共识，共同促进核工程质保工作水平的全面提升。

关键词： 质保工作；法规、标准；人才；提升

《国防科技工业军用核设施质量保证规定》[1]（简称《军质规定》）规定：营运单位和承（分）包单位应在军用核设施选址、设计、建造、调试、运行以及退役等各阶段，建立和实施质量保证体系，并进行验证和持续改进。《核电厂质量保证安全规定》HAF003—1991[2]、《核电厂建设工程监理标准》GB/T 50522—2019[3]同样包含相关类似要求，主要包括：营运单位和承（分）包单位应设置组织上相对独立的质保职能部门并配备质保职能人员，确保适用的质量保证大纲被制定和有效实施，验证各种活动是否正确地按规定进行。

行业内有关单位的质保工作水平受核安全法规、标准滞后，质保专业人才短缺及企业的重视程度不足影响和制约，质保工作水平总体偏低且长期无明显的改进提升。

如果要彻底地摆脱上述质保工作水平偏低的局面，作者认为首先应尽快解决部分核安全法规、标准滞后，质保专业人才短缺，企业重视程度不足的问题。

1　质保工作现状

1.1　部分核安全法规、标准滞后

（1）2018 年 1 月 1 日施行的《中华人民共和国核安全法》[4] 第 92 条规定：军工、军事核安全，由国务院、中央军事委员会依照本法规定的原则另行规定。但目前军工领域尚未发布和（或）修订适用的条例、法规（如《军质规定》）及导则等文件。

（2）国际原子能机构（IAEA）的有关核安全法规/标准分别于 1996 年、2006 年进行了修订发布，而我国 1991 年 7 月 27 日发布的 HAF003—1991[2] 至今仍在实施，法规、导则的修订发布已严重滞后于核工程质保工作需求。

另外，HAF003—1991[2]、导则为国际原子能机构（IAEA）法规、导则的中文翻译版，英文语法与中文语法差异较大，有关单位在培训学习、执行过程中经常会遇到同一条款释义理解各异的情况，为行业内广大从业者带来了极大的不便。

作者简介： 杨利群（1966—），男，满族，河北省秦皇岛市青龙满族自治县，工程建设监理工程师，长期从事核电、核化工工程建设质保工作。

（3）《军质规定》[1] 的施行缺少下游支撑体系文件，如导则、技术文件等，法规施行过程中存在一定的困难。

（4）支撑 HAF003—1991[2]、《军质规定》[1] 文件的规范标准至今未发布。

1.2 质保专业人才短缺

目前核工程质保专业人才严重短缺是一个不争的事实。质保专业人才一是依靠工作实践内部培养，二是社会招聘（实际招聘难度较大），相关人员均缺少系统的专业化培训学习，综合素质、技能总体偏低。目前的质保专业人才严重短缺是质保工作水平偏低的重要因素之一。

1.3 企业重视程度不足，缺少提升目标和规划

HAF003—1991[2] 规定，负责质保职能的人员和部门必须向级别足够高的管理部门上报，以保证上述必需的权力和足够的组织独立性，包括不受经费和进度约束的权力。对于该要求，行业内有关单位基本能够按照法规要求纳入质量保证大纲。

由于种种原因，条款的执行情况与法规和质量保证大纲要求相差甚远，主要表现在：企业缺少质保工作提升目标和规划，不注重人才培养和储备，质保人员配备数量不足，人员素质、技能总体偏低，给予的实际授权不足，甚至沦为"二线"部门/人员，升职、加薪、评先机会少，收入总体偏低等。

上述种种因素导致有关单位的质保工作水平总体偏低。主要表现在如下几个方面。

1.3.1 质保体系管理

由于企业的重视程度不同，体系运行的有效性分为下述 3 个类型。

（1）企业重视程度相对较高、体系管理总体有效

组织机构健全，设置了独立的质保部门，人员配置总体满足质保工作需求；制定实施了满足核安全法规、标准要求的质保体系文件并定期维护，体系运行总体有效。

（2）企业重视程度一般、体系管理基本有效

组织机构健全，设置了独立的质保部门，但人员配置数量不足或人员素质、技能偏低；制定实施了基本满足核安全法规、标准要求的质保体系文件，按照规定开展了体系文件定期评审但不够系统全面，体系运行基本有效。

（3）企业重视程度偏低、体系管理有效性差

组织机构不健全，未设置独立的质保部门和（或）人员配置数量不足和（或）未配置专职质保工程师和（或）人员素质、能力低下；制定了质保体系文件，但符合性、充分性和适用性不够，未开展体系文件的定期评审，体系运行有效性差。

1.3.2 质保监督监查管理

由于企业的重视程度不同，质保监督监查管理的有效性分为如下 3 个类型。

（1）企业重视程度相对较高、体系管理总体有效

制订了质保监督监查计划，按照计划或随机开展了质保监督监查活动，并按照规定对发现的问题进行了跟踪、验证关闭，对体系运行的持续改进、提升起到了积极的促进作用。

（2）企业重视程度一般、体系管理基本有效

制订了质保监督监查计划，基本能够按照计划或随机开展质保监督监查活动，但计划执行的有效性相对较差，监督监查发现的问题质量不高、过于表面化，问题跟踪、验证关闭管理不到位，对体系运行的持续改进、提升促进作用不明显。

（3）企业重视程度偏低、体系管理有效性差

未按照规定制订质保监督监查计划，或计划编制前未按照规定开展系统的数据统计分析，计划缺少针对性；未按照核安全法规、标准和质保大纲要求开展质保监督监查活动，质保监督监查职能基本

失效。

2　现状的成因

2.1　部分核安全法规、标准滞后问题

众所周知，《核动力厂设计安全规定》HAF102—1991分别于2004年、2016年进行了适用性、通俗性修订，而HAF003—1991[2]、导则目前施行了32年，《军质规定》[1]目前施行了18年，至今均未发布新的适用版本。

2.2　质保专业人才短缺问题

（1）部分核安全法规修订发布滞后，人才培养缺少法规约束。
（2）国家初高级职业教育至今未设置"质量保证"专业。
（3）企业自身重视程度不足，缺少人才培养和储备机制。

2.3　企业对质保工作重视程度不足问题

企业内部对质保工作重视程度不足，主要原因如下。
（1）部分核安全法规修订发布滞后，对企业缺少约束。
（2）规范标准编制发布滞后，缺少可行的指导性技术文件。
（3）国家主管机构对相关企业的监管力度不足。

3　问题解决对策

3.1　部分核安全法规、标准滞后问题解决对策

对于部分核安全法规、导则和标准制定发布进展滞后问题，广大涉核企业、组织、学会、协会等应通过适当的机会和平台，积极呼吁国家有关主管机构加快有关法规修订和标准发布进程。确保国家有关监管机构、涉核企业的核安全、质保工作有章可循、有法可依。

3.2　质保专业人才短缺问题解决对策

（1）积极推进初高级职业教育"质量保证"专业设置进程

国家核安全主管机构、涉核企业、组织、学会、协会等应积极与国家教育管理机构沟通，全力推进"质量保证"专业设置进程，彻底地打破质保专业人才短缺的瓶颈。

（2）针对企业人才培养和储备问题

涉核企业应认真积极策划适用于本企业的质保工作改进提升规划，在规划中对人才培养和储备管理做出具体规定，有序推进实施，直至实现人才培养和储备目标。

3.3　企业对质保工作重视程度不足问题解决对策

对于涉核企业内部的对质保工作重视程度不足问题，首先需要得到企业高层领导的足够重视。法规、标准滞后，人才短缺并不代表企业的质保工作水平可以长期低水平徘徊、停滞不前，可根据企业的实际情况制定实施适用于本企业的质保工作改进提升规划。规划可包括（但不限于）以下几个方面内容。

3.3.1　目标的制定
确定短期、中期和长期质保工作改进提升目标。

3.3.2　组织机构设置
根据大中小项目（或单位）确定质保部门的设置和人员配备数量、岗位工作技能要求。

3.3.3　职责分工
明确质保部门的职责分工，主要职责应包括体系的建立和维护、内外部监督监查，以及必需的其

他质保工作，确保质保部门的职责分工科学合理。

3.3.4　人才培养和储备

（1）有目标、有目的地筛选一批有能力、有意愿、认真负责的专业人才进行定向培养。

（2）考虑到质保工作涉及单位、专业和领域众多，人才培养应进行专业搭配，以便更好地针对各专业、领域开展质保监督监查。

（3）定期不定期地组织或参加内外部交流、研讨，相互学习、取长补短。

3.3.5　质保岗位人员的责权利

在保证职责分工合理，人员配备数量、素质和技能满足要求的前提下，对质保部门/人员的工作绩效进行考核，考核结果与经济挂钩，确保责权利清晰明确对等。

3.3.6　队伍的稳定措施

在质保工作绩效显著、考核合格的基础上，合理地提高质保专业人员的待遇，如升职、加薪、评先等，努力稳定质保队伍。

3.3.7　跟踪检查、定期总结

质保工作改进提升规划实施过程中应进行动态跟踪检查、定期总结，确保规划目标的顺利实现、持续改进。

4　结论

作者以核工程质保工作水平偏低为切入口，发现了质保工作领域存在的诸多问题，如部分核安全法规、导则和标准发布滞后问题，质保专业人才短缺问题，企业对质保工作重视程度不足问题等，并提出了问题解决的对策和建议。

上述问题的解决非常紧迫，需要国家核安全主管机构高度重视起来，广大核工程从业者、质保工作者达成共识，积极努力地去呼吁、推进。行业内相关企业应积极主动地行动起来，根据自身实际情况做好质保工作改进提升规划并有效实施，不断提升核工程质保工作水平，确保质保工作满足法规、标准要求，持续改进、提升。

致谢

各位领导、专家及同行们，本文编制过程中的部分观点、论据得到了国家核安全局华北站核安全监督官员的大力帮助和认真指导，借此机会在此真诚地表示感谢！

参考文献：

[1] 国家国防科技工业局．关于印发《国防科技工业军用核设施质量保证规定》的通知［EB/OL］．（2005 - 03 - 15）［2023 - 01 - 20］．https://www.sastind.gov.cn/gdnps/pc/content.jsp? id＝805.

[2] 核电厂质量保证安全规定［EB/OL］．（1991 - 07 - 27）［2023 - 01 - 20］．https://www.mee.gov.cn/gzk/gz/202112/P020211213458874564592.pdf.

[3] 住房和城乡建设部．核电厂建设工程监理标准：GB/T 50522—2019［S］．北京：中国计划出版社，2020.

[4] 中华人民共和国核安全法［EB/OL］．（2018 - 01 - 01）［2023 - 01 - 20］．https://www.gov.cn/xinwen/2017 - 09/02/content_5222119.htm.

Research on improvement and enhancement of nuclear engineering quality assurance work

YANG Li-qun

(China Nuclear Engineering Consulting Co. , Ltd. , Beijing 100000, China)

Abstract: The quality assurance work of nuclear engineering (abbreviated as quality assurance work) involves a wide range of fields, such as nuclear power, nuclear chemical engineering, etc. , with multiple units, such as supervision, survey, design, owner, construction, equipment manufacturing, etc. The author found through long – term practice, observation, and summary of quality assurance work that the overall level of quality assurance work in most nuclear related units in the industry is not high and uneven. The reasons for this phenomenon are multifaceted. The author believes that firstly, some countries have delayed the revision and release of nuclear safety regulations and standards, making it difficult to meet the needs of nuclear engineering quality assurance work. Secondly, the national vocational education has not yet established a " quality assurance" professional discipline, and the cultivation of quality assurance professionals mainly relies on self – learning and work practice, lacking systematic and specialized learning. Thirdly, enterprises do not attach enough importance to it, Lack of quality assurance work improvement goals and plans. Based on the author's long – term experience in nuclear engineering quality assurance work, this article explores and exchanges the current situation of quality assurance work, its causes, and problem – solving strategies, striving to reach a consensus and jointly promote the comprehensive improvement of nuclear engineering quality assurance work level.

Key words: Quality assurance management; Regulations and standards; Talents; Improvement

AP1000 核燃料制造质量控制策略研究与实践

崔陈魁[1]，戎卫东[1]，魏文斌[2]

（1. 山东核电有限公司，山东　烟台　265116；2. 华能核能技术研究院有限公司，上海　200126）

摘　要：核燃料可靠性直接影响核电站的经济性和安全性，其核心就是保持燃料组件完整性。作为核动力营运单位，在燃料制造期间开展有针对性的质量监督工作，可以有效降低制造过程中引入的燃料失效风险。本文根据对压水堆燃料失效机理的分析总结，结合 AP1000 核燃料设计特点及其制造工艺流程，归纳了 AP1000 核燃料制造中针对格架与燃料棒微动磨损、异物磨蚀、芯块-包壳相互作用和制造缺陷等主要失效机理采取的预防措施，从提升燃料可靠性的角度确立了 AP1000 核燃料制造质量控制策略，并进行了实践应用。通过实践的检验，初步确认上述策略对于优化提升 AP1000 核燃料组件的可靠性具备现实成效，并对压水堆燃料制造质量控制有广泛的参考意义。

关键词：AP1000 核燃料；制造质量控制；实践

　　燃料组件包壳作为核电站反应堆的第一道安全屏障，一旦丧失完整性，会直接导致裂变产生的放射性核素进入反应堆一回路，进而造成一回路系统、设备的放射性剂量水平升高，对其功能和性能造成不利影响，导致大修项目和时间增加等，还会导致核电厂运维人员受照剂量上升。回路放射性超限还可能导致非计划停堆，从而造成循环发电量减少、循环弃料、耗时开展紧急换料设计等，显著影响核电经济性。为此，重视预防燃料失效、提高燃料可靠性，对保障核电站运行的安全性和经济性具有重要意义。

1　压水堆燃料失效的主要成因

　　IAEA 对近期压水堆核电站燃料失效原因的调查统计结果[1] 显示，2006—2015 年，世界范围内压水堆已知的燃料失效成因主要集中在格架与燃料棒磨损（Grid - To - Rod - Fretting，GTRF）、异物磨蚀（Debris Fretting）、芯块-包壳相互作用（Pellet - Cladding - Interaction，PCI）、制造缺陷等方面（图 1）。

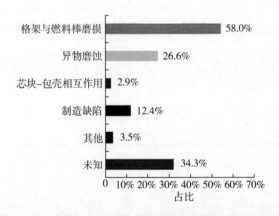

图 1　2006—2015 年世界范围内压水堆燃料失效成因占比

　　本文着重介绍主要的发生机理明确的压水堆燃料失效成因。

作者简介：崔陈魁（1989—），男，汉族，陕西省三原县，工程师，学士，现从事核燃料管理方面研究。

1.1 格架与燃料棒磨损 (GTRF)

压水堆燃料组件格架通过栅元中的弹簧和刚凸特征的定位夹持系统，对燃料棒施加轴向上加持力从而实现燃料棒轴向定位。出于中子经济性的考虑，目前压水堆燃料组件在活性区内的格架通常采用锆合金材料，随着中子注量的上升，加持力逐渐下降。当格架夹持系统对燃料棒的夹持力不足时，燃料棒在冷却剂冲刷下产生的流致振动会造成其与格架接触部位（弹簧和刚凸）发生较大幅度的反复相对运动，造成包壳材料磨损并发腐蚀，严重情况下会导致包壳破损。此外，冷却剂的堆芯内流动模式，是影响燃料棒振动磨蚀的另一重要因素，燃料棒之间冷却剂的流动状态主要受燃料组件格架和管座影响。

典型特征：GTRF 导致的破损通常发生在寿期中后，分布在格架与燃料棒接触区域，包壳上可见与弹簧或刚凸接触形状相似的材料缺失（图 2）。

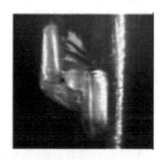

图 2　GTRF 导致破损的典型示例

1.2 异物磨蚀 (Debris Fretting)

工程建设或换料大修过程中一回路引入异物，以及燃料制造、包装运输过程中新燃料引入异物，都有可能造成异物随冷却剂循环进入堆芯后卡在燃料组件中，随冷却剂流动不断振动磨蚀燃料棒，最终导致包壳破损。

典型特征：异物磨蚀导致的破损通常发生在寿期初（燃料棒表面尚未生成具有保护作用的氧化层），燃料组件底部区域（处于底部的格架对异物起到过滤作用）出现不规则的材料缺失（图 3）。

图 3　异物磨蚀导致破损的典型示例

1.3 芯块-包壳相互作用 (PCI)

《核动力厂反应堆堆芯设计》[2] 附录 I 对"芯块-包壳相互作用"的说明是，当包壳内表面应力在腐蚀环境下达到一定限值时，就会发生燃料包壳应力腐蚀开裂。通常是在高燃耗下，功率瞬态过程中，芯块与包壳的形变差导致包壳应力超过极限，发生破损。这一机理往往与芯块制造缺陷 MPS（Missing Pellet Surface）有关。此外，机组运行过程中燃料芯块内外侧可能存在的巨大温度梯度会造

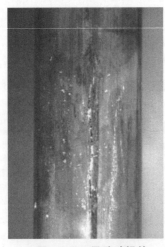

图4 PCI 导致破损的
典型示例

成芯块的扯铃变形[3]，以及可能出现的芯块肿胀，变形的芯块与包壳发生局部接触，使得包壳承受较大应力，也会发生 PCI 效应。国际上还没有能够明确避免 PCI 发生的准则，目前的主要办法是限制反应堆升功率速率，并在换料设计时开展 PCI 风险分析。

典型特征：PCI 导致的破损通常发生在寿期中后，包壳与芯块接触后，破损形貌通常为轴向狭长裂口（图4）。

此外，还有制造缺陷（Fabrication），如端塞焊接缺陷/沾污（Weld Contamination）、棒内充压不足、芯块表面不完整（引起 PCI）、包壳氢含量控制问题（一次氢化）等造成的燃料棒异常破损（由于缺陷不同而呈现不同特征）；水垢/腐蚀（Crud/Corrosion），冷却剂中的杂质积聚在包壳表面，并腐蚀包壳材料，导致包壳破损（腐蚀导致的破损通常发生在寿期中后，堆芯上半部分且功率较高的位置出现不规则的材料缺失）。

2 AP1000 核燃料预防破损设计特征及制造质量控制

燃料组件制造涉及粉末冶金、芯块制备、机械加工、理化检测等众多环节，为了优化 AP1000 核燃料制造质量控制工作，结合压水堆燃料失效常见原因，考虑相关燃料设计内容，从预防燃料失效的角度梳理分析 AP1000 核燃料制造工艺流程，确定关键的检验工序。

2.1 预防 GTRF 设计及制造质量控制

AP1000 重点优化了格架设计，以降低燃料组件发生 GTRF 的风险。AP1000 核燃料格架均采用 6 点支撑，在初始（17x17 RFA-2 XL）设计的基础上通过调整刚凸与弹簧的形状和布置特征，增大磨损接触面、降低接触应力、降低格架压强，平衡水力冲击。此外，通过调整中间格架/中间搅混格架的搅浑翼布置平衡流体的冲击载荷，减轻格架的流致振动，研发强化保护格架设计，增加"锯齿形"振动缓解特征，调整刚凸形状特征，显著减轻流致振动。

为保证缓解 GTRF 的设计特征，特别是燃料棒和格架设计特征的实现，AP1000 核燃料组件对格架和燃料棒制造实施了一系列质量控制措施，包括格架栅元尺寸检测，格架与燃料棒接触点的刚凸、弹簧的质量，骨架制造后格架就位情况（确定与燃料棒的接触位置），燃料棒直线度，拉棒后格架与燃料棒的接触情况。涉及的工序包括：

（1）格架栅元尺寸检测，使用格架检测装置，采用光学测量的方法，测量对比分析格架栅元尺寸和刚凸垂直度。

（2）骨架尺寸和外观检验，其中胀接点位置检查，使用专用胀接点位置规检查格架胀接点的位置满足要求；格架平面度检查，使用塞尺检查所有格架角部与平台的间隙满足要求。

（3）燃料棒尺寸和外观检验，其中燃料棒直线度检查，在检测平台上将燃料棒进行单根滚动，如有必要使用塞尺检测可能的间隙处。

（4）拉棒后尺寸和外观检验，其中检测燃料棒下端和下管座间隙，安装燃料棒间隙规，确认合格情况。

（5）燃料组件外形尺寸检验，检查格架的扭曲度，确认组件全部格架与燃料棒的接触应力在可接受范围内；燃料组件清洁度检查，包括格架检查、燃料棒检查。

2.2 预防异物磨蚀设计及制造质量控制

为进一步降低异物对燃料磨损的风险，AP1000 核燃料组件采用三重防异物设计，包括小孔过滤下管座（防异物下管座）、保护格架和长端塞预生耐磨膜燃料棒（燃料棒氧化涂层）。一方面，防止碎片进入燃料组件与燃料棒接触引入破损风险；另一方面，提高燃料棒下部本身的耐磨性能。

另外，在制造过程中，实施了一系列异物控制措施，并通过多重的清洗工艺和外观目视检查预防燃料组件内部留存异物。

AP1000 核燃料制造过程中采取了以下防异物措施和针对防异物特征的质量控制手段。

（1）下管座和保护格架的入厂复验，入厂检测下管座的 S 孔内径和高度，目视检查外观和清洁度；保护格架入厂检验时开展尺寸和外观检测，用目视检测的方法检测格架是否存在外观缺陷，测量格架外形尺寸等是否满足图纸要求。

（2）包壳管氧化膜厚度检验，使用傅里叶变换红外光谱法对包壳管氧化膜厚度进行检测，核实设备开机后的管氧化结果在目标范围内。

（3）骨架尺寸和外观检验，其中下管座平行度检查，将骨架放置于平台上，使用塞尺检查下管座围板角部与平台之间的间隙；保护格架条带的弯曲情况检查，核查仪表管附近或周围保护格架内条带没有损坏或弯曲超过限值。

（4）拉棒后尺寸和外观检验，其中目视检测保护格架，目视检测所有可以看到的条带和栅元无损坏，检查 4 个刚凸必须都与燃料棒接触；检测燃料棒下端和下管座间隙，确认保护格架与燃料棒结合度检查。

此外，对于异物问题，加强燃料制造过程的防异物管理，一方面，通过采取包括分级建立异物防控重点区域、防异物缓冲区，配套建立人员和物项进出控制等人防与技防措施等管理措施，强化制造厂生产车间防异物管理水平；另一方面，需要注意到燃料组件清洁度检查作为目视检查项目，更多依赖检验人员的经验，应作为燃料制造监督的重点关注项。

2.3 预防 PCI 设计及制造质量控制

针对 PCI 风险，在燃料设计方面主要是从芯块设计入手，降低发生芯块变形的风险，进而降低 PCI 可能发生的风险。燃料芯块由低浓二氧化铀粉末，通过冷压并烧结到约 95% 的理论密度，该密度设计配合芯块和包壳间隙设计可以提供足够的空间，容纳合理的裂变气体释放导致的芯块肿胀，同时配合芯块晶粒度、热稳定性等控制保障芯块具备良好的抗密实化的稳定结构。每个燃料芯块的端部均为浅碟形，可允许芯块中心线位置的较大轴向膨胀和增大容纳裂变气体释放的空腔体积。芯块两端外圆柱面设有倒角，以降低燃料棒组装过程中的芯块对包壳的损伤，并且减少可能导致包壳失效的应力（图 5）。

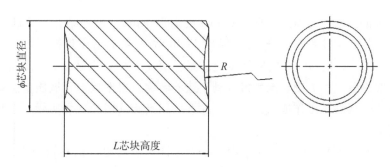

图 5　典型燃料芯块示意

为降低 PCI 风险，AP1000 核燃料采用了以下制造质量控制方式。

①芯块入厂复验，每批次芯块进行随机抽样检测，并通过转动、翻转芯块托盘从不同角度对抽样芯块进行 100% 目视检查，若发现 MPS 缺陷，则拒收该批次芯块。

②燃料棒尺寸和外观的外表面检查，检查燃料棒表面有没有超出限值的划痕，并记录关注规律性的和重复出现的痕迹情况。从机理来看，PCI 引起的典型燃料破损是包壳应力腐蚀开裂，而包壳外表面划痕会增加包壳应力，对 PCI 有促进作用，能加速应力腐蚀开裂的发生。

此外，针对出现过的燃料棒传输过程造成的表面剐蹭及其他重复出现的痕迹情况，督促制造厂排查找出原因并优化生产传输线，持续提高燃料棒的表面质量。

3 AP1000 核燃料制造监督策略及实践

上述 AP1000 核燃料制造质量控制方式，结合生产线上直接涉及燃料棒完整性的检验项目，包括包壳管入厂复验（验证包壳管完整性）、燃料棒密封焊 X 射线荧光检测、燃料棒上下端塞焊缝超声检验（验证燃料棒焊接质量是否达到质量要求），最后形成 AP1000 核燃料制造质量控制重要项清单（表1）。

表1　AP1000 核燃料制造质量控制重要项清单

主题	重点工序	涉及检查项
原材料	下管座入厂复验	下管座入厂复验
	保护格架入厂检验	保护格架入厂检验
	芯块入厂检验	常规芯块/长芯块/环形芯块入厂检验
格架	格架栅元尺寸检测	格架栅元尺寸检测
	骨架尺寸和外观检验	胀接点位置检查，格架平面度检查
燃料棒	氧化膜厚度检验	氧化膜厚度检验
	燃料棒尺寸和外观检验	外表面各项检查，燃料棒直线度检查
	燃料棒密封焊 X 射线荧光检测	燃料棒密封焊 X 射线荧光检测
	燃料棒上下端塞焊缝超声检验	燃料棒下端塞焊缝超声检验，燃料棒上端塞焊缝超声检验
	拉棒后尺寸和外观检验	目视检测保护格架、检测燃料棒下端和下管座间隙
燃料组件	燃料组件外形尺寸检验	格架扭曲度检查
	燃料组件清洁度检查	格架检查、燃料棒检查
预防提升	制造车间防异物管理	
	生产传输线防划痕优化	

上表中除了质量监督中常见的制造/检验过程，还从"预防为主"的角度出发，增加预防提升的项目，包括制造车间防异物管理（即在制造期间将引入异物的风险降至最低）、生产传输线防划痕优化（减少燃料棒划痕的出现，进而降低划痕对 PCI 的促进作用）。最终结合上述制造质量控制重要项清单，形成了立足设计、关注重点、分级监督的 AP1000 核燃料制造质量控制策略。

在国内 AP1000 核燃料换料组件的实际制造质量监督工作中，上述质量控制策略已经得到应用。质量监督人员按照突出重点的原则，聚焦设计到制造的转化，根据权重开展质量监督，合理分配监督人员精力和工作重心，提高了工作成效。同时，注意应用经验反馈和现场实际，及时调整质量控制策略内容，提升监督效能。

AP1000 核燃料制造质量控制策略的应用，有力保证了换料组件的制造质量。截至本文发表前，采用这一策略的 AP1000 机组已经经历两次换料，投入使用的两批次 AP1000 核燃料换料组件运行良好，未出现燃料失效情况，燃料可靠性指标均为卓越值。

4 总结

本文从常见压水堆燃料失效成因入手，结合对应的 AP1000 核燃料设计优化内容，重点聚焦设计优化落地实现和燃料棒完整性保障，研究确立 AP1000 核燃料制造质量控制策略，并经过初步实践应用的检验，有助于质量监督人员聚焦重点、全面兼顾，实现监督工作优化和效率提升。

AP1000 核燃料制造质量控制策略的提出与应用，将在一定程度上转变当前燃料制造质量监督工作效果较大程度上依靠人员经验与责任心的现象，并对压水堆燃料制造质量控制有广泛的参考意义。

致谢

在本文的撰写过程中，涉及多项制造工艺信息的核实及燃料设计信息的审查，得到了制造厂与设计院多名同行专家的指导帮助，在此深表感谢！

参考文献：

[1]　IAEA. Review of fuel failures in water cooled reactors [M]. Vienna：IAEA Nuclear Energy Series，2010.

[2]　核动力厂反应堆堆芯设计：HAD 102/07—2020 [EB/OL]. [2020 - 12 - 30]. https：//www. mee. gov. cn/xxgk2018/xxgk/xxgk09/202102/W020210201524469347220. pdf.

[3]　李田，张学粮，谢杰，等. 压水堆核电站燃料组件的破损及管理策略 [J]. 全面腐蚀控制，2015，29（5）：80 - 83.

Research and application of AP1000 fuel manufacturing quality control strategy

CUI Chen-kui[1]，RONG Wei-dong[1]，WEI Wen-bin[2]

(1. Shandong Nuclear Power Company Ltd., Yantai, Shandong 265116, China；

2. Huaneng Nuclear Energy Technology Research Institute Co., Ltd., Shanghai 200126, China)

Abstract：The reliability of fuel assembly has a direct impact on the economy and safety of nuclear power plants, the core of which is to maintain the integrity of fuel assemblies. As a nuclear power operation unit, conducting targeted quality supervision during fuel manufacturing can effectively reduce the risk of fuel failure introduced in the manufacturing process. Based on the analysis and summary of the failure mechanism of PWR fuel, combined with the design characteristics and manufacturing process flow of AP1000 fuel, this paper summarizes the preventive measures taken in the AP1000 nuclear fuel manufacturing for the main failure mechanisms such as fretting wear of fuel rods, foreign material abrasion, interaction of pellet cladding and manufacturing defects. From the perspective of improving fuel reliability, the quality control strategy for AP1000 nuclear fuel manufacturing is established and applied. Through application, it is preliminarily confirmed that the above strategies have practical effects on optimizing and improving the reliability of AP1000 nuclear fuel assemblies, and have extensive reference significance for the quality control of PWR fuel manufacturing.

Key words：AP1000 fuel；Manufacturing quality control；application.

基于卷积神经网络的进动故障诊断方法

王玉敏[1,2]，吴庭苇[1,2]，苏　荔[1,2]，钱　毅[1]，李　楠[1]

（1. 核工业理化工程研究院，天津　300180；2. 粒子输运与富集技术全国重点实验室，天津　300180）

摘　要： 针对旋转设备运行过程中出现的异常进动现象，为提高诊断的及时性和准确率，提出了基于卷积神经网络的进动故障诊断方法。首先将信号进行标准化处理，消除特征之间的差异性，之后建立卷积神经网络故障诊断模型进行进动故障诊断，最后以某旋转设备为研究对象，收集试验过程中的阻尼器振动信号、头部振动信号、中部振动信号进行模型验证。结果证明，模型进动诊断的准确率为 100%，验证了卷积神经网络模型在信号进动故障诊断上的有效性。

关键词： 故障诊断；进动判别；卷积神经网络

旋转设备在运行过程中，由于机器本身结构、材料等原因，或者外部的干扰，偶尔会出现异常进动现象，影响机器的性能，甚至可能导致失效，所以能够及时识别出异常进动的机器并采取相应措施，对于保障工厂稳定生产具有重要意义。

进动是指一个自转的物体受外力作用，导致其自转轴绕某一中心做与自转方向相同的旋转，转子进动的形态是诊断转子故障的重要特征信息。传统的进动分析方法是观察信号的频谱图，分析频率和幅值来发现异常进动，进动理论分析是把其运动分解成正、反进动分量，以图凸显转子的进动特征，正、反进动量作为转子故障的特征量要比传统的频谱更敏感，因此进动理论分析方法应用很广泛[1-3]。但是进动理论分析方法需要具备深厚的理论基础，技术人员无法根据信号直接判断异常。随着人工智能技术的发展，深度学习技术[4-8]被引入各个领域，尤其是卷积神经网络技术[9-12]被广泛使用，因此本文提出使用卷积神经网络模型进行设备的异常进动故障诊断。

现有一旋转设备，在运行过程中偶尔会出现异常进动现象，这种现象可能会引起旋转设备失效。以往主要由人工观察阻尼器信号来识别异常进动，但这种方法浪费人力和时间，且会引入判断误差，对于长期监控设备运行是不可取的。因此本文提出卷积神经网络模型对信号进行进动故障诊断。以某旋转设备为研究对象，对收集的阻尼器振动信号、头部振动信号、中部振动信号进行模型验证，为实现旋转设备进动信号的自动识别应用提供了良好的分析基础。

1　故障诊断模型

1.1　标准化处理

标准化公式如下所示，将信号标准化到 (-1，1)。

$$f(x) = \frac{x - 0.5(u_{\max} + u_{\min})}{0.5(u_{\max} - u_{\min})}。 \tag{1}$$

式中，$f(x)$ 为标准化后的值，u 为信号集，x 为信号集中的一个信号值。

标准化后的信号时域特征仅幅值变更到 (-1，1)，其信号频域图的幅值也相应改变。标准化处理可以消除特征之间的差异性，加速神经网络权重参数的收敛。

1.2　卷积神经网络

卷积神经网络的实质是矩阵运算。通过不同层信息的前向传播和后向反馈实现信号的训练。图 1

作者简介： 王玉敏（1994—），女，硕士生，助理工程师，现主要从事可靠性科研工作。

基金项目： 中国原子能工业有限公司燎原项目"基于数据驱动的专用设备故障诊断技术研究"。

说明了一种典型的卷积神经网络结构，它由 3 种类型的层构成：卷积层、池化层和全连接层。这些层被分层地堆叠以完成自适应特征学习和模式识别。

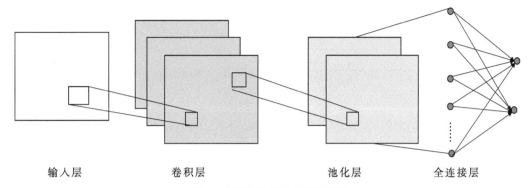

图 1 典型的卷积神经网络结构

卷积层公式如下所示：

$$x' = f(x \cdot w + b)。 \tag{2}$$

式中，$f(\cdot)$ 为激活函数；x 为卷积层的输入矩阵；$\cdot$ 表示卷积运算；w 为权重矩阵；b 为偏差矩阵；x' 为卷积的输出。

池化层公式如下所示：

$$x'' = f(down(x') \cdot w' + b')。 \tag{3}$$

式中，$down(\cdot)$ 表示池化函数；w' 是池化层的权重矩阵；b' 是池化层的偏差矩阵。

全连接层公式如下所示：

$$x''' = f(x'' \cdot w'' + b'')。 \tag{4}$$

式中，w'' 是全连接层的权重矩阵；b'' 是全连接层的偏差矩阵。

本文构建的卷积神经网络结构如图 2 所示，前两个卷积层为 32 个卷积核，后两个卷积层为 64 个卷积核，卷积核大小都是 5×5，池化层的池化核的大小为 5×5，全连接层的神经元数量为 2，即最后的特征维数为 2，最后会被判别为异常进动和正常两种类别。

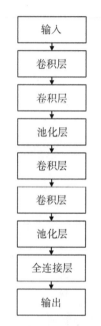

图 2 卷积神经网络结构

1.3 进动故障诊断模型

本文所提的诊断模型如图 3 所示，该模型包括 3 个部分：预处理、信号滤波和故障诊断，具体如下所示：

（1）信号提取：将信号划分为训练集和测试集并进行提取；

（2）预处理：将信号标准化处理，加速神经网络权重参数的收敛；

（3）模型训练：将训练集数据输入卷积神经网络结构中进行训练；

（4）故障诊断：将测试集信号输入卷积神经网络中进行故障诊断，确认设备的运行状态，判断是否存在进动。

图 3　进动故障诊断模型

2　应用

2.1　数据描述

现有一旋转设备，其信号采集装置如图 4 所示，在设备上部署传感器进行采样，采样频率 12.8 kHz。

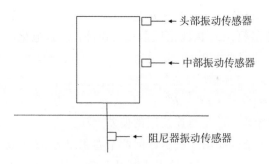

图 4　信号采集装置

共收集到 5 组信号，收集到的阻尼器振动信号、头部振动信号、中部振动信号时域图如图 5 所示。

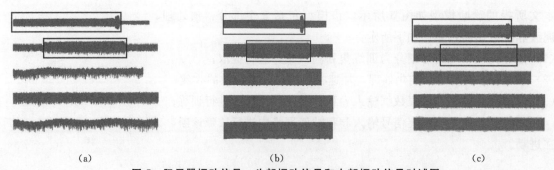

(a)　　　　　　　　　　　　(b)　　　　　　　　　　　　(c)

图 5　阻尼器振动信号、头部振动信号和中部振动信号时域图

(a) 阻尼器振动信号；(b) 头部振动信号；(c) 中部振动信号

根据阻尼器振动信号时域图可以判定框内的为进动信号，框外的为无进动信号，根据阻尼器振动信号的情况可判定设备此时是否处于进动状态，当设备处于进动状态时，此时收集到的头部振动信号和中部振动信号也会包含进动信息，由此可以判定阻尼器振动信号的进动区域也是头部振动信号、中

部振动信号的进动区域。如图 5b、图 5c 所示，框内的信号为进动区域，框外的信号为非进动区域。

分别提取进动信号和无进动信号，划分 70% 的信号为训练集，30% 的信号为测试集，将信号标准化处理，之后将训练集信号输入卷积神经网络结构中进行训练，最后将测试集信号输入训练好的卷积神经网络模型中，各类信号诊断准确率如图 6 所示。

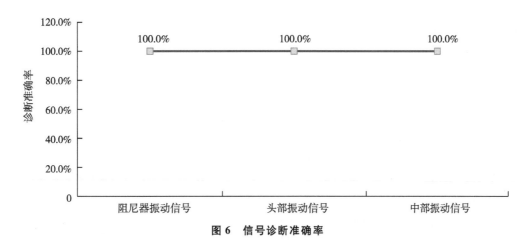

图 6   信号诊断准确率

进动故障诊断准确率可以达到 100%，说明本文所提模型可以有效实现通过阻尼器振动信号、头部振动信号和中部振动信号来识别进动，为后续节省人力，实现大规模旋转设备进动信号的自动识别应用提供了良好的分析基础。

2.2   对比分析

将本文所提的卷积神经网络模型（CNN）与支持向量机（SVM）、决策树、朴素贝叶斯、BP 神经网络和逻辑回归算法进行对比分析，结果如图 7 所示。

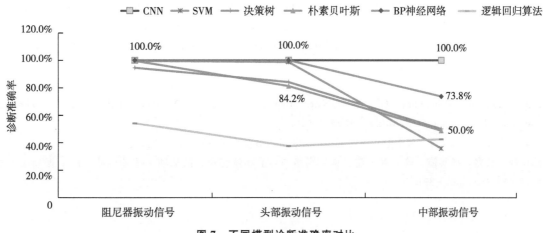

图 7   不同模型诊断准确率对比

从上图对比可知，本文所提的卷积神经网络模型（CNN）可以有效应对不同类别的信号，准确率均保持在 100%，而其他模型在容易识别的阻尼器振动信号和头部振动信号中诊断准确率有的也可以达到 100%，但对不容易识别的中部振动信号诊断准确率最高只有 73.8%，充分验证了本文所提模型进动诊断的有效性。

3   结论

针对旋转设备信号进动故障诊断方法，本文提出基于卷积神经网络的进动故障诊断模型，该模型

很好地利用了卷积神经网络的学习分类能力,最后通过试验信号验证了本文所提模型进动诊断的有效性,可以得到以下结论:

(1)基于卷积神经网络的进动故障诊断模型进动诊断准确率可以达到100%,有效实现进动信号的自动识别;

(2)通过方法对比分析,卷积神经网络模型准确率更高、更稳定,对不容易识别的中部振动信号也能实现100%准确识别;

(3)卷积神经网络模型的应用为后续节省人力,实现大规模旋转设备进动信号的自动识别应用提供了良好的分析基础。

参考文献:

[1] GASCH R. A survey of the dynamic behavior of a simple rotating shaft with a transverse crack [J]. Journal of sound and vibration, 1993, 160 (2): 313 - 332.

[2] 王瑞,廖明夫,程荣辉,等. 航空发动机双转子系统的模态及其表达方法 [J]. 振动与冲击,2022,41 (21): 209 - 215,278.

[3] 赵营豪. 基于模态分析和信息融合技术的转子运动形态分析研究 [D]. 郑州:郑州大学,2013.

[4] 刘迪,刘迎圆. 基于深度学习的小样本流体机械故障诊断方法 [J]. 上海师范大学学报(自然科学版),2023,52 (2): 264 - 271.

[5] 任浩,屈剑锋,柴毅,等. 深度学习在故障诊断领域中的研究现状与挑战 [J]. 控制与决策,2017,32 (8): 1345 - 1358.

[6] 李俊卿,王祖凡,王罗,等. 基于电流信号和深度强化学习的电机轴承故障诊断方法 [J]. 电力科学与工程,2023,39 (3): 61 - 70.

[7] STETCO A, DINMOHAMMADI F, ZHAO X, et al. Machine learning methods for wind turbine condition monitoring: a review [J]. Renewable energy, 2019, 133: 620 - 635.

[8] ORRÙP F, ZOCCHEDDU A, SASSU L, et al. Machine learning approach using mlp and svm algorithms for the fault prediction of a centrifugal pump in the oil and gas industry [J]. Sustainability, 2020, 12 (11): 4776.

[9] 刘林密,崔伟成,李浩然,等. 基于卷积神经网络的滚动轴承故障诊断方法 [J/OL]. 计算机测量与控制,2023,31 (9): 9 - 15 [2023 - 06 - 08]. http://kns.cnki.net/kcms/detail/11.4762.TP.20230529.1512.006.html.

[10] WANG Y, HAN M, LIU W. Rolling bearing fault diagnosis method based on stacked denoising autoencoder and convolutional neural network [C] // 2019 International Conference on Quality, Reliability, Risk, Maintenance, and Safety Engineering (QR2MSE). IEEE, 2019.

[11] 何勃,张文瀚,解海涛. 基于卷积神经网络的飞机液压系统故障诊断 [J]. 测控技术,2023,42 (5): 79 - 84.

[12] 陈仁祥,黄鑫,杨黎霞,等. 基于卷积神经网络和离散小波变换的滚动轴承故障诊断 [J]. 振动工程学报,2018,31 (5): 883 - 891.

Precession fault diagnosis method based on convolutional neural network

WANG Yu-min[1,2], WU Ting-wei[1,2], SU Li[1,2], QIAN Yi[1], LI Nan[1]

(1. Research Institute of Physical and Chemical Engineering of Nuclear Industry, Tianjin 300180, China;

2. National Key Laboratory of Particle Transport and Separation Technology, Tianjin 300180, China)

Abstract: For the abnormal precession phenomenon occurred during the operation of the rotating equipment, the precession fault diagnosis method based on convolutional neural network is proposed to improve the timeliness and accuracy of diagnosis. Firstly, the signal is standardized to eliminate differences between features. Then, the Convolutional neural network fault diagnosis model will be established for precession fault diagnosis. Finally, a rotating device was selected as the research object. The damper vibration signals, head vibration signals, and middle vibration signals during the experiment will be collected for model validation. The results show that the accuracy of the model precession diagnosis is 100%, which verifies the effectiveness of the Convolutional neural network model in signal precession fault diagnosis.

Key words: Fault diagnosis; Precession; Convolutional neural network

核电运行及应用技术
Nuclear Power Operation and Application Technology

目　录

SHEM－3 型控制棒驱动机构专用工具优化设计

刘　辉

（江苏核电有限公司，江苏　连云港　222000）

摘　要：田湾核电站二期工程反应堆采用 SHEM－3 型控制棒驱动机构。顾名思义，控制棒驱动机构作为机组控制反应性的有效手段之一，其重要性不言而喻。依据设备维修大纲，结合检修周期，维修人员需对控制棒驱动机构进行解体、检查与维修。相对于其他型号，SHEM－3 型驱动机构共计 103 组，均需完全解体，数量大、工序多。正因如此，检修作业中所使用的专用工具尤为重要。维修人员依据工作中所遇到的待改进点，借助三维建模软件（Autodesk Inventor Professional）对控制棒驱动机构专用工具进行了优化设计。最终，优化设计出专用工具，新工具的使用保障了检修质量，缩短了检修时间，降低了人员受照射剂量，大大提高了工作效率，缓解了工作压力，进而保障了机组的运行安全。

关键词：SHEM－3 型控制棒驱动机构；专用工具；三维建模设计；优化；效率

　　田湾核电站二期 3/4 号反应堆工程采用俄罗斯 VVER－1000 改进型机组、SHEM－3 型控制棒驱动机构。机组大修时，控制棒驱动机构是反应堆上部组件解体工作的主要对象，其占据上部组件检修工作约 80%。103 组控制棒驱动机构均需完成拆解与组装，其密封位置均为一回路关键密封，达 300余道。检修过程中，需要使用到多种专用工具，随着对检修工序的优化，以及检修质量、效率要求的提高，现有专用工具存在一定的不足，有较大的优化设计空间。

　　借助 3D 软件进行设计，不仅仅可以更形象具体地展现设计的细节，也能准确地获取设计产品的参数，对其进行理论验证校核。工具的优化不仅可以提高检修效率、检修质量，而且也间接地保障了人身安全，降低了受照射剂量，完善了防异物屏障，促进了检修作业标准化的建立与实施。

1　反应堆控制棒驱动机构简介

1.1　控制棒驱动机构的作用

　　控制棒驱动机构与控制棒组件一起作为反应堆控制保护系统的执行机构。控制棒驱动机构为步进式电磁驱动机构，堆芯中最多可容纳 121 个控制棒驱动机构，其主要作用是：

　　（1）驱动控制棒组件，将其固定于堆芯顶部、底部及堆芯中间位置，以实现反应堆启动、功率调节、剩余反应性补偿和停堆；

　　（2）通过传感器传送控制棒组件在堆芯的位置；

　　（3）事故工况下，在 1.2～4 s 内使所有控制棒组件下落到堆芯最低部。

1.2　控制棒驱动机构简介

　　控制棒驱动机构作为反应堆控制保护系统的组成部分，是控制及保护部件，属于安全 2 级。其主要由耐压壳体、移动组件、驱动杆、电磁铁组件和位置指示器五大部件组成。

　　控制棒驱动机构上端存在一道密封（图 1），密封圈为加强型石墨垫圈，通过 2 个推力瓦、1 个止推环、6 根螺栓压缩石墨密封圈，实现位置指示器与耐压壳体之间的密封。其下端通过驱动机构部件之一的耐压壳体与上部组件接管区，借由纯石墨垫圈与加强型石墨垫圈组合密封。

作者简介：刘辉（1993—），男，反应堆本体检修工程师，主要从事核反应堆检修工作。

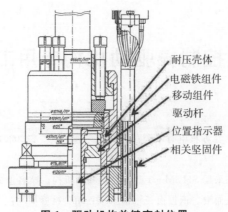

图 1　驱动机构关键密封位置

控制棒驱动机构安装在上部组件钢结构内（图 2），其上端密封位置低于上部组件钢结构上板平台（检修人员主要作业平台）。

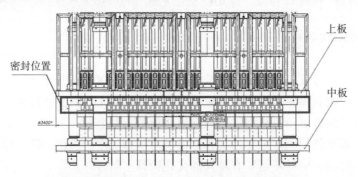

图 2　驱动机构密封相对上部组件钢结构的位置

1.3　电磁铁组件简介

电磁部件安装在耐压壳体外，其 3 个电磁线圈（提升、锁紧、固定）依次作用产生牵引力，以保证运动部件中可动部件的移动。电磁组件由提升线圈、锁紧线圈、固定线圈及连接件组成。

电磁铁组件作为驱动机构动力来源，依托上部组件钢机构，其上部紧固装置（图 3）与耐压壳体抱紧接触（图 1）。其在安装与拆卸过程中，需要交替、对称、依次对 2 组不同作用的螺栓（吊装螺栓、紧固螺栓）进行松动、紧固，以达到完全松脱或最佳紧固效果，保证在运行时发挥其设计性能、拆除时吊装过程中设备的安全。

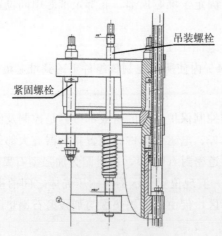

图 3　电磁铁组件紧固结构

1.4 3D 建模软件简介

Autodesk Inventor Professional（AIP）是美国 AutoDesk 公司推出的一款三维可视化实体模拟软件。AIP 包括：Autodesk Inventor 三维设计软件；基于 AutoCAD 平台开发的二维机械制图和详图软件 AutoCAD Mechanical；用于缆线和束线设计、管道设计及 PCB IDF 文件输入的专业功能模块，并加入了由业界领先的 ANSYS 技术支持的 FEA 功能，可以直接在 Autodesk Inventor 软件中进行应力分析。

3D 软件的使用简化了设计流程，降低了制造成本，工程师可专注于设计的功能实现。通过快速创建数字样机，并利用数字样机来验证设计的功能，工程师即可在投产前更容易发现设计中的错误。

2 电磁铁组件检修工作及相关专用工具优化设计

2.1 电磁铁组件检修

（1）检修作业要求及现有方案

电磁铁组件依托本身的紧固结构，环抱在耐压壳体外围。在拆卸与安装过程中，由于本身机构的设计，均需对其两组不同规格长度的螺栓进行交替对称紧固或拧松，按操作步骤，对紧固螺栓及吊装螺栓进行紧固和拧松，才能达到最好的紧固效果。

现有工具仅为一根加长扳手，只能单次紧固一支螺栓（图 4）。具体拆除步骤和安装步骤如图 5 所示。

图 4　现有执行方式

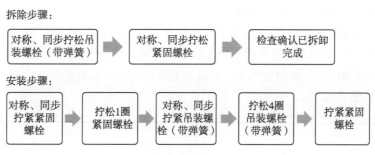

图 5　具体拆除步骤和安装步骤

（2）检修经验反馈

某次大修时，人员在紧固和拆卸时，过度执行一侧螺栓，导致设备原有限位销切断，造成设备损伤。

相对紧固的过程中过度紧固，会将紧固组件拧断，对设备造成损伤。因操作步骤烦琐，人因陷阱较多，容易跳步执行，造成设备损坏，或安装不到位等问题。拆卸时亦是如此，交替拆卸的步骤容易造成拆卸不到位的情况，在吊装时，也容易刮伤设备，损坏吊装机械。

2.2 电磁铁组件紧固与拆卸工具

电磁铁组件紧固与拆卸工具如图 6 所示。

图 6 电磁铁组件紧固与拆卸工具

2.2.1 结构功能设计原理

（1）传动部分——力矩传递

此工具借鉴差速器原理，由输入轴通过棘轮扳手提供外力输入，经过差速轮系，分两个输出轴，分别同步或差速执行对电磁铁螺栓的紧固或拆卸（图 7）。

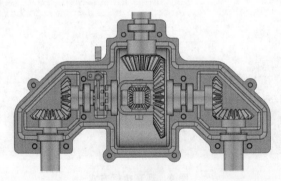

图 7 传动部分

（2）差速锁部分——弥补"差速"短板

综合经验反馈，考虑电磁铁在拆除过程中差速性质有导致本体紧固销切断的风险。在执行拆除过程中，若一侧为可松动端，其受阻力随着拆卸程度的继续仍小于另一侧拆卸阻力，而此时，此端输出轴所输出力矩大于本体紧固销所能承载的剪切力，则造成紧固销断裂，设备受损。故而，增设差速锁部分，保证两端输出力矩一致（图 8）。

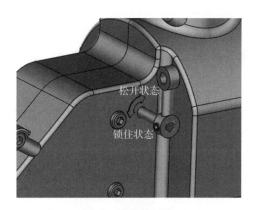

图 8　差速锁部分

（3）执行端——保证"对中"

考虑电磁铁组件本身螺栓相互之间的距离存在差异，更加上吊装等工作造成的误差，此工具内部为齿轮连接，两输出轴轴距较为固定。为避免输出轴无法同时与电磁铁组件螺栓配合，特对执行端进行了设计。受万向节启发，增设弹簧，作为缓冲的同时，也提供了向下的推力，内部有间隙，可供同轴度不足的补偿（图 9）。

图 9　执行端

2.2.2　有益效果

此新型工具借鉴差速器原理设计，配合差速锁机构，在不同需求下，可实现单独和同时对对称螺栓的拆卸与安装，大大优化了检修工序，避免了烦琐的工序，降低了人员失误的风险，同时缩短了工作时间，降低了人员受照射剂量。

3　理论计算与校核

目前，国内应用比较多的有限元分析软件主要是 ANSYS，但由于其涉及学科众多，建模比较复杂。而 Autodesk Inventor Professional 软件中的有限元分析模块是 ANSYS 软件的网格划分和数值运算的内核技术，因此不仅在建模、施加力和约束方面操作比较简单，而且在运算结果方面也比较准确。本文则主要基于 Autodesk Inventor Professional 软件中的有限元分析模块对工具进行分析。

依据检修程序要求，电磁铁紧固时，人为执行中，紧固不动为止，并无标准力矩要求。故而选择其拆卸过程进行分析。

（1）确定载荷大小

依据检修经验，机组在运行一个周期后，螺纹连接处会变紧，据以往拆卸经验估计，松动所需力矩约 80 N·m。

(2) 材料选定及相关参数

执行端材料选用 304 不锈钢 (易于去污), 其材料参数如表 1 所示。

表 1　各部件材料选型及相关参数

名称	常规			应力		
	质量密度	屈服强度	极限拉伸强度	杨氏模量	泊松比	切变模量
不锈钢 AISI 304	8 g/cm^3	215 MPa	505 MPa	195 GPa	0.29 ul	75.5814 GPa

(3) 固定约束及力矩

依据实际使用工况, 以螺栓接触位置施加固定约束, 套筒头部端面施加力矩 (图 10、图 11)。

图 10　力矩施加点

图 11　固定约束点

(4) 运行结果与结论

结果显示 (表 2), 所接触面对材料造成的最大应力为 113.426 MPa, 其套筒轴最高为 96.74 MPa, 其安全系数为 1.6, 材料屈服强度为 215 MPa, 需用应力为 134.4 MPa, 套筒轴满足设计要求 (图 12、图 13)。

表 2　有限元分析结果概要

名称	最小值	最大值
Mises 等效应力	0.000 098 129 5 MPa	113.426 MPa
第一个主应力	− 23.7201 MPa	129.554 MPa
第三个主应力	− 121.273 MPa	25.1696 MPa
位移	0 mm	0.030 000 3 mm
安全系数	1.895 52 ul	15 ul
等效应变	0.000 000 000 442 985 ul	0.000 527 071 ul
第一主应变	− 0.000 003 589 55 ul	0.000 613 855 ul
第三主应变	− 0.000 573 922 ul	0.000 002 731 41 ul
接触压力	0 MPa	94.0388 MPa
接触压力 X	− 44.7578 MPa	45.1115 MPa
接触压力 Y	− 35.7196 MPa	25.6719 MPa
接触压力 Z	− 81.8428 MPa	84.6236 MPa

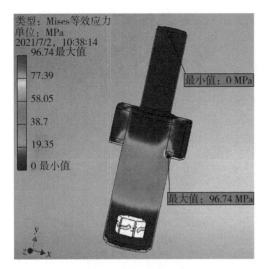

图 12　Mises 等效应力

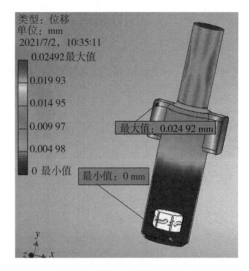

图 13　位移

综上，该工具静力分析满足设计要求。

4　结论

传统检修工具简单有效，但随着科技创新水平和人员创新意识的不断提高，其优化工作也被重视起来，检修工具好比医生手中的手术刀，其便捷与否，关系到检修质量、效率的好坏。数字建模软件的使用降低了试错成本，能够形象直观地展现设计的细节，其强大的计算能力一定程度上解决了复杂结构的力学验证问题，使优化设计变得简单有效，点点滴滴的优化都将为检修工作添砖加瓦。

参考文献：

[1]　王文斌，林中钦，李奇，等．机械设计手册第 1 卷［M］．北京：机械工业出版社，2004.

[2]　王文斌，林中钦，李奇，等．机械设计手册第 2 卷［M］．北京：机械工业出版社，2004.

[3]　钢结构设计规范：GB 50017—2003［S］．北京：中国计划出版社，2003.

[4]　全国螺纹标准化技术委员会．普通螺纹 基本尺寸：GB/T196 - 2003［S］．北京：中国标准出版社，2004.

[5]　王永廉，马景槐，汪云翔，等．材料力学［M］．2 版．北京：机械工业出版社，2011.

Optimization design of special tool for type SHEM - 3 CPS drive

LIU Hui

(Jiangsu Nuelear Power Co. , Ltd. , Lianyungang, Jiangsu 222000, China)

Abstract: The type SHEM - 3 CPS drive is used in the second phase reactor of Tianwan Nuclear Power Plant. As the name implies, the CPS drive is one of the effective means to control the reactivity of the unit, and its importance is self - evident. According to the equipment maintenance program and the maintenance cycle, maintenance personnel shall disintegrate, inspect and maintain the CPS drive. Compared with other models, there are 103 sets of SHEM - 3 CPS driving, all of which need to be completely disassembled, with large number and many procedures. Because of this, the special tools used in the maintenance operation are particularly important. According to the improvement points encountered in the work, the maintenance personnel optimized the design of the special tool of the control rod drive mechanism with the help of 3D modeling software (Autodesk Inventor Professional). Finally, six special tools were optimized and designed. The use of new tools ensured the maintenance quality, shortened the maintenance time and reduced the radiation dose of personnel. Greatly improve the working efficiency, relieve the working pressure, and then ensure the operation safety of the unit.

Key words: SHEM - 3 CPS drive; Special tools; 3D modeling design; Optimize; Efficiency

核电厂"死管段"边界阀门密封面新材料（NOREM02）研究

牟　杨

（中核核电运行管理有限公司，浙江　嘉兴　314300）

摘　要： 国际上采用 M310 堆型的压水堆核电厂均存在"死管段"的现象。此现象会导致边界阀门密封面产生严重腐蚀，威胁机组的安全稳定运行。本文介绍了现有材料面对的问题，并对新兴替代材料，即在核电厂用作改进"死管段效应"且是国内首次应用的新材料 NOREM02 进行了分析和研究。对已经应用到现场 6 年的安全注入系统"死管段"边界隔离阀的阀座堆焊 NOREM02 材料，分别从理化性能、微观组织等方面进行了分析，为后续选用该材料提供了参考。

关键词： 核电站；NOREM02；死管段效应；M310

在充满常温常压液体介质的密闭管道系统中，一端有恒温热源向内传热，使得密闭管道内液体介质由于传热而温度上升，最终形成稳态。其内部压力超过液体介质的饱和汽化压力，产生热分层和汽化。密闭管道内部出现汽水两相，使边界阀门产生腐蚀，导致一回路冷却剂压力边界发生泄漏，这种现象被称为"死管段效应"，这段密闭管道被称为"死管段"。

"死管段效应"的主要危害是造成"死管段"边界阀门密封面材料腐蚀失效。目前国内外进行了一些"死管段"边界阀门密封面的耐腐蚀性能的研究。选用更耐腐蚀的材料[1-2]或改善密封面的材料性能[3]能够使边界阀门密封面在"死管段效应"的腐蚀工况下寿命加长[4]。

1　现有边界阀门密封材料研究

用于阀门密封面堆焊的材料按合金类型分为四大类，即钴基合金、镍基合金、铁基合金和铜基合金[5]。钴基合金又称司太立合金，具有耐热疲劳性能、抗磨损特性、优异的耐热腐蚀性、极好的低摩擦及良好的高温性能，特别是在热态下具有优越的耐擦伤性能，刚好满足了作为核反应堆一回路阀门密封面的使用性能需要。因此，经常被用来制造阀门密封面的表面堆焊材料，特别是应用在高温系统及堆焊使用条件比较恶劣，抗磨损、抗腐蚀性能要求较高的阀门密封面。

在法国标准 RCC - M S8000《碳钢、低合金钢或合金钢上熔敷的耐磨堆焊层》中[6]，开篇即表述了 S8000 所涉及的是钴基合金耐磨堆焊层，并主要分为两个部分（耐磨堆焊工艺和耐磨堆焊工艺评定）来阐述对核设备中耐磨堆焊的技术要求。RCC - M S8000 所采用的主要等级的化学成分及硬度是有严格要求的[5]。美国电力研究院（Electric Power Research Institute，EPRI）和加拿大原子能院（Atomic Energy of Canada Limited，AECL）的研究表明[7]（TR - 100601），核电厂内主要放射性核素的贡献者是一回路内的阀门密封面磨损。核系统设备中使用的金属材料的钴元素含量有限制要求 $[Co] < 0.08\%$ [5]，这是因为钴 59 元素容易被放射性活化变成钴 60 元素，这种核素具有强放射性，且半衰期长，在停堆检修时会造成检修时间的增加和对维修人员的威胁，也会大大增加核燃料屏蔽的难度和成本。阀门密封面堆焊的钴基合金的钴含量都在 50% 以上[3]，造成这一矛盾现象的原因是核系统中对阀门的安全性、可靠性要求较高，阀门使用寿命要达到 30 年以上[8]。

作者简介：牟杨（1986—），男，硕士，高级工程师，主要从事核电厂机械设备维修工作。

1.1 现有密封材料面临的问题

阀门密封面产生损伤后的检修一般为研磨修复，每次正常预防性研磨产生的研磨量一般小于 0.3 mm，其预防性检修的周期一般设定为 5~10 年检修一次。其阀门密封面的堆焊层的厚度为 3 mm 左右，其设计能够满足全寿期（40~60 年）的预防性、纠正性维修需求，而且留有相应的检修余量。但该阀门产生"死管段效应"腐蚀之后，其产生的损伤深度一般都会大于 0.5 mm，而且"死管段效应"导致的腐蚀损伤一般在 1~3 年内就会出现。

所以"死管段效应"会导致阀门迅速产生"老化"问题。而一回路压力边界阀门的更换实施难度大，同时会产生巨大的经济代价及风险。

2 "死管段"边界阀门密封面新材料（NOREM02）应用研究

NOREM 合金自开发以来，得到了 EPRI、EDF 等许多机构的认可，已经在许多国外核电站的各种类型阀门上使用[11]。NOREM02 作为改进"死管段效应"的边界密封面新材料也在国内核电厂有所应用。研究样品选自安全注入系统"死管段"边界阀门（3RIS220VP），即在"死管段"边界密封面处使用 6 年的阀门密封面。从该阀门密封面上取得 NOREM02 铁基耐磨堆焊材料样品，结合试验进行新材料的应用分析，分析该材料用于改进"死管段效应"的有效性，分析材料本身的性能情况。

2.1 应用后情况及分析方法

核电站"死管段"边界阀门应用耐腐蚀合金 NOREM02，该试样现场应用 6 年，对其进行材料分析。阀门的阀座形貌及示意如图 1 所示。

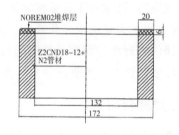

图 1 阀门的阀座形貌及示意

该阀门所在管线材质为 Z2CN18-10，规格为外径 168.3 mm，壁厚 18.26 mm。阀门的阀体材质规格为 Z2CND18-12＋N2，为 RCC-M 1 级设备（核一级）[12-14]。该阀门密封面堆焊材料为 NOREM02，为铁基耐磨堆焊层[4,7,9-10]，名义堆焊厚度为 6 mm，堆焊层的母材材料为 Z2CND18-12＋N2。

对阀门密封面新材料的化学成分、力学性能（室温拉伸、冲击性能、硬度）、显微组织、金相组织、扫描电镜及能谱等内容进行分析和对比。

（1）分析采用标准为：GB/T 13299—2022《钢的游离渗碳体、珠光体和魏氏组织的评定方法》；GB/T 223《钢铁及合金化学分析方法》；GB/T 228—2021《金属材料 拉伸试验》；GB/T 229—2020《金属材料 夏比摆锤冲击试验方法》。

（2）分析采用仪器为：化学成分分析使用仪器原子发射光谱仪 ICAP6300、碳硫仪 EMIA620V2、分光光度计 Lambda-60；力学性能分析使用拉伸电子万能试验机 WDW-100C、示波冲击试验机 ZWICK PSW 750、全自动布洛维硬度计 270VRSTV；金相组织分析使用金相显微镜 Olympus OLS4000；微观组织分析使用扫描电子显微镜 FEI NANO400。

2.2 理化性能

2.2.1 化学成分

对其进行化学成分分析，结果显示，母材样品的化学成分符合 RCC－M M3301[12] 的技术要求（表 1、表 2）。试样满足 NOREM02 合金化学成分要求，应用后未发生变化。

表 1 阀门基体材料成分分析结果

元素	母材	RCC－M[a]
C	0.028	0.035
S		0.015
P		0.030
Cr	17.15	17~18.20
Si	0.35	1.00
Mn	1.58	2.00
Ni	10.88	11.5~12.5
Cu		1.00
Mo		2.25~2.75
N		0.080
Fe	Bal	Bal

表 2 阀门密封面堆焊材料成分分析结果

元素	含量
C	1.11
S	0
P	0
Cr	23.0
Si	3.13
Mn	4.0
Ni	4.3
Mo	2.0
N	0
B	0
Fe	Bal

备注：a 表示最大值，除非注明是范围或最小值。

2.2.2 拉伸性能

根据 GB/T 228.1—2010 对失效阀门材料进行了力学性能的分析。取样位置如图 2 所示，拉伸试样加工尺寸如图 3 所示，失效材料的力学性能分析结果如表 3 所示。

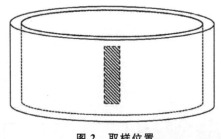

图 2 取样位置

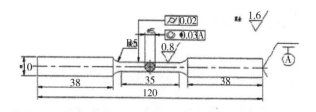

图 3 拉伸试样加工尺寸

表 3 失效材料的力学性能分析结果

数据来源	屈服强度 Rp0.2（MPa）	抗拉强度 Rm（MPa）	伸长率
样品 1	278	583	73.5%
样品 2	279	579	72.5%
样品 3	280	584	73.0%
RCC－M B	220	520	40.0%

结果显示，材料的屈服强度、抗拉强度和伸长率指标均符合标准要求。

2.2.3 冲击性能

对母材进行取样并进行冲击试验，其 3 个试样的冲击功为 463 J、446 J、442 J，冲击性能显示，材料韧性良好。

2.2.4 硬度

在堆焊层表面向母材方向，每隔 0.5 mm 左右打一个硬度测试点，得到硬度曲线。平均硬度为 505.8（HV10），换算成洛式硬度为 49.5（HRC），较 EPRI 给出的参考硬度值 39（HRC）偏高。母材的平均硬度为 174（HV10），换算成洛式硬度为 4.3（HRC）。

2.3 微观组织

2.3.1 金相组织

对阀门母材基体进行金相组织[15]观察，晶粒尺寸在 50～200 μm（图 4）。基体组织为典型的奥氏体不锈钢组织，显微组织正常。熔覆层组织大部分区域处于非平衡、亚结晶状态，即合金元素含量很高的非平衡奥氏体和 M_7C_3 合金碳化合物共晶组织。熔覆层具有强韧两相微观结构特征，韧性相为奥氏体，强化相为高硬度的 M_7C_3 合金碳化物，强化机制为韧性基体的原位碳化物强化。

EPRI TR - 112993[9]中指出，等离子堆焊的 NOREM02 堆焊层显微组织如图 5 所示。其显微组织为固溶强化奥氏体基体，晶界上是由共晶碳化物（M_7C_3）和非共晶碳化物（M_6C 和 M_3C）组成的连续网络状结构。图 7 是使用气体保护钨极电弧焊工艺后的典型 NOREM02 显微组织[17]，与图 6 的组织吻合，即该样品组织满足要求。

 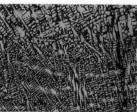 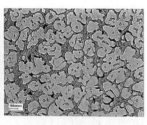 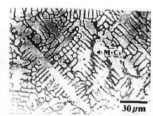

图 4　母材金相组织　　图 5　堆焊层显微组织　　图 6　等离子堆焊　　图 7　气体保护钨极
　　　　　　　　　　　　　　　　　　　　　　　　显微组织 X500　　　电弧焊显微组织

2.3.2 能谱分析

对样品进行能谱分析，分析结果如图 8、表 4 所示。使用手工气体保护钨极电弧焊在 A63 钢板上堆焊一层 NOREM02，其能谱分析结果如图 9 所示[16]，可见其结果与本次分析的结果一致（图 9、表 4）。

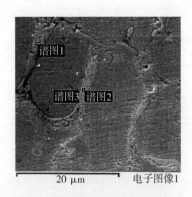 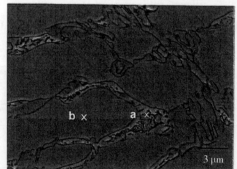

Element	a carbide	b Norem weld
Si	4.41%	2.76%
Cr	35%	21.33%
Mn	4.59%	3.06%
Fe	38.8%	62.3%
Ni	2.19%	4.92%
Mo	10.4%	1.95%

图 8　沿晶碳化物能谱分析　　　　　　图 9　NOREM02 堆焊能谱分析结果

表 4 晶界和晶粒内部的元素含量

谱图	Si	Cr	Mn	Fe	Ni	Mo	总
谱图 1	5.11%	32.13%	5.02%	45.57%	3.13%	9.03%	100.00%
谱图 2	4.86%	34.13%	4.75%	44.63%	2.86%	8.77%	100.00%
谱图 3	3.53%	21.61%	4.59%	63.69%	5.23%	1.35%	100.00%

2.4 应用情况分析

根据试样测量结果（表 5），该处阀门的实际堆焊厚度高达 6 mm，远超设计要求的 3 mm 最小要求。

表 5 NOREM02 密封面厚度测试

测试点	厚度/mm
0°	6.15
90°	6.09
180°	6.12
270°	6.07

根据原司太立合金的经验，"死管段"边界阀门的检修研磨会导致密封面厚度减薄，平均 0.4 mm/次，其腐蚀故障检修频度平均为 2 年。

该样品阀门为首次检修，已使用 6 年。检修频率低于原司太立合金阀门，故检修密封面堆焊层损耗也小于原司太立合金阀门。根据检修后的厚度测试，剩余堆焊层厚度满足全寿期（40 年）检修使用要求，其耐腐蚀磨损的寿命比原司太立合金密封面约高 3 倍。

3 结论

介绍了现有材料面对的问题，并对新兴替代材料，即在核电厂用作改进"死管段效应"且是国内首次应用的新材料 NOREM02 进行了分析和研究。对已经应用到现场 6 年的安全注入系统"死管段"边界隔离阀的阀座堆焊 NOREM02 材料，分别从理化性能、微观组织等方面进行了分析，并对材料的抗磨损、抗腐蚀情况进行研究。针对其应用情况进行对比，得到以下结论。

（1）在合格焊接工艺下生产的新材料 NOREM02 合金应用在"死管段"密封面环境下 6 年，材料理化性能、微观组织等指标符合规范要求，未发生降质，满足"死管段"改进的抗腐蚀需要。

（2）对该材料进行 NOREM02 抗磨损、抗腐蚀研究，其抗磨损性能不低于原司太立合金，抗腐蚀性能高于原司太立合金。经过 6 年应用，在"死管段"处的样本的堆焊层厚度也印证了这一点。

值得一提的是，根据文献，该材料有焊接延迟性裂纹[18]，现场应用中也有发生，对于该材料的应用，需要在加工制造中关注焊接相关工艺，这样才能确保现场在苛刻环境下应用不发生裂纹。

参考文献：

[1] 周鑫磊，刘文进，周瑞，等．电站阀门用高合金耐热钢焊接工艺的分析［J］．阀门，2011（5）：19-20.
[2] 刘千帆．核电领域用不锈钢材料简介［J］．酒钢科技，2010（3）：30-36.
[3] 全国阀门标准化技术委员会．阀门密封面等离子弧堆焊用合金粉末：JB/T 7744—2011［S］．北京：机械工业出版社，2011.
[4] HOSLER J. EPRI TR-109655 Friction and galling performance of Norem 02 and Norem 02a alloys［EB/OL］．［2023-01-20］. https://www.epri.com/research/products/TR-109655, 1999-12-7.
[5] 苏志东．核级阀门密封面堆焊［J］．阀门，2007（5）：19-21.

[6] 碳钢、低合金钢或合金钢上熔敷的耐磨堆焊层：RCC-M S8000—2000 [S]．上海：上海科学技术文献出版社，2010.

[7] Electric Power Research Institute. EPRI TR-100601s endurance tests of valves with cobalt-free hardfacing alloys: PWR phase final report [EB/OL]．[2023-01-20]．https：//www.epri.com/research/products/TR-100601, 1992-5-1.

[8] 苏志东．核级阀门堆焊钴基合金工艺的研究 [J]．阀门，2000 (5)：15-18.

[9] OCKEN H. EPRI TR-112993 performance of NEROM hardfacing alloys [EB/OL]．[2023-01-20]．https：//www.epri.com/research/products/TR-112993, 1999-12-3.

[10] OCKEN H. EPRI TR-109343 compilation and evaluation of NOREM TM test results [EB/OL]．[2023-01-20]．https：//www.epri.com/research/products/TR-109343, 1999-6-30.

[11] 候顿，方胜杰．浓硼酸环境下阀门腐蚀问题的研究及改进 [J]．经验交流，2016 (30)：23-27.

[12] 压水堆核岛机械设备设计和建造规则：RCC-M 2000 [S]．上海：上海科学技术文献出版社，2010.

[13] 民用核安全设备焊接人员资格管理规定 [EB/OL]．[2023-01-20]．https：//www.mee.gov.cn/gzk/gz/202112/t20211214_964040.shtml.

[14] 民用核安全设备无损检验人员资格管理规定（HAF602）[EB/OL]．[2023-01-20]．https：//www.gov.cn/gongbao/content/2008/content_1046271.htm.

[15] 孙海涛．金相分析技术在核设备失效分析中的应用 [J]．核动力工程，2011 (6)：162-165.

[16] SMITH K R. EPRI TR-107987 performance of norem hardfacing in plant valves: in situapplication and leak rate testing of feedwater check valves [EB/OL]．[2023-01-20]．https：//www.epri.com/research/products/TR-107987, 1997-11-25.

[17] KIM J K, KIM S J. The temperature dependence of the wear resistance of iron-base NOREM02 hardfacing alloy [J]．Wear, 2000, 237 (2)：217-222.

[18] 蔡坤剑，郑胜隆，黄俊源．无钴铁基合金硬面焊层之裂缝肇因分析 [C] // 中国材料科学学会破坏科学委员会、中国力学学会 MTS 材料试验协作专业委员会．2014 海峡两岸破坏科学与材料试验学术会议暨第十二届破坏科学研讨会/第十届全国 MTS 材料试验学术会议论文集．2014.

Study on the new material (NOREM02) for the sealing surface of the "dead-end pipe" boundary valve in nuclear power plant

MOU Yang

(China Nuclear Power Operation Management Co., Ltd., Jiaxing, Zhejiang 314300, China)

Abstract: Phenomenon of "dead-end effect" exists in the world's pressurized water reactor nuclear power plants with M310 reactor type. This phenomenon will lead to serious corrosion of the sealing surface of the boundary valve and threaten the safe and stable operation of the unit. This paper introduces the problems faced by existing materials, and analyzes and studies the new alternative material NOREM02, which is used to improve the "dead-end effect" in nuclear power plants and is the first application in China. The NOREM02 material for the valve seat surfacing of the "dead-end effect" boundary isolation valve of the safety injection system, which has been used in the field for 6 years, was analyzed from the physical and chemical properties, microstructure and other aspects. It provides a reference for the subsequent selection of this material.

Key words: Nuclear power station; NOREM02; Dead-end effect; M310

下泄温度对一回路反应性的影响分析

李旨敬

（江苏核电有限公司，江苏　连云港　222000）

摘　要： 在 M310 机型的核电机组中，一回路的功率调节主要通过控制棒和硼浓度的改变来进行，控制棒主要用来控制反应性的快变化，硼浓度主要用来补偿反应性的慢变化。硼浓度的改变主要通过硼补给系统的"稀释"和"硼化"操作来进行。净化床位于下泄管线上，用来除去一回路运行产生的裂变产物，由于其会吸收硼酸，因此投用前会进行饱和处理，而温度变化对净化床吸收硼酸的特性会有影响，因此下泄温度也将对一回路硼浓度产生影响。

关键词： 核电站；除盐床；硼浓度

在 M310 核电机组运行中，为补偿燃耗、氙毒引起的反应性变化，以及保持控制棒组在其相应的调节带内，通过调节一回路冷却剂中的硼浓度来控制反应性，避免一回路的运行参数偏离正常范围。而为了除去一回路中的裂变产物及运行过程中产生的腐蚀产物，在反应堆容积和化学控制系统的下泄管路上设置了净化单元，采用并列布置的两个混合除盐床对一回路的水质进行净化，两台除盐床平时一个运行，一个备用。

混合床除盐器采用锂型阳树脂和氢氧型阴树脂，使大部分裂变产物浓度至少降低 90%。为了防止树脂在对一回路的水质进行净化的过程中导致一回路硼浓度和锂离子浓度的意外降低，该树脂床会在出厂前完成锂离子的饱和处理[1]，在投入净化前，由核电厂运行人员根据操作规程进行硼饱和处理。

1　运行现象

江苏核电五、六号机组是 M310 机组，该机组在运行过程中，在下泄回路中设置净化回路。在某次运行过程中，主控人员发现一回路平均温度及反应堆核功率有缓慢上涨的趋势，在排除仪表故障的可能性后，做出了如下几项原因分析。

①二回路真空逐渐变差：调取二回路真空仪表曲线进行对比分析，一回路平均温度上涨的同时未见二回路真空明显恶化，排除此可能。

②二回路汽回路漏气：安排进行现场巡视，未发现明显漏气点，同时主控常规岛消防盘无火警信息，排除此可能。

③一回路存在误稀释：检查可能进入一回路的低硼水回路，重点检查补给水回路，冷却水系统。补给水箱水位下降趋势未见明显转折，冷却水头箱水位未见明显变化，同时化容系统容控箱水位未见明显平缓或增加，基本排除低硼水误入的可能性。

对几项常规原因进行排除后，主控人员继续巡盘检查，发现下泄温度表 5M1RCV002/003MT 的温度在同一时间下降明显。怀疑净化水温度下降导致净化床吸收下泄流中的硼，进而导致一回路硼浓度下降，引入正反应性（图 1）。

作者简介：李旨敬（1994—），男，大学本科，工程师，从事 M310 机组的核电运行研究。

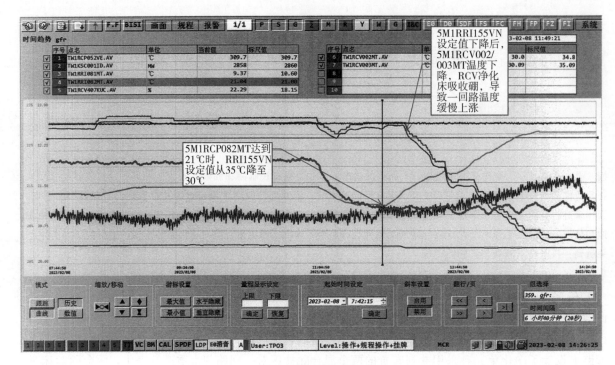

图 1　现象变化曲线

2　数据和机理分析

变化发生时，机组接近满功率，一回路温度和功率的前后变化如表 1 所示。

表 1　现象变化参数

指标	初始	退孔板后
下泄温度	35 ℃	30 ℃
一回路功率	99.2％	99.8％
一回路平均温度	309.7 ℃	310.0 ℃

由以上数据可知，在下泄温度下降的过程中，一回路平均温度变化了 0.3 ℃，一回路核功率上涨 0.6％，计算得出由于硼浓度下降引入的反应性约为 11pcm。

正常运行时，下泄管线的温度由温度控制阀 RRI155VN 自动控制，控制逻辑如图 2 所示。

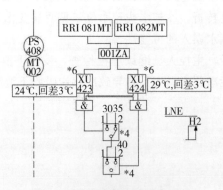

图 2　下泄温度整定值设定机制

A 列冷却水温度 RRI081MT 和 B 列冷却水温度 RRI082MT 高选后的值为设定温度变化的判断依据：

当低于 24 ℃时，RRI155VN 设定值为 30 ℃；

继续上升，高于 24 ℃但低于 29 ℃时，RRI155VN 设定值为 35 ℃；

继续上升，高于 29 ℃时，RRI155VN 设定值为 40 ℃；

温度下降，从 29 ℃以上降到 26 ℃时，RRI155VN 设定值为 35 ℃；

继续下降，降至 21 ℃时，RRI155VN 设定值为 35 ℃。

RRI155VN 设定值的变化是渐进的，当发生设定值变化时，变化速率为 0.5 ℃/10 min。

RRI155VN 设定值与下泄温度表实际值 RCV002MT 比较，进行冷却水阀门的开度控制。

变化发生前，A/B 列冷却水温度 RRI081/082MT 发生了下降，原因是三废处理系统蒸发器结束运行，因此冷却水系统负荷降低，导致温度回落，在温度降至 21 ℃后，下泄温度整定值由之前的 35 ℃，以 0.5 ℃/10 min 的速率降低到了 30 ℃。

3 评价与建议

在机组设计中，下泄管线的温度由 RRI155VN 自动维持为 46 ℃，在阀门调节响应正常，以及下泄温度和流量不发生迅速变化的情况下，下泄温度能基本维持不变，不会存在这类除盐器吸收硼酸的问题。田湾五、六号机组在首次大修时针对 RRI155VN 的阀门控制逻辑进行了技改，原因是所在地区冬季气温较低，在该阀门存在 10% 的控制下限的情况下，RRI155VN 难以维持 46 ℃。但本次反应性非预期的变化，证明该技改需要进一步完善，避免发生非预期的反应性变化。可以通过增加以下措施完善控制方案。

（1）在下一次大修时，增加 RRI155VN 的设定值手动输入方式，根据 RRI155VN 的开度和运行指令对整定值进行微调，避免 RRI155VN 设定值的意外变化。

（2）关注 RRI081/082MT 温度变化，在负荷或气温变化较大时，关注 RRI155VN 设定值变化引起的反应性变化，增加设定值切换的报警提醒，提示主控室操纵员该设定值正在切换，关注一回路反应性变化。

（3）当 RRI155VN 设定值变化引起反应性变化时，及时进行稀释/硼化，或手动调整 R 棒棒位，防止一回路运行参数偏离。

4 结论

在核电机组运行过程中，下泄流温度变化会影响净化床中饱和硼浓度，温度升高时，饱和硼浓度会降低，会从净化床中释放硼离子，温度降低时，饱和硼浓度会升高，净化床会吸收下泄流中的硼离子，由于硼作为中子吸收剂对一回路的功率调节起到重要作用，因此温度应尽量保持稳定，避免非预期的意外变化。

参考文献：

[1] 严卫龙，胡向盟. 核级树脂硼饱和状态下的动力性能试验 [J]. 辐射防护通讯，2015，35（1）：33 - 34.

Analysis of the influence of letdown temperature on the reactivity of the primary circuit

LI Zhi-jing

(Jiangsu Nuclear Power Co. , Ltd. , Lianyungang, Jiangsu 222000, China)

Abstract: In the M310 nuclear power generator set, the power regulation of the primary circuit is mainly carried out through the change of the control rod and boron concentration. The control rod is mainly used to control the rapid change of reactivity, and the boron concentration is mainly used to compensate for the slow change of reactivity. The boron concentration is changed mainly through the "dilution" and "boronation" operation of the boron makeup system. The purification bed is located on the letdown pipeline to remove the fission products produced by the operation of the primary circuit. Because it will absorb boric acid, it will undergo saturation treatment before being put into use. The temperature change will affect the characteristics of the purification bed to absorb boric acid, so the letdown temperature will also affect the boron concentration of the primary circuit.

Key words: Nuclear power station; Demineralized bed; Boron concentration

除氧器系统的运行分析

李旨敬

（江苏核电有限公司，江苏　连云港　222000）

摘　要： 在 M310 核电机组中，二回路的除氧器作为主要的系统之一，发挥着对二回路给水进行除氧以改善水质及利用高压缸排汽进行加热给水以提高热力循环效率的作用。本文主要介绍了 M310 机组除氧器系统（ADG）的主要功能、原理、运行控制等方面内容，并对该系统在田湾 5、6 号机组中出现的部分问题进行分析。

关键词： 除氧器；水位控制；压力控制；运行分析；M310

1　概述

1.1　ADG 除氧器系统简介

1.1.1　ADG 除氧器系统的主要功能

（1）对给水进行加热和除氧，向给水泵和启动给水泵提供符合蒸汽发生器给水含氧量要求的给水；

（2）保证给水泵和启动给水泵具有充分的净正吸入压头；

（3）储存足够的水量以满足蒸汽发生器需水量和凝汽器供水量不匹配时的瞬态工况；

（4）将非凝结性气体排向凝汽器和大气；

（5）使凝结水能够循环回凝汽器以满足系统冲洗、启动或试验的要求。

1.1.2　ADG 除氧器的除气原理

（1）亨利定律。亨利定律可表述为："在等温等压下，某种挥发性溶质（一般为气体）在溶液中的溶解度与液面上该溶质的平衡压力成正比。"其公式为：

$$Pg = Hx。 \tag{1}$$

式中，H 为 Henry 常数，x 为气体摩尔分数溶解度，Pg 为气体的分压。Henry 常数是温度的函数，与压力无关。

从该式可知，要减小氧气在水中的溶解度，可通过降低水面氧气压力来实现。

（2）道尔顿分压定律。道尔顿分压定律可表述为："理想气体混合物中某一组分的分压等于该组分单独存在于混合气体的温度 T 及总体积 V 的条件下所具有的压力。而混合气体的总压即等于各组分单独存在于混合气体温度、体积条件下产生压力的总和。"

综上两条，若将除氧器持续加热，使之内部液态水蒸发，产生大量水蒸气，并通过压力控制维持一定的压力，这样在压力一定的情况下，水蒸气占据的分压越大，氧气占据的分压越小，则除氧器中水的含氧量也越小，可达到除氧的目的。

1.2　除氧器的结构布置

除氧器位于常规岛 20.5 m 大平台上。其为喷雾一体化，卧式双封头，内有 4 个喷嘴装置。

从低压加热器来的凝结水经过喷嘴以飞沫状喷入除氧器，并在除氧器的汽空间与蒸汽加热混合进行预除氧。除氧器有 4 个喷嘴，依次排列在除氧器顶部（图 1）。

作者简介：李旨敬（1994—），男，大学本科，工程师，从事 M310 机组的核电运行研究。

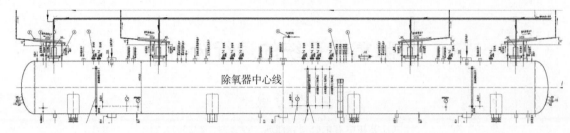

图 1　除氧器进水管线

除氧器内有 3 路独立的蒸汽分配装置，其中两路来自主蒸汽供汽和高压缸排汽，另一路来自辅助蒸汽供汽。蒸汽分配装置相对于除氧器的横向中心线呈对称布置，这样有利于除氧器内加热蒸汽的均匀分布。每个主蒸汽分配装置母管在伸入除氧器汽空间后，分别进入 4 根蒸汽分配管，再由每根蒸汽分配管的底部分出许多蒸汽鼓泡管（图 2）。

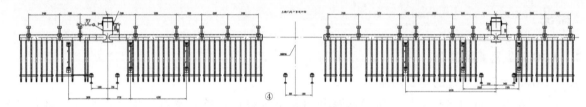

图 2　除氧器主蒸汽管线

辅助蒸汽分配装置则是由单根母管在伸入除氧器汽空间后，进入 4 根蒸汽分配管，并由蒸汽分配管的底部分出蒸汽鼓泡管（图 3）。

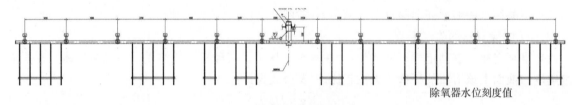

图 3　除氧器辅助蒸汽管线

正常运行时，鼓泡管的最上面一排的排孔在低二液位以下，以保证蒸汽与水的充分接触，提高除氧器的加热效率，从而提高除氧器的除氧效果（图 4）。

2　除氧器的运行控制

2.1　除氧器的水位控制

除氧器的水由凝结水泵出口经 CEX025/026VL 调节流量后，再经由低压加热器加热后进入除氧器。除氧器的水位主要由 CEX025/026VL 控制，正常运行时，维持在整定值 370 mm 附近（规定除氧器的容积水平中心线位置为 0 m 水位）。除氧器水位调节系统分为单冲量控制模式和三冲量控制模式，单冲量控制用于主给水流量小于 1800 t/h 时，CEX025/026VL 仅通过除氧器水位与整定值的偏差进行流量的调节，三冲量控制用于主给水流量大于 1800 t/h 时，CEX025/026VL 的控制量除了除氧器水位与整定值的偏差外，还有凝结水流量及给水流量。

正常运行时，CEX025/026VL 及 CEX002KU 均在自动状态，当所需凝结水流量较少时，先通过 CEX026VL 进行调节，随着所需的凝结水流量的增加，CEX002KU 的输出值增加，当 CEX002KU 输出

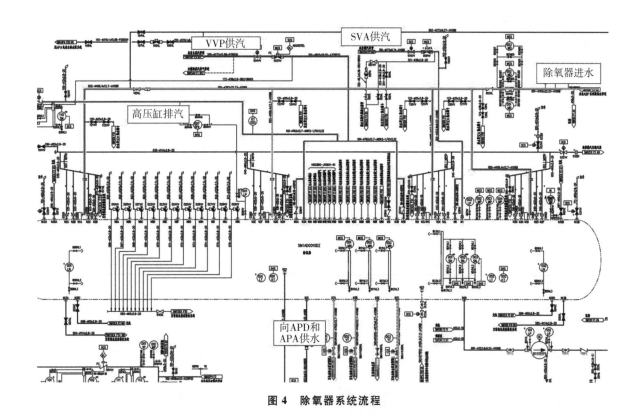

图 4　除氧器系统流程

值超过 16 时，CEX026VL 保持 40％开度，CEX025VL 开启，并加入除氧器的水位控制调节（图 5）。

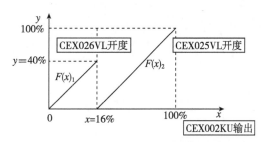

图 5　除氧器水位调节阀控制曲线

除氧器的主要水位逻辑信号有以下几个。

（1）600 mm，高水位。高水位以下时，允许开启除氧器的加热蒸汽阀门（包括主蒸汽、辅助蒸汽和高压缸排汽）和各路进水阀门（包括低压加热器出口阀门、凝结水泵出口阀门、APG 冷却水回水、低加疏水泵出口隔离阀、6 号高加正常疏水）。

（2）750 mm，高高水位。开启除氧器溢流阀，关闭各路进水阀门（包括低压加热器出口阀门、凝结水泵出口阀门、APG 冷却水回水、低加疏水泵出口隔离阀、6 号高加正常疏水、MSR 分离器疏水阀）。

（3）900 mm，高 3 水位。除了关闭各路进水外，关闭除氧器的进汽阀门（包括主蒸汽、辅助蒸汽和高压缸排汽），同时除了开启除氧器溢流阀外，还会开启除氧器放水阀。

（4）170 mm，低水位。报警。

（5）−850 mm，低低水位。会使下游启动给水泵和主给水泵跳闸。

2.2　除氧器的压力控制

除氧器的汽空间主要由蒸汽覆盖，在机组启动阶段，由于没有主蒸汽，除氧器压力由辅助蒸汽维持在整定值 0.043 MPa.g，当主蒸汽投运后，可将除氧器加热汽源切换至主蒸汽，并由主蒸汽维持除氧器压力在 0.17 MPa.g。随着汽机功率的上升，高压缸排汽压力上升，除氧器的加热汽源会逐渐由高压缸排汽维持，并跟随机组功率变化而变化，在满功率时，除氧器压力约为 0.8 MPa.g，此时，主蒸汽向除氧器供汽的阀门将自动关闭。

3　除氧器相关运行问题及分析

3.1　瞬态试验时除氧器的液位波动问题

3.1.1　问题描述

5 号机组调试期间在执行紧急停堆、停机不停堆试验中，除氧器液位测量值出现大幅波动。除氧器液位大幅波动进一步引起凝结水给水调阀的大幅波动，两者进一步相互作用，导致凝结水流量、调阀开度和除氧器液位持续震荡。

除氧器最低达 -65 mm，最高达 774 mm，导致 CEX025VL 开度跟随快速波动，波动范围为 22.95%～69.12%，同时导致凝结水流量在 1506～4099 t/h 波动（图6）。

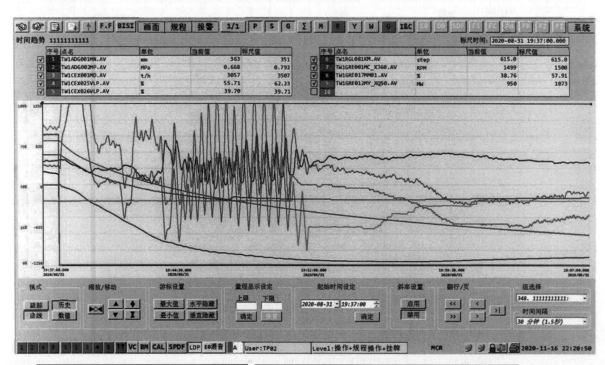

停机后，除氧器压力快速下降，但温度不会快速下降，导致除氧器内水闪蒸，液位快速波动，最低达-65 mm，最高达774 mm，导致CEX025VL开度跟随快速波动，波动范围为22.95%~69.12%，同时导致凝结水流量大幅波动，波动范围为1506~4099 t/h

CEX025VL波动时，根据逻辑，CEX026VL保持在40%开度，随后操纵员为防止液位发散，将CEX025VL切入手动，此时CEX026VL由于还在自动，故还会波动，但波动造成的液位变化幅度明显减小，随后CEX026VL也被打在手动，液位趋于平缓

图6　停机后除氧器水位变化趋势

3.1.2　原因分析

在紧急停堆、停机不停堆试验中，除氧器由于失去加热汽源（主要是高压缸排汽），压力逐步降低，但由于水具有相当的热容量，除氧器的温度下降幅度会明显慢于除氧器压力的下降幅度。当压力低于当前除氧器温度下的汽化压力后，除氧器会出现闪蒸现象，这将导致液位测量出现大幅波动，进而导致凝结水流量、调阀开度和除氧器液位持续震荡。

3.1.3 处理方法

为了应对机组瞬态下除氧器压力下降导致除氧器水位调节失效而引发的二回路参数波动问题，保证除氧器压力的平稳下降，考虑在瞬态初期通过来自主蒸汽的蒸汽压力调节阀 ADG003VV 维持除氧器的压力，防止压力快速下降后出现闪蒸现象。

因此，在 5 号机组调试期间对 ADG003VV 增加一项保压逻辑，在机组孤岛运行或汽机跳闸后，若反应堆未停堆，触发 15 min 脉冲信号，用于将除氧器压力控制阀 ADG003VV 压力定值切换为外部定值（当前压力值），并在前 10 min 保持压力定值不变，后 5 min 以 0.126 MPa/min 的速率降至 0.17 MPa（图 7）。

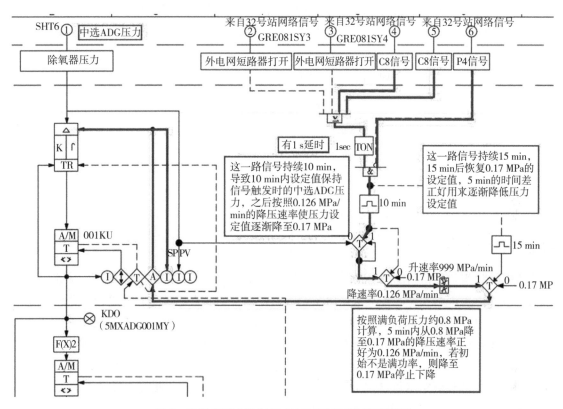

图 7 除氧器压力控制阀 ADG003VV 控制逻辑标注

此方法能在瞬态初期通过 ADG003VV 尽量维持除氧器的压力，避免除氧器的压力下降导致除氧器水闪蒸引起的二回路参数波动，同时，若故障较长时间未能排除，依然能够通过缓慢减小除氧器压力的方式将机组稳定在功率较低的状态，减小对二回路参数的影响。

3.2 除氧器水位调节阀故障后的水位控制问题

3.2.1 问题描述

在 6 号机组调试期间，当 25%FP 功率平台时，凝结水流量突然大幅上涨，导致蒸发器排污失去，第二台凝结水泵自动启动，3 号和 4 号低压加热器因高三水位自动解列，除氧器水位持续上升。主控画面显示除氧器水位调节阀 CEX025VL 为绿色全关状态。

3.2.2 原因分析

根据故障现象，判断 CEX025VL 实际状态开度很大，就地核实后 CEX025VL 确为全开状态。由于就地开度 LV 与阀门得到的需求开度 MV 存在严重偏差，导致逻辑模块不断减小阀门的开度命令 MV，直到 MV 为 0。凝结水流量的大幅增加导致蒸发器排污冷却器的冷却水流量高进而将排污隔离，第二台凝结水泵也因流量大幅增加导致的压力下降自动启动。另外，由于凝结水流量增加，故而经过低压加热器的管侧冷却水增加，进而导致对加热蒸汽的冷却效果增加，使得壳侧水位迅速上涨，达到高三水位后自动解列。

3.2.3 处理方式

由于功率水平较低，可通过通流能力为 30% 的 CEX026VL 单独进行水位控制，因此将 CEX025VL 隔离后，通过 CEX026VL 单独进行除氧器水位的控制。

上文说到，正常运行时，CEX025/026VL 均置于自动状态，并由除氧器水位、凝结水流量和给水流量（后两者仅在给水流量大于 1800 t/h 时生效）控制 CEX002KU 的输出值，进而控制 CEX025/026VL 的阀门状态，此时 CEX026VL 的最大开度在 40%。而当 CEX025VL 置于手动后，CEX002KU 单独控制 CEX026VL 开度，此时，CEX002KU 的输出值不再是 0~100%，而只有 0~36%，CEX026VL 的开度范围也扩展到 0~100%，CEX002KU 的输出值与 CEX026VL 开度线性对应（图 8）。

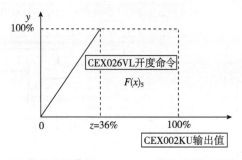

图 8　除氧器水位调节阀 CEX026VL 单独控制时的控制曲线

4　结论

对于 M310 机组，二回路除氧器系统是二回路的主要系统之一，其最重要的两个参数，一个是除氧器压力，一个是除氧器水位，本文对这两个参数的控制方式及出现过的问题进行了分析研究。

除氧器的压力通过蒸汽进行控制，正常运行时跟随高压缸排汽滑压运行，来自主蒸汽的压力控制整定值为 0.17 MPa.g，来自辅助蒸汽的压力控制整定值为 0.043 MPa.g。为了避免瞬态情况下除氧器的闪蒸问题导致的二回路参数波动，对 ADG003VV 新加保压逻辑，将能在瞬态初期减小参数的波动。

除氧器的水位通过凝结水流量调节阀 CEX025/026VL 进行控制，此外，凝结水的流量还能通过 CEX011VL 进行改变，CEX011VL 所在管道的通流能力与 CEX025VL 一致，均能达到 100% 的额定流量，CEX026VL 通流能力则为 30%。因此，当功率水平较低时，可单独通过 CEX026VL 对除氧器水位进行控制，当功率水平较高时，CEX025VL 和 CEX011VL 也可以满足除氧器的水位要求。

Operation analysis of deaerator system

LI Zhi-jing

(Jiangsu Nuclear Power Co., Ltd., Lianyungang, Jiangsu 222000, China)

Abstract: In M310 nuclear power unit, the secondary circuit deaerator is one of the main systems, which is mainly used to deaerate the secondary circuit feed water to improve the water quality and use the exhaust steam of high pressure cylinder to heat the feed water to improve the thermal cycle efficiency. This paper mainly introduces the main function, principle, operation control and other aspects of the deaerator system (ADG) of M310 unit, and analyzes some problems of the system in Tianwan 5 and 6 units.

Key words: Deaerator; Water level control; Pressure control; Operation analysis; M310

混凝土高完整性容器在放射性废物管理中的应用

蔡挺松，赵景宇，赵文浩

（中国核电工程有限公司，北京　100000）

摘　要：本文介绍了我国混凝土高完整性容器（HIC）开发背景、应用情况、结构、性能指标及废物处理工艺；将混凝土 HIC 的实测指标与 GB 36900.2—2018 和 ANDRA 指标进行了对比；通过与水泥固化工艺在废物最小化、耐久性、工艺适用性和质量保证等方面进行对比分析，阐明了混凝土 HIC 工艺在各方面的优越性。此外，本文还对混凝土 HIC 处理工艺在工程应用中需要关注的问题进行了分析和总结，为混凝土 HIC 工艺的广泛使用奠定了基础。

关键词：高完整性容器；放射性废物；处置

自从 1991 年我国首座核电站——秦山核电站并网发电以来，我国核电事业获得了飞速发展。随着核电站数量的不断增加，核能在给人类带来巨大的经济效益和社会效益同时也产生了大量的放射性废物，给人类赖以生存的生态环境带来了严重的威胁。因此，如何安全有效地处理、处置放射性废物，使其最大限度地与生物圈隔离，已成为核工业亟待解决的重要课题，是影响核能可持续发展的关键因素[1-3]。

在我国核电厂产生的放射性废物中，浓缩液、泥浆和废树脂是放射性固体废物桶的主要组成部分，且均属于弥散性废物。这类废物在排放到环境和最终处置前，必须进行稳定化处理，以符合运输、贮存和处置的要求。目前，对于浓缩液、泥浆和废树脂，我国核电厂采取的主要处理工艺为水泥固化。

水泥固化工艺是低、中水平放射性废物处理的传统工艺，该工艺是将放射性废物与水泥基材按照一定的比例混合，经养护后形成稳定的水泥固化体，通常最终形成 200 L 或 400 L 钢桶包装的水泥固化体废物包。

水泥固化的优点是工艺和设备简单、易于实现（可以在室温、常压下固化，无须独特的专用设备）、可连续操作（也可在容器中固化，进行间歇操作）、成熟度高（目前国内外都有相对成熟的水泥固化生产线）、处理费用低、安全性高（无燃烧爆炸的危险，且水泥本身具有良好的防护屏蔽性能）。主要缺点是浸出率高（约比沥青固化体高 100～1000 倍）、废物包增容大。

高完整性容器（High Integrity Container，HIC）能够在 300 年以上的使用寿期内有效包容其中盛装的低、中水平放射性固体废物。高完整性容器可由不同的材料制成（如混凝土、球墨铸铁 HIC、高密度聚乙烯和/或复合材料）[1]。我国高完整性容器的研发工作始于 2010 年，2015 年完成容器的型式试验，且高完整性容器（混凝土、球墨铸铁 HIC、高密度聚乙烯）国家标准的编制工作也于同期开始。2018 年，生态环境部批准了 3 种高完整性容器的国家标准，标准号 GB 36900.X—2018，该标准的制定为高完整性容器的工程应用提供了技术支撑和指导依据。

混凝土高完整性容器处理工艺最早在田湾核电站废物处理中心（T4UKT）应用，用于盛装干燥后的废树脂和蒸残液干燥盐。之后，福建霞浦、福建漳州、辽宁徐大堡、浙江三门等核电工程项目及放射性废物后处理工程亦采用了混凝土 HIC 处理工艺。

相对于水泥固化工艺，HIC 废物处理工艺在废物处置安全、废物最小化、质量控制和简化运行

作者简介：蔡挺松（1973—），男，硕士，高级工程师，现主要从事核电和核化工三废管理工作。

等方面都具有一定优势,正逐渐替代水泥固化工艺成为放射性废树脂、蒸残液及热解灰/焚烧灰的主要处理工艺。

1 混凝土高完整性容器废物处理工艺

1.1 混凝土高完整性容器简介

1.1.1 混凝土 HIC 材料

用于制作混凝土 HIC 的材料为纤维增强高性能混凝土。为提高混凝土 HIC 容器的机械强度和耐久性能,混凝土材料的配方采用了四元胶材体系和多尺度纤维增强技术,即依据水泥、硅灰、矿渣粉及粉煤灰等胶凝材料不同的水化活性、颗粒尺度和形态发展特点,实现不同尺度颗粒的最紧密堆积和活性最优分散,并通过多尺度纤维增强技术提高混凝土的致密性、韧性和抗裂性能[2]。其主要性能指标如表 1 所示。

表 1 混凝土 HIC 纤维增强混凝土材料主要性能指标

序号	项目	ANDRA 要求	标准要求	实测性能指标
1	收缩	$\leqslant 300 \times 10^{-6}$ m/m	$\leqslant 300 \times 10^{-6}$ m/m	230×10^{-6} m/m
2	重量损失	< 35 kg/m^3	< 30 kg/m^3	4 kg/m^3
3	孔隙率	—	$< 12\%$	9.5%
4	抗渗性能		$\leqslant 5$ mm	$\leqslant 2$ mm
5	氮气渗透率	$\leqslant 5.0 \times 10^{-18}$ m^2	$\leqslant 5.0 \times 10^{-18}$ m^2	$(1 \sim 3.0) \times 10^{-18}$ m^2
6	氯离子扩散系数	—	$D_{RCM} < 1.5 \times 10^{-12}$ m^2/S	1.39×10^{-12} m^2/S
7	铯-137 扩散率		$< 1.0 \times 10^{-3}$ cm^2/d	$(3.2 \pm 0.4) \times 10^{-4}$ cm^2/d
8	耐冻融性	强度损失$\leqslant 20\%$	F400	F400
9	耐 γ 辐照性	强度损失$\leqslant 20\%$	强度损失$\leqslant 20\%$	强度未下降
10	抗压强度	$\geqslant 50$ MPa	$\geqslant 60$ MPa	> 80 MPa
11	抗拉强度	$\geqslant 4.5$ MPa	> 5.5 MPa	> 6.3 MPa
12	动弹性模量	—	$\geqslant 40$ GPa	48.8 GPa
13	碳化性能		$d < 0.1$ mm	$d < 0.1$ mm
14	抗硫酸盐侵蚀	—	$> KS150$	$> KS150$
15	容器 5 层堆码	变形$\leqslant 3\%$	无可见变形	无可见变形
16	容器 45°跌落	容器完整性未受影响	无内容物外泄	无内容物外泄
17	容器贯穿试验	容器无损害	容器无损害	容器无损害

1.1.2 混凝土高完整性容器结构规格

我国田湾、霞浦等核电工程所使用混凝土 HIC 为 CEDⅠ-G 型桶形容器,其内部能够盛装一个 200 L 钢桶或相当体积的废物体,其规格参数如表 2 所示,基本结构如图 1 所示。

表 2 CEDⅠ-G 型桶形混凝土高完整性容器规格参数[1]

型号	公称容积 V/m^3	高 H/mm	直径 D/mm	容器自重 S/t	额定质量 R/t
CEDⅠ-G	0.33	1150	880	0.80	1.5

注:实际工程中由于 200 L 金属桶尺寸的差异,混凝土 HIC 规格参数略有不同。

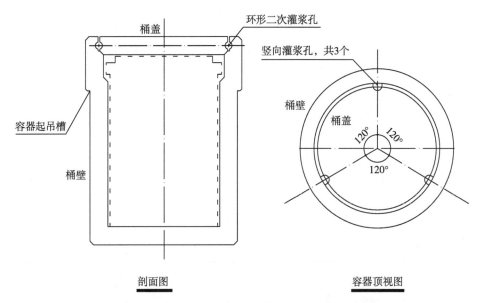

图 1 CED I-G 型桶形混凝土高完整性容器基本结构

1.2 混凝土 HIC 废物处理工艺

混凝土 HIC 废物处理工艺是以混凝土 HIC 作为最终处置容器,将废物封闭在其中形成最终废物包的相关操作过程。根据所处理废物形态和时间段的不同,混凝土 HIC 处理工艺可分为预处理和 HIC 封盖(二次包装)两个阶段。混凝土 HIC 废物处理工艺可处理多种类型的放射性废物,包括废树脂、蒸残液/泥浆、热解灰/焚烧灰和被污染的土壤等。混凝土 HIC 废物处理工艺流程如图 2 所示。

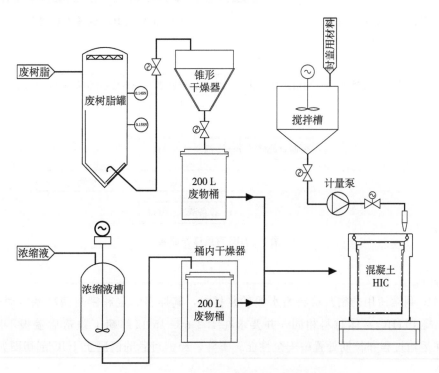

图 2 混凝土 HIC 废物处理工艺流程

1.2.1　预处理

预处理是对待处理废物进行烘干、装桶（为进一步减少废物体积，部分核电工程对废物桶进行了超压处理）等操作，以使内容物性能（如含水率等）满足相关标准要求，且便于进行二次包装的操作。废树脂和蒸残液分别使用专用干燥设备进行烘干并封盖（废树脂/活性炭通过锥形干燥器进行干燥后装入 200 L 钢桶；蒸残液/泥浆采用桶内干燥器进行干燥）。封盖后的废物钢桶可先输送至暂存库暂存，也可直接吊运至 HIC 封盖工段进行二次包装操作。

1.2.2　混凝土 HIC 封盖（二次包装）

将预处理阶段所形成的 200 L 废物桶装入混凝土 HIC，然后注入密封材料，待密封材料固化后，即可形成可最终处置的混凝土高完整性废物包。封盖后的混凝土 HIC 如图 3 所示。封盖阶段主要设备为封盖设备（图 4），该设备的功能包括：HIC 盖板的开启和复位、密封材料的配制和计量、密封材料的浇注等。该过程为自动控制或远距离控制完成，200 L 钢桶和 HIC 的吊装通过厂房内吊车完成。HIC 封盖操作流程如图 5 所示。

图 3　封盖后的混凝土 HIC

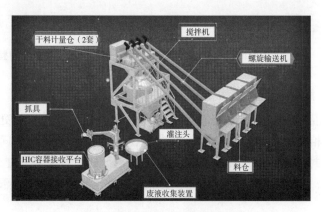

图 4　混凝土 HIC 封盖设备结构

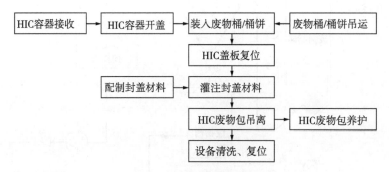

图 5　HIC 封盖操作流程

1.2.3　密封材料

混凝土 HIC 封盖所用的密封材料为水泥砂浆材料，其拥有固定和密封两项基本功能。密封材料性能要求与混凝土 HIC 本体材料相同，并要求在 1.2 m、45°顶部朝下跌落后盖板不脱落，以保证 HIC 废物包在运输过程和长期处置中安全性能不下降。经密封后的混凝土 HIC 剖切图如图 6 所示。

2　混凝土 HIC 工艺与水泥固化工艺对比分析

从上述介绍可知，混凝土 HIC 工艺在流程和设备等方面与水泥固化工艺均存在巨大差异，所形成的最终废物包形态更是不同。因此，本文将从废物最小化、废物处置安全性、工艺适用性和质量控制几个方面对混凝土 HIC 工艺的优势进行简要分析。

图 6　经密封后的混凝土 HIC 剖切图

2.1 废物最小化

与水泥固化工艺相比，单台百万千瓦级压水堆使用混凝土 HIC 工艺，废树脂废物包最终产生体积每年减少 8.3 m³（～50%），蒸残液废物包每年减少 7.5 m³（～64%）（表 3、表 4）。

表 3　混凝土 HIC 工艺废物产生量

废物类型	原生废物量/m³	烘干体积收缩率	烘干后体积/m³	二次包装增容率	最终包装体形式	最终废物包体积/m³
废树脂	5.0	50%	2.6	3.25%	HIC	8.6
蒸残液	5.0	75%	1.4	3.25%	HIC	4.3

表 4　水泥固化工艺废物产生量

废物类型	原生废物量/m³	包容率	最终包装体形式	最终废物包体积/m³
废树脂	5.0	35%	400 L 钢桶	16.9
蒸残液	5.0	50%	400 L 钢桶	11.8

注：①蒸残液液体含盐量取 250 g/L；②水泥固化体填充率取 95%；③400L 桶外部体积 450 L，HIC 外部体积 650 L。

2.2　废物处置安全性

水泥固化工艺是将水泥与废物混合，经水化反应后，形成坚硬的水泥固化体。该工艺把废物微粒均匀分散在水泥基内部，废物与水泥基作用面积大，易发生相互作用，实现废物体的均一化和稳定化。但当固化体与外部环境发生接触时，很容易吸收外部环境水分并向固化体内部传导，导致失水后的树脂颗粒会因再次吸水而膨胀、溶解，造成固化体基体被破坏和核素浸出。

与水泥固化体不同，HIC 处理工艺所形成的废物包是将废物体固定于容器的中心部位，而外部包覆废物体的 HIC 基体材料的耐久性设计确保了 HIC 废物包 300 年的稳定性，结构安全性更好。除此之外，HIC 容器壁、封盖材料和金属桶壁共同构成了复合结构层，能够将废物成分与外界环境有效隔离，防止环境水分及溶解离子向内部传递。

2.3　工艺适用性和质量控制

在水泥固化工艺中，废物体的化学成分、物理形态、水含量及混合均匀度等参数都会对水泥固化体的性能产生影响。因此，为了确保固化体产品满足标准要求，每次使用都需要对废物成分和浓度等参数进行分析和测定，确定其是否在设计限值内，并定期检查固化产品性能[3]。但由于废物体含有放射性成分且部分操作需在放射性环境下进行，操作难度较大且会增加操作人员受照风险，质量难于控制。这将导致不同的废物类型所应采用的水泥固化配方不同，甚至同一类型废物，当成分改变较大时，固化配方也需做出相应的调整，工艺适用性较差。

混凝土 HIC 废物包的性能主要由混凝土 HIC 本体和封盖材料的性能决定。混凝土 HIC 本体为专业工厂所产出的预制产品，专业的制造工艺和检测手段能够确保混凝土 HIC 本体的质量。封盖材料成分固定，且其配制是在非放射性区域操作，易于实现标准化。因此，放射性废物的成分不影响 HIC 处理工艺最终产生废物包的性能。

综上，相对于水泥固化工艺，混凝土 HIC 处理工艺对产品质量的控制更容易且更有保障。该工艺的废物预处理、密封材料配制、封盖操作等过程均相对独立，废物体参数只需考虑最终含水率，能够做到多种废物类型、不同工程采用同一工艺，工艺泛用性极佳。

2.4 废物包延期贮存

国家强制性标准 GB 11928—1989《低、中水平放射性固体废物暂时贮存规定》在 4.7 中对废物包的暂时贮存时间做出了明确要求："废物暂时贮存期为五年。"但由于各种原因，部分核电厂无法在 5 年内将其产生的放射性固体废物包运送至处置场，这将导致暂存库容量不足。

混凝土 HIC 工艺中废物预处理和二次封装可分开进行，即废树脂和蒸残液可先处理成 200 L 钢桶废物包，贮存一定时间后或运往处置场前再进行二次包装。由于 200 L 钢桶废物包体积仅相当于最终 HIC 废物包体积的 30%（水泥固化工艺最终废物包的 14%），因此可有效减少对暂存库的容量需求。

3 混凝土 HIC 工艺需关注的问题

3.1 废物辐照分解

由于废树脂本身具有放射性，受辐照后部分组分会发生分解，这个过程中会产生较多的 H_2、C_2H_4、NH_3 等燃爆性气体。甘学英[5]通过 Microsheild 软件对核电一回路废树脂热态超压工艺产生的 200 L 钢桶废物包内辐照产气量进行了计算，得到"树脂废物包约在 100 年后吸收剂量趋于稳定，预期累积剂量约为 3.6×10^5 Gy，最大累积剂量约为 1.4×10^6 Gy。累积压力也趋于稳定，分别达到约 1.0×10^6 Pa 和 2.5×10^6 Pa，氢气所占体积比在 8% 和 12% 之间"。如果这些气体不能从 HIC 内得到有效释放，而在废物包装容器内累积，会造成内压过高致使容器破裂，或生成潜在燃爆风险的混合气体。因此，需在容器上设置排气装置来解决上述问题，但排气孔的存在可能会导致树脂吸收环境中的水分而膨胀，产生内压问题，需进行进一步的深入研究。

3.2 废物与容器相容性

相对于水泥固化体，混凝土 HIC 废物包为全封闭结构，该结构对于内部废物的腐蚀和外部环境侵蚀的抵抗能力较强，能够有效抵抗处置环境介质的侵蚀，在 300 年处置期内维持结构的稳定，保证对放射性核素的包容。但对于内部废物，当含有强腐蚀性成分或因含水量增加导致其腐蚀性增强时，必然会导致内部金属桶过早失效，造成混凝土 HIC 废物包寿命缩短。因此，为了控制内部腐蚀，可采取以下手段：在废物预处理阶段对废物的含水量和 pH 进行控制；在 HIC 结构设计时增加防腐蚀内衬或刷涂防腐蚀涂层；采用耐腐蚀密封材料进行二次包装。但就目前而言，这些控制内部腐蚀的方法没有相应标准，当作为上述相容性改进方案时，缺少是否满足处置安全要求的判断依据。

3.3 运输、吊装安全

根据标准，采用高完整性容器处理废物时，内部废物不需要再做稳定化处理，完全依靠外部容器

（内部的 200 L 钢桶和外部 HIC 容器）保证废物包的完整状态。一旦外部容器破损，内部放射性废物，尤其是干燥后的废树脂、焚烧灰类弥散性物质很容易散落出来。因此，在进行吊装、运输和堆码等存在跌落风险的操作时，应根据废物实际跌落性能，将其高度限制在一定范围内，或根据最大吊运高度，相应提高 HIC 的抗跌落性能。因此，HIC 废物包的跌落性能除满足标准规定的要求外，还应和实际的操作过程相结合，降低废物的散逸风险。

4 总结与展望

混凝土 HIC 工艺在国外已经应用多年，但在我国尚属初级应用阶段，缺少实际运行经验。作为影响放射性废物处置安全的重要环节，混凝土 HIC 在结构设计、处理工艺等方面仍需要进一步研究和探讨。但与水泥固化工艺相比，无论从废物产生量、质量控制、适用性、延期贮存等方面考虑，还是从废物包处置安全方面考虑，混凝土 HIC 废物处理工艺都表现出了明显的优势。因此，随着技术的改进和理论研究的深入，混凝土 HIC 废物处理工艺必然会在放射性废物处理、处置方面得到更广泛应用。

参考文献：

[1] 低、中水平放射性废物高完整性容器——混凝土容器：GB 36900.2—2018 [S]．北京：中国环境科学出版社，2019．

[2] 吴浩．低、中放核废料处置用混凝土高整体容器及其性能的研究 [J]．中国建材，2015（3）：90 - 93．

[3] 郭志敏．放射性固体废物处理技术 [M]．北京：原子能出版社，2007．

[4] 张敬辉，刘铁军．核电厂放射性废物处理新工艺：烘干装 HIC [J]．产业与科技论坛，2018，17（9）：59 - 60．

[5] 甘学英，徐春艳，张宇，等．废树脂热态压实废物包自辐照产气的初步计算分析 [J]．核安全，2022，21（1）：51 - 57．

Application of concrete High Integrity Container In radioactive waste management

CAI Ting-song，ZHAO Jing-yu，ZHAO Wen-hao

(China Nuclear Power Engineering Co.，Ltd.，Beijing 100000，China)

Abstract：The development background, application, structure, performance and radioactive waste treatment process of Concrete High Integrity Container（HIC）are introduced；The measured indicators of concrete HIC are compared with GB36900.2 - 2018 and ANDRA indicators；Contrast between the concrete HIC treatment process and the cement solidification process is made. The aspects that should pay attention in radioactive waste treatment process with concrete HIC are analyzed.

Key words：High Integrity Container；Radioactivewaste；Treatment

某核电站应急柴油机闭式冷却水系统泵异常跳停故障分析

王吉鹏

（江苏核电有限公司，江苏　连云港　222000 ）

摘　要： 某核电厂应急柴油发电机中间冷却水系统（简称"中间冷却水系统"）设置为除盐水介质的闭式冷却回路，该回路用于导出柴油机本体的热量，并将热量传递给最终热阱——海水，同时又起到隔离柴油机本体冷却水和海水的作用。该回路设置有一台电动卧式离心泵、一个高位膨胀水箱、一台中间冷却水/海水板式热交换器、柴油机高低温冷却回路换热器、柴油机厂房通风系统的换热器及仪表等。该系统在投运后，偶尔会出现离心泵入口压力低于保护限值跳泵的情况，尤其是在系统长期静置或者检修排空再重新充水后更加明显。本文通过对中间冷却水系统跳泵情况进行汇总分析，结合系统部件在现场的布置情况，并经过一定的理论计算，初步判定了系统发生离心泵入口压力低的原因，并经过实际的改造验证，证明原因分析准确，整改到位。最后，汇总分析了该电站所有的闭式冷却水系统中膨胀水箱的设计情况，并结合行业实践，分析了不同设计的膨胀水箱的优缺点、适用范围，对其他电站及石化行业类似闭式冷却回路的设计有一定的参考意义。

关键词： 柴油机；中间冷却水系统；闭式冷却水；膨胀水箱

　　某核电站 1 期工程 1/2 号机组各设置了 4 台应急柴油发电机组，柴油机的型号为 MTU 公司生产的 20V956TB33，额定功率约 5.5 MW。该型号柴油机自带高低温设备冷却水回路，高低温设备冷却水回路的热量传递给外部的闭式中间冷却水系统，中间冷却水系统一来将导出的柴油机热量通过一个板式热交换器传递给最终热阱——海水；二来作为一个中间回路，将柴油机本体的工艺冷却水系统和海水可靠隔离。在该电站的状态报告系统中，偶有记录到中间冷却水泵启动后因为入口压力低于保护定值跳停的缺陷，该缺陷的存在对应急柴油发电机的供电可靠性提出了挑战。

1　系统介绍

　　中间冷却水系统的流程如图 1 所示。该回路设置有一台电动卧式离心泵（380 V）、一个高位膨胀水箱、一台中间冷却水/海水板式热交换器、柴油机高低温冷却回路换热器、柴油机厂房通风系统的换热器等用户。

　　为了更好地保护设备，该系统离心泵共设计了 5 个工艺保护，即入口压力低保护、出口压力低保护、流量低保护、膨胀水箱液位低保护、轴承温度高保护。其中，入口压力低保护的设计逻辑为泵启动后 30 秒引入入口压力低保护，入口压力低于 10 kPa（相对压力）超过 5 秒，则保护停运该泵。该系统离心泵在投入运行后，偶尔会出现离心泵入口压力低于保护限值跳泵的情况，尤其是在系统长期静置或者检修排空再重新充水后更加明显。

　　根据电站状态报告系统里的统计数据，1 号机组和 2 号机组都分别记录了 2~3 次中间冷却水系统入口压力低导致系统不可用的情况。应急柴油发电机作为保障核安全的重要供电设备，要按照核电站技术规范的可用性要求进行严格的管理，需要严格满足核安全相关系统与设备定期试验监督大纲的要求。当在定期试验过程中发现偶发不可用时，需要记录一次非计划进入技术规范限制条款的信息，而且应急电源的可靠性作为 WANO 考核的一个重要指标，对电站的综合表现有重要的影响。因此，找到中间冷却水泵不定期入口压力低跳停的原因并解决，具有重要的现实意义。

作者简介： 王吉鹏（1978—），男，高级工程师、高级操纵员，主要从事压水堆核电站运行控制研究。

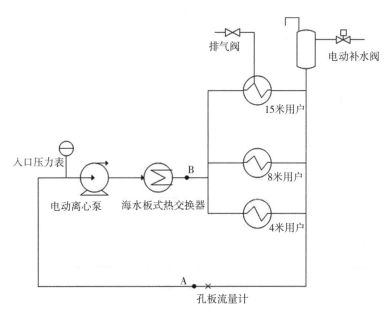

图 1　柴油机中间冷却水系统的流程

2　原因分析及处理措施

离心泵入口压力低保护动作的原因有很多种。一种是虚假降低，如仪表性能不稳定，在系统运行时偶发向下波动；一种是系统里有空气，在泵运行后系统内的空气循环到泵入口，引起泵的入口压力下降；还有一种是真实的降低，系统管道阻力太大，膨胀水箱连通管太细，无法及时补充泵入口压力，导致泵入口压力真实降低，甚至导致泵气蚀。

2.1　仪表原因

针对仪表的性能下降原因，在多次的入口压力波动后，都对入口压力表的精度和等级进行了重新标定和确认，最终确认系统压力表满足标准要求，而且两台机组的各个柴油机中间冷却水泵基本都有意外跳停的情况发生，但是绝大部分时间系统都能够正常运行，仪表正常显示，所以能够排除压力表自身性能下降的影响。

2.2　系统进气

针对系统进气原因，排查思路放到系统的工艺布置上来。泵启动后有一个建立循环的过程，这个过程中泵入口的压力一般会波动比较大，因此泵的保护中专门设置了泵启动 30 秒后再引入入口压力低保护的条件，也就是给了 30 秒的时间让流体进行充分的循环，一般情况下 30 秒内都能建立稳定的循环，但是也有一两次，泵已经稳定运行了，突然入口压力波动至跳泵值以下，泵意外跳停，从这样的现象中可以判断，系统回路中在某些位置可能存在不易排出的气体，即便在泵运行存在强制循环的条件下也不一定能够完全排出。因此，第二阶段的整改措施侧重于设计新的工艺方法对系统回路进行充分的排气。例如，在启动设备前，对系统容易聚集气体的一些高点进行一次有针对性的排气，设备启动后再进行一次有针对性的排气（相当于为下一次启动做准备）。将该措施以正式指令的形式固化到执行文件中，该措施执行之后，设备意外跳停的情况有所好转，但是并没有完全杜绝，因此应该还有潜在的原因未查找清楚。

2.3　入口压力真实下降

针对系统入口压力真实降低原因，从系统现场布置查找发现：中间冷却水系统的泵和板式换热器设置在厂房 8 米标高，系统的用户分别在厂房 4 米/8 米/15 米的标高，而用来定压的膨胀水箱设置在厂房 15 米的高处（紧贴室内房顶），约 18 米高。而用户的最高处排气点位置也在 18 米左右，因此膨胀水箱给予回路压力最不利点的定压不足，应该是一个主要原因。国内民用空调系统冷却水回路的设计与该中间回路冷却水的设计类似，前者的设计经验一般都要确保开式膨胀水箱的高度布置能够使系统回路压力最不利点的压力比大气压高 5~10 kPa[1]，即至少高 50~100 厘米水柱压力，而该系统的设计定压不足导致系统排气不充分。

进一步查询系统的设计和安装记录发现，该系统最开始的膨胀水箱和自动补水阀设计在 8 米标高泵房内，靠近泵体和换热器的位置，位置较低但是又没有设计定压气源或者定压水泵，因此原则上应该是按照开式来设计和使用的。故而在调试开始前进行了一次设计变更，将该膨胀水箱移位到了厂房内能实现的最高处，也就是目前 18 米标高的地方。变更的方式非常简单，将膨胀水箱与回路的连接点由泵的入口改接到了 15 米用户的回水管上，电动补水阀保留在原位置，补水阀后的管道进行了一定的延长，延长到了柴油机厂房 18 米标高的位置。正是这一改造，造成了系统定压的变化。

正常情况下，泵停运时，入口压力显示 100 kPa，刚好对应膨胀水箱 18 米标高到泵 8 米标高的 10 米静压差，但是泵启动后，启动瞬间入口压力可降至负值，30 秒后泵稳定运行时，泵入口压力约 20 kPa 左右，相对于 10 米的高度差，20 kPa 的压力太小，或者说膨胀水箱的定压作用未完成，对用户的定压作用未完成，对泵入口的定压作用也没有完成。经过进一步的排查发现，从膨胀水箱到泵的入口基本上是一段管道，管径约 219 mm，中间只有一个流量计，而该流量计孔板的孔径为 148 mm，孔板的存在导致了从膨胀水箱到泵入口产生了一定的节流。因此，最终的处理思路是将孔板位置由用户回水总管（A 点），调整为泵的出口用户进水总管上（B 点）。经过建模进行理论计算，孔板位置移位将使泵入口压力上升约 30 kPa，系统测量的总流量不变，系统的流量分配也没有变化，泵的工作点也没有变化，但是膨胀水箱对泵的定压作用将大大提高。现场改造的成本也非常低，将流量孔板由回水总管移位至供水总管，管道稍有增加，电缆不用重新敷设，改造成本非常低。

在机组上选择了一个系列完成了相应的系统改造后，再次启动设备进行验证，离心泵入口压力比改造前提升了约 30 kPa，即便启动瞬间也很少有低于保护定值的情况了，一劳永逸地解决了这个问题。

3 总结

闭式冷却水系统在电力、石化、民用建筑空调系统等场景都有广泛的应用，因此对于定压方式的选择就显得特别重要。一般闭式冷却水系统采用开式膨胀水箱定压或者闭式气体定压罐定压两种方式。开式膨胀水箱定压因为设计简单，运行方式简便，造价低，运行成本低，同时能兼顾系统补水、体积变化及排气的需求，在使用中一般都作为首选，尤其是在电力等大型企业中，全厂都设计有除盐水或者生产水集管，对于开式膨胀水箱的补水就更加方便。但是它的缺点也比较明显，如要设置在厂房的最高点，最好比所有的用户位置都高，而本例中的膨胀水箱就因为厂房高度及设备防腐等要求无法继续抬高位置。

如果开式膨胀水箱定压的方式无法选择，一般都会采用闭式气体定压的方式。闭式气体定压方式的优点是定压罐可以与泵、换热器等设备一起安装在泵房内，运行管理比较集中，缺点就是要额外占用泵房的面积，需要配套专门的电动泵或者变频泵进行系统补水，消耗额外的电能。定压罐如果没有特殊要求，可以采用压缩空气定压，采用氮气定压更好，有一定的防腐作用。核电厂中一般也都配置有连续运行的压缩空气集管或者氮气集管，使用起来也比较方便。例如，该电厂的空调冷冻水系统采用的就是闭式氮气定压的水箱，系统流程如图 2 所示。定压罐与泵一起安装在泵房内，处于厂房 12 米标高。而系统的最高用户在厂房 41 米标高，因此定压罐采用了约 0.31~0.37 MPa 的工作压力，为了保证系统的抗压强度不超限，定压罐设置了 0.425 MPa 的非能动式安全阀，超压后排放介质。

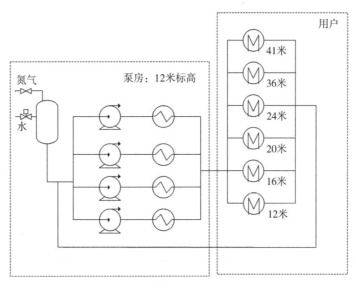

图 2 空调冷冻水系统流程

该电厂的核岛设备冷却水系统和常规岛设备冷却水系统都采用的是开式膨胀水箱的定压方式。其中,严格来讲,核岛设备冷却水系统不满足采用开式膨胀水箱定压运行方式的要求,因为该系统的膨胀水箱在 39 米标高处,但是系统的最高用户在反应堆厂房标高 43 米处,明显靠系统静压无法实现最高用户的充水排气。为了充分利用开式膨胀水箱定压运行的各种优点,设计院采取了优化仪控逻辑、增设电动疏水排气阀门的措施,有效弥补了开式膨胀水箱定压的缺点(图 3)。正常系统从维修后全排空启动时,不用给最高用户充水排气,也不带最高用户启动,当泵启动运行正常后,再采用开电动阀门或者手摇电动阀门的方式用泵的压力给最高用户充水排气,充水排气完成后再接入系统回路,之后系统如果没有异常将以这种方式运行到下一次大修。如果系统运行过程中发生异常,导致两台泵都跳停,那么最高用户处将产生回流,系统里将形成负压,析出气体,因此在系统两台泵从全停状态恢复运行时,设计了一个仪控连锁去自动打开电动排气阀门排气 3 分钟,以确保系统最高用户的换热器始终处于满水可靠换热的状态。

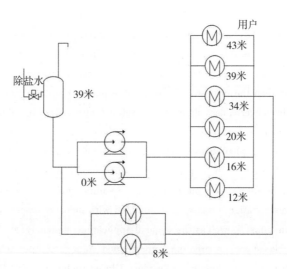

图 3 核岛设备冷却水系统流程

4 结论

（1）对于闭式冷却水系统来说，设计开式膨胀水箱定压的运行方式具有巨大的应用优势，应该作为工艺系统设计的首选，在厂房设计、系统设计阶段，预留好合适的膨胀水箱安装位置，确保水箱高度处的压力比系统压力最不利点的压力还要高 10 kPa 左右；

（2）因为厂房高度或者设备运维管理等原因，无法采用开式膨胀水箱定压时，应该采用闭式气体定压罐的定压方式，气体可以采用氮气或者压缩空气；

（3）如果因个别用户导致系统不满足开式膨胀水箱定压运行方式的要求，可以采用设备电动气动控制升级加自动控制逻辑优化的方式，充分利用开式膨胀水箱定压的各种优点。

参考文献：

[1] 陆仁杰，倪铭文，胡仰耆．开式膨胀水箱在空调水系统中的定压控制与工程实践 [J]．工程设计，2007，117（28）：46 – 48.

Analysis of abnormal shutdown fault of the pump in the closed cooling water system of an emergency diesel engine in a nuclear power plant

WANG Ji-peng

(Jiangsu Nuclear Power Co., Ltd., Lianyungang, Jiangsu 222000, China)

Abstract: The intermediate cooling water system for an emergency diesel generator in a nuclear power plant (hereinafter referred to as the intermediate cooling water system) is set as a closed cooling circuit for the demineralized water medium. This circuit is used to derive the heat from the diesel engine body and transfer the heat to the final heat sink, seawater, while also separating the cooling water and seawater from the diesel engine body. This circuit is equipped with an electric horizontal centrifugal pump, a high – level expansion tank, an intermediate cooling water/seawater plate heat exchanger, a high and low temperature cooling circuit heat exchanger for diesel engines, and heat exchangers and instruments for ventilation users in diesel engine buildings. After the system is put into operation, it occasionally occurs that the inlet pressure of the centrifugal pump is lower than the protection limit and the pump trips, especially after the system has been left standing for a long time or has been overhauled, drained, and refilled with water. Based on a summary and analysis of the pump trip situation of the intermediate cooling water system, combined with the on – site arrangement of system components, and through certain theoretical calculations, this article preliminarily determined the reason for the low inlet pressure of the centrifugal pump in the system. After practical transformation and verification, it was proved that the cause analysis was accurate and the rectification was in place. Finally, a summary of the design of expansion tanks in all closed cooling water systems of the power station is analyzed. Combined with industry practice, the advantages and disadvantages of different design expansion tanks, as well as the scope of application, are analyzed. This has certain reference significance for the design of similar closed cooling circuits in other power stations and petrochemical industries.

Key words: Diesel engine; Intermediate cooling water system; Closed cooling circuit; Expansion tank

压水堆寿期末双向氙振荡下反应堆控制策略分析

张　林，李　伟，刘　雪，温海南

（江苏核电有限公司，江苏　连云港　222042）

摘　要：反应堆中的氙振荡会导致反应堆热管位置转移和功率密度峰值因子交替性改变，这种改变会促使堆芯中温度场发生交替温度变化，加剧堆芯材料热应力的集中，若不加控制，甚至会使燃料元件熔化，材料容易过早损坏。当瞬态导致控制棒大幅下插使堆芯上下部功率发生变化时，反应堆堆芯内的上下部氙毒含量会发生变化，并可能发生振荡，在寿期末尤为明显，且控制难度增加。本文主要分析氙振荡产生的原因，并对寿期末发生更复杂的双向氙振荡时反应堆的控制策略进行有效性分析。

关键词：压水堆；氙震荡；反应堆控制

对于大型商用反应堆，运行过程中出现一定扰动后，容易产生氙振荡。小幅度的氙振荡不会影响堆芯安全。大幅度的氙振荡会使堆芯局部区域的温度持续升高，可能会突破燃料设计限值，出现燃料芯块肿胀、元件变形、完整性丧失，这是大型热中子反应堆不可忽视的问题。因此，在检测到氙振荡时必须采取有效的干预措施促使振荡收敛[1]。方家山的许进等分析认为，核电站延伸运行期间氙振荡的控制方法主要为适时移动控制棒组、降低单次降功率变化量、选择氙振荡负周期前 3/4 时段降功率[2]；秦山二厂的沈亚杰等分析认为，振幅为 0 的位置是最佳的干预点，该时间点的 ΔI 变化趋势最易判断，且建议采取多次少量的手动调节控制棒的模式[3]；福清核电俄广勇等认为，控制氙振荡应选择在轴向功率偏差 ΔI 到负向最大点或正向最大点时移动 R 棒，在负方向最大点处干预风险最小，效果最佳。功率分布的空间氙振荡通常分为方位角振荡、径向振荡和轴向振荡。通过不对称控制棒运动或与未曾运行的循环回路相连接，可能会激发径向和方位角振荡。而上述对氙振荡的分析主要集中于轴向，环境单一，没有考虑轴向和径向氙振荡同时存在且寿期末反应堆各种复杂工况重复叠加的实际运行情况。

1　寿期末轴向与径向氙振荡的原因分析

产生氙振荡是一种物理现象，它是指由于 ^{135}Xe 浓度的改变而引起的堆芯功率分布的缓慢振荡。在大型热中子反应堆中，局部区域内中子通量的变化会引起局部区域 ^{135}Xe 浓度和局部区域的增殖因数的变化。反过来，后者的变化也会引起前者的变化。这两者之间的相互作用就有可能使堆芯中 ^{135}Xe 浓度和中子通量分布产生空间振荡现象。只有在大型和高中子通量密度的热中子反应堆才能产生氙振荡。一般受以下几个典型因素的影响：①反应堆几何尺寸，只有堆芯尺寸大于 30 倍中子徙动长度才会发生氙振荡，反应堆几何尺寸越大（相对于中子平均自由程），越容易发生氙振荡。②热中子通量和其空间分布形状，只有在热中子通量高于一定的水平时，才有可能发生氙振荡，一般要大于 $10^{13}\ \mathrm{cm}^{-2}/\mathrm{s}$。③温度反馈效应，一般说来，寿期末温度系数更大，堆芯温度的变化引起的扰动更大，更易产生氙振荡。

1.1　氙毒的产生机理

运行中的热中子反应堆内的易裂变核在热中子的作用下产生大量的裂变产物（包括裂变碎片及其

作者简介：张林（1988—），男，河北，本科，工程师，主要从事反应堆运行工作。

衰变产物）。有些裂变产物具有较大的热中子吸收截面，因而会对反应性 ρ 造成明显的影响。其中，特别重要的裂变产物是 ^{135}Xe 核素，它不仅具有很大的热中子吸收截面，而且其先驱核还具有较大的产额。由于 $^{135}_{53}$I 和 $^{135}_{54}$Xe 的半衰期比较短，而氙的吸收截面又较大，以致在所有反应堆内（在很低中子通量密度下运行的以外），只要在运行的时候中子通量密度和宏观裂变截面不发生显著变化，这些毒物的浓度将很快上升到它们的饱和值（或平衡值）$N_I(\infty)$、$N_{Xe}(\infty)$，即它们处于动态平衡，此时毒物浓度不再随时间而改变。

$$\omega_I \sum{}^{th}_f \phi_{th} = \lambda_I N_I(\infty); \tag{1}$$

$$\lambda_{xe} N_I(\infty) + \omega_{xe} \sum{}^{th}_f \phi_{th} = \lambda_{xe} N_{xe}(\infty) + \sigma^{th}_{axe} N_{xe}(\infty) \phi_{th}; \tag{2}$$

得 $$N_I(\infty) = \frac{\omega_I \sum{}^{th}_f \phi_{th}}{\lambda_I}; \tag{3}$$

$$N_{xe}(\infty) = \frac{(\omega_I + \omega_{xe}) \sum{}^{th}_f \phi_{th}}{\sigma^{th}_{axe} \phi_{th} + \lambda_{xe}}. \tag{4}$$

由式（3）和式（4）可知，功率（或中子通量密度）水平越高，$^{135}_{53}$I 和 $^{135}_{54}$Xe 的平衡浓度就越高，所以大型商用反应堆在发生氙振荡时其功率峰迁移会越明显，风险会越大。

1.2 轴向氙振荡

反应堆恒定功率和无控制棒移动情况下，轴向功率偏移的变化（轴向功率偏移漂移）表明存在轴向氙振荡。自由氙振荡（轴向功率偏移的长期漂移）是轴向功率瞬时偏移值围绕着平衡轴向功率偏移点 AO* 的正弦振荡，时间为 $T=28\sim30$ 小时。堆芯寿期初自由氙振荡收敛的，堆芯寿期末则是发散的。轴向功率偏移增大或者减小阶段分别称为氙振荡上升相或下降相。出现轴向氙振荡有如下几个重要原因。

（1）轴向偏移初始扰动作用。当控制棒组移动或者功率变化时，正向或负向的轴向功率偏移会导致振荡上升相或下降相，如果轴向功率偏移时已有振荡发生作用，则其强度会增大。

（2）降低功率。不通过改变控制棒位置的方法来降低功率会引起轴向功率偏移增大和振荡上升相。如果通过控制棒组下插来抑制轴向功率偏移的增大，那么氙振荡初始相取决于碘沿堆芯高处分配的初始形状。功率降低后，立即产生碘衰变和氙浓度增大过程占优势的过程。在初始平衡氙状态下降低功率时，轴向功率偏移值为正或负直接导致氙振荡上升相或者下降相。如果堆芯已经处于氙振荡过程，功率降低会直接导致其强度增大〔最大值在瞬时轴向功率偏移曲线的拐点上（AO=AO*），最小值在极值点上〕。

（3）增大功率。在控制棒位置不变化工况下增大功率，会引起轴向功率偏移减小和振荡下降相。功率增大后，立即发生氙燃烧过程占优势的过程。氙的振荡相取决于轴向功率偏移的正负：分别会导致氙振荡的下降相或上升相。

1.3 径向氙振荡

反应堆恒定功率和无控制棒运动情况下，某个燃料组件的 K_{qj} 增大、对称的（堆芯径向相对位置）燃料组件的 K_{qj} 降低，表明存在径向氙振荡。

出现径向氙振荡的主要原因有如下几个。

（1）控制棒的不对称移动，包括一个控制棒掉落或下插的控制棒提出。

（2）非运行的环路投入运行。

（3）总功率和轴向偏移值之间相互影响。总功率增大或者减小会引起轴向功率偏移的减小或增大。寿期末，氙振荡过程中轴向功率偏移的增大同时伴随引入正反应性。该特征是有益的，这样寿期末功率自动调节器就能够自动防止氙振荡扩展。

2 氙振荡的稳定性及抑制策略

根据中子流 δF 的一次空间谐波稳定性指数，使用以下比率来评估堆芯对自由氙振荡的抵抗力：

$$\delta F(t) = A \cdot \exp(\alpha t) \cos(\omega t)。 \tag{5}$$

式中，A 是一次谐波的振幅；α 是稳定性指数；ω 是频率，由比率 $T = 2\pi/\omega$ 确定振荡周期；t 是瞬态的当前时间。

α 为负值，表明振荡带自阻尼趋势，而 α 为正值，则表明保持现状。考虑振荡时，要同时考虑堆芯径向、方位角和轴向振荡。

由图1和图2可以看出，轴向氙振荡在寿期初会出现衰减趋势，振荡约两个周期后基本消失。而在寿期末振荡衰减幅度较小，持续振荡对反应堆影响较大。

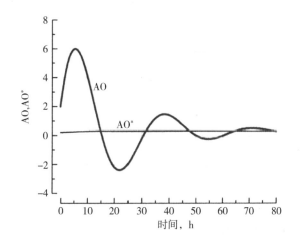

图1 轴向氙振荡偶数平衡循环初期   图2 轴向氙振荡偶数平衡循环末期

2.1 轴向氙振荡的抑制

振荡抑制总原则：抑制操作应当朝轴向功率偏移的漂移方向的相反方向改变轴向功率偏移。两次抑制操作之间要做出停顿，以便确定偏移漂移方向和速度。

为了抑制振荡上升相，如果控制棒调节组位置在50％以上，将第10组下插约5％，然后按顺序下插第9组和第8组。每组开始下插之前要注意检查偏移漂移。重复以上操作直到振荡相位发生改变。当控制棒调节组达到下极限位置时中止振荡操作。然后，在改变振荡相位之前一直监视 kV_{ij} 和 Ql_{ij}，不得超限。通过注入纯水来补偿控制棒调节组的下插（同时根据实际情况充分使用氙燃烧和中毒的效应）。通过成组控制开关和自动功率调节器的选择来控制控制棒调节组的移动。

为了抑制振荡下降相，如果控制棒调节组位于50％以上，则将控制棒调节组从堆芯中提出；第8组和第9组可以上提至上部行程开关处，第10组在95％以下。通过加注浓硼酸来补偿控制棒调节组的提升（尽可能利用中毒效应）。

2.2 径向氙振荡的抑制

如果根据预测，径向氙振荡过程中 kV_{ij} 和 Ql_{ij} 参数可能增大到允许限制值，那么将第 j 燃料组件附近的、属于调节组的一束控制棒下插，可以防止参数超过允许值，并且能够保证抑制振荡。通过控制棒调节组的移动或换水来补偿反应性的变化。下插的一束控制棒在堆芯停留时间不超过6小时。仅仅在堆芯无其他控制棒时，可采用此办法。

3 寿期末双向氙振荡下抑制策略在典型工况下的有效性

以某电厂在寿期末发生主泵停运导致功率大幅度瞬降进而引发双向氙振荡的典型工况场景为例，

分别对在瞬态发生后降功率、升功率、升至满功率3个场景进行氙振荡控制的有效性分析。

3.1 降功率至 30%Nnom 过程 AO 控制

起始点选择。选择在 APP 棒组提出后，且 H10 恢复 70%棒位后进行降功率过程模拟。初始状态为：功率＝51.6%Nnom，第 10 组控制棒棒位＝70.9%，AO＝4.37%。

根据模拟，利用氙毒和下插第 9 组控制棒降功率的方式，约在 12 小时左右可将功率降至 30%Nnom，第 9 组控制棒下插至 81%，可以有效抑制 AO 振荡，AO 当前值约为 5.25%，预测的最大振幅约 10%（图 3）。如果之前未将第 10 组控制棒提升至 70%（不考虑 30 min 内恢复至 70%以上），此时再提升第 10 组控制棒将对 AO 的影响非常小。

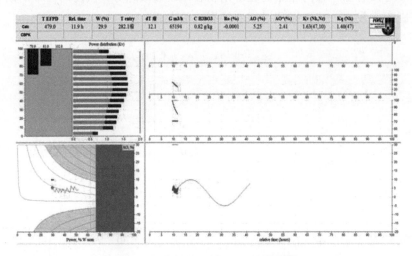

图 3　降功率至 30%Nnom 过程振荡

3.2 启动主泵后仅通过第 10 组控制棒快速提升电功率至 300 MW 以上

起始点选择。本次模拟选择在主泵投运后，通过提升第 10 组控制棒而非第 9 组控制棒提升功率至 35%Nnom 并维持。初始状态为：功率＝28.1%Nnom，第 10 组控制棒棒位＝48.2%，第 9 组控制棒棒位＝86.1%，AO＝48.49%。

功率提升至 35%Nnom 并维持。根据模拟，通过将第 10 组控制棒提升至 70%（第 9 组控制棒保持不动），可将功率提升至 35%Nnom；由于第 10 组控制棒初始棒位较低，在提棒后 AO 会呈下降趋势，最终 AO 为 39.62%（图 4）。

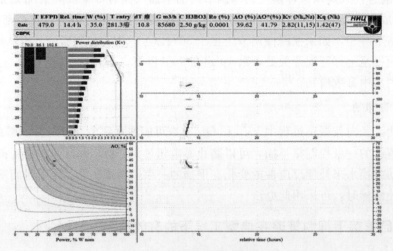

图 4　快速提升功率过程振荡

3.3 从30% Nnom以上升至满功率过程AO控制

起始点选择。选择在主泵投运后，通过第9组控制棒降功率至35%Nnom功率台阶后的AO控制模拟。初始状态为：功率＝36.5%Nnom，第10组控制棒棒位＝55.3%，第9组控制棒棒位＝93.1%，AO＝52.27%。

通过下插第9组控制棒控制AO，上提第10组控制棒维持功率，随着AO下降，Kv裕量会逐渐增大。在15：15左右AO降至46.06%，第10组控制棒棒位为70%，第9组控制棒棒位为82%，为加速AO下降，此时开始升功率。以10 t/h最大流量换水，在18：00左右功率可升至48%Nnom，此时AO为37.35%，已有明显下降趋势。为避免功率进一步升高后在提第9组控制棒时Kv超限，此时选择维持48%Nnom功率运行2 h，使AO再下行一段时间。20：00开始提升第9组控制棒。21：30可将第9组控制棒提出堆芯，此时AO为49.63%（图5）。后续通过注水升功率，并通过调整第10组控制棒，控制AO在推荐区范围内（图6）。

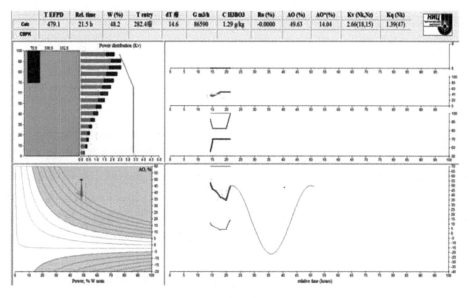

图5　升功率过程振荡模拟

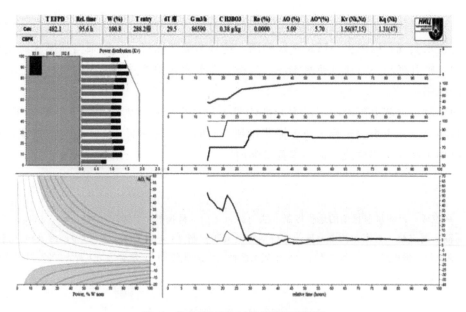

图6　升功率至满功率过程振荡模拟

3.4 AO 在较大峰值情况下的控制

功率上升导致 Kv 裕量下降，为避免 Kv 裕量超限，下插第 10 组控制棒，但由于 AO 位置高，当第 10 组控制棒下插后起相反作用，使 Kv 裕量降低，此时只能下插第 9 组控制棒。若继续升功率，为控制 Kv 裕量，第 9 组控制棒将会下插过多，无法在 12 小时内恢复棒位，机组面临被迫后撤风险。所以，及时采取降功率、提高 Kv 裕量的方式将第 9 组控制棒上提至堆顶。机组进行一次升降功率操作。

针对此问题，建议在合适的功率平台停止升功率，在 AO 上行的过程中，提前下插第 9 组控制棒（第 10 组控制棒棒位低起相反作用），通过间断下插第 9 组控制棒压制 AO 上行，降低 AO 上限高度，避免 AO 自由上行达到高位。在 AO 掉头下行的过程中，间断上提第 9 组控制棒，在后期 AO 加速变负阶段，预计 Kv 裕量也会较快增大，为恢复第 9 组控制棒创造条件，直至将第 9 组控制棒提至堆顶。后续 AO 继续下行，当 Kv 有足够裕量后再提升功率。

提前下插第 9 组控制棒的优势。降低 AO 上限高度，可有效避免或缓解 Kv 超限；可以缩短 AO 掉头下行的时间，为后续及时升功率争取时间。

保持功率不变的优势。不因升功率导致 Kv 限值降低，从而让 Kv 裕量随 AO 下行而增大；不用在前期将第 9 组控制棒压入太深，不用在继续升功率时继续插入第 9 组控制棒保持 Kv 裕量。

4 结论

（1）反应堆在寿期末如果发生功率瞬降的事件，尤其是主泵停运、偏环路运行，会引起径向和轴向的双向氙振荡，且振荡发生后并不会衰减。此时必须通过控制棒对振荡进行干预，必要时需进行升降功率操作。振荡的干预是一个复杂过程，关键在于时机的选择和不同工况的特定分析，不能一概而论。

（2）当实际 AO 向下移动，在其与平衡 AO* 相交时通过将调节棒组上提，使实际 AO 振幅降低，向平衡 AO* 靠近；当实际 AO 向上移动，在其与平衡 AO* 相交时通过将调节棒组下插，使实际 AO 振幅降低，向平衡 AO* 靠近。

（3）如果错过了干预的最佳时机，则一般需等待下一个周期进行调整，周期长短与燃料循环和燃耗时长有关；抑制氙振荡过程中，如果仅依靠第 10 组控制棒无法达到目的，尤其是 Kv 裕量较低时，应动用第 8 组、第 9 组控制棒来抑制振荡。

（4）如果当前燃耗时刻堆芯自由氙振荡是快速收敛的，则升降功率一般可通过移动控制棒或者先移动控制棒再换水实现，以减少一回路频繁调硼，达到节能环保目的；如果当前燃耗时刻堆芯自由氙振荡是发散的，则升降功率需通过换水实现，过程中需要密切关注并频繁小幅度移动控制棒，以在氙振荡激发初始压制。

（5）升功率时，堆芯上部冷却剂温度升高使得上部核反应率相对降低，AO 将向下振荡，因此，升功率应选择在 AO 向上振荡过程中或者振荡得到抑制时；降功率时，AO 将向上振荡，因此降功率应选择在 AO 向下振荡过程中或者振荡得到抑制时。

参考文献：

[1] 俄广勇，高俊成. 反应堆氙振荡的运行控制方法与分析 [J]. 科技展望，2016，26（16）：134.

[2] 许进，周磊，周忠政. 方家山核电站延伸运行期间氙振荡控制 [J]. 中国核电，2019，12（4）：437 - 442.

[3] 沈亚杰，高永恒，詹勇杰，等. 秦二厂 2 号机组氙振荡抑制方法研究 [J]. 核科学与工程，2022，42（1）：88 - 92.

Analysis of reactor control strategy under bidirectional xenon oscillation at the end of the life of pressurized water reactor

ZHANG Lin[1], LI Wei[2], LIU Xue[3], WEN Hai-nan[4]

(Jiangsu Nuclear Power Co., Ltd., Lianyungang, Jiangsu 222042, China)

Abstract: The xenon oscillation in the reactor can lead to the transfer of the reactor heat pipe position and alternating changes in the power density peak factor. This change can cause alternating temperature changes in the temperature field in the core, exacerbating the concentration of thermal stress in the core material. If left unchecked, it can even cause fuel element melting and premature material damage. When the transient leads to a significant downward insertion of control rods causing changes in the power of the upper and lower parts of the reactor core, the xenon content in the upper and lower parts of the reactor core will change and may oscillate, especially at the end of its lifespan, and the difficulty of control will increase. This article mainly analyzes the causes of xenon oscillations and the effectiveness of control strategies for reactors when more complex bidirectional xenon oscillations occur at the end of their lifespan.

Key words: PWRs; Xenon oscillation; Reactor control

核电厂 PSA 始发事件采集分析方法及数据库开发

代 洪 伟

（苏州热工研究院，江苏　苏州　215000）

摘　要： 始发事件及其频率分析是概率安全分析（PSA）的起始点，也是 PSA 的关键技术要素之一。本文通过对核电厂 PSA 始发事件数据的采集和处理方法的研究，建立了始发事件数据库，并对数据库中的关键模块功能进行了介绍。核电厂 PSA 始发事件数据采集和数据库开发可以记录核电厂已发生的各类始发事件，为核电厂的安全经济运行提供非常有价值的信息，统计得到的始发事件频率也可为核电厂 PSA 和新一代核电机组的开发提供宝贵的数据支持。

关键词： 核电厂；数据库；概率安全评价；始发事件

概率安全评价（PSA）是 20 世纪 70 年代以后发展起来的，通过概率论的方法进行核电厂安全评价的系统化方法。始发事件及其频率分析是概率安全分析的起始点，也是 PSA 的关键技术要素之一。目前，国内 PSA 始发事件频率数据仍以采用国际通用数据为主，未能反映国内运行核电厂的实际运行状态，因此亟须建立国内运行核电厂始发事件及其频率的数据库系统[1]，开展相应的搜集、整理与分析工作，为 PSA 技术发展和应用提供数据支持。

1　始发事件数据采集与处理流程

运行核电厂 PSA 始发事件数据采集与处理流程如图 1 所示。

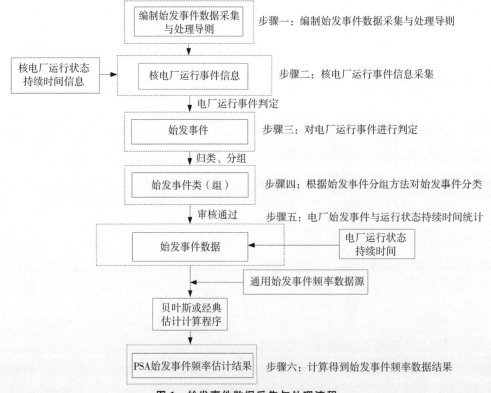

图 1　始发事件数据采集与处理流程

作者简介： 代洪伟（1986—），男，高级工程师，主要从事核电厂概率安全分析研究。

主要包括以下几个步骤。

步骤一：编制始发事件数据采集与处理导则

在数据库开发前，需编制始发事件数据采集与处理导则[2]，确定始发事件类别和电厂运行状态划分标准，制定始发事件筛选、分类准则，以及数据统计与参数估计方法等，应包括但不限于以下内容：

（1）始发事件定义，对核电站产生扰动并且可能导致堆芯损坏的事件。

（2）始发事件采集范围，包括电厂功率工况和低功率停堆工况。

（3）始发事件数据源，包括电厂运行事件、经验反馈系统之外的运行事件（包括停堆工况下没记为电厂运行事件的事件）。

（4）电厂运行状态定义，制定一个典型的电厂运行状态划分标准。

（5）确定始发事件类别清单及始发事件类别定义。

（6）电厂运行事件输入信息要求。

（7）始发事件数据处理原则。

步骤二：核电厂运行事件信息采集

批量自动导入或手动录入电厂运行事件数据。模板如表1所示。

表 1　电厂运行事件数据模板

事件主题	所属电厂	所属机组	事件概述	事件来源	事件后果	电厂状态	初始失效	事件影响

步骤三：对电厂运行事件进行判定

根据功率工况和停堆工况下始发事件的判定准则对电厂运行事件进行判定。

功率工况下始发事件判定准则：

（1）导致反应堆自动停堆的运行事件为始发事件；

（2）按照运行文件要求需要手动停堆的运行事件为始发事件；

（3）根据运行技术规范，机组需要后撤的运行事件不是始发事件。

停堆工况下始发事件判定准则：

（1）停堆工况下的反应堆停堆事件不属于始发事件；

（2）停堆工况下的误安注事件（一回路水实体情况除外）不属于始发事件；

（3）根据运行技术规范，机组需要后撤的运行事件不是始发事件；

（4）影响三大安全功能，可能导致堆芯损坏的运行事件为始发事件。

步骤四：根据始发事件分组方法对始发事件分类

根据始发事件初始失效威胁的支持系统/安全功能，结合既定的始发事件类别，对始发事件进行归类，审核通过后可参与后续的参数统计与估计。

步骤五：电厂始发事件与运行状态持续时间统计

可按条件（选择不同的时间段、不同的堆型、不同的始发事件组）对通过审核的各核电厂PSA始发事件数据与机组运行状态时间进行统计，得到计算始发事件频率所需的累计数据，参与参数估计。统计结果模板如表2所示。

表 2　统计结果模板

所属电厂	所属机组	始发事件类名称	数据采集的时间区间	累计持续时间（堆年）	始发事件发生次数	电厂状态

步骤六：计算得到始发事件频率数据结果

利用统计得到的 PSA 始发事件数据结合国际通用先验数据，根据既定数据处理原则，由贝叶斯或经典估计算法计算得到始发事件频率估计结果[3]。在贝叶斯估计前，需对电厂始发事件与通用数据源中始发事件进行比对，确保始发事件定义与分组方法保持一致。

2 始发事件数据库系统模块结构

始发事件数据库系统模块结构如图 2 所示。

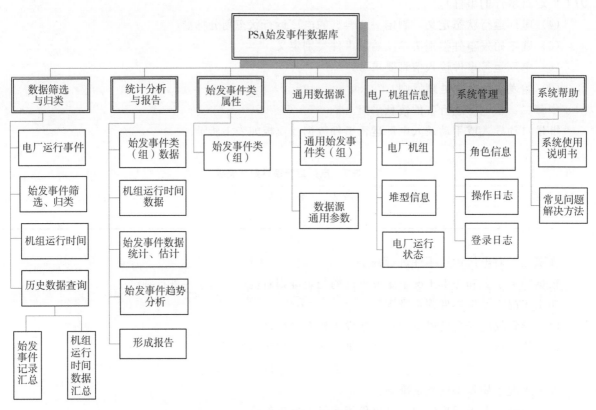

图 2　始发事件数据库系统模块结构

各软件功能模块详述如下。

（1）数据筛选与归类

◇ 提供批量自动导入和手动录入电厂运行事件信息的功能；

◇ 提供电厂运行事件筛选、判定与归类功能；

◇ 提供电厂机组运行时间录入、维护功能；

◇ 提供判定结果查看功能。

（2）统计分析与报告

◇ 提供始发事件类统计处理功能，可选择时间段、始发事件类进行统计与参数估计；

◇ 一键式自动统计、参数估计，默认对数据库中所有始发事件类进行统计、估计；

◇ 在参数估计时会根据已定的条件自动选择参数估计方法（经典估计或贝叶斯估计），在贝叶斯估计时可以自动调用通用数据源中的参数参与计算；

◇ 提供始发事件趋势分析功能；

◇ 提供始发事件类统计结果查询功能，可按条件对结果进行查询；

◇ 提供始发事件统计、处理结果报告自动生成功能；

◇ 提供核电厂 PSA 始发事件报告（含始发事件频率）生成、发布功能。

（3）始发事件类属性

◇ 始发事件类基础信息管理；

◇ 提供始发事件类信息导入、导出、修改功能。

（4）通用数据源

◇ 提供通用数据源中始发事件类，并与电厂始发事件类一一对应；

◇ 提供通用数据源中始发事件类频率及参数信息；

◇ 提供编辑、查询、新增、删除等功能；

◇ 提供通用数据源中始发事件类、始发事件类频率及参数信息导入、导出及修改功能。

（5）电厂机组信息

◇ 提供多基地多机组信息管理（不限制机组数量、堆型数量），包括所收集的反应堆类型、商运时间、机组号等；

◇ 维护电厂运行状态信息；

◇ 提供电厂、机组、堆型信息新增、删除、导入、导出、修改功能。

（6）系统管理

◇ 按电厂机组提供数据筛选与归类、统计分析与报告、始发事件类属性、通用数据源、电厂机组信息、系统管理等模块的分级授权，提供灵活的用户权限管理界面；

◇ 根据各使用方的用户角色设置权限，并在各角色中进行适当分配，不同用户角色可分别获得提交、修改、查询、浏览、新增、生成报表、信息发布等功能；

◇ 提供审计日志与登录日志查询功能，用户在系统内部的操作均记录在审计日志中。

（7）系统帮助

◇ 提供系统使用说明书；

◇ 提供系统使用常见问题解决方法。

3 结束语

核电厂 PSA 始发事件数据库的建立可以深入、客观地记录核电站已发生的各类始发事件，为电站的安全经济运行提供非常有实用价值的信息，计算得到的始发事件频率也可为核电厂 PSA 和新一代核电机组的开发提供宝贵的数据支持。该数据库作为核电厂的基础性信息资源必将发挥越来越重要的作用。

参考文献：

[1] 郑伟，李禾. 核电站设备可靠性数据库的建立与应用 [J]. 中国核科技报告，2005（2）：169 - 178.

[2] Office of Nuclear Regulatory Research. NUREG/CR - 6823 handbook of parameter estimation for probabilistic risk assessment [M]. Washington, D. C.: U. S. Nuclear Regulatory Commission, 2003.

[3] Office of Nuclear Regulatory Research. NUREG/CR - 6928 industry - average performance for components and initiating events at U. S. commercial nuclear power plants [M]. Washington, D. C.: U. S. Nuclear Regulatory Commission, 2007.

Collection analysis method and database development of PSA initiating event in nuclear power plant

DAI Hong-wei

(Suzhou Nuclear Power Research Institute, Suzhou, Jiangsu 215000, China)

Abstract: The analysis of initiating event and its frequency is the starting point of probabilistic safety analysis and one of the key technical elements of PSA analysis. In this paper, the data collection and processing methods of PSA initiating events in nuclear power plant are studied, the initiating event database is established, and the key module functions in the database are introduced. The data collection and database development of PSA initiating events in nuclear power plants can record various initiating events that have occurred, providing valuable information for the safe and economic operation of nuclear power plants. The frequency of initiating events obtained from statistics can also provide valuable data support for PSA analysis in nuclear power plants and the development of new generation nuclear power units.

Key words: Nuclear power plant; Database; Probabilistic safety assessment; Initiating event

核电厂循环水泵异音智能在线监测
与故障诊断系统的设计与应用

胡鑫磊，牛柱强，许书庆，张成城，梁雄杰，喻媛媛，卢　祺，赵冬冬

（中核核电运行管理有限公司，浙江　嘉兴　314300）

摘　要： 循环水泵作为压水堆核电厂二回路循环水系统（CRF）的重要设备，日常运行与维护方式为电厂运行人员定期巡检和机组大修期间检修维护，针对循环水泵日常运行期间缺乏标准化、数字化的监测手段，故障难发现、难评价、危害大的问题，本文基于心理声学，结合早期故障预警技术与人工智能技术，设计与研发一种循环水泵异音智能在线监测与故障诊断系统，通过传感器同步采集设备的振动与结构噪声信号，结合转动机械故障诊断技术与人工智能训练模型，实现设备故障智能识别及分类功能。通过模拟实验和现场实际应用证明该系统的应用可实现设备的实时异音监测，便于早期故障识别与故障发展趋势预测，能够优化设备检修策略，降低运行维护成本，减少机组非停风险，从而进一步提高压水堆机组安全稳定运行能力。

关键词： 循环水泵；故障诊断；心理声学；异音监测

循环水泵作为压水堆核电厂二回路循环水系统（CRF）的重要设备，其主要功能是提供冷却水用以冷却常规岛的凝汽器和其他设备，保证凝汽器的真空度以满足发电的需要，并带走常规岛设备运行产生的热量。核电厂循环水泵的日常运行与维护主要通过电厂运行人员定期巡检和机组大修期间检修维护的方式进行。目前，运行人员巡检对循环水泵运行状态监控主要在于现场的异音判别，循环水泵设备间存在强噪声，异音的辨别存在主观性，无法判断设备是否存在异常，存在突发性故障隐患和停机隐患，缺乏标准化、可视化和经济性的手段对设备运行状态进行监测，循环水泵故障难发现、难评价、难处理、影响大等特点困扰机组的安全运行与发电效益。

本文基于心理声学和零部件级早期故障预警技术，设计一种循环水泵异音智能在线监测与故障诊断系统，通过安装传感器同步采集设备声音、振动信号，结合故障诊断技术实现设备故障智能识别及分类功能。使用客观量化指标刻画循环水泵的设备异音及运行状态，预测可能的故障发展趋势，优化循环水泵的检修策略，降低运行维护成本，提高机组安全稳定运行能力。

1　异音诊断技术介绍

1.1　心理声学理论

心理声学主要研究声音与听觉之间的关系，对于声音心理上主观感受包括响度、音色、音高等特征，以及高频定位和掩蔽效应等特性。

传统异音检测设备只能检测噪声大小，无法识别异音具体类别与来源，异音的评价局限于人工主观评价，存在标准不统一、结果不可靠、效率低下等问题。通过对心理声学指标的研究探索发现，容易给人带来不适的异音其特征为粗糙、抖动、尖锐等，常用于异音判定的心理声学指标主要包括响度、粗糙度、尖锐度、抖动度和纯噪比[1]。机械设备的异音来源于机械结构的振动，通过研究与实验，可建立心理声学指标与故障类型的对应关系。该技术已在汽车驱动桥、变速箱等传动机构领域开展应用，并已建立敲击、抖动、啸叫、垃圾音、电磁音等异响类型与其故障特征的对应关系。

作者简介：胡鑫磊（1998—），男，浙江嘉兴人，工学学士，助理工程师，现主要从事核电厂转机设备检修工作。

1.2 零部件级早期故障预警技术

零部件级早期故障预警技术通过研究轴承等零部件发生轻微磨损、点蚀等故障时的特征,对振动信号进行处理与分析,构建单个零部件健康因子,并对其进行量化。当设备正常运行,该健康因子指标平稳,当设备处于故障状态下,该健康因子指标将明显增加,可绘制用于表征该零部件健康状态的趋势图。本技术可实现准确检测轴承等零部件的早期微弱故障,并对故障进行溯源分析。

1.3 人工智能技术

人工智能技术以深度算法为基础,训练数据样本,构件模型库,包含神经网络、支持向量机等方法;智能判定设备有无异响,并对故障严重程度进行智能评分,可实现设备常见故障的智能诊断。

2 异音监测系统设计

循环水泵异音监测系统包含物理模型配置、数据采集与存储、状态监测、振动及异音精密诊断分析、系统权限设置等五大功能模块。

2.1 系统硬件设计

循环水泵异音监测系统构成如图 1 所示,通过结构噪声传感器和振动传感器采集设备的状态数据,数据采集器对这些状态数据进行采集,储存于边缘端机柜,并传输至工控机,工控机获取数据,调用相应的异音监测与诊断算法,对设备的状态进行在线监测诊断,输出监测结果。通过 5G 网络模块将实时数据和监测结果由边缘端传输至云端服务器,用户可通过 PC 端或移动端实时查看设备监测数据及健康评价状态。

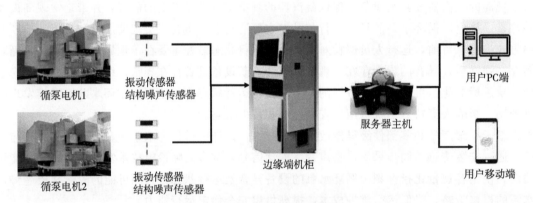

图 1 循环水泵异音监测系统构成

循环水泵异音监测系统传感器通过无损方式安装在设备机壳上,传感器测点信息如表 1 所示,可实现声音、振动信号的同步采集,其中结构噪声传感器频响范围为 50 Hz～20 KHz,解决了通用振动传感器频响不足的问题,更有助于识别滚动轴承等零部件早期故障特征。

表 1 传感器测点信息

通道序号	测点位置	传感器类型	频响范围
1－1	电机驱动端水平 X	振动加速度	2 Hz～15 KHz
1－2	电机驱动端水平 Y	振动加速度	2 Hz～15 KHz
1－3	电机驱动端水平 X	结构噪声	50 Hz～20 KHz
2－1	电机驱动端水平 X	振动加速度	2 Hz～15 KHz
2－2	电机驱动端水平 Y	振动加速度	2 Hz～15 KHz
2－3	电机驱动端水平 X	结构噪声	50 Hz～20 KHz
2－4	电机轴向 Z	振动加速度	2 Hz～15 KHz

2.2 系统算法设计

2.2.1 基于心理声学的异音评价指标

本算法基于心理声学与故障机理的异音检测技术，针对泵类设备故障机理信息，建立抖动异响、碰磨异响、轴承异响等异响类型与其故障特征的映射关系，进而对传感设备感知得到的设备状态信息进行加工和提纯，为状态监测提供振动信号特征信息（表2）。

表2 泵类设备异响类型与故障特征库

异响类型	故障	特征	检测技术指标
抖动异响	偏心	基频和二倍频分量突出	对中因子指标
轴承异响	轴承内圈、外圈、保持架、滚动体故障	通常会产生周期性的冲击信号	冲击无量纲、冲击频率和故障匹配度
碰磨异响	转子碰磨	低倍频、基频、二倍频、三倍频等高次谐波分频突出	碰磨因子指标

2.2.2 诊断算法模型构架

水泵电机作为高速旋转机械，其设备结构和运行工况复杂，产生的各种振动信号相互耦合，强背景信号和噪声会干扰和覆盖轴承故障引起的冲击特征，导致故障信号识别难度大，特别是早期故障信号，由于轴承振动信号的故障冲击特征信息微弱，在强干扰下提取更加困难[2]。目前针对这类信号的降噪算法中，EMD（经验模态分解）算法虽然具有较好的自适性，但其端点效应和模态混叠问题无法有效解决。所以，针对强背景噪声下滚动轴承微弱非平稳故障特征难以准确提取的问题，提出如图2所示的异音故障诊断算法模型[3]，算法实施流程为：

（1）将轴承故障信号 s 输入 KSVD（字典稀疏去噪算法）中进行降噪处理，得到降噪信号 s'。

（2）使用 ACMD（自适应啁啾模态分解）算法对 s' 进行自适应模式分解，得到 IMF 分量1，IMF 分量2，……，IMF 分量 i。

（3）在故障诊断的应用中，峰度、负熵、平滑度指数和基尼指数（GI）被广泛用于瞬态脉冲检测。对每一个分量的 GI 值进行计算，直至两个信号分量合在一起 GI 值不再增加。

（4）统计各个 IMF 的 GI 值。将 GI 值从大到小进行排序，找到 GI 值最大的分量 IMF_n。利用重组方案，ACMD 可以充分提取轴承故障脉冲信号。

（5）对 IMF_n 进行包络谱分析，判断轴承故障特征频率，通过轴承故障特征频率诊断故障。

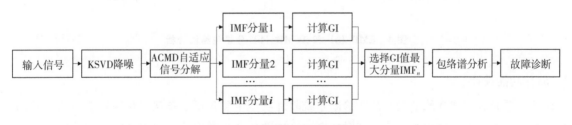

图2 异音故障诊断算法模型

2.2.3 诊断算法仿真分析

通过构造如表3所示的滚动轴承的仿真故障信号，模拟在滚动轴承发生微弱故障时，本算法能否有效识别出其非平稳和弱冲击特点的故障特征：

$$y(t) = L_m e^{-\beta t_m} \sin(\omega t_m) + n(t)。 \qquad (1)$$

式中，L_m 为冲击响应幅值系数；β 为衰减系数；ω 为阻尼系数；$n(t)$ 为高斯白噪声；t 为冲击时间。

表 3 仿真信号参数

时长/s	幅值系数	固有频率/Hz	故障特征频率/Hz	衰减系数	信噪比/dB
1	0.1	250 000	100 000	1000	− 10

对原始仿真信号和算法降噪后的信号进行分析，时域对比和频域对比如图 3 所示。

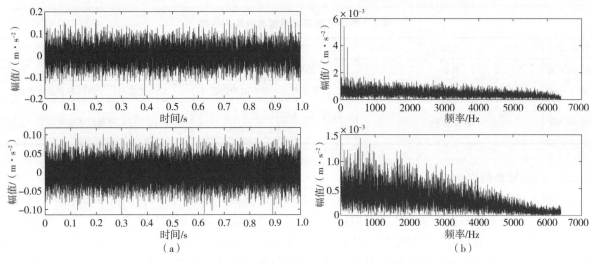

图 3 降噪前后仿真信号时域（a）与频域（b）对比

作为对比，对 KSVD 降噪后的信号采用 EMD（经验模态分解）算法和 ACMD 算法分别进行分量提取，再对处理后的模拟信号进行包络谱分析，结果如图 4 所示。可以得出结论：ACMD 算法对比 EMD 算法，能够将轴承的故障特征频率和倍频清晰表达，提供轴承故障诊断依据。

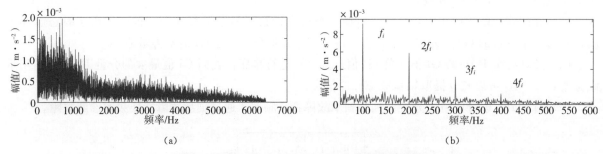

图 4 EMD（a）和 ACMD（b）分量包络谱分析

2.3 软件功能设计

循环水泵异音智能在线监测与故障诊断系统软件功能主要包括设备状态预警功能，如总貌图、趋势图、数值列表等；故障诊断功能，如时域图、频域图、全息谱图等；报表功能，如导出报告、统计列表等。故障诊断生成报表功能可供用户自动生成导出报表，提供各类数据指定范围内的基础信息统计、故障特征趋势概览、细节分析等报表内容（图 5）。

此外，本系统具备高安全性和高可扩展性。高安全性：通过在物理层安装隔离卡，与生产、控制系统物理隔离，避免对核电厂数字控制系统造成外部干扰或引入风险。高可扩展性：监控平台可通过数据仓库技术对接外部数据，如核电厂 PI 系统数据；同时，支持功能二次开发，通过提供相应的 API 接口，可实现与外部第三方平台功能对接，有助于后续功能的开发、应用推广和集成完善。

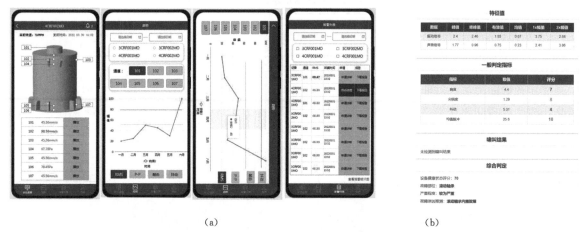

（a）　　　　　　　　　　　　　　　　（b）

图 5　软件功能界面设计（a）和故障诊断报表界面（b）

3　异音监测数据分析

某核电厂单台机组配置 2 台循环水泵，在某机组功率运行期间，循环水泵 1 号泵正常运行，2 号泵在日常巡检时发现电机可能存在异音。安装异音监测系统后，进行数据采集与分析。

3.1　心理声学指标分析

根据现场实际应用案例，系统对采集到的数据进行心理声学指标分析，其结果如表 4 所示。

表 4　心理声学振动评价指标分析结果

传感器位置	电机	传感器位置	8.3Hz 均值脉冲	8.3Hz 抖动	85Hz 均值脉冲
轴向振动 Z	1 号电机	驱动端	4.74	2.86	2.67
		非驱动端	4.91	2.73	1.17
	2 号电机	驱动端	3.14	1.28	2.16
		非驱动端	11.14	10.14	4.32
水平振动 X	1 号电机	驱动端	5.07	4.08	1.75
		非驱动端	5.21	2.40	1.20
	2 号电机	驱动端	2.61	1.28	1.27
		非驱动端	10.51	8.76	3.98
水平振动 Y	1 号电机	驱动端	2.10	0.68	1.82
		非驱动端	2.08	0.28	1.75
	2 号电机	驱动端	2.11	0.62	1.85
		非驱动端	3.35	0.95	1.91

通过对两台循环水泵电机振动数据进行心理声学的振动指标分析，可以看出两台电机非驱动端的轴向振动与水平振动 X/Y 方向 8.3 Hz 与 85 Hz 对应的指标数值存在明显差异，存在异响的电机指标数值明显高于另一台正常电机，数据分析表明该异响电机的非驱动端存在异音现象。

3.2　轴承异音诊断算法分析

根据心理声学指标的分析结果，可将循环水泵电机异音来源确定至非驱动端，此型号循环水泵电机非驱动端轴承为 SKF - NU240 圆柱滚子轴承，其对应的故障特征信息如表 5 所示。

表 5　电机非驱动端轴承故障特征信息

型号	电机转速/（r/min）	轴承外圈/Hz	轴承内圈/Hz	滚动体/Hz	保持架/Hz
NU240	490	68.72	88.98	63.49	3.62

通过异音诊断算法，对非驱动端 X/Y 方向的振动信号分别进行滤波、分解与处理，从而确定异响来源，两台电机非驱动端 X/Y 方向振动信号在 5500～7500 Hz 及 9000～11 000 Hz 两个频带的带通滤波时域及包络谱如图 6 所示。

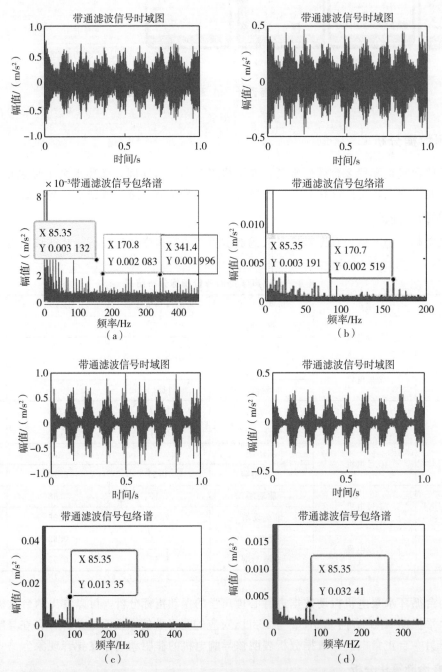

图 6　5500～7500 Hz 和 9000～11 000 Hz 两个频带的带通滤波时域及包络谱
（a）5500～7500 Hz 非驱动端 X 方向时域与包络谱；（b）5500～7500 Hz 非驱动端 Y 方向时域与包络谱；
（c）9000～11 000 Hz 非驱动端 X 方向时域与包络谱；（d）9000～11 000 Hz 非驱动端 Y 方向时域与包络谱

通过上图分析可知，异音电机非驱动端 X/Y 方向的振动信号存在调制现象，其主要频率为转频和倍频，同时还表现出中心频率为 85.35 Hz、边频为转频的特征。结合该型号轴承的故障特征信息，轴承内圈故障特征频率为 88.98 Hz，与分析结果接近，得出结论：该循环水泵电机异音原因可能为电机非驱动端径向轴承内圈故障，轴承内圈表面可能存在轻微划伤。

该机组大修期间，对存在异音的循环水泵电机进行全面解体检查，在对拆卸下来的非驱动端径向轴承进行检查时发现轴承内圈存在明显的划痕（图 7），与循环水泵智能异音监测系统的分析诊断结果一致，验证确认该异音监测系统设计功能与诊断结果的正确性与可靠性。

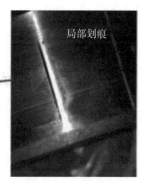

局部划痕

图 7　轴承解体内圈缺陷

4　结论

本文开发设计的一种循环水泵异音智能在线监测与故障诊断系统，通过心理声学等客观量化指标展现循环水泵运行声音与工作状态，实现设备运行状态的实时监测，并使用异音诊断算法对故障位置与原因机理进行在线诊断，基于策略性维修原则准确预测故障发展趋势，及时提供全面准确的运检建议。根据运行设备异音在线分析与智能诊断结果，通过客户端健康评价色和异常数据标识直观展现，并自动发送手机短信报警提醒，实现异常信息自动存档，依托数据库的积累更新与强化训练，不断提升异音监测的智能诊断水平。根据现场实际使用过程中的典型问题处理案例，已验证本系统对于设备运行可靠性与稳定性提升具有显著价值，能为策略性维修转型升级提供科学支撑，进而降低核电厂系统设备的运行维护成本，减少重要设备异常导致的非停风险，保障机组的安全稳定运行。

参考文献：

[1]　郭庆，何劼恺，苏海涛，等．基于心理声学及支持向量机的扬声器异常音检测算法［J］．东华大学学报（自然科学），2020，46（2）：275 - 281．

[2]　刘湘楠，赵学智，上官文斌．强背景噪声振动信号中滚动轴承故障冲击特征提取［J］．振动工程学报，2021，34（1）：202 - 210．

[3]　任学平，李攀，王朝阁．基于 VMD 和快速谱峭度的滚动轴承早期故障诊断［J］．轴承，2017（12）：39 - 43．

Intelligent on – line monitoring and fault diagnosis system for nuclear power plant circulating water pump

HU Xin-lei, NIU Zhu-qiang, XU Shu-qing, ZHANG Cheng-cheng,
LIANG Xiong-jie, YU Yuan-yuan, LU Qi, ZHAO Dong-dong

(China Nuclear Power Operation Management Co. , Ltd. , Jiaxing, Zhejiang 314300, China)

Abstract: Circulating water pump is an important equipment in the second circuit circulating water system (CRF) of pressurized water reactor nuclear power plant. The daily operation and maintenance methods are regular inspection by power plant operators and overhaul and maintenance during unit overhaul. This paper addresses the lack of standardized and visualizable monitoring methods for the circulating water pumps in pressurized water reactor nuclear power plants, as well as the difficulties of detecting and evaluating faults of the circulating water pumps and the problem of significant harzardousness of the faults. Based on the psychoacoustic and early warning technology of components, an intelligent abnormal sound online monitoring and diagnosis system for circulating water pump is designed. By installing sensors to synchronously collect sound and vibration signals from the equipment, and combining with fault diagnosis technology, the system can achieve intelligent identification and classification of equipment faults. Through simulation experiments and field applications, it has been demonstrated that the system can achieve real – time monitoring and fault diagnosis, early fault identification and fault development trend prediction, optimize the equipment maintenance strategy, reduce operating and maintenance costs, and reduce the risk of non – stop operation of units, thereby further improving the safety of the units.

Key words: Circulating water pump; Fault diagnosis; Psychoacoustics; Intelligent monitoring

浅析秦二厂 3 号机组主给水前置泵轴瓦磨损问题

喻媛媛，许书庆，牛柱强

（秦山核电有限公司，浙江　嘉兴　314300）

摘　要：秦二厂 3 号机组自投运以来，主给水泵前置泵 A 泵和 C 泵多次出现驱动端轴瓦磨损缺陷导致主给水泵不可用，从而迫使机组降功率，因此迫切需要查找引起前置泵轴瓦磨损的根本原因并处理以确保机组的安全与效益。本文从缺陷现象入手，对比历次轴瓦磨损时的共同点，结合泵本身的结构特点，明确了引起轴瓦磨损的直接原因为泵壳发生了位移，并进一步对直接原因进行分析，查找根本原因。通过建模、计算、推理、现场测量等方法，逐一排除泵承载能力不足、管道及支架布置不合理等可能原因，最终将根本原因锁定在管道安装错位上，经过切割进出口管道并重新组对焊接后问题得以彻底解决。

关键词：轴瓦；磨损；管线；载荷；对中

秦二厂 3/4 号机组主给水系统由三列并联的 50％容量的电动泵组构成，机组功率运行期间两列泵组运行，另一列自动备用，为蒸汽发生器二次侧提供所需的给水。3 号机组主给水前置泵运行以来先后发生多次不同程度的驱动端轴瓦异常磨损和高温停泵问题，迫使机组紧急降功率处理，对核电厂安全保障、发电效益和机组指标造成很大影响。

1　结构介绍

前置泵为侧进侧出结构的卧式单级双吸离心泵，驱动端和非驱动端分别设计有机械密封和径向轴承，推力轴承布置于非驱动端径向轴瓦外侧，其中推力轴承和径向轴承均为轴瓦式结构，叶轮传动轴与电机驱动轴通过齿式联轴器传动转矩，轴承和联轴器均通过独立的油路系统供润滑。主给水前置泵径向轴承为中开式轴瓦结构，上下轴瓦通过销钉定位，润滑油从前置泵入口侧进入轴瓦与泵轴之间，通过建立有效的润滑油膜，保证轴瓦正常工作。主控室通过 3 个温度探头监控轴瓦运行温度，温度信号采用三取二逻辑冗余设计，其报警设定值为 90 ℃，停机设定值为 100 ℃（图 1、图 2）。

2　缺陷描述

对主给水前置泵历史运行情况进行统计分析，3 号机组 A 泵和 C 泵自投运以来先后共发生 6 次不同程度的驱动端轴瓦异常磨损和温度升高的问题，而非驱动端径向轴瓦和推力轴瓦均完好无损。根据随后现场检查情况汇总分析，每次发生该类问题时均为入口侧测温探头测得的温度（A 泵对应 3APA103KT，C 泵对应 3APA303KT）快速上涨，出口侧测温探头（A 泵对应 3APA101/102KT，C 泵对应 3APA301/302KT）随之上涨。解体发现下轴瓦进油侧（即前置泵入口侧）磨损严重（图 3），而上轴瓦基本没有磨损痕迹。结合前置泵与电机联轴器对中复查数据，发现前置泵泵轴不同程度地向出口侧偏移，且偏移量明显大于轴瓦单边间隙（轴瓦单边间隙要求范围：0.06～0.10 mm）。

作者简介：喻媛媛（1993—），女，土家族，湖北宜昌人，大学本科，工程师，现从事核电站维修领域工作。

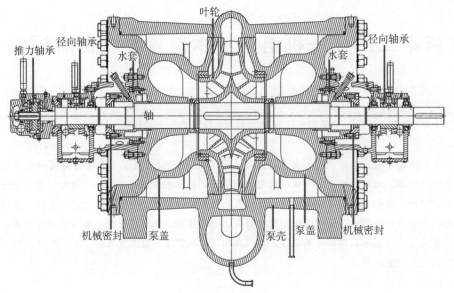

图1　前置泵结构示意

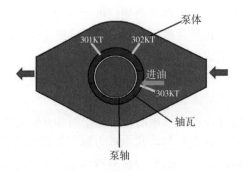

图2　轴瓦安装示意

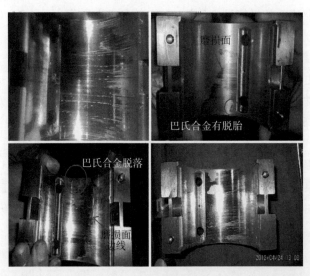

图3　轴瓦磨损

3 缺陷分析与处理

3.1 直接原因分析

结合实际缺陷情况，每次出现轴瓦磨损时，起磨位置都在靠近入口侧的进油口处，对照对中复查数据，可以判断泵轴运行过程中向出口方向发生了偏移。检修过程中泵与电机的对中数据都在合格范围以内，因此可以排除对中不好这一因素。那么可能引起泵轴发生偏移的可能原因为泵壳发生位移，从而带动轴承室和轴瓦随之一起运动，最终带动泵轴发生位移。为了验证起泵前后泵壳是否发生了位移，在泵地脚螺栓处架设百分表，观测起泵前后百分表读数的变化（图 4、表 1）

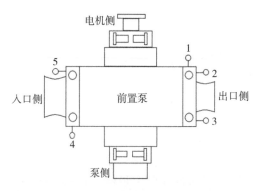

图 4 起泵前后测量泵壳位移百分表架设示意

表 1 起泵前后地脚位移

设备位号	表序号	起泵前百分表读数/mm	起泵后百分表读数/mm
SAPA101P0	表 1	3.00	3.19
	表 2	3.00	3.26
	表 3	3.00	3.27
	表 4	3.00	2.98
	表 5	3.00	3.04
SAPA301P0	表 1	3.00	3.00
	表 2	3.00	3.22
	表 3	3.00	3.28
	表 4	3.00	2.95
	表 5	3.00	3.15

测量结果表明，泵从冷态到热态过程中，泵壳确实向出口方向发生了偏移，偏移量在 0.07～0.12 mm，该测量值是在泵起动前后得到的，如果泵长时间保持运行，偏移量有可能还会继续增加。

前置泵轴和电机轴是通过齿式联轴器连接，间隙较小，泵轴基本不动。因此运行过程中，泵体带着轴瓦相对于泵轴有相对位移，方向为沿泵入口到出口方向，造成了轴瓦和轴在泵入口侧的间隙变小。同时由于泵轴自重，下部轴瓦的间隙相对于上部轴瓦间隙较小，因此最小间隙发生在轴瓦和泵轴下部靠入口侧[1]（图 5）。

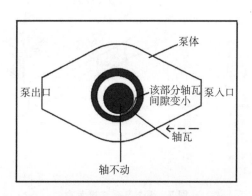

图 5 泵在外力作用下轴瓦间隙变化示意

运行过程中，泵轴在泵推力作用下有所弯曲，驱动端和电机轴连在一起固定住，弯曲较小，非驱动端是自由的，弯曲较大（图 6）。因此非驱动端轴瓦间隙相对较大，没有磨损，驱动端轴瓦有磨损。

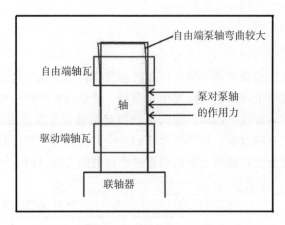

图 6 前置泵在外力情况下泵轴偏移示意

3.2 根本原因分析

结合前置泵的结构特点及实际缺陷情况，从以下几个方面对泵壳发生位移的原因进行分析。

（1）泵体承受能力不足

根据多次会同设备厂家和设计院的现场勘查与论证分析，认为现场所用主给水组是国际通用的成熟配套设备，其他电厂未发生过类似问题，且产品最初设计阶段就已经充分考虑到系统高温工况，整体设计承载能力较强。前置泵 4 个脚上分别设置有 1 个 M48 的地脚螺栓和两个顶丝，在泵体底部设置有滑销（图 7）。检修过程中利用泵体顶丝调整泵的位置，对中调整好以后，将地脚螺栓把死，用来固定泵体位置，并紧固泵体底部滑销两端的顶丝，可进一步防止泵体在水平方向发生移动。最后松开泵体顶丝，去除泵体顶丝对泵施加的额外的力。上述设计广泛应用于泵的安装与使用过程中，目的就是保证泵在运行过程中不因受到外力作用而发生非正常的位移。因此在正常工况下，前置泵的承载能力是能够满足运行要求的。

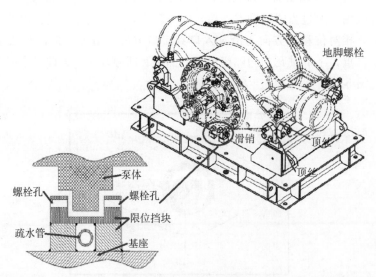

图 7 泵与基础连接示意

（2）管道及支架布置不合理

通过核查核电厂常规岛工程设计图和核电厂常规岛工程施工图，发现因设计院设计图纸与施工手册不一致，前置泵 A 和 B 入口管道 0m 垂直导向支架（图 8 中 S14）多安装一个限位，前置泵 C 入口管道 8.3 m 下方垂直导向支架（图 8 中 S13）多安装了一个限位，理论上多余限位的存在有可能限制高温管道的自由膨胀，促使更大的管道应力向下传至前置泵泵体，增加泵体实际载荷。同时检查发现前置泵入口水平管段的刚性支架（图 8 中 S15）底部悬空，没有达到设计上的支架承载效果，将导致前置泵承受的载荷进一步增加。

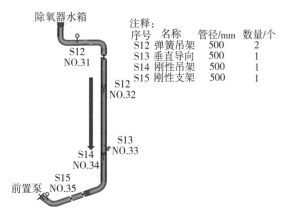

图 8　泵入口管道布置

针对上述现场检查发现的管道支架问题，经过详细的讨论分析，取消前置泵 A/B/C Y 方向的限位，保留 X 方向的限位，改善管道自由膨胀量，同时将入口水平管段刚性支架改为弹簧支架，保证其支架承载的可靠性。

根据前置泵的结构及其管路的布置，计算出前置泵的出入口与管道的许用载荷（表 2）。

表 2　泵接管许用载荷

位置	轴向力/N	剪切力 Z/N	剪切力 Y/N	弯矩 Z/N·m	弯矩 Y/N·m	扭矩 X/N·m
入口	30 000	30 000	30 000	35 000	35 000	35 000
出口	25 000	25 000	25 000	35 000	35 000	35 000

管道支架修改之后，使用 Pipestress 程序，对管道进行建模，建模以管道正常运行的情况为工况，并假设管道安装时的错边量为 10 mm，对管道载荷进行了校核，校核结果如表 3 所示。

表 3　泵接管载荷计算结果

设备名称及情况	工况	计算值/许用载荷					
		剪切力 Z 方向	剪切力 Y 方向	剪切力 X 方向	弯矩 Z 方向	弯矩 Y 方向	扭矩 X 方向
前置泵入口	自重＋运行温度压力下前置泵 X 方向偏移＋10 mm 安装	0.029	0.379	0.082	0.104	0.008	0.219
		0.092	0.060	0.052	0.052	0.016	0.181
		0.776	0.088	0.079	0.024	0.213	0.365
前置泵出口	自重＋运行温度压力下前置泵 X 方向偏移＋10 mm 安装	0.038	0.037	0.059	0.200	0.032	0.011
		0.006	0.195	0.071	0.492	0.060	0.249
		0.153	0.145	0.006	0.412	0.307	0.040

校核结果表明，管道改造后，管道载荷均小于管道许用载荷，满足运行条件。因此完成管道改造及校核之后，启动主给水泵组进行现场实际验证，结果再次发生驱动端轴瓦异常磨损和高温停泵的问题，且轴

瓦磨损情况和对中复查数据显示的偏移趋势跟前期依然类似。为了进一步验证管道支架工作状态的可靠性，对 3、4 号机组主给水前置泵进出口管道全部进行固有频率测量，结果发现两台机组对应管道部位的固有频率基本相同（图 9），说明其管路状态基本一致，管道支架工作状态也基本相同，但是 4 号机组从未出现过轴瓦磨损问题，因此可以判断管道及支架问题不是导致前置泵发生磨损的主要原因。

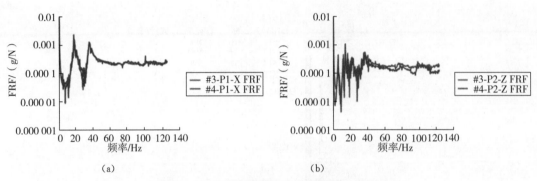

图 9   3/4 机组前置泵出口段固有频率对比

（a）♯3 和♯4—出口段 P1 比较；（b）♯3 和♯4—出口段 P2 比较

（3）泵进/出水管道安装时错位

主给水前置泵与进出口管道连接形式除了安装临时过滤器的位置为法兰，其他位置均为焊接。入口管道与除氧器水箱连接，管道全长约 30 米，其中垂直管段长度约 20 米（图 8）。前置泵出口跨接管线与压力级泵连接，总长约 17 米（图 10）。

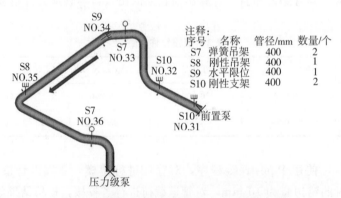

图 10   前置泵出口跨接管线及支架布置示意

根据之前对管道进行力学校核的结果来看，安装的偏差值与接管载荷呈线性关系，偏差越大则载荷越大；根据现场实际工作经验，如果泵的进出口管道在安装时错位，没有有效的调整同心度，而强行焊接，造成管道局部应力大，特别在管道受热时，将产生较大的热应力，容易产生泵的位移。基于前文针对可能导致泵壳发生位移的各种原因都已进行了排除，只能对前置泵连接管道安装情况进行现场实际检查。因此，技术人员根据系统管道布置和现场实际情况，对 3 号机组前置泵 A 进出口水平管段进行在线应力测量，通过比对测量结果，查找轴瓦磨损的原因。测量过程中，在前置泵进出口有管道靠近焊缝处粘贴应变片（图 11），在线监测在泵启停阶段，在温度和压力共同作用下，管道所受载荷的变化。利用软件将应变转化为应力，计算出对应桥组测量的应力，测量结果如表 4 所示。

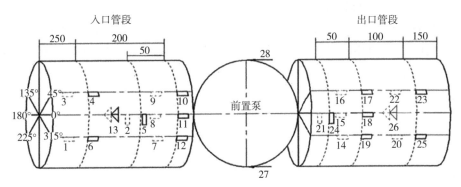

图 11　应变片粘贴示意

表 4　进出口管道载荷测量结果

接管位置	载荷类型	接管载荷	换算载荷
入口	压力＋热胀	轴力/N	112 475（拉）
		剪力竖直/N	−5701
		剪力水平/N	56 200
		弯矩竖直/N·m	27 530
		弯矩水平/N·m	−2534
		扭矩竖直/N·m	52 808
出口	压力＋热胀	轴力/N	221 389（拉）
		剪力竖直/N	−48 046
		剪力水平/N	−54 718
		弯矩竖直/N·m	−8035
		弯矩水平/N·m	−17 807
		扭矩竖直/N·m	6488

　　结果显示，从冷态到热态连续运行过程中，由于压力和温度的变化，前置泵进出口管道轴向都受到拉力作用，且轴向力出口远大于入口管道载荷，且合力明显超过前置泵许用载荷，理论上会拉动泵体向出口方向偏移。

　　得出上述结论之后，对进出口管道进行切割，然后重新进行组对焊接，以释放管道残余应力。按照《现场设备、工业管道焊接工程施工规范》中的具体施工要求，管道对接组装过程中，装配的对口错边量应满足表 5 所示要求。

表 5　钢管对口错边量允许偏差标准[2]

壁厚/mm	对口错边量允许偏差/mm
2.5~5.0	0.5
6.0~10.0	1.0
12.0~14.0	1.5
≥15.0	2.0

　　前置泵进出口管道壁厚分别为 12 mm 和 9.53 mm，因此进出口管道焊口错位应确保分别小于 1.5 mm 和 1.0 mm。

现场对 A 泵和 C 泵进出口管道进行切割，进口管道的切口位置位于图 12 中焊缝 A/B/C 的位置，切割完成后更换管直管段 1 和弯头 1，并重新组对焊接。出口管道的切口位置位于图 13 中的焊缝 A/B/C/D 位置，切割完成后更换管直管段 1、弯头 1 和弯头 2，并重新组对焊接。在管道切割开始时，能明显听见管道弹开的声音，入口管道最大错边量 5 mm，出口管道最大错边量 14 mm，均大于标准量，说明确实存在较大的管道应力。

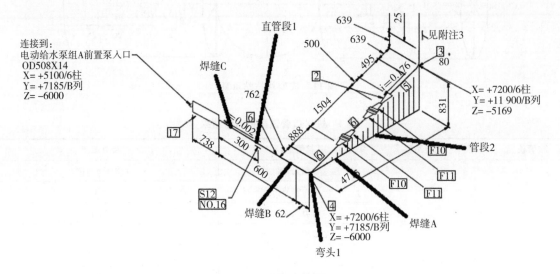

图 12　入口管道切割示意

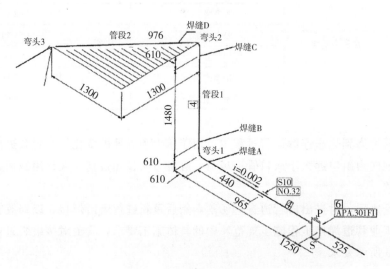

图 13　出口管道切割示意

为了确保管道重新组对焊接后管道中存留较小的残余应力，先对泵进行预对中，然后对管道进行组对，将错边量调整至标准范围以内，焊接过程中，架设百分表实时监测管道的位移量，若发现焊接过程中管道发生较大偏移量，要及时调整焊接手法，管道焊接完成后，再次进行对中复查，并与之前预对中的值进行对比，两次对中数据几乎一致，说明焊接过程中管道偏移较小，符合要求。

完成进出口管道切割重新组对焊接以后，管道应力得到释放，再次启动 A 泵和 C 泵，驱动端轴瓦温度稳定在 40～50 ℃，且长期保持运行无异常，在泵体上架设百分表，连续一个月观测泵体偏移量，数据显示泵体没有再向出口侧发生明显偏移。至今 3 号机组主给水泵前置泵已连续运行将近 3 年未再次出现轴瓦磨损故障。

4 结论

针对主给水前置泵多次发生驱动端轴瓦磨损和高温停泵的问题，根据现场系统设备实际情况，并结合相关设计、制造和施工文件，经过长期的内外部调查论证和全方位的验证分析，最终排除前置泵本身及管道支架等各种可能原因，在理论计算和现场测试的基础上，通过连接管道的切割检查和组对调整，将该项长期影响机组运行的重大技术问题彻底解决，提高了核电厂关键敏感设备的运行稳定性与安全可靠性，对后续其他类似问题的处理具有一定的借鉴价值。

致谢

本文中的轴瓦磨损缺陷曾是长期困扰我们整个科室和班组的疑难杂症，我们整个团队花费了大量的时间和精力对该问题进行分析与处理，最终消除了缺陷。在此，要感谢科室的指导，感谢班组全体成员面对困难时的坚持不懈，感谢我们整个团队消缺过程中攻坚克难、敢于拼搏的决心，正是在科室和班组的共同努力下，我们才能消除缺陷，也才有了此篇论文。

参考文献：

[1] 王启超，冯思超 . APA 前置泵轴瓦磨损原因分析及处理 [J] . 电工技术，2018（3）：79 - 80.
[2] 现场设备、工业管道焊接工程施工规范：GB 50236—2011 ⌊S⌋ . 北京：中国计划出版社，2011.

Analysis and treatment of bearing wear of the booster pump of the main feed water pump in Unit 3 of Qinshan No. 2 Nuclear Power Plant

YU Yuan-yuan，XU Shu-qing，NIU Zhu-qiang

(Qinshan Nuclear Plant Co. , Ltd. , Jiaxing, Zhejiang 314300，China)

Abstract：Since the No. 3 unit of Qinshan No. 2 Nuclear Power Plant was put into operation, the pump A and C of the booster pump of the main feed water pump frequently appeared the problem of driving end bearing wear, which led to the unavailability of the main feed pump and forced the power reduction of the unit. Therefore, it is urgent to find out the root cause of the wear of the bearing bush and deal with it to ensure the safety and benefit of the unit. This paper starts with the defect phenomenon, compares the common points of bearing bush wear in previous times, identifies the direct cause of bearing bush wear as the displacement of the pump shell, and further analyzes it to find the root cause. Through modeling, calculation, reasoning, field measurement and other methods, the possible causes such as insufficient bearing capacity of the pump, unreasonable layout of pipelines and supports are eliminated. Finally, the root cause is found to be misalignment during pipeline installation. The problem was solved after the inlet and outlet pipes were cut and welded together again.

Key words：Bearing bush; Abrasion; Pipeline; Load; Alignment

液环式废气压缩机调试技术应用

石胜利，段盛智，刘春雷

摘　要：液环式压缩机作为第三代核电厂应用的最新式压缩机，因其结构精密、逻辑复杂，调试技术一直由国外厂商垄断。本文基于国内某核电项目在缺少国外技术支持的前提下，通过仔细研究设备结构和工作原理，自主探索、实践，最终形成了一套液环式废气压缩机调试启动的技术方法，并已在某核电项目完成实际应用，取得了良好效果，不仅实现了新技术的突破，也为后续核电项目同类型压缩机调试提供了有价值的借鉴和参考。

关键词：核电厂；液环式废气压缩机；调试技术

压缩机是把原动机的机械能转变为气体弹性势能的一种机械。核电厂废气处理系统因为要输送放射性含氢废气，对压缩机连续运行和密封性有高要求，欧洲先进压水堆 EPR 和华龙核电机组采用的是综合性能较好的液环式废气压缩机，多级叶轮，使用屏蔽电机。该设备由德国 FLOWSERVE SIHI 公司供货，由于设备结构精密、逻辑复杂，缺少必要的技术储备，首次启动时需要国外供应商代表提供技术支持。在国内某核电项目，受疫情等原因影响，国外供应商难以满足项目现场的需求，需要调试人员自主探索液环式压缩机启动方法。

1　废气压缩单元和设备介绍

1.1　废气压缩单元

核电厂废气处理系统的压缩单元，包括液环式废气压缩机、密封液罐、密封液冷却换热器，以及相关的管线、阀门和仪表（图 1）。

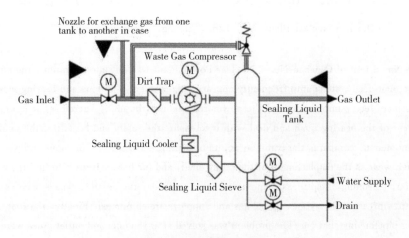

图 1　废气压缩单元示意

如图 1 所示，废气压缩机用于维持系统中吹扫气体的循环并保持系统压力在要求的压力水平，须

作者简介：石胜利（1986—），男，河北唐山人，高级工程师，机械设计制造及其自动化（英语强化）专业，现主要从事核电厂核岛系统调试工作。

从负压部分吸入气体并将气体压缩至高压，输送流量能保证为反应堆冷却剂中的吹扫气体提供足够的稀释流量，出口压力能保证将气体压缩至 0.8 MPa. g。密封冷却液可循环使用，并可通过密封液贮存箱自动排出或补充密封液，液环式压缩机出口气体会夹带有液滴，液滴在通过密封液贮存箱时和载气实现分离。

1.2 液环式废气压缩机介绍

液环式压缩机能够避免产生热表面，因此可在没有氢爆风险的情况下传送易燃混合气体。屏蔽电机和压缩机是一体结构，可以满足传送放射性气体所需要的密封性准则。多级叶轮的设计能够在低吸入口压力下，达到一个高的压缩比。使用除盐水作为密封液和冷却液，用于密封叶轮、润滑轴承和冷却电机。传输气体和密封冷却水的介质流向如图 2 所示。

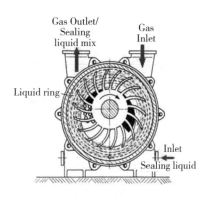

图 2　压缩机运行介质流向示意

压缩机腔室内的旋转液环，吸收了叶轮的驱动功率，并将其输送至待压缩气体（压缩功）。压缩机运行时，必须从密封液罐连续供应密封冷却水，这个对于维持液环、保证设备安全至关重要。密封冷却水进入压缩机腔室后分成两个分支，一路进入第一级叶轮，另一路进入压缩机和电机轴承带走热量。最终在电机轴承后面汇合，通过出口管线排放。

待压缩的气体从吸入管线进入压缩机后，通过中间挡板的开孔和导向板的开槽进入一级叶轮。来自第一级叶轮的预压缩气体和部分密封水继续流动，依次通过孔进入第二级、第三级、第四级叶轮。在每一级，气体和液体的混合物以更高的速率被压缩，最终升压并进入密封液罐进行气液分离。压缩机的四级叶轮结构如图 3 所示。

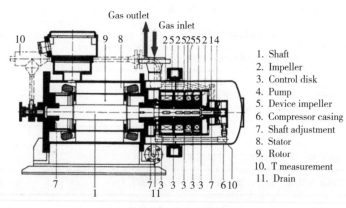

图 3　压缩机的四级叶轮结构

2 调试技术风险点分析

通过对液环式压缩机进行应用案例分析可知,主要的风险点及后果包括以下几个。

（1）系统异常导致入口压力超限值

压缩机连续运行期间,出口压力通过减压站调节在 0.8 MPa.g,入口压力范围应在 -0.04～-0.01 MPa.g。入口压力超出运行限值,可能导致碳滑动轴承磨损。在关联系统异常工况下,入口压力上升到 -0.01～0 MPa.g 时,需要操作人员手动调节减压站,将出口最大运行压力调低至 0.69 MPa.g,入口压力上升到 0～0.01 MPa.g 时,出口最大允许压力要调低至 0.6 MPa.g。

（2）密封水冷却不足

调试启动期间,冲洗不充分导致过滤器堵塞,密封水循环流量不足叠加相关保护逻辑未生效会造成轴瓦烧毁甚至卡轴。

（3）多级孔板挡板装配角度异常

压缩机四级孔板的角度和正反面存在安装要求,如果异常,可能导致运行压力和流量等参数不合格。

3 预防控制措施

3.1 梳理启动条件

在综合设备风险和启动要求后,提炼形成设备首次启动前先决条件的检查记录单（表1）。

表 1　废气压缩机调试前检查记录单

序号	检查项目	备注
1	阀门、液位计、压力表、流量计等仪表设备调试完成并具备条件	
2	电气连接检查、接地检查完毕	
3	系统管道清洁完毕	
4	压缩机入口过滤器和密封水过滤器检查完毕	
5	法兰 C004、C005、C006 内部检查完毕	法兰位置如图 6 所示
6	压缩机盘车、轴窜动检查完毕	操作要点见 3.2
7	压缩机系统下游减压站调试完毕并正常可用	
8	压缩机转向检查完毕	操作要点见 3.4
9	除盐水供给系统正常可用	
10	冷却水系统正常可用	
11	安全阀安装校验完成并正常可用	
12	系统经过冲洗并水质检测合格	
13	压缩机上下游管路系统和气源系统确认可用	
14	压缩机注水检查:液位计液位确认,打开 C006 验证	操作要点见 3.3

3.2 手动盘车

手动盘车试验的目的是确保压缩机启动时能够自由转动,防止设备卡死。

主要步骤如下:拆除螺钉和夹套,移除锁紧螺钉和锁紧线,用特殊螺杆（图4）顶入轴端。轴在螺杆及 16 mm 的圆形扳手（图 5）的帮助下，手动盘车时正常比较容易能转动。检查轴窜时，螺杆及扳手将轴推回 1 mm。

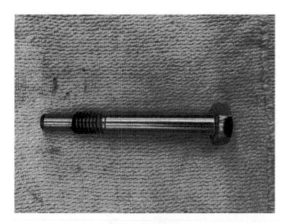

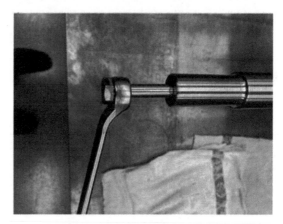

图 4　专用螺杆　　　　　　　　　　　　　图 5　手动盘车

3.3　压缩机注水液位检查

密封冷却水的水位高度要超过压缩机轴中心至少 150 mm，最高 410 mm，密封液相关参数是确保设备能够实现安全启动的最重要一个因素。通过密封液罐给压缩机内部注水后，可以通过液位仪表观察示数，但仍然可能因为异物、安装缺陷等原因导致密封水回路没有真正建立。压缩机严禁干转，首次启动前打开压缩机本体的管接口 C005/006 复查，是验证压缩机被充水的唯一可靠方式（图 6）。

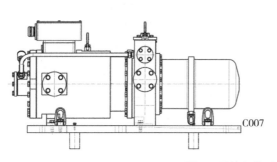

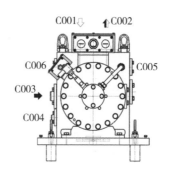

图 6　压缩机外形

3.4　转向检查

首次启动必须先检查转向。为检查转向，应该关闭入口阀门，启动压缩机几秒钟，看入口压力的变化。如果入口压力表显示负压，表示转向正确。如果转向错误，会产生正压，这种情况下需更换电气接线三相中的任意两相。

3.5　清洁度检查

压缩机入口管线需要打开过滤器，密封液罐需要打开入孔，用内窥镜进行异物检查，看是否存在锈蚀。调试启动前完成除锈操作，确保吸入管没有焊接残留，防止调试过程中因杂质或者焊接残留引起的压缩机卡死，损伤设备。

3.6　在线检查

启动压缩机时，入口和出口管线的阀门必须打开，关阀启动压缩机会导致压缩机部件损伤及电机超载。换热器的冷却水必须投运。另外，入口的负压管线需要保持排水通畅，避免冷凝水聚集堵塞管线，引起压缩机跳机。

3.7 运行参数监测

启动需要在有经验的调试工程师操作下进行。主要的运行参数必须满足期望值的要求（表2）。同时试验期间，如果废气压缩机就地的振动、声音或温度出现异常，也需立即停运废气压缩机。

同一台压缩机有10分钟的启动时间间隔要求，以确保压缩机内有足够的冷却水。在完成调试启动后，首个1000小时或者运行3年后，压缩机需要进行拆解检查，液环水过滤器需要运行后检查并在需要时进行清洁。

表2　废气压缩机运行参数监测

名称	单位	设备编码	期望值
电机绕组温度	℃	TEG2108MT -	<140.0
		TEG2109MT -	<140.0
		TEG2110MT -	<140.0
		TEG2103KM -	<140.0
密封液入口温度	℃	TEG2124MT -	≤20.0
		TEG2126MT -	≤20.0
密封液出口温度	℃	TEG2107MT -	<55.0
入口压力	MPa.g	TEG2105MP -	-0.04～-0.01
		TEG2105KM -	-0.04～-0.01
出口压力	MPa.g	TEG2111MPL	≤0.9
		TEG2114MP -	≤0.9
		TEG2115MP -	≤0.9
		TEG2115KM -	≤0.9
气体流量	kg/h	TEG1111MD -	>129.6
		TEG1112MD -	>129.6
密封液贮存箱液位	mm	TEG2142MN -	499.0～529.0
		TEG2146MN -	499.0～529.0
		TEG2150MN -	499.0～529.0
		TEG2101KM -	499.0～529.0
密封液流量	kg/s	TEG2125MD -	≥1.5
换热器 TEG2123EX -上游冷却水温度	℃	DER6427MT -	6.0～7.0
		DER6428MT -	6.0～7.0
换热器 TEG2123EX -下游冷却水温度	℃	TEG7303MT -	≤20.0
换热器 TEG2123EX -冷却水流量	kg/s	TEG7302MDL	≥3.85
振动值	mm/s	NA	<7.1

4　结论

面对国外厂商对第三代核电厂使用的新式液环式废气压缩机的技术垄断，调试人员通过研究设备结构和原理，确认启动过程中的重要风险因素，梳理和分析出设备启动确认单，探索液环式废气压缩机调试启动的技术方法，并已在某核电项目完成实际应用，取得了良好的效果，实现了重要进口设备自主调试的突破，改变了关键技术受制于人的局面，为后续项目同类型压缩机调试提供了有价值的借鉴和参考。

参考文献：

[1] 张书玉，徐明．EPR 全球首堆工程：台山核电厂一期建设与创新 ［M］．北京：中国原子能出版社，2020.

[2] 广东核电培训中心．900MW 压水堆核电站系统与设备 ［M］．北京：原子能出版社，2008.

Application commissioning technique of liquid ring waste gas compressor

SHI Sheng-li，DUAN Sheng-zhi，LIU Chun-lei

(China Nuclear Power Engineering Co. , Ltd. , Shenzhen, Guangdong 518172，China)

Abstract：As the latest compressor used in the third generation nuclear power plant, the liquid ring compressor has been monopolized by foreign manufacturers because of its precise structure and complex logic. Based on a domestic nuclear power project in the absence of foreign technical support，by carefully studying of equipment structure and working theory, independent exploration and practice, the commissioning method of liquid ring waste gas compressor in this article was finally formed and successfully applied in a nuclear power project，which not only achieved a breakthrough in new technology, but also provided a worthwhile case for the commissioning of the similar type of compressor in subsequent nuclear power projects.

Key words：Nuclear power plant；Liquid ring waste gas compressor；Commissioning technique

核电站计算机房排风设计

李　轶[1]，黄　军[1]，王　伟[2]，王　令[3]

（1. 成都核总核动力研究设计工程有限公司，四川　成都　610213；

2. 中核核电运行管理有限公司，浙江　嘉兴　314300；

3. 西南科技大学，四川　绵阳　621000）

摘　要：针对机房设置气体灭火系统后有害气体排放的问题，本文设计了一套事故通风系统。该系统采用机械通风，通过门窗自然通风。机械排气量是根据每小时 20 次换气来确定的。已经设置了两个排气口，一个在上面，另一个在下面。风机采用 HTF 系列消防排烟风机，安装在房间外墙上。在风管穿过墙壁和地板的位置安装 70 ℃防火阀，防火阀与风机相连。

关键词：工程热物理；传热；暖通空调；核电站

气体灭火系统主要用在不适于设置水灭火系统等其他灭火系统的环境中，如计算机机房、重要的图书馆档案馆、移动通信基站（房）、UPS 室、电池室和一般的柴油发电机房等。气体灭火系统是指平时灭火剂以液体、液化气体或气体状态存贮于压力容器内，灭火时以气体（包括蒸汽、气雾）状态喷射作为灭火介质的灭火系统；并能在防护区空间内形成各方向均一的气体浓度，而且至少能保持该灭火浓度达到规范规定的浸渍时间，实现扑灭该防护区的空间、立体火灾。目前气体灭火系统采用的灭火气体一般为七氟丙烷（HFC - 227ea/FM200）。

某核电厂计算机房间按照规范要求需要新增气体灭火系统。计算机房间着火后需要启动气体灭火系统，火灾扑灭后，大量的七氟丙烷气体喷出产生大量的火灾烟尘及气溶胶等有害物质，需要及时排出。因此，需要在计算机房间内补设事故通风系统。

新增的自动灭火系统包括柜子和报警装置，位于厂房 603 和 604 房间，房间布置如图 1 所示。

图 1　房间布置

本文拟在 603、604 房间增设火灾后排风系统，用以排除火灾烟尘及灭火用七氟丙烷气体，排风系统至少包含风机及 70 ℃电动防火阀，风机及阀门日常期间均处于关闭状态，于灭火完成后自动或手动开启进行排风。

作者简介：李轶（1986—），男，学士，工程师，现主要从事机械工程及自动化研究。

根据现场实际情况，本排风系统的设计需要解决以下 3 类问题：①根据通风设计规范，结合房间的尺寸大小，确定换气量的大小，进而确定风管和风机的选型。②风机的布置和取电位置。③风机的控制方式。

设计方案针对以上 3 类问题展开，首先根据资料提供的 603 和 604 房间的大小，开展换气量计算；然后，根据换气量计算的结果，确定风管和风机的选型；最后，根据业主反馈的 503 房间的取电位置、603 和 604 房间的控制方式，确定风机、取电、控制开关等布置位置。

1 设计方案

1.1 换气量核算

GB 50019—2015《工业建筑供暖通风与空气调节设计规范》[1] 6.4.3 中规定，事故通风量宜根据工艺设计条件通过计算确定，且换气次数不应小于 12 次/h。房间计算体积应符合下列规定：①当房间高度小于或等于 6 m 时，应按房间实际体积计算；②当房间高度大于 6 m 时，应按 6 m 的空间体积计算。为了快速排出 603 和 604 房间内的火灾烟尘和七氟丙烷气体，这里换气次数取 20 次/h。

603、604 房间现场测绘的尺寸为：宽 7.77 m、深 6.27 m、高 3.45 m。高度小于 6 m，这里按实际高度 3.45 m 进行计算。603 和 604 房间之间的隔墙后续会拆除，因此，603 和 604 房间合并为一个整体考虑。

基于以上数据，603 和 604 房间所需的排气量为：

$$L = (长 \times 宽 \times 高) \times 换气次数 = 7.77 \times 6.27 \times 3.45 \times 20 \approx 3362 \ m^3/h。 \tag{1}$$

1.2 风机选型

本项目的使用场合为火灾后事故排风，因此选用 HTF（A）系列轴流式消防高温风机。HTF（A）系列风机采用 CAD 软件多目标优化设计，选配模压轴流叶轮，内置高温电机，配设专门的电机冷却系统。选用双速电机直联传动，达到一机两用（即平时送排通风，消防使用时高温排烟），配设电控箱后可远程自动控制。

1.3 风管的选择

1.3.1 风管材料的选择

风管材料有薄钢板、碳钢板、硬聚氯乙烯塑料板、胶合板、纤维板、砖及混凝土等。风管材料的选择应根据适用要求和就地取材的原则。

在计算机房间消防排风时，要考虑高温的影响，因此，风管材料可以选用薄钢板或碳钢板[2]。

1.3.2 风管断面形状的选择

风管断面的形状有圆形和矩形两种。两者相比，在相同断面面积时圆形风管的阻力小、材料省、强度也大；圆形风管直径较小时比较容易制造，保温亦方便。但是圆形风管管件的放样、制作较矩形风管困难；布置时不易与建筑、结构配合，明装时不易布置得美观。当风管中流速较高，风管直径较小时，通常建议使用圆形风管。

本项目的计算机房间属于工业用风管，为了在较短时间内排出室内高温烟尘，会采用较高风速。因此，这里风管断面采用圆形。

1.4 通风系统水力计算

根据计算机房间上下层的相对布局关系，设计的排风风道如图 2 所示。从图 2 中可以看出，603 房间的高温烟气及七氟丙烷通过靠近外墙的风道，在消防风机的抽吸作用下，从 603 房间经过 503 房间，最终通过 503 房间外墙窗户的位置排到户外。

（1）对各管段进行编号，标出管段长度

图 2 中风管含 1 个弯头、1 个垂直直管段、1 个调节阀、1 个弯头和 1 个水平直管段，W_1 长度约

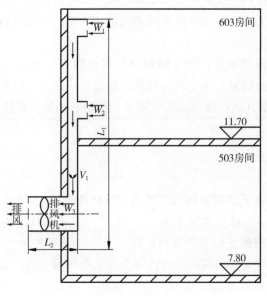

图 2　排风风道

为 0.54 m，L_1 长度约为 6 m，V_1 长度约为 0.54 m，W_3 长度约为 0.54 m，L_2 长度约为 2 m，对应编号分别为 1、2、3、4、5。

（2）选定最不利环路

对于图 2 中的通风管道，最不利环路就是 $W_1 \rightarrow L_1 \rightarrow V_1 \rightarrow W_3 \rightarrow L_2$。

（3）确定最不利环路上的断面尺寸和单位长度摩擦阻力

根据 GB 50736—2012《民用建筑供暖通风与空气调节设计规范》[3] 中表 6.6.3 的相关规定，风管内的流速选定为 8 m/s，根据消防风机的选型，并结合《简明通风设计手册》中规定的圆形通风管规格，确定风管内径为 360 mm，壁厚不小于 1 mm。

每根风管的通风量为：

$$L_1 = Av = \pi \times \left(\frac{0.36}{2}\right)^2 \times 8 = 0.814 \text{ m}^3/\text{s} = 2930 \text{ m}^3/\text{h}。 \tag{2}$$

漏风率按 10% 计算，则每根风管配备的通风机排风量为：

$$L_2 = 2930 \times 1.1 = 3223 \text{ m}^3/\text{h}(0.895 \text{ m}^3/\text{s})。 \tag{3}$$

由于是单向风管，因此，弯头 1、风管 1、弯头 2 和风管 2 的风量都为 3223 m³/h(0.895 m³/s)。

根据以上计算结果，并查《简明通风设计手册》图 6-4，可得各管道的单位长度摩擦阻力都为 2 Pa/m。

风管内阻力损失计算公式如下：

a）静压摩擦阻力计算公式

$$\Delta p_j = R \cdot l。 \tag{4}$$

b）动压摩擦阻力计算公式

$$\Delta p_d = \xi \frac{\rho \cdot v^2}{2}。 \tag{5}$$

c）风管阻力计算公式

$$\Delta p = \Delta p_j + \Delta p_d。 \tag{6}$$

根据上面各相关参数可以计算得到最不利环路 $W_1 \rightarrow L_1 \rightarrow V_1 \rightarrow W_3 \rightarrow L_2$ 的阻力损失（表 1）。

表 1　管道水力计算

管道编号	流量/(m³/h)	长度/m	管径/mm	流速/(m/s)	动压	局部阻力系数	局部阻力/Pa	单位长度摩擦阻力/(Pa/m)	摩擦阻力/Pa	管道阻力/Pa
1	3223	0.54	360	8	38.4	0.11	4.2	2	1.1	5.3
2	3223	6.00	360	8	38.4	0.14	5.4	2	12.0	17.4
3	3223	0.54	360	8	38.4	1.00	38.4	2	1.1	39.5
4	3223	0.54	360	8	38.4	0.11	4.2	2	1.1	5.3
5	3223	2.00	360	8	38.4	0.14+1.00	43.8	2	4.0	47.8

从表 1 可以得出最不利环路 $W_1 \rightarrow L_1 \rightarrow V_1 \rightarrow W_3 \rightarrow L_2$ 的风管内阻力损失为：5.3＋17.4＋39.5＋5.3＋47.8＝115.2 Pa。

1.5　通风机的选择

排风机的风量：$L = 3223$ m³/h(0.895 m³/s)。

排风机的全压：$\Delta p = 1.1 \times 115.2 = 138.2$ Pa。

排风机的有效功率：$N_y = \dfrac{L \cdot \Delta p}{3600} = \dfrac{3223 \times 138.2}{3600} = 123.7$ W。

根据风量、全压和有效功率等相关参数，选 HTF（A）系列 No.3.5 的消防风机。防爆级别为 Ex d IIC T1 Gb，防护等级为 IP55。选用的该型消防风机风量为 3500 m³/h，全压为 552 Pa。对比上面的计算结果，排风机风量 3223 m³/h＜3500 m³/h，全压 138.2 Pa＜552 Pa，都在 HTF（A）消防风机 No.3.5 的工作范围内，因此，HTF（A）系列 No.3.5 消防风机的工作参数满足本项目的使用需求。

1.6　供电方式和取电位置

消防风机通过电控箱进行供电和控制，电控箱由就近配电箱选取 380 V 交流电作为电源，电控箱中断路器选用 ABB 的 S203M－K6NA 型断路器，电控箱主电缆和风机电缆选用 WDZB－YJY－0.6/1.0 kV 4＊2.5 低烟无卤阻燃低压电力电缆。取电位置为电源动力箱空闲位置。

1.7　控制方式

1.7.1　就地手动控制

当风机电控箱转换开关 SA 调至手动控制，通过电控箱上按钮 SF1、SS1 控制消防风机的低速运行（换气）和停止，通过按钮 SF2、SS2 控制消防风机的高速运行（消防）和停止。

1.7.2　远程手动控制

当风机电控箱转换开关 SA 调至自动控制，通过消防联动控制器手动控制盘上的按钮 SF3、SF4 控制消防风机的高速运行（消防）和停止。

1.7.3　远程自动控制

当风机电控箱转换开关 SA 调至自动控制，电控箱中继电器 KA1 通过消防联动模块提供 DC24V 有源连续信号控制风机的高速运行（消防），通过电控箱上的转换开关 SA 或消防联动控制器手动控制盘上的按钮 SF4 控制消防风机停止。

1.8　风口布置

由于房间气体灭火后形成的污染气体组成复杂，其密度一般大于空气密度，会下沉至房间底部，同时室内上部空间还有残留烟气，都需要一起排出，因此该事故通风系统需要在房间上部和下部同时设置事故排风口，上部排风量和下部排风量各取总排风量的一半。

2　结论与建议

通过以上计算分析，得到的设计方案如下：

（1）通风管材料选用碳钢板。

（2）通风管断面为圆形，内径为 360 mm，厚度不小于 1 mm；采用柔性泡沫橡塑材料对风管进行保温，保温层厚度为 33 mm。

（3）通风机选用 HTF（A）系列 No.3.5 消防风机，配用防爆型电机。风机安装于 503 房间外墙，风管穿墙处和穿越楼板处设置 70 ℃防火阀（常闭），同时联动风机。

（4）消防风机通过电控箱进行供电和控制，电控箱取电位置为电源动力箱空闲位置。

（5）消防风机通过电控箱上按钮进行就地手动控制，通过消防联动控制器手动控制盘上的按钮进行远程手动控制，通过消防联动模块远程自动控制。气体灭火后防火阀开启同时风机启动，开始事故排风，同时通过门窗自然进风。

参考文献：

[1]　GB 50019—2015：工业建筑供暖通风与空气调节设计规范 [S]．北京：中国计划出版社，2016．

[2]　GB 50243—2002：通风与空调工程施工质量验收规范 [S]．北京：中国计划出版社，2002．

[3]　GB 50736—2012：民用建筑供暖通风与空气调节设计规范 [S]．北京：中国建筑工业出版社，2012．

Ventilation design for computer rooms in nuclear power plants

LI Yi[1]，HUANG Jun[1]，WANG Wei[2]，WANG Ling[3]

(1. Chengdu Nuclear Power Research and Design Engineering Co. , Ltd. , Chengdu, Sichuan 610213, China；

2. China Nuclear Power Operation Management Co. , Ltd. , Jiaxing, Zhejiang 314300, China；

3. Southwest University of Science and Technology, Mianyang, Sichuan 621000, China)

Abstract： In response to the problem of harmful gas discharge after setting up a gas fire extinguishing system in the computer room, a set of accident ventilation system has been designed in this paper. The system adopts mechanical ventilation, which is naturally supplied through doors and windows. The mechanical exhaust volume is determined based on 20 air changes per hour. Two exhaust outlets have been set up, one above and the other below. The fan adopts the HTF series fire and smoke exhaust fan, which is installed on the outer wall of the room. A 70 ℃ fire damper is installed at the location where the air duct passes through the wall and the floor, and the damper is linked to the fan.

Key words： Engineering thermophysics；Conduct heat；HVAC；Nuclear power plant

某核电厂汽轮机组高压调门异音问题分析

傅云事，陆增圩，田　龙，袁文文，王琇峰，赵冬冬，刘　伟，黄少华

（中核核电运行管理有限公司，浙江　嘉兴　314300）

摘　要： 某核电厂汽轮发电机组 4 号高压调门在运行期间出现异音问题，随主调门开度升高，从一开始沉闷的轰鸣声逐渐变为高频啸叫声，小修期间高压调门解体检查发现消音器底部有十余处裂纹。结合调门的机械结构和工作原理，对异音产生机理提出假设，分析认为异音的产生与消声器裂纹问题有关。通过对调门开展模态仿真、谐响应仿真和流固耦合仿真，同时结合振动、噪声测试分析，验证了调门异音机理假设的正确性。

关键词： 高压调门；消声器；模态分析；固有频率；共振；流固耦合

某核电厂汽轮发电机组 4 号高压调门在运行期间出现异音问题，随主调门开度升高，从一开始沉闷的轰鸣声逐渐变为高频啸叫声。小修期间对该调门解体检查，如图 1 所示，发现消音器底部出现十余处裂纹，裂纹附近无明显碰撞痕迹，阀芯存在明显漏气痕迹。更换消音器、阀芯、活塞环后重新启动设备，调门异音问题消失。

(a)　　　　　　　　　　　　(b)

图 1　异音故障调门照片

（a）阀芯漏气痕迹；（b）消声器裂纹

高压调门的典型故障有阀门泄露、阀杆断裂、阀座脱出、振动噪声和油动机故障等[1-5]，对于一些早期、微弱及复合的故障，目前还缺少有效的诊断分析方法。有些阀门的故障并不是由单一原因引发，而是由多个原因耦合产生的，现有诊断方法几乎都是针对单一的故障模式开展。因此针对复合型、系统型的阀门故障，现有的诊断方法还不能有效可靠地溯源故障成因。

通过以上现象可以看出，4 号调门的异音故障与消声器裂纹问题有关。目前，针对消音器的研究主要集中于声学分析，研究其直径、腔体设计等结构参数对消音器消音性能的影响[6]。文献[7]利用有限元法和解析法对消声器横截面模态进行验证，并分析了孔径、穿孔率等对消声器模态和消声特性的影响。文献[8]运用实验模态法对排气管前消声器的断裂故障进行了分析。文献[9]运用 CAE 定量分析的方法，通过对消声器进行有限元分析，对薄弱部位进行了改进，提高了消声器疲劳寿命。文献[10]利用模态分析测试的方法来研究消声器的动态响应和结构优化，降低了消声器故障率。

作者简介：傅云事（1993—），男，工程师，主要从事汽轮机维修管理工作。

1 数据分析

1.1 振动数据分析

首先对 4 号调门进行振动、噪声测试，振动测点是调门阀杆位置，选取三向振动加速度传感器采集振动信号，采样频率设为 10 000 Hz，单次采集时间 10 s，采样间隔 60 s。通过噪声信号可以明显区分沉闷的轰鸣声和高频啸叫声，分析振动信号发现 4 号调门在阀杆 X 方向的振动信号远高于正常信号。对 4 号调门阀杆在不同开度下 X 方向信号的时域、频域图进行对比分析。

如图 2、图 3 所示，调门开度在 42％及以上时，阀杆处振动信号主要频率成分为 837 Hz 的 2 倍、3 倍、4 倍、5 倍频，声音特征表现为啸叫，开度在 42％时出现 86 Hz 边频。

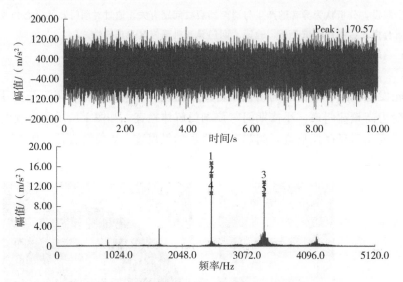

图 2 阀杆 51％开度下 X 方向时、频域图

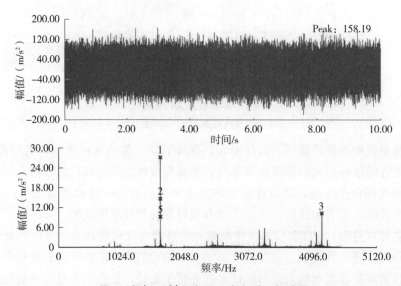

图 3 阀杆 42％开度下 X 方向时、频域图

如图 4 所示，调门开度降至 25％时，振动幅值出现大幅增长，同时基频切换为 416 Hz。

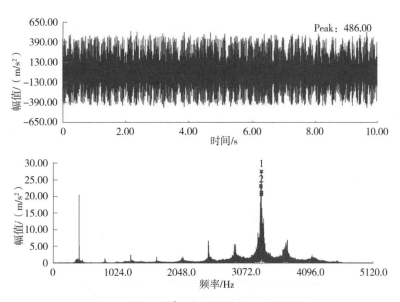

图 4　阀杆 25% 开度下 X 方向时、频域图

如图 5 所示，当调门开度在 8% 时，信号频谱主要成分为 414 Hz 及其高次谐波，同时上述频率被 8 Hz 边频调制。

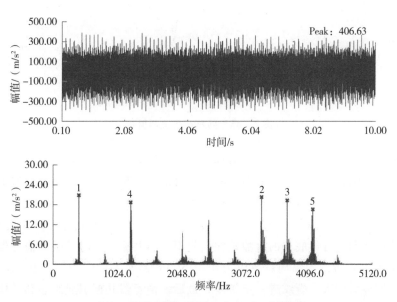

图 5　阀杆 8% 开度下 X 方向时、频域图

1.2　故障机理假设

结合前述故障排查及调门工作原理，推测调门异音激励源为喷注噪声，结合其基频及谐波特征，推测其发声原理与人类口腔发声机制相似。

如图 6 所示，人类发声器官可以分为动力区、声源区和调音区。动力区主要包括肺、胸腔、气管；声源区主要包括声带、喉头；调音区包括咽腔、口腔和鼻腔等腔室。首先空气经过肺部喷射形成空气流，到达声带后引起声带张弛振动，即声门周期性开或关；当声门打开时，空气流通过形成脉冲，当声门闭合时，空气流被阻止恰好形成间隙期；这往复过程中声门处形成准周期脉冲空气流。最后，空气流进入调音区，当空气流经过咽喉到达鼻腔和口腔，经过嘴唇和鼻孔辐射便产生浊音；当空气流经过通道时恰好收缩变小便产生清音或摩擦音；当通过时声道某部位完全闭合，则一旦突然开启便产生爆破音。

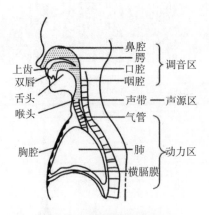

图6 人类口腔发声机制

借鉴人类发声机制，并结合数据分析及现场出现的物理现象，对汽轮机高压调门异音产生机制形成如图7所示假设，主要包括激励源、裂纹萌生、密封泄露与裂纹扩展、共鸣腔4个部分。

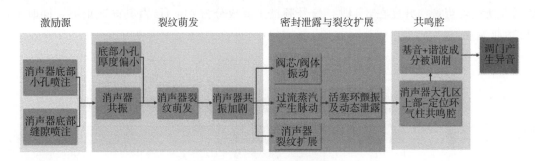

图7 异音问题产生机制假设

首先，根据调门工作原理及空气动力学原理，推测异音属于气流引发的喷注噪声。其次，由于消音器底部缝隙偏小，且消音器本身具有较多小孔，故推测喷注噪声由蒸汽通过消音器小孔时所引发。

结合小修期间故障调门消音器底部存在多处裂纹，更换消音器后，高压调门异音问题基本消失，推测消音器的裂纹与异音问题存在关联关系。结合上述分析结果，推测异音产生的机理如下：首先，消音器底部的小孔喷注和消音器底部的缝隙喷注引起消音器共振，同时又因为消音器底部小孔厚度过小（仅有2 mm），在共振导致的高周疲劳应力作用下消音器萌生疲劳裂纹；其次，消音器萌生裂纹后会加剧共振，疲劳应力增大，裂纹进一步扩展；最后，消音器共振引起阀芯和阀体产生相应频率振动，引发过流蒸汽产生脉动，进而激发出阀芯处活塞环的颤振行为，并进一步激起消音器-定位环气柱的共振，最终产生异音。

2 消声器结构动态响应特性仿真分析

根据高压调门的结构和原理，并结合测量的振动数据和调门部件拆解后出现的现象，对异音产生机制进行了假设。为验证消音器共振假设，本部分将对消音器结构固有频率和振型进行仿真分析，在模态仿真的基础上进行谐响应仿真分析。

2.1 消声器模态仿真

对正常消音器和含有1条裂纹消音器进行模态仿真分析，得到固有频率和振型，然后在此基础上对消音器模型进行谐响应分析，分析裂纹对消音器的动态影响。除模型不同外，仿真步骤和参数设置相同。由于消音器和衬套、阀盖通过螺钉联结为一个整体作为静部件，因此对三者联结的整体模型进行仿真。两个模型区别在于消音器有无裂纹，裂纹宽度为 1 mm，深度为 18 mm，贯穿消音器底部，位于两个板筋中间，如图 8 所示。

图 8　消音器裂纹

2.1.1　仿真设置

本文所采用的有限元软件为 Workbench，选择"模态分析"模块，模型材料选择结构钢。导入 x_t 格式的模型，选用"自动划分网格"的方式。根据高压调门的结构，消音器、衬套和阀盖组成的模型通过阀盖顶部的螺栓孔固定，因此对 30 个螺栓孔的端面进行固定约束。在"分析设置"中，选择计算 10 阶模态进行求解。

2.1.2　仿真结果分析

根据仿真步骤对有、无裂纹的消音器进行模态仿真分析，求解的正常消音器和有 1 条裂纹消音器的前 10 阶固有频率计算结果如表 1 所示，相应振型如图 9、图 10 所示。

表 1　前 10 阶固有频率计算结果

阶次	正常消音器频率/Hz	存在 1 条裂纹时消音器固有频率/Hz
1	384.98	383.60
2	385.13	384.27
3	474.75	472.96
4	475.21	474.61
5	477.48	475.53
6	803.68	803.36
7	803.90	803.61
8	971.40	970.82
9	971.52	971.35
10	1029.90	1024.8

通过图 9、图 10 可以看出，正常消音器和裂纹消音器的前 10 阶振型基本一致。第 1 阶（图 9a），第 2 阶（图 9b）振型为消音器单向摆动型，频率在 380 Hz 左右，两者的区别在于摆动方向相互垂直；第 3 阶（图 9c）、第 4 阶（图 9d）为消音器两个垂直方向的拉伸压缩振型，频率在 475 Hz 左右，两者的区别在于拉伸-压缩方向角度相差 45°；第 5 阶（图 9e）为消音器扭转振型；第 6 阶（图 9f）、第 7 阶（图 9g）为消音器、衬套和阀盖组成的整体模型底部两个垂直方向的拉伸压缩振型，频率在 800 Hz 左右，两者的区别在于拉伸-压缩方向角度相差 45°；第 8 阶（图 9h）、第 9 阶（图 9i）为消音器、衬套和阀盖组成的整体模型底部的单向摆动振型，频率在 970 Hz 左右，两者的区别在于摆动方向相互

垂直；第 10 阶（图 9j）为消音器 3 个互为 120°方向的拉伸压缩振型，频率在 1025 Hz 左右。

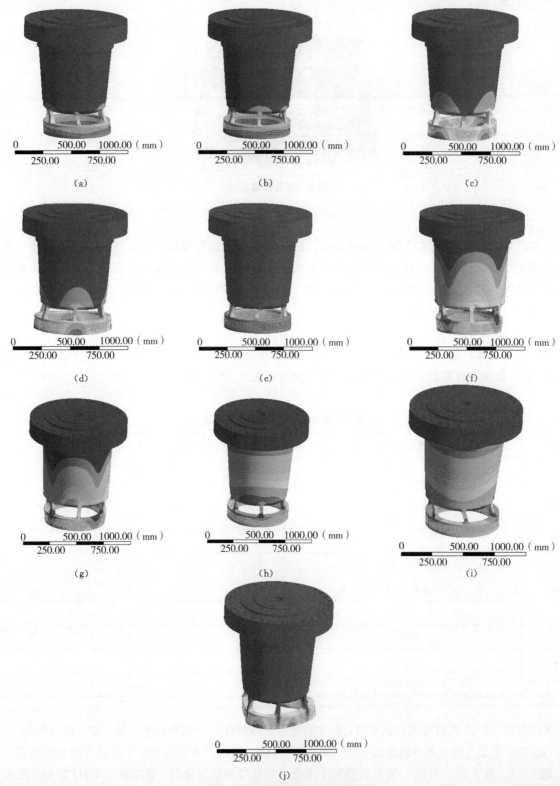

图 9 正常消音器前 10 阶振型

（a）第 1 阶；（b）第 2 阶；（c）第 3 阶；（d）第 4 阶；（e）第 5 阶；（f）第 6 阶；（g）第 7 阶；（h）第 8 阶；（i）第 9 阶；（j）第 10 阶

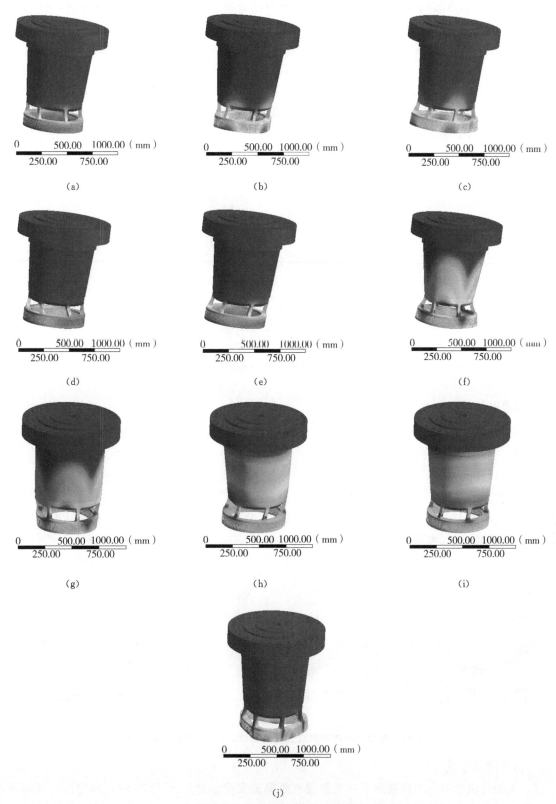

图 10　裂纹消音器前 10 阶振型

（a）第 1 阶；（b）第 2 阶；（c）第 3 阶；（d）第 4 阶；（e）第 5 阶；（f）第 6 阶；（g）第 7 阶；（h）第 8 阶；（i）第 9 阶；（j）第 10 阶

图 11 为阀芯表面蒸汽泄露痕迹，而阀芯底部与消音器间隙很小，结合仿真结果，可以看出消音器的拉伸-压缩振型容易引起图中所示蒸汽泄露痕迹。因此对于仿真得到的前 10 阶振型，只需关注第 3 阶、第 4 阶、第 6 阶和第 7 阶。因为第 3 阶和第 4 阶振型只是拉伸压缩方向不同，第 6 阶和第 7 阶也是相同的原因，所以只关注第 3 阶和第 6 阶的振型和固有频率即可。通过对比两个模型的第 3 阶和第 6 阶固有频率，可以看出有裂纹消音器的固有频率略小于正常消音器的固有频率，推测原因为有裂纹消音器的裂纹处阻尼系数及刚度降低。因为消音器底部厚度仅有 2 mm，低开度时消声器发生第 3 阶共振、高开度时消声器发生第 6 阶共振，在共振导致的高周疲劳应力作用下，消音器产生裂纹。

图 11　故障调门小修解体

2.2　消声器谐响应仿真

通过模态分析得到第 3 阶、第 6 阶模型的固有频率和振型，对消音器施加激励力以模拟蒸汽喷注激励消音器，并求解在相应频率谐响应。

2.2.1　仿真设置

在模态仿真的基础上，开展谐响应分析。在"分析设置"中，设置合适的扫频范围。激励力方向指向圆心，大小为 1000 N，作用点为消音器底部竖直的一条边。同时，分别设置激励力方向与裂纹夹角为 0°、45°与 90°，如图 12 所示。

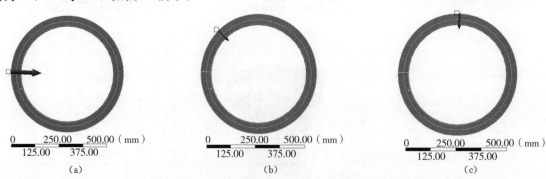

（a）　　　　　　　　　　　　（b）　　　　　　　　　　　　（c）

图 12　激励力方向与裂纹夹角为 0°（a）、45°（b）、90°（c）

2.2.2　仿真结果分析

有、无裂纹消音器在相同激励下第 3 阶固有频率总变形示意如图 13 所示，相应固有频率下不同模型不同角度最大变形结果如表 2 所示。

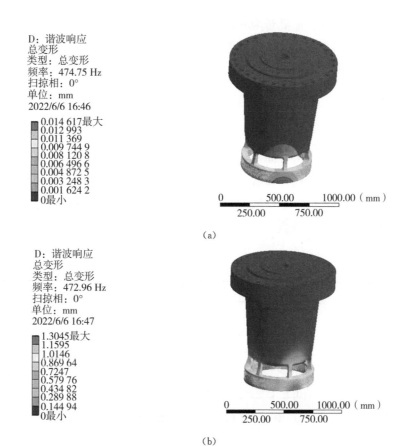

图 13 总变形示意

（a）正常消音器模型；（b）有裂纹消音器模型

表 2 第 3 阶固有频率下不同模型不同角度最大变形结果

消音器状态	0°最大变形/mm	45°最大变形/mm	90°最大变形/mm
正常	0.0204	0.0146	0.0204
裂纹	1.3561	0.2853	1.3045

有、无裂纹消音器在相同激励下，第 6 阶固有频率下不同模型不同角度最大变形结果如表 3 所示。

表 3 第 6 阶固有频率下不同模型不同角度最大变形结果

消音器状态	0°最大变形/mm	45°最大变形/mm	90°最大变形/mm
正常	0.0267	0.0189	0.0256
裂纹	1.4521	0.2294	1.4610

对比分析正常消音器及有裂纹消音器在各自第 3 阶和第 6 阶固有频率下的谐波响应，可以得出：

（1）激励力方向和裂纹夹角为 0°和 90°时，有裂纹消音器共振产生的最大变形量远大于正常消音器产生的最大变形量。推测原因为相对于正常消音器，有裂纹消音器裂纹处阻尼系数及刚度降低。

（2）激励力方向和裂纹夹角为 45°时，有裂纹消音器共振产生的最大变形量大于正常消音器产生的最大变形量，但差异不是特别明显。出现这种情况的可能原因为激励力方向和裂纹夹角为 45°时，激励力位置靠近消音器底部板筋，而夹角为 0°和 90°时，激励力位置靠近两个板筋中间。

综上所述，消音器一旦出现裂纹，共振产生的最大变形量远大于正常消音器产生的最大变形量，即消音器产生裂纹后，会大幅加剧共振。

3 消声器流固耦合分析

3.1 仿真流程及设置

为研究流固耦合下消音器与蒸汽之间的相互影响，研究蒸汽压力脉动频率与消声器固有频率之间的对应关系，进一步明确消声器裂纹与异音之间的联系。因此，基于流固耦合的方法分析正常消音器及裂纹消音器出口处流体压力脉动。根据故障机理假设及流固耦合分析的计算方法，按照图 14 所示的流程对消音器出口压力脉动进行分析。

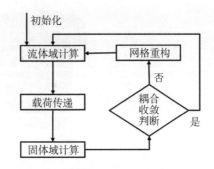

图 14 双向流固耦合计算流程

分析前需要对仿真参数进行设置，具体设置内容如表 4 所示。

表 4 流固耦合分析设置

设置项	仿真设置
Fluent	瞬态分析
	流固接触面为动网格区域
	速度入口，压力出口
Transient structural	螺栓孔 fix 约束
	设置流固接触面
System coupling	双向流固耦合
	时间步 0.000 25 s 总步数 500
计算模型	8％开度正常及裂纹消音器
	42％开度正常及裂纹消音器

3.2 结果分析

正常与裂纹消音器的模型区别在于消音器有无裂纹，裂纹宽度为 1 mm，深度为 18 mm，贯穿消音器底部，位于两个板筋中间，如图 15（a）所示。42％开度正常消音器流固耦合计算模型如图 15（b）所示。

（a）   （b）

图 15　消音器计算模型

（a）消音器裂纹；（b）42％开度正常消音器流固耦合计算模型

计算得到的 8％开度正常及裂纹消音器的出口蒸汽压力脉动结果如图 16 所示，42％开度正常及裂纹消音器的出口蒸汽压力脉动结果如图 17 所示。

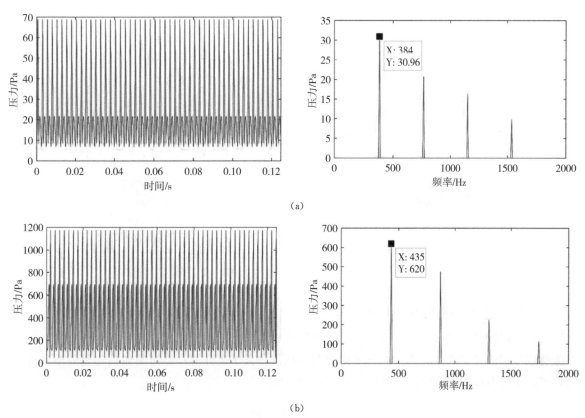

（a）

（b）

图 16　8％开度消音器蒸汽压力脉动时域及频域图

（a）8％开度正常消音器蒸汽压力脉动时、频域图；（b）8％开度裂纹消音器蒸汽压力脉动时、频域图

根据图 16 可知，裂纹消音器的压力脉动频率约为 435 Hz，与裂纹消音器 3 阶固有频率 472.96 Hz 较为吻合；小开度下，有裂纹消音器的压力脉动峰值远大于正常消音器。根据图 17 可知，裂纹消音器的压力脉动频率约为 800 Hz，与裂纹消音器 6 阶固有频率 803.36 Hz 较为吻合；大开度下，有裂纹消音器的压力脉动峰值远大于正常消音器。8％开度下裂纹消音器位移分布如图 18 所示，42％开度下裂纹消音器位移分布如图 19 所示，与消音器 3 阶、6 阶振型一致，均为消音器 180°拉伸压缩振型，底部存在交变应力集中部位，使得底部小孔处具备了裂纹萌生的条件。

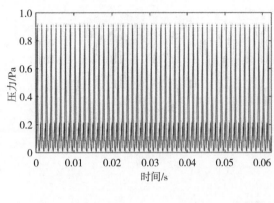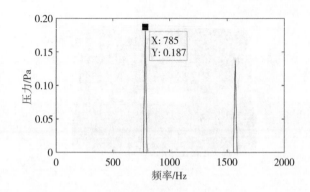

(a)

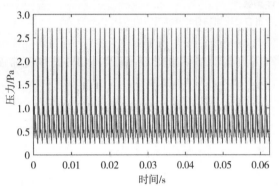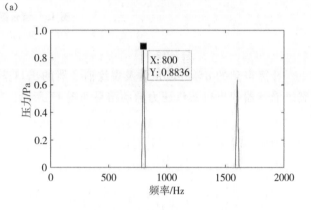

(b)

图 17　42%开度消音器蒸汽压力脉动时域及频域图

（a）42%开度正常消音器蒸汽压力脉动时、频图；（b）42%开度裂纹消音器蒸汽压力脉动时、频图

图 18　8%开度消音器位移分布　　　　　　**图 19　42%开度消音器位移分布**

　　对不同开度下正常及有裂纹消音器出口压力脉动结果进行汇总，如表5所示。发现有裂纹消音器压力脉动峰值远大于正常消音器；小开度压力脉动峰值均大于大开度；经过裂纹消音器的小开度压力脉动频率为435 Hz，大开度的压力脉动频率为800 Hz。

表 5　不同开度下正常及有裂纹消音器出口压力脉动

设备	压力脉动频率/Hz		压力脉动幅值/Pa	
	8%开度	42%开度	8%开度	42%开度
正常消音器	384	785	68.82	0.91
裂纹消音器	435	800	1172.56	2.70

　　对裂纹消音器的蒸汽压力脉动频率与消音器结构固有频率进行对比分析，如表6所示，经过裂纹消音器的小开度压力脉动频率为435 Hz，大开度的压力脉动频率为800 Hz，与消音器固有频率相对误差分别为8.03%和0.42%。

表6 不同开度下正常及有裂纹消音器出口压力脉动

开度	压力脉动频率/Hz	消音器固有频率/Hz	相对误差
8%	435	472.96	8.03%
42%	800	803.36	0.42%

对消音器动态特性及流固耦合的分析说明在流固耦合作用下消音器产生结构共振现象，并使得过流蒸汽产生与实测基频相关的压力脉动，对异音机理假设进行了验证。裂纹消音器的压力脉动幅值远大于正常消音器，会激发出阀芯处活塞环的颤振行为并进一步激起消音器-定位环气柱的共振，最终产生异音现象。

机组小修期间拆除裂纹消声器后的启机结果表明，4 号调门阀杆的 X 方向振动烈度在 3 mm/s 附近小幅波动，启机过程中无异音现象，调门异音问题得到有效控制。

4 结论

通过现场测试数据分析、故障推理及有限元仿真，针对汽轮机调门消音器裂纹萌发及异音产生机制问题，得出如下结论：

（1）消音器裂纹萌生及扩展机制：消音器小孔及其底部缝隙气流激励引发消音器结构共振，消音器底部在高周疲劳应力作用下萌生裂纹，并使其共振加剧、局部应力增加，裂纹进一步扩展。

（2）调门异音产生机制：在流固耦合作用下裂纹消音器产生共振现象，并使得过流蒸汽产生与实测基频相关的压力脉动。阀芯、阀体振动诱发密封环颤振及蒸汽动态泄漏，泄漏的脉动蒸汽在流经消音器上部与定位环间共鸣腔室后引发异音现象。

参考文献：

[1] 杨晶，李录平，饶洪德，等．基于声发射检测的阀门泄漏故障模式诊断技术研究［C］//2013 年湖南科技论坛论文集．2013：312 - 325.

[2] 洪茂林，邱启明．阀杆断裂分析［J］．热加工工艺，2015，44（24）：238 - 239，243.

[3] 毛雄忠，祝刚，尹亮．截止阀阀杆断裂失效分析［J］．核科学与工程，2019，39（4）：532 - 538.

[4] 李国功．超临界 600MW 机组高压调门阀座脱出故障处理分析［C］//2009 年鄂、苏、皖、冀四省电机工程学会汽轮机专业学术研讨会论文集．2009：111 - 115.

[5] 王伟明．汽轮机高压调门油动机卸荷阀泄漏故障分析及处理［J］．城市建设理论研究（电子版），2015（16）：688 - 688.

[6] 龚京风，宣领宽，周健，等．结构声耦合对膨胀腔水消声器声学性能的影响［J］．哈尔滨工业大学学报，2018，50（10）：189 - 193.

[7] 方智，季振林．穿孔管消声器横截面模态及消声特性的有限元分析［J］．振动与冲击，2012，31（17）：190 - 194，200.

[8] 朱爱武．模态试验分析排气管前消声器的断裂［J］．装备制造技术，2009（11）：4 - 5.

[9] 杜晓平，尤国权，刘安宁．运用 CAE 分析技术解决拖拉机消声器断裂问题［J］．农业装备与车辆工程，2008（8）：37 - 41.

[10] 赵文娟，孙红梅，柴孟江，等．立式消声器的动态响应与结构优化［J］．机械设计与制造，2022，371（1）：120 - 123，127.

Analysis on abnormal sound of high pressure regulating gate of steam turbine unit in a nuclear power plant

FU Yun-shi , LU Zeng-wei , TIAN Long, YUAN Wen-wen ,
WANG Xiu-feng , ZHAO Dong-dong, LIU Wei, HUANG Shao-hua

(China Nuclear Power Operation Management Co. , Ltd. , Jiaxing, Zhejiang 314300, China)

Abstract: A nuclear power plant turbine generator unit No. 4 high voltage regulator during the operation of the problem of abnormal sound, with the increase in the opening of the main regulator door, from the beginning of the dull roar gradually into high frequency whistling, during the minor repair of the high voltage regulator disintegrated inspection found that there are more than ten cracks at the bottom of the silencer. Based on the mechanical structure and working principle of the tuning gate, the hypothesis of the mechanism of the abnormal sound is put forward, and the analysis shows that the abnormal sound is related to the crack of the muffler. Through the modal simulation, harmonic response simulation and fluid - structure coupling simulation, combined with the vibration and noise test analysis, the correctness of the hypothesis of the abnormal mechanism of the modulation is verified.

Key words: High pressure regulating valve; Suppressor; Modal analysis; Natural frequency; Resonance; Fluid - structure coupling

某核电 SEP 系统水源水质引起的技术问题改进与实践

鲁玲江，代荣喜

（中核核电运行管理有限公司，浙江　嘉兴　314300）

摘　要： 某核电 SEP 系统为循泵、安全厂用水泵等重要用户提供轴封水，自调试十多年以来缺陷集中显露且无法进行彻底处理；系统管道内因有大量的活性炭与石英砂滤料而出现堵塞，循泵轴封磨损严重，影响其正常运行；失去供水水源时，它将影响机组循泵和海水泵的正常运行，导致机组失去冷源，从而影响机组的安全运行。本文通过对该技术问题开展深入分析，发现原因是：①缺少可靠备用水源导致无法进行全停检修，②该系统供水泵是直接从淡水厂活性炭滤池的出水井底部吸水，造成活性炭与石英砂直接进入系统供水管道，③高位水池容积偏小，只有 2 小时供水能力。针对问题原因进行了系统性设计并实施了一系列实践措施：增加一路短时备用水源保证隔离窗口；增加过滤器改善系统供水管道的水质，遏制管道内杂质增加；扩大高位水箱容量，提高机组冷源的可靠性；全停后清理系统杂质并消缺；增加一路清水池的水源，从源头控制杂质进入系统等，最终彻底解决了 SEP 系统水源水质引起的技术问题。

关键词： 水池；水源；管道；改进

1　概述背景

1.1　系统简述

某核电厂饮用水系统（SEP）主要是将饮用水分配到核电站的整个厂区和各个相关厂房。供给整个厂区和各厂房以饮用水作为水源的用户，并为 PX 泵房水泵轴封用水和消防水池提供补水水源[1]。若该系统管道或阀门失效，将直接影响厂区内的生活用水、消防用水或工业用水等，严重时循泵（CRF 泵）将会失去轴封水而跳泵，CRF 泵跳泵将会使常规岛冷凝器失去冷却水源，从而引发跳堆，影响机组的安全稳定运行。

SEP 系统的取水经淡水厂后由两台供水泵向高位水池供水，高位水池再向厂区经两根给水管道接入生产保护区内的 GB 沟。室外 SEP 管网围绕保护区主要厂房设置成环状管网。

系统流程如图 1 所示。

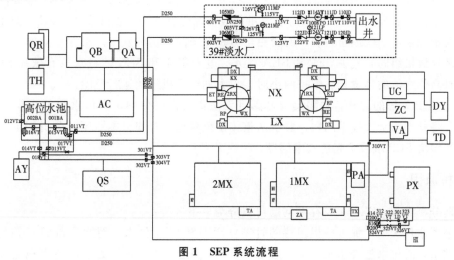

图 1　SEP 系统流程

作者简介： 鲁玲江（1984—），女，浙江海盐人，工学学士，高级工程师，现主要从事核电厂技术领域工作。

1.2 背景

自并网发电至今，SEP 系统缺陷逐年增多，就不完全统计，2016—2020 年这 5 年间系统年均缺陷量在 60 项以上（图 2、图 3）。

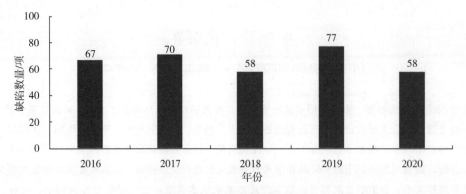

图 2　SEP 系统年度缺陷数量

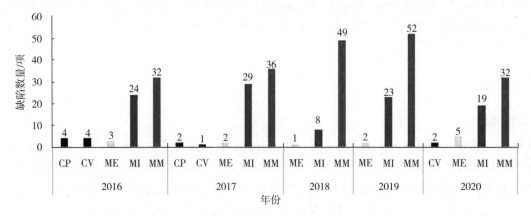

图 3　SEP 系统缺陷年度趋势

经梳理分析，缺陷主要集中在机械和仪控专业，电气较少。2019—2020 年机械缺陷达 84 项，其中漏水缺陷居多有 40 项，分别集中在各厂房、GB 沟管道上的腐蚀砂眼泄漏、阀门内漏、水表卡死等。2019—2020 年仪控专业缺陷有 42 项，且多为 SEC 泵轴封注入水的流量指示不正常，或者波动剧烈，或者超量程，或者显示为 0。泵轴封水流量低报情况时有发生，虽开展了《SEC 泵轴封水 SEP 管线流量计增大量程及增加就地压力表》的变更，但是低报问题仍有发生。电气专业的重要缺陷在淡水厂失电，直接导致机组同时失去 SEP 和 SEA 供水。这时循泵和 SEC 轴封水只有依靠 SEP 高位水池提供，而此时高位水池的容量只够维持两小时，大大加剧了机组的运行风险。

根据上述 SEP 系统的现状，缺陷集中显露且无法进行彻底处理，高位水池的小容量导致运行风险增大，电厂将其列为十大技术问题，要求从整体系统考虑，查找根本原因，分析制定并实施改进方案，最终彻底解决 SEP 水质引起的技术问题。

2　查找分析原因

通过整理分析发现，SEP 主要存在问题可以分为以下 3 类：

（1）如果淡水厂失电，那么该机组将同时失去 SEP 和 SEA 供水，而循泵和 SEC 轴封水只有 SEP 高位水池的供水，高位水池补水泵 2.7 米启动，4.4 米停运，如果正好处于高位水池低液位时，高位水池的水量只能维持两个小时，存水耗尽将会导致循泵和 SEC 泵失去轴封水而停运，机组潜在安全隐患大。

（2）SEP 管道内有活性炭与石英砂滤料沉积，且已经出现以下现象和缺陷：

· 关闭 SEP 系统隔离阀时，SEP 系统隔离阀的密封面将出现磨损而出现内漏缺陷；目前已发现 1JPP002VE、0SEP017/018VT 等阀门内漏，存在隔离困难的问题。

· 2019-2-16 在对 SEP 供水管线接应急供水管期间，打开 0SEP501VT 疏水阀对 SEP 供水管底部进行排污，发现 0SEP501VT 打开后无水流出，用铁丝反向疏通疏管后水才流出，流出的水伴有大量的活性炭与石英砂滤料（图 4）。然后对 0SEP503VT、0SEP524VT 进行疏水操作，发现存在同样的问题。

图 4　0SEP501VT 疏水阀

· SEP 供水用户的配水管将出现堵塞，供水量将减小，SEC 泵、CRF 泵的轴封磨损将加剧；某年十一调停更换 2CRF002PO 机封，某大修检查发现：2CRF002PO 机封使用仅 3 个多月，出现同样的非正常磨损情况（图 5 至图 7），无法继续使用，又需进行更换，SEP 水质问题已严重影响循泵机封使用寿命，机组潜在安全风险大。

图 5　轴封水　　　　　　**图 6　轴封水杂质**　　　　　　**图 7　磨损的机封**

· 至各用户的 SEP 水表涡轮出现卡涩，水表计量不准。

（3）管道漏水多，无法彻底处理。例如，0SEP886VT 上下游管道多处出现砂眼漏水缺陷，而缺陷基本发生在母材上，维修一般采取打卡子包扎的措施进行处理，并未从根本上解决管道砂眼漏水的问题。

经现场踏勘，对比发现淡水厂的水经过石英砂、臭氧、活性炭处理后，可能由于部分滤头破损或垫片老化等原因，少量石英砂和活性炭集聚到出水池底部，该电厂高位水泵从出水井的底部取水，导致出水井底部的石英砂和活性炭就被吸到高位水池，进而跑到 SEP 管道中；所以同样在此淡水厂取水的另一机组就没有出现活性炭及石英砂，原因是该机组取的水是从出水池上部溢流到生活清水池的水。

翻阅资料，SEP 供水泵的吸水管原设计是从两处取水：①从出水井（CSC）取水；②从 1♯生活清水池的出水管上取水。而第二个取水点因当时施工困难而搁置，但高位水池的设计容量未进行调整，同时其又承担着提供循泵、海水泵轴封水的功能，因此冗余相对偏小。

查阅资料[2-4]，发现国内兄弟核电厂的 SEP 系统也都存在管道、阀门因腐蚀而漏水现象，但是并没有出现水表卡死、管道有活性炭与石英砂滤料杂质现象，也没有发现有高位水池供水时间存在冗余偏小的问题现象。

通过对上述问题调查研究发现，电厂 SEP 系统水源水质引起的这些技术问题的根本在于：

（1）SEP 系统取水水源单一且冗余量小。SEP 仅从淡水厂的出水井取水，且提供应急的高位水池只有 2 小时的供水容积。

（2）取水设计不合理，导致水质差。SEP 系统直接从淡水厂活性炭滤池的出水井底部吸水（图 8），导致淡水厂的活性炭滤池底部漏出的活性炭与石英砂滤料进入 SEP 供水管道。

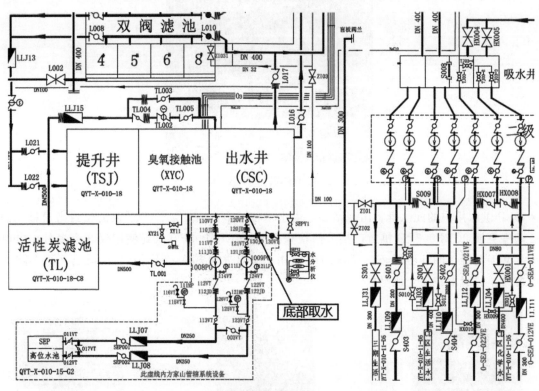

图 8　取水点示意

以上两大根本原因经长时间的相互影响相互叠加作用，自机组发电以来该系统没有全停检修过，日积月累下来，管道局部渗漏、阀门锈蚀内漏等许多缺陷集中暴露出来，导致系统无法隔离成独立回路。又因管道内活性炭与石英砂滤料沉积存量逐年增加，供水量减小，循泵的轴封磨损加剧，影响泵的正常运行，可能会导致机组失去冷源，大大加剧了机组运行风险，需要找到整体解决问题的改进方案，以提高 SEP 系统供水的可靠性。

3　提出改进方案

经过原因的查找和分析，需通过设计优化与改进，从而解决两大根本原因。

在增加一路备用水源，确保机组冷源的可靠运行前提下，开展 SEP 的全停消缺，更换管道材质，检修阀门，清理系统中沉积的活性炭与石英砂滤料存量等；增设一座高位水池，从而提高应急情况下机组的冷源供水可靠性；拓宽取水水源，增加一路管线从清水池取水，一来增加系统供水冗余，二来从源头改善水质；遏制系统中沉积的活性炭与石英砂滤料的量。

3.1 拓宽水源改进方案

（1）增加一路管线从清水池取水，从淡水厂的化学清水池出口阀后引出一路管线接入原预埋管线上（图 9）。

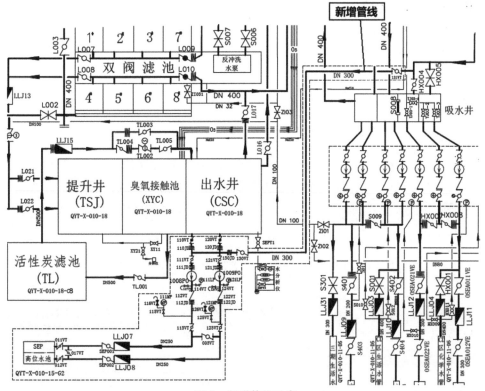

图 9　新增管线示意

（2）增加一座高位水池，有效储水量约为 $500 \sim 550 \ m^3$，作为现有 SEP 系统的备用水源，增加高位水箱可以在失去 SEP 水时，延长 SEP 水的使用时间，为失去 SEP 水时的紧急情况提供一定的缓冲时间，保证 CRF 泵、SEC 泵的运行（图 10）。

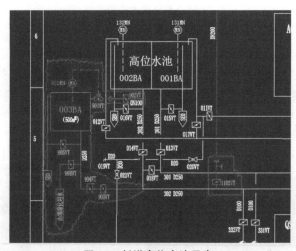

图 10　新增高位水池示意

3.2 解决管道存量缺陷的改进方案

（1）新建一路管线，由 SER 给 PX 泵房的循泵、海水泵的轴封水提供备用水源。以保证机组冷源的正常运行，有效缓解了 SEP 系统失去后对机组的威胁。

（2）在实现全停的窗口，对有漏点的阀门进行检修和更换，对需要进行材质更换的管道进行更换，对水池进行清淤，对管道进行冲洗，已达到清理沉积的活性炭与石英砂滤料存量的目标。

3.3 遏制缺陷增量的改进方案

（1）加装一个循泵轴封水的过滤器，缓解 SEP 水质对循泵机封磨损。

（2）在 GB 沟内出水母管上增加 Y 型过滤器。

（3）开展部分管道材质的变更，使用防腐蚀性能更好的不锈钢材质。

4 现场实践

4.1 实施准备

技术改进在完成了详细设计、设备采购、技术交底、物项到货等各大节点，随后进入施工准备阶段。从系统全局出发，对所有需要开展的改进方案进行了排序安排，然后再开展实际实施（图 11）。

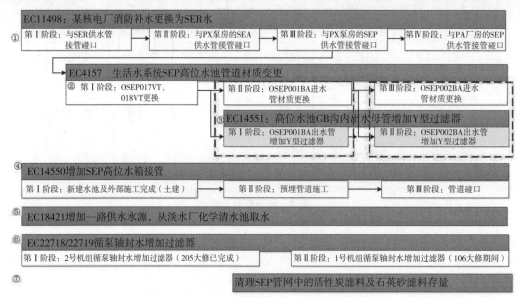

图 11 系统变更安排次序

4.2 改进实施

（1）新建一路管线，由 SER 给 PX 泵房的循泵、海水泵的轴封水提供备用水源。

从 SER 引一路水源接入 PX 泵房 SEP 供水阀 0SEP323VT 阀前的短管上，支管道上增加一个隔离阀，阀门为常闭状态；当 SEP 供水中断后，打开隔离阀，向 PX 泵房 CRF、SEC 泵轴封供水。

变更前后的现场如图 12 所示。

图 12 变更实施前后现场

（2）增加一路管线从清水池取水。在 HX004 阀前增加三通，从三通引一路管线与高位水池供水泵吸入管线 0SEP131VT 的阀前预埋管道相连接，为便于高位水池供水泵吸水管线隔离，在三通出口处增加一个隔离阀。变更前后的现场如图 13 所示。

图 13　变更实施前后现场

（3）增加一座高位水池。在山顶现有高位水箱附近高程 63 m 地面上新建一座高位水池，有效容积为 513 m³，水池内径为 22 m，设置出水管线与原有水池相连，既有原水池向新建水池补水功能，又有新水池可直接接入 GB 沟管线功能（图 14）。

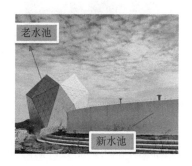

图 14　变更实施前后现场

（4）在 GB 沟内 SEP 供水管道（SEP301 及 SEP302）加装过滤器，过滤器前后增加就地压力表，并增加隔离阀（图 15）。

图 15　变更实施后现场

（5）增加循泵轴封水过滤器。0SEP620VT（0SEP618VT）阀后直管段中，引出两路管线，每路管线分别安装隔离阀、Y型过滤器、隔离阀，汇总至总管后引出仪表管线安装就地压力表及配套仪表根阀，Y型过滤器排污口安装排污管线及隔离阀，方便日常排污操作，布置示意如图16所示，变更实施前后现场如图17所示。

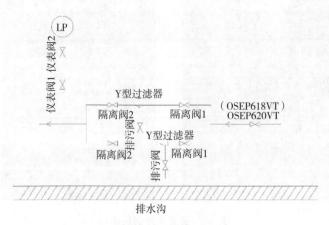

图16 布置示意

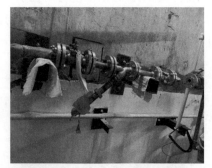

图17 变更实施前后现场

（6）开展漏水管线的消缺和材质变更，同时完成内漏阀门的更换、管线的冲洗和原高位水池的清淤工作，清理出了SEP系统中存有的活性炭和石英砂杂质100斤以上，大大降低管道堵塞风险（图18）。

图18 清洗出来的杂质

所有变更实施完成后系统流程如图19所示。

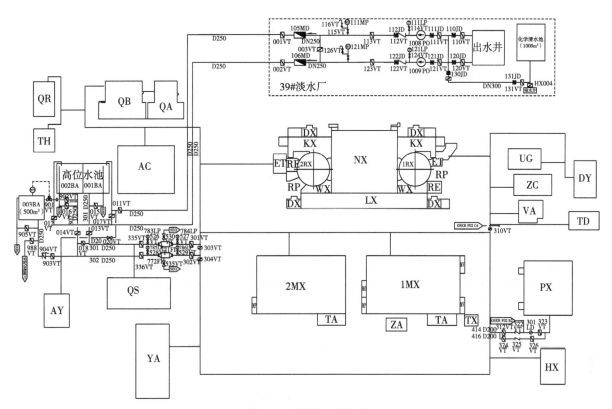

图 19 变更后系统流程

5 实践后收益

所有变更完成后,解决了如下问题和得到了不少的收益:

(1)缺陷量显著减少,据不完全统计,从 2021 年底完成所有变更后,截至 2022 年 6 月底,SEP 的缺陷总量在 20 项,且均是正常的原有管道的腐蚀漏水缺陷。

(2)循泵轴封的磨损得到了大大改善,从 205 大修后未发生非正常磨损更换的情况,提高了机组冷源的可靠运行。

(3)在失去 SEP 和 SEA 供水后原有高位水池只能维持两个小时的基础上,按应急供水的最大时用水量计算约增加了 8.8 个多小时,大大提高了机组安全运行的可靠性。

(4)变更实施期间更换了多个锈蚀阀门和管道,变更了部分不合适的管道材质,并进行 SEP 系统管网冲洗,清理了管道内沉积的石英砂等杂质,最终使 SEP 管网得到了整体清洗。

(5)增加一路从化学清水池中取水,化学清水池的水质是经过过滤处理后的水,一是解决了原 SEP 系统取水水源单一问题,二是解决了水源水质差的问题。这从根本上解决了 SEP 系统的水源问题。

6 结论

(1)SEP 系统水源水质引起的技术问题的根本在于:①SEP 系统取水水源单一且冗余量小;②取水设计不合理,导致水质差。

(2)基于以上根本原因,采用了和实施了以下技术改进方案和实践:

①拓宽水源增加一路清水池取水;

②新建一座高位水池;

③增加一路管线，由 SER 给 PX 泵房的循泵、海水泵的轴封水提供备用水源；

④在 GB 沟内 SEP 供水管道（SEP301 及 SEP302）加装过滤器；

⑤增加循泵轴封水过滤器。

（3）以上改进实践后最终从根本上解决了水源水质所引起的一系列技术问题。

参考文献：

［1］ 中国电力工程顾问集团华东电力设计院．生活饮用水系统（SEP）系统手册［Z］．2012：8

［2］ 张维，操丰，王建军．秦山第二核电厂 SEP 系统管道腐蚀与防护研究［C］//中国核学会．中国核科学技术进展报告：中国核学会 2009 年学术年会论文集（第一卷·第 2 册）．北京：原子能出版社，2009：318－325．

［3］ 何颖，罗杨．核电厂生活饮用水系统管道腐蚀失效分析［J］．设备管理与维修，2021（7）：44－45．

［4］ 陈平，晋嘉昱，戴猛．某核电厂饮用水系统阀门腐蚀问题分析［J］．全面腐蚀控制，2017，31（9）：72－75．

Improvement and practice of technical problems caused by water source and quality of SEP system in a nuclear power plant

LU Ling-jiang, DAI Rong-xi

(China Nuclear Power Operation Management Co., Ltd., Jiaxing, Zhejiang 314300, China)

Abstract: The SEP system of a certain nuclear power plant provides shaft seal water for important users such as circulating pumps and safety plant water pumps. The system has been in operation for more than ten years since debugging, and the system defects are concentrated and cannot be thoroughly treated; The SEP system pipeline has a large number of activated carbon and quartz sand filter materials, which are blocked, the water supply is reduced, and the shaft seal of the seawater pump is severely worn, affecting the normal operation of the pump; In the event of losing the water supply source, it will affect the normal operation of the unit's circulating pump and seawater pump, leading to the loss of cold source for the unit, thereby affecting the safe operation of the unit. Through in-depth analysis of this technical problem, it is found that the reasons are: ① the lack of reliable standby water source makes it impossible to carry out full shutdown maintenance; ② the water supply pump of the system directly absorbs water from the bottom of the outlet well of the activated carbon filter in the fresh water plant, resulting in the activated carbon and quartz sand directly entering the system water supply pipeline; ③ the volume of the high-level water tank is small, and only 2 hours of water supply capacity. Systematically designed and implemented a series of practical measures to address the issue: adding a short-term backup water source to ensure isolation windows; Add filters to improve the water quality of the system's water supply pipeline and curb the increase of impurities in the pipeline; Expand the capacity of the high-level water tank to improve the reliability of the unit's cold source; Clean up system impurities and eliminate defects after complete shutdown; By increasing the water source of a clean water tank and controlling impurities from the source to enter the system, the technical problems caused by the water quality of the SEP system have been completely solved.

Key words: Pool; Water source; Piping; Improve

钠冷快堆旋塞锡铋合金充装与密封性试验

孙霖杰[1]，苏　波[1]，兰　睿[1]，陈岩林[1]，赖泳勇[1]，任丁亮[2]，奚　群*

（1. 中核霞浦核电有限公司，福建　霞浦　355100；2. 中核检修有限公司，福建　霞浦　355100）

摘　要： 旋转屏蔽塞（简称"旋塞"）在快中子反应堆（简称"快堆"）换料过程中反复转动起到对反应堆芯运动定位作用，旋塞对转面与堆容器就会存在气隙，设计时采用锡铋合金密封满足旋塞密封要求。因此，锡铋合金的充装及其密封性能的研究就变得重要。通过介绍钠冷快堆旋塞密封合金充灌流程和设备，并对旋塞合金槽温度进行监测，记录了充灌后锡铋合金的几种表面状态，最后对锡铋合金密封性能进行了两次试验。结果表明，旋塞合金槽电加热系统安全可靠，两次锡铋合金密封性试验均未检测到气体泄露，旋塞密封性良好。这为后续同类型机组的旋塞锡铋合金充灌和密封性试验提供了参考。

关键词： 快堆；旋塞；锡铋合金；密封

　　我国压水堆已进入规模性的商用阶段，快堆及其闭式燃料循环系统的国家规划和发展计划已成为当前工作的关键[1]。旋塞是快堆换料系统的主要设备，有密封功能，防止堆容器的氩气泄漏到大气中。其要求在压力边界上的各部件形成可靠密封，不发生泄漏，包括锡铋合金密封[2]。目前，旋塞锡铋合金密封相关研究较少，随着快堆的发展，需要更多的技术研究和工程经验反馈。本文重点对旋塞合金槽温度进行监测，记录了充灌锡铋合金的几种表面状态，希望为后续同类型机组锡铋合金的充灌流程优化和密封性试验改进做出贡献。

1　试验与设备

1.1　旋塞与锡铋合金密封

　　旋塞是快堆换料系统的主要设备，安装在堆容器支承颈上，由大、中、小 3 个塞体、驱动机构及动导管提升机构组成，起到支承导向、屏蔽、密封和运动定位的作用。密封功能是为了保证堆本体压力边界的完整性，防止堆容器的氩气泄漏到大气中。其要求在压力边界上的各部件形成可靠密封，不发生泄漏，包括锡铋合金密封装置、压力边界上的密封焊缝及非金属密封，其密封指标达到泄漏率不超过 6.7×10^{-6} Pa·m³/s。在反应堆运行期间要多次停堆进行换料和检修，尤其在换料过程中为使换料机对准反应堆底部燃料棒位置，需要旋塞中的轴承在驱动机构带动下反复来回转动，大、中、小旋塞间的对转面就会有气隙。为使旋塞在运转中也能够可靠地密封，设计时采用了锡铋合金密封和机械密封相结合的方法及其他多种密封手段来满足密封要求。图 1 为锡铋合金密封结构示意。

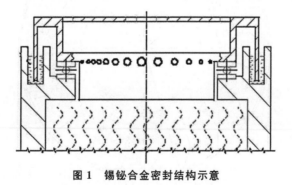

图 1　锡铋合金密封结构示意

作者简介：孙霖杰（1997—），男，福建福安人，硕士研究生，现从事核电厂相关维修工作。

图 2 为旋塞对转面的机械密封结构示意，机械密封环内衬有橡胶环，通过围筒压盖和碟簧，当反应堆运行时，机械密封环被紧紧压在锡铋合金密封槽上。

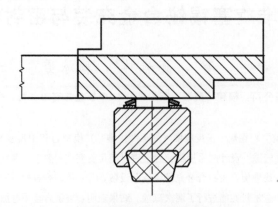

图 2 旋塞对转面的机械密封结构示意

旋塞运作时锡铋合金密封如下[3]：堆运行时锡铋合金是冷凝的固体状态，锡铋合金冷凝后温度应不超过 90 ℃，确保锡铋合金彻底凝固，这时围筒压盖压紧机械密封环，旋塞不能转动；换料、检修之前通过锡铋合金槽的加热器使合金熔融，机械密封环抬起，熔融后温度应当保持在 160～180 ℃，这时旋塞通过裙板在熔化后的锡铋合金熔液中转动，使反应堆内腔与堆顶防护罩隔离，完成换料、检修等工作。

1.2 锡铋合金槽电加热系统

旋塞锡铋合金密封温度控制系统以 PLC（可编程逻辑控制器）为核心，采用温度控制器和固态继电器（SSR）的温控元件，实现对快中子反应堆旋塞锡铋合金温度的控制[4-5]。

在旋塞转动准备阶段，需要持续给加热器供电数小时，融化旋塞周围固态锡铋合金密封层，满足旋塞运动条件。大、中、小旋塞共设有 154 组加热器，每组功率 0.8 kW，额定电压 220 V，硅酸钙与钠蒸气相容性低[4-5]，内衬有硅酸钙作为保温材料。大旋塞沿圆周均匀分 9 个加热区，中旋塞沿圆周均匀分 6 个加热区，小旋塞沿圆周均匀分 3 个加热区，共计 18 个加热区，每区电加热器单独供电（220V/40A）。旋塞合金槽加热系统是利用温度控制器完成加热控制，每区使用 1 个温控器。小旋塞加热器分布如图 3 所示。

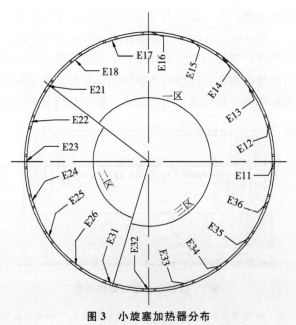

图 3 小旋塞加热器分布

温度控制器输入和输出端分别接至热电偶和SSR。输入端接收热电偶信号，热电偶负责采集每个加热区的温度值并反馈给温度控制器。输出端通过控制固态继电器通断完成加热功能。温度控制器通过调节PID（比例积分微分）参数设定温度加热速率和调控范围，锡铋合金熔融后，合金温度保持在160～180℃。温度控制器具有通信接口，可向计算机系统提供加热温度信号。图4为小旋塞加热系统原理。

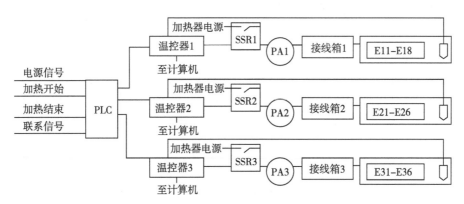

图4 小旋塞加热系统原理

1.3 锡铋合金加热充灌介绍

锡铋合金充灌试验条件为锡铋合金加热装置功能运行正常，控制系统正常，堆容器所有有关设备安装完成，且旋转屏蔽塞调试工作完成，机械压紧密封等均已拆除。图5为锡铋合金加热装置。

图5 锡铋合金加热装置

锡铋合金充灌步骤如下：①清洁筒体。打开锡铋合金加热装置法兰盖，对筒体内壁等表面用布擦拭，无任何污迹、锈迹。②加热装置容器内充入氩气置换空气，并保持充气状态；充入氩气至少5分钟确保装置内空气已排净。③装入锡铋合金固体块，根据大、中、小旋塞需求量充装。④启动加热器，加热温度设置在250℃，锡铋合金全部熔融后，打开法兰盖，使用不锈钢长柄工具将液态锡铋合金中的杂质捞出，关闭氩气瓶阀门，装回法兰盖。⑤根据充装顺序，依次在大、中、小旋塞锡铋合金槽位置安装对应锡铋合金槽盖板；通过锡铋合金槽盖板 Φ13 孔接通氩气瓶，向合金槽中充氩保护。在锡铋合金槽盖板 Φ13 孔接入充灌管路，将锡铋合金熔液注入锡铋合金槽内，略微打开盖板实时借助专用测量工具测量注入液位高度，满足要求后关闭阀门。⑥锡铋合金的温度至 90 ℃以下，待完全凝固后，注入苯甲基硅油，测量苯甲基硅油注入高度，停止充氩气，拆除合金槽上的工艺盖板。

锡铋合金充灌顺序如下：首先进行大旋塞锡铋合金槽加热，合金槽温度到 200 ℃保温期间，同步启动锡铋合金加热装置给锡铋合金升温，然后在合金槽内充灌锡铋合金熔融液，待锡铋合金完全凝固后在锡铋合金上充灌苯甲基硅油。依次完成大、中、小旋塞的锡铋合金充灌。

1.4 锡铋合金密封性试验

为了确保旋塞对转面的气隙能得到有效密封，需对锡铋合金的密封性进行试验。采用氩气检测仪检测和内窥镜观察相结合方式，分别在凝固态和熔融态下各试验 2 次密封性。具体方案如下：锡铋合金熔融状态下，堆容器在 0.005 MPa 保压 0.5 h 以上，分别在允许角度范围内转动大、中、小旋塞 2 次，之后将大、中、小旋塞调到零位；旋紧围筒压盖将机械压紧密封下落于锡铋合金槽上，使用氩气检测仪在机械密封环座的螺孔进行氩气浓度测量。最后，在熔融状态下目视检查和内窥镜检查结合，观察大、中、小旋塞锡铋合金槽内苯甲基硅油有无气泡。锡铋合金凝固状态下，堆容器在 0.05 MPa 保压 0.5 h 以上，并对锡铋合金槽进行氩气检测，氩气检测方案同上。

2 结果与讨论

2.1 锡铋合金槽电加热

旋塞锡铋合金槽温度变化如图 6 所示。锡铋合金槽升温分为几个台阶温度，逐步升温至 200 ℃。大旋塞沿圆周均匀分 9 个加热区，中旋塞沿圆周均匀分 6 个加热区，小旋塞沿圆周均匀分 3 个加热区，共计 18 个加热区。其中，小旋塞结构紧凑，保温块安装相对密集，小旋塞合金槽可直接加热至 200 ℃保温 5 h，确保锡铋合金槽内合金充分熔融。大旋塞和中旋塞锡铋合金槽的升温分为 2 个台阶温度，第一步先升温达到 160 ℃，期间同步进行电加热器的加热速率 PID 参数调节；第二步升温到 200 ℃并保温 5 h，期间进行中、大旋塞锡铋合金的密封性试验；完成试验后加热器断电，合金槽自然降温至 60 ℃以下，确保锡铋合金完全凝固后进行密封性试验。

在凝固态和熔融态下分别完成锡铋合金 2 次密封性后，大、中、小旋塞升温至 200 ℃，保温 5 h，确保锡铋合金完全熔融后旋塞复位。

根据锡铋合金槽的充灌顺序，依次对大、中、小旋塞锡铋合金槽进行加热。大旋塞合金槽加热 5 小时达到第一个台阶温度 160 ℃，期间同步进行温度控制器的 PID 参数调节，结果显示加热阶段两个测温位点略有差别，表明合金槽升温均匀，温度控制有效。

大旋塞合金槽第一个保温阶段共 6 个小时，可见保温 3 小时后两个测温位点温度基本一致，合金槽温度均匀；大旋塞合金槽第二个台阶温度上合金槽升温至 200 ℃共 2 小时，此阶段可对温度控制器 PID 参数进行验证，虽然测温位点显示温度差别较大，但 200 ℃下 6 小时的保温结果显示，保温 1 小时后温度基本稳定在 200 ℃，可见温度控制可靠有效；大旋塞合金槽自然冷却 6 小时可以达到 90 ℃以下。中旋塞合金槽第一个升温阶段共 5 小时，但温度分布并不均匀，在第二个升温阶段调整 PID 参数后，两个测温位点温度基本相同，实现了更精确的温控；中旋塞合金槽自然冷却阶段合金槽温度差别较大可能和堆顶口风机通风有关。小旋塞结构紧凑，保温块安装相对密集，并且有前两次温度控制经验，故小旋塞合金槽台阶温度设为 200 ℃，共耗时 8 小时，期间合金槽温度均匀，但由于降温过程中穿插了合金槽内外热电偶标定测试，温度出现一定波动。

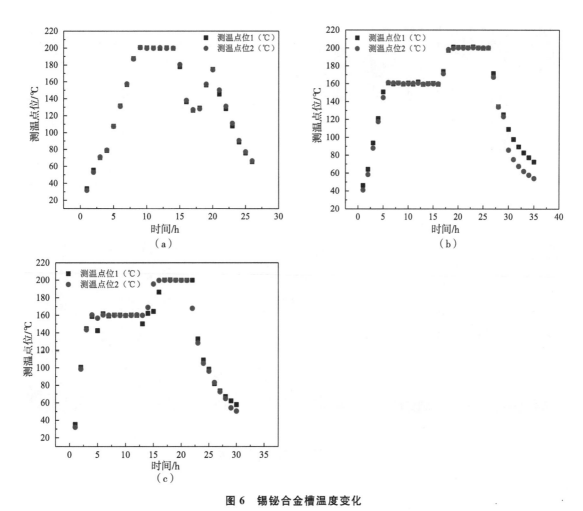

图 6 锡铋合金槽温度变化

（a）小旋塞合金槽温度变化；（b）中旋塞合金槽温度变化；（c）大旋塞合金槽温度变化

2.2 锡铋合金充灌结果

锡铋合金加热装置一次加热熔融锡铋合金块的体积约为 0.15 m³，加热温度设置 250 ℃，充灌过程中实时测量锡铋合金槽内锡铋合金的注入液位，在大、中、小旋塞选取 3 个相互间隔的液位测量点，大旋塞锡铋合金槽液位测量结果显示，3 次测量液位高度都在 140 mm 左右。

值得注意的是，若充灌速率过快锡铋合金表面会出现气泡，充灌结束后需及时用长柄不锈钢工具捞除，图 7 为充灌后锡铋合金熔融状态表面。结果表明，充灌后锡铋合金熔融物表面虽气泡较多，但氧化物较少，验证了锡铋合金确实有很好的抗氧化性能[7]。根据第一次旋塞的充灌经验，充灌液位每 20 分钟上升 35 mm 左右，静置待液态合金在锡铋合金槽内充分展开，合金充灌时间约一个半小时。锡铋合金冷却至 90 ℃ 以下，待完全凝固后，从锡铋合金槽盖板预留孔注入液位为 80 mm 苯甲基硅油。

结果表明，苯甲基硅油所需充灌时间与锡铋合金大致相同。锡铋合金和苯甲基硅油充灌时要注意充灌速率，速率过快会造成液体表面气泡增多（图 7a），合金表面存在气泡和细碎泡沫，若充灌结束时锡铋合金表面出现气泡，需要及时用长柄不锈钢工具捞除。同时经验表明一定时间的保温静置也能消除合金表面细碎的泡沫。图 7b 是捞除杂质后凝固态锡铋合金表面，磨砂质感，表面呈银白色。图 7c 是完全凝固的锡铋合金表面，可见表面光滑，呈金属光泽。图 7d 为覆盖有苯甲基硅油的锡铋合金，刚充灌的苯甲基硅油内带有部分气泡，静置后可消除。苯甲基硅油质地黏稠，建议苯甲基应该少

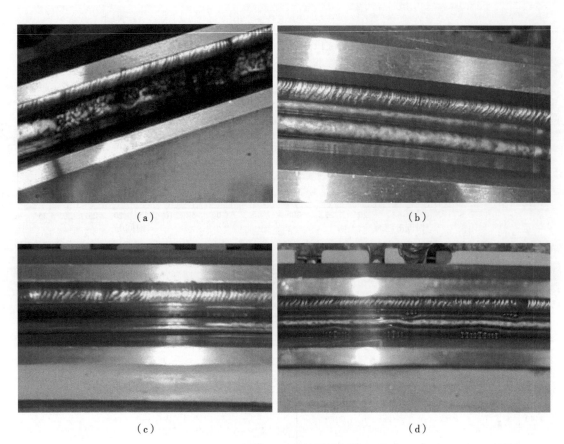

（a） （b）

（c） （d）

图 7 充灌后锡铋合金的表面状态

量多位点充灌。

2.3 锡铋合金密封性

采用氩气检测仪检测和内窥镜观察相结合方式，分别在凝固态和熔融态下试验 2 次。便携式氩气浓度检测仪（测量精度 0.01％vol）从机械密封环座 M12 螺纹孔处伸入进行氩气浓度检测，检验时间不少于 20 min，验收指标为检验过程中仪表示数较初始值增加不超过 0.01％vol，分别在大、中、小旋塞上选取 3 个有间隔的测量点。最终，两次熔融凝固态的锡铋合金均未检测出堆内溢出的氩气，图 8 为其中一处检测位置及结果。

图 8 大旋塞合金槽氩气浓度检测仪测量结果

锡铋合金熔融状态下，将目视检查和内窥镜检查结合，结果表明，大、中、小旋塞锡铋合金槽内苯甲基硅油均无气泡排出。小旋塞机械密封环可抬起观察锡铋合金槽内密封状态，图 9 为小旋塞合金槽内锡铋合金表面状态，可见合金槽内的锡铋合金熔融物表面光洁平滑，均无气泡，表明锡铋合金密封性有效可靠。中、大旋塞通过内窥镜检测锡铋合金凝固体和熔融物的密封性，观察结果表明合金槽内苯甲基硅油表面光洁平滑，均无气泡，锡铋合金密封性能良好。

图 9　小旋塞合金槽内锡铋合金表面状态

3　结论

（1）完成钠冷快堆锡铋合金的充灌并对其密封性进行试验，为后续同类型机组的旋塞锡铋合金充灌和密封性试验提供了参考。

（2）记录了大、中、小旋塞锡铋合金槽升温速率和自然冷却速率。结果表明，保温时间 3 小时后合金槽温度基本均匀，锡铋合金槽自然冷却到 90 ℃以下大约需要 8 小时，合金槽升温过程平稳，可以考虑取消 160 ℃的台阶温度从而推进工程进度。

（3）试验记录了充灌后锡铋合金表面的不同形貌。锡铋合金在充灌过程中，锡铋合金表面会产生不同的表面状态，刚充灌完成时表面更多是细碎泡沫和大气泡，可在保温阶段捞除部分气泡。刚充灌的锡铋合金表面呈暗黑色，凝固时的锡铋合金成银白色，完全凝固时表面银亮有金属光泽。

（4）在旋塞对转后对锡铋合金密封的凝固态和熔融态各进行了两次密封性试验。采取氩气检测和内窥镜成像两种手段进行锡铋合金密封性试验，试验结果表明合金密封性良好，证明了旋塞使用锡铋合金密封的可靠性。

参考文献：

[1]　徐銤．我国快堆技术发展和核能可持续应用 [J]．现代物理知识，2011，23（3）：37 - 43.

[2]　冯宏佳，李健，李惠君．旋转屏蔽塞控制系统设计及定位精度分析 [J]．一重技术，2002（Z1）：32 - 34.

[3]　孙彦权，耿延松，刘树元，等．中国实验快堆小旋塞密封装置 [J]．一重技术，2003（3）：8 - 9.

[4]　冯宏佳，李健，董琦．旋转屏蔽塞密封合金温度控制系统的设计 [J]．一重技术，2002（1）：20 - 21.

[5]　崔健．快堆换料系统中旋塞控制系统设计 [D]．大连：大连理工大学，2014.

[6]　张金权，许咏丽，龙斌．硅酸钙与钠及钠蒸气的相容性研究 [J]．核技术，2020，43（9）：87 - 91.

[7]　李凌霄，禹春利．旋转屏蔽塞锡铋合金抗氧化性试验 [J]．中国原子能科学研究院年报，2007（0）：45 - 46.

Filling and leakage test of Sn – Bi alloy for rotating shield plug of sodium – cooled fast reactor

SUN Lin-jie[1], SU Bo[1], LAN Rui[1], CHEN Yan-lin[1], LAI Yong-yong[1], RENG Ding-liang[2], XI Qun[*]

(1. CNNP Xiapu Nuclear Power Co. , Ltd. , Xiapu, Fujian 355100, China;

2. CNNP Maintenance Co. , Ltd. , Xiapu, Fujian 355100, China)

Abstract: The rotating shielding plug (RSP) can repeatedly rotate during the refueling process of fast reactor to position the reactor core, and there will be an gap between the opposite side of the RSP and the reactor vessel. During the design, Sn – Bi alloy sealing is used to meet the leakage requirements. Therefore, it is important to study the filling and leakage properties of Sn – Bi alloy. By introducing the filling process and equipment of sealing alloy for the RSP, monitoring the temperature of the alloy slot of the RSP, recording several surface states of Sn – Bi alloy after filling, and conducting two tests on the leakage performance of Sn – Bi alloy. The results show that the electric heating system for the alloy slot of the RSP is safe and reliable, no gas leakage is detected in the two times of Sn – Bi alloy leakage test, and the sealing performance of the RSP is good. It provides a reference for the subsequent filling and leakage test of Sn – Bi alloy of the same type of nuclear power plant.

Key words: Fast reactor; Rotating shielding plug; Sn – Bi alloy; Leakage

基于格雷码的核电厂全行程棒位连续测量技术

方金土，李　艺，齐　箫，任　洁，马一鸣

（中核核电运行管理有限公司，浙江　嘉兴　314300）

摘　要：本文介绍了在格雷码整定结果确定棒位区间的基础上，通过建立棒位判定与格雷码位的对应关系，对不同棒位区间采用特定格雷码位的信号调理电压与校验曲线对应的格雷码位信号调理电压进行数字比较，判定控制棒所处的准确位置，实现了分辨能力为 1 个机械步的全行程棒位连续测量方法，分析了控制棒驱动电流干扰、格雷码棒位探测器输出信号畸变对全行程棒位测量准确性的影响，为进一步提升核电厂全行程棒位连续测量的准确性和可靠性提供了解决思路。

关键词：格雷码；全行程；棒位；测量

以 Rolls‐Royce 公司的棒位测量系统为代表，压水堆核电机组普遍采用格雷码技术实现对控制棒的位置测量，以五位（或者六位）格雷码线圈组成的棒位探测器输出与控制棒机械位置对应的五路（或者六路）交变电流信号，棒位测量系统的格雷码信号处理组件实现对棒位探测器交变电流信号的调理与阈值整定，以光点指示的方式间断显示控制棒位置信息。该测量方式不能连续指示控制棒位置，分辨能力从 5～8 个机械步不等，不利于通过控制棒移动实现对反应堆功率的快速、精准调节。

随着核电的大规模发展，核电机组参与电网调峰将是一种趋势。而通过控制棒移动实现对反应堆功率的快速、精准调节相较于通过一回路硼浓度调节实现对反应堆功率的慢速、精准调节，可以避免反应堆功率频繁调节带来的大量放射性废水的产生。核电厂全行程棒位连续、准确测量技术可以将控制棒位置测量结果的分辨能力提高到 1 个机械步，为通过控制棒移动实现对反应堆功率的快速、精准调节创造监控条件。

1　棒位判定方法

基于格雷码的核电厂全行程棒位连续测量技术在五位（或者六位）格雷码整定结果确定的棒位区间（光点指示）基础上，可以通过该区间内变化率最大的格雷码位信号调理电压精确判定控制棒所在的机械步数。

1.1　棒位判定与格雷码位的对应关系

根据图 1 理想的棒位与五位格雷码信号调理电压关系曲线中各格雷码位信号调理电压的变化率，可以确定不同棒位区间用于精确判定控制棒位置所对应的格雷码位。典型的五位格雷码棒位测量系统（全行程 0～225 步）的五位格雷码整定结果、棒位区间与棒位判定对应的格雷码位关系如表 1 所示。

作者简介：方金土（1969—），男，浙江兰溪人，学士，正高级工程师，主要从事核辐射测量仪器、数字化仪控设备维修管理工作。

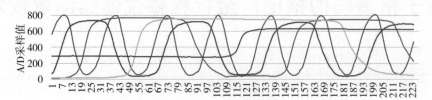

图 1　理想的棒位与五位格雷码信号调理电压关系曲线

表 1　五位格雷码整定结果、棒位区间与棒位判定对应的格雷码位关系

五位格雷码整定结果（EDCBA）	棒位区间	电压变化率最大的格雷码位	五位格雷码整定结果（EDCBA）	棒位区间	电压变化率最大的格雷码位
00001	0~3 步	A 位（上升段）	01000	116~119 步	E 位（上升段）
	4~7 步	B 位（上升段）	11000	120~123 步	
00011	8~11 步			124~127 步	A 位（上升段）
	12~15 步	A 位（下降段）	11001	128~131 步	
00010	16~19 步			132~135 步	B 位（上升段）
	20~23 步	C 位（上升段）	11011	136~139 步	
00110	24~27 步			140~143 步	A 位（下降段）
	28~31 步	A 位（上升段）	11010	144~147 步	
00111	32~35 步			148~151 步	C 位（上升段）
	36~39 步	B 位（下降段）	11110	152~155 步	
00101	40~43 步			156~159 步	A 位（上升段）
	44~47 步	A 位（下降段）	11111	160~163 步	
00100	48~51 步			164~167 步	B 位（下降段）
	52~55 步	D 位（上升段）	11101	168~171 步	
01100	56~59 步			172~175 步	A 位（下降段）
	60~63 步	A 位（上升段）	11100	176~179 步	
01101	64~67 步			180~183 步	D 位（下降段）
	68~71 步	B 位（上升段）	10100	184~187 步	
01111	72~75 步			188~191 步	A 位（上升段）
	76~79 步	A 位（上升段）	10101	192~195 步	
01110	80~83 步			196~199 步	B 位（上升段）
	84~87 步	C 位（下降段）	10111	200~203 步	
01010	88~91 步			204~207 步	A 位（下降段）
	92~95 步	A 位（上升段）	10110	208~211 步	
01011	96~99 步			212~215 步	C 位（下降段）
	100~103 步	B 位（下降段）	10010	216~219 步	
01001	104~107 步			220~223 步	A 位（上升段）
	108~111 步	A 位（下降段）	10011	224~225 步	
01000	112~115 步				

1.2 棒位判定

对任一棒位 N_i，根据表1对应的电压变化率最大的格雷码位 X（A、B、C、D和E中的任一位），可以从对应的棒位-格雷码信号电压关系（校验）曲线中得到该棒位对应格雷码位 X 的信号调理电压 V_{X_i}，则可以通过式（1），根据格雷码整定结果确定棒位区间，之后通过 V_X 电压范围判定所在的棒位 N_i。

$$(V_{X_{i-1}} + V_{X_i})/2 \leqslant V_X < (V_{X_i} + V_{X_{i+1}})/2。 \tag{1}$$

式中，$V_{X_{i-1}}$ 为该棒束的棒位与格雷码信号电压关系（校验）曲线中棒位第 $i-1$ 步格雷码位 X 的信号调理电压；V_{X_i} 为该棒束的棒位与格雷码信号电压关系（校验）曲线中棒位第 i 步格雷码位 X 的信号调理电压；$V_{X_{i+1}}$ 为该棒束的棒位与格雷码信号电压关系（校验）曲线中棒位第 $i+1$ 步格雷码位 X 的信号调理电压。

1.3 棒位判定对格雷码整定结果的容错处理

受格雷码棒位探测器各线圈绕制参数差异、格雷码整定阈值回差设置差异的影响，根据格雷码整定结果确定的实际棒位区间与表1中的范围可能存在一定的差异，导致棒位判定结果出现跳跃式变化。为避免测量结果产生偏差，需要将表1中各格雷码整定结果对应的棒位区间向两端扩展，使相邻的两个格雷码整定结果确定的实际棒位区间形成一定的重叠区。以格雷码整定结果为01100确定的棒位区间第56～第63步为例，如果两端设置各2个机械步的扩展，则在雷码整定结果为01100确定的棒位区间将与格雷码整定结果为01000和01101确定的棒位区间分别形成4个机械步的棒位判定容错重叠区，如表2所示。重叠区的每一棒位仍根据表1确定的格雷码位信号调理电压按式（1）进行比较判定。

表2 格雷码整定结果为01100确定的棒位区间的棒位判定容错重叠区

五位格雷码整定结果（EDCBA）	棒位区间	棒位判定容错重叠区
00100	48～55 步	N/A
	56～57 步	54～57 步
01100	54～55 步	
	56～63 步	N/A
01101	64～65 步	62～65 步
	62～63 步	
	64～71 步	

2 棒位连续测量的校验与验证

针对控制棒位置的连续测量，需要绘制全行程棒位-格雷码信号调理电压关系校验曲线，根据校验曲线计算各格雷码位的整定阈值和全行程棒位判定参数，将所有整定阈值和棒位计算参数写入棒位测量装置。校验后需要对全行程棒位测量结果（包括光点指示和每一控制棒位置的指示）进行验证。

2.1 校验

通过棒控系统使控制棒从机械零步以固定速度（上行）移动到堆顶，同步采集全行程的格雷码信号调理电压，控制棒移动速度和格雷码信号调理电压采集周期的选择能确保控制棒在每一机械棒位的停留时间采集的格雷码信号调理电压数据能满足棒位校验处理软件对全行程棒位的定位处理要求，典型全行程棒位的五位格雷码信号调理电压（直流耦合）采样数据如图6所示。

棒位校验处理软件根据控制棒在确定棒位停留时间段所采集的所有格雷码位信号调理电压保持不

变的原则，利用对应信号调理电压变化率最大的格雷码位采样数据确定棒位与采样数据序号的关系，最终绘制棒位与格雷码信号电压关系校验曲线，不同格雷码位棒位测量通道的校验曲线如图2、图3所示。

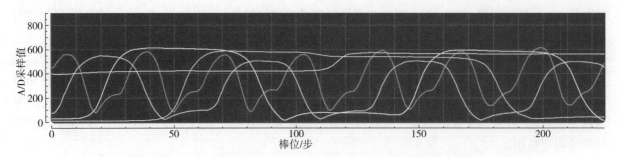

图2 某机组热态工况下SB11棒束（上行）的棒位与五位格雷码信号电压关系校验曲线

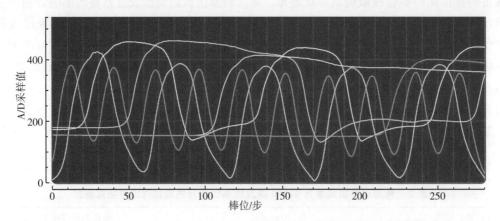

图3 某机组冷态工况下T4.2棒束（上行）棒位与六位格雷码信号电压关系校验曲线

根据实际绘制的棒束（上行）棒位与格雷码信号电压关系校验曲线计算各格雷码位整定阈值参数、按式（1）计算全行程棒位计算参数，并将上述计算参数下装到对应的棒位测量设备用于棒位测量的光点指示与准确位计算。

2.2 验证

通过棒控系统使控制棒从堆顶以固定速度（下行）移动到机械零步，同步采集全行程的棒位计算结果，控制棒移动速度和棒位计算结果采集周期的选择能确保控制棒在每一机械棒位的停留时间采集的棒位计算结果数据能满足棒位校验处理软件对全行程棒位的定位处理要求。

棒位校验处理软件根据控制棒在确定棒位停留时间段所采集的棒位计算结果保持不变的原则，绘制全行程棒位测量光点指示及棒位计算结果验证曲线。典型的五位格雷码棒位测量通道验证曲线如图4所示，校验后的全行程光点指示满足对应的验收准则要求，全行程棒位计算偏差为"+2个机械步"有6个、偏差为"+1个机械步"有11个、偏差为"−1个机械步"有12个，占全行程（下行225～5步）221个机械步的比例分别为2.7%、5.0%和5.4%，棒位计算准确率为86.9%。典型的六位格雷码棒位测量通道验证曲线如图5所示，校验后的全行程光点指示满足对应的验收准则要求，全行程棒位计算偏差均为0个机械步，棒位计算准确率为100%。

3 影响棒位测量准确性的影响分析

在完成校验后的全行程棒位连续测量验证过程中，除存在图4所示的计算棒位结果偏差外，在控制棒移动过程中频繁出现计算棒位闪变现象。

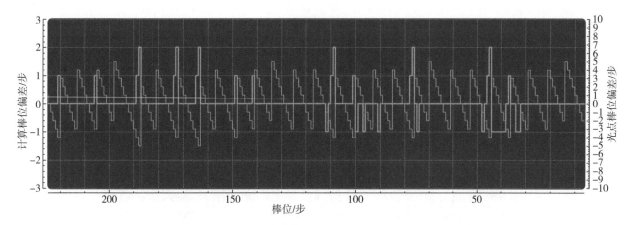

图 4　某机组热态工况下 SB11 棒束全行程（下行）棒位计算验证曲线

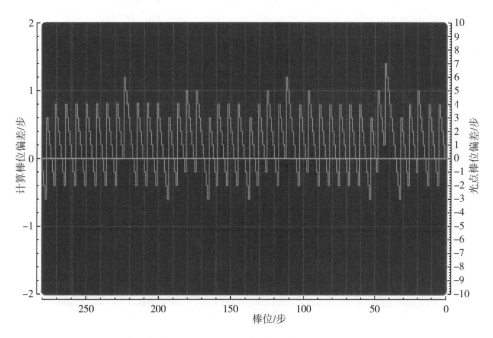

图 5　某机组冷态工况 T4.2 棒束全行程（下行）棒位计算验证曲线

3.1　控制棒驱动电流对棒位测量的干扰

针对控制棒移动过程中频繁出现计算棒位闪变现象，分析格雷码信号调理电压采样原始数据发现在控制棒移动开始时的格雷码信号调理电压会有一个明显的突变，详见图 6，这个电压突变导致棒位计算结果产生了一定的偏差。

控制棒移动需要通过对提升线圈施加几十安培的驱动电流来实现，且提升线圈的电缆与棒位测量信号电缆平行敷设，提升线圈的驱动电流在棒位测量各格雷码位信号电缆回路感应产生一定的交变电压信号，经直流耦合的信号调理电路精密整流后形成了电压突变。感应产生的交变电压信号与通过棒位驱动杆（相当于变压器铁芯）耦合到各格雷码线圈的电压信号的带负载能力不同，可以通过交流耦合的方式抑制感应产生的交变电压信号，提高各格雷码线圈电压信号的抗干扰能力。采用交流耦合的信号调理电路精密整流后的典型棒束（上行）的棒位与五位格雷码信号交流耦合调理电压采样原始数据曲线如图 7 所示，可以看出提升线圈驱动电流对格雷码信号的影响有了明显的改善，全行程棒位连续测量结果表明采用交流耦合的棒位测量装置在控制棒移动过程中出现棒位计算结果跳变的概率极低，且棒位计算结果跳变仅限于 ±1 个机械步。

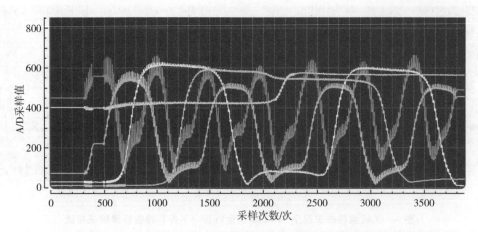

图6 典型棒束（上行）的棒位与五位格雷码信号直流耦合调理电压采样原始数据曲线

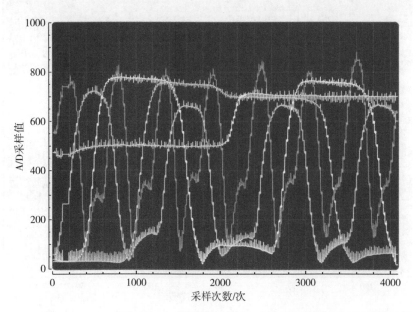

图7 典型棒束（上行）的棒位与五位格雷码信号交流耦合调理电压采样原始数据曲线

3.2 格雷码棒位探测器输出信号畸变对全行程棒位测量准确性影响

从图2和图4可以看出，棒位探测器格雷码A位输出信号在部分棒位的不规则畸变给棒位计算结果引入了一定的偏差，主要是由于信号畸变导致棒位计算式（1）中这部分棒位的 V_{X_i} 与 $V_{X_{i-1}}$、$V_{X_{i+1}}$ 差别不大，给棒位精确计算带来了一定的困难。如果通过设计优化使棒位探测器输出类似于图3的准正弦波校验曲线，则可以提高棒位计算准确性。

4 结果与讨论

在行业普遍采用的由格雷码技术实现分辨能力为5～8个机械步的压水堆控制棒位置测量方法的基础上，经对全行程棒位与格雷码位信号调理电压关系曲线分析，可以通过全行程棒位对应变化率最大的格雷码位信号调理电压的数字阈值比较，将控制棒位置测量的分辨能力提高到1个机械步，并以某机组的典型棒束在机组热态工况进行了校验方法与测量结果的验证。

基于格雷码的核电厂全行程棒位连续测量的准确性受控制棒提升线圈驱动电流及棒位探测器设计的影响，但可以通过采用交流耦合的信号调理电路设计改善棒位计算结果在控制棒移动过程中的跳变现象，通过优化格雷码棒位探测器设计使其输出准正弦的棒位与格雷码位信号调理电压关系曲线提高棒位计算的准确性。

The technique of continuous rod position indication for nuclear power plant with total travel based on gray code

FANG Jin-tu ， LI Yi ， QI xiao ， REN Jie ， MA Yi-ming

（China Nuclear Power Operation Management Co. , Ltd. , Jiaxing, Zhejiang 314300， China）

Abstract：On the basis of determining the rod position interval by gray code setting results，the corresponding relationship between the identification of rod position and gray code is established，The signal conditioning voltage with specific gray code point in different rod position intervals is compared digitally with the signal conditioning voltage corresponding to the calibration curve to determine the accurate position of the control rod. The continuous measurement method of rod position with the resolution of 1 mechanical step is realized. Analyzed the influence of control rod drive current interference and gray code distortion of rod position detector output signal on the accuracy of total travel rod position indication，which provides a solution for improving the accuracy and reliability of rod position continuous measurement with total travel in nuclear power plant.

Key words：Gray code；Total travel；Rod position；Measurement

激光测量汽轮机通流技术在秦山核电的实践总结

李云应，刘　伟，陆增圩，黄少华，傅云事

（中核核电运行管理有限公司，浙江　嘉兴　314300）

摘　要： 本文重点论述了激光测量汽轮机通流技术在秦山核电的实践总结，主要内容包括测量步骤介绍、仪器精度验证、如何计算相对间隙、如何验证相对间隙、如何修正相对间隙，以及实施过程中的技术难点和测量过程中的良好实践等，以达到减少大件吊装次数、提高通流间隙测量精度、缩短检修工期的目的。本文的研究实践成果可以为电厂类似机组提供重要参考和指导借鉴。

关键词： 激光；通流；总结

在大修汽轮机开缸中需要对缸内的通流间隙进行测量、调整，目前常规做法是用压铅丝（胶布）和楔形塞尺测调动静间隙，存在难测准、需多次拆吊、调整时间长等不足，需对激光测量汽轮机通流技术进行应用研究，以实现缩短检修工期、缩短常规岛关键路径、助力缩短大修周期，减少大件吊装次数、降低作业安全风险，提高通流间隙测量精度、提高机组蒸汽做功效率的目标。

2022 年以来，秦山核电开展了激光测量汽轮机通流技术应用实践，本文对其中的一些实践经验进行总结。

1　测量步骤

1.1　转子数据测量步骤

（1）转子吊装到支架后静置两小时以上，将跟踪仪用地面三脚架架设在转子外侧；

（2）在地面和转子电端和调端末级叶片朝下的叶片顶部上放置共 6 个转站点；

（3）根据转子各级叶片的开档尺寸设置站位，初级叶片半径较小时，每站可以测量三到四级转子轴颈和动叶叶顶或围带，末级叶片半径较大时，每站可以测量两级转子轴颈和叶顶；

（4）对于光滑的围带外圆柱使用连续空间扫描的采点或者静态点模式，对于存在周期性拼接台阶的围带应采用静态点测量模式；

（5）首先测量两端转子洼窝处轴颈圆柱；依次测量各级叶片间的轴颈圆柱；依次测量各级叶片叶顶或者围带圆柱；

（6）每次转站对新站位读取材料温度并设置温度缩放补偿并拟合到第一站的转站点；每次转站对新站位读取材料温度并设置温度缩放补偿并拟合到第一站的转站点。

1.2　缸内静止部件数据测量

（1）转子吊出缸体后回装所有上隔板和上轴封，将跟踪仪用磁力座和水平调节底座架设在电端轴承箱中分面的专用横板上；横板架设在轴承座位置，并用 M20 螺丝锁紧，跟踪仪利用磁力吸盘固定。

（2）根据可达性，选用靶球或者测头及适当的加长杆测量缸体洼窝圆柱，各级轴封及隔板汽封的 4 个或者 8 个方向的齿顶点。

（3）首先测量距离跟踪仪最近的电端轴封，测量完电端轴封后可以拆除吊离上电端轴封上半，以减少对后方的光线遮挡。

作者简介：李云应（1990—），男，工程师，从事汽轮机检修工作。

（4）按照以下顺序测量：①电端 4、3、2、1 级；②调端 1、2、3、4 级；③调端轴封、调端洼窝；④换成 1m 左右加长杆测量电端 7、6、5 级，调端 5、6、7 级。

（5）更换 500 mm 左右加长杆，测量电端洼窝、电端轴封。

2 仪器精度验证

用激光跟踪仪测量轴径直径，跟踪仪实测与现场实测，轴径测量最大偏差为 0.02 mm（表 1）。

表 1 跟踪仪实测与现场实测数据

编号	现场实测轴径/mm	跟踪仪实测/mm	相差/mm
4#轴承	506.91	506.90	0.01
6#轴承	506.91	506.93	−0.02

3 计算相对间隙

转子数据和缸内静止部件数据测量完成后，首先根据洼窝基准轴线对齐的方式进行径向对齐，同时次级约束使用轴向基准对齐，第三方向约束只需要保持转子测量状态时的水平面和缸体中分面对齐，就可以完成虚拟装配，显示出粗装配下的相对间隙。

4 验证相对间隙

为将激光测通流相对间隙数据与传统方式所测数据进行对比，可以进行压铅丝工作：布置铅丝，进转子压铅丝，抬高转子取出铅丝，落下转子布置上部铅丝，进隔板压上部铅丝，吊出隔板，铅丝厚度测量。为了避免压铅丝时外轴封出现退让的情况，将下半外轴封拆除，每一级保留一块汽封块，两端使用小木棍撑起汽封块；为了避免转子下落时落得太快导致隔板处汽封出现退让的情况，转子下落时剩余一定重量后抬高转子并取出铅丝。在低压内缸布置铅丝，使用胶带固定牢靠。

使用激光测量拟合得到的相对间隙数据与压铅丝实测的数据进行对比验证，当两者出入较大时，应从测量点是否一致、压铅丝是否得当等方面进行分析，找出原因并加以改正。

5 修正相对间隙

为修正相对间隙，可以考虑缸体抬升量。由于在进行缸体数据测量时，转子已被吊出，轴承箱存在抬升量，这会影响到轴封和洼窝内圆柱面的测量值的高度方向。缸内隔板数据，是回装了上隔板，但是为了测量可以实施，上内缸并没有安装，这会影响隔板上测量值的高度方向，通过沉降测量分析出轴承箱中分面和缸体中分面在测量状态和工作状态的差异，应用高度方向的抬升量修正，可以正确分配上下间隙。

根据实测经验，激光跟踪仪可以方便地测量轴承箱的抬升量和转子吊出前和吊出后的抬升量，但是由于没有基准，激光跟踪仪不好测量缸体的抬升量（隔板吊出前后、上内缸吊出前后）。为此，对低压缸隔板吊出前后的抬升量进行了测量：转子进缸后，在转子末级叶片上架表，表针指向最后一级隔板中分面，当其他隔板全部吊入后，测得百分表读数变化，说明隔板吊入后，转子相对于中分面有相应变化。

6 技术难点

为验证激光测量汽轮机通流技术可行，一般需在同类型或者同一机组上进行多次重复测量对比，由于机组一般几年才开一次缸，很难实现多次重复测量对比的要求。为此，可以利用检修更换下来的旧部件，制作 1：1 的局部模拟体，实现多次重复测量对比。

7　良好实践

（1）转站点靶球座可以和支撑杆做成整体，减少异物掉落的风险；跟踪仪支撑在中分面上，需要加工设计专门的中分面盖板，只露出跟踪仪磁性底座需要的圆形区域，减少现场操作风险。

（2）汽机厂房中的转子摆放区域空间比较紧张，地面铺有保护地胶，在测量时多次转站测量需要对跟踪仪三脚架的架设位置和放置转站点的位置撤除保护地胶，这样才可以提供稳固支撑；另外地面铺有地砖，部分地砖存在空洞开裂的现象，需要人工判断避开，这是测量可能失败的隐患，可以考虑对跟踪仪架设的位置进行画线固定，保证站位稳定性；对转站点可以利用磁力座全部安装到转子上，转站时既可以移动跟踪仪，也可以将转子盘转 180 度进行测量或者 120 度进行测量。

（3）现场测量时检修作业专业较多，临时电源拉过来的电源盘存在共用的情况，很容易出现在测量过程中插头被人碰松或者拔断的情况，导致测量数据丢失，所以，需要安排专人监护电源盘或者单独使用一路电源。

（4）汽封齿测量工装改进：根据实测经验，长时间运行后的汽轮机在轴封处存在较大的磨损和锈蚀，各级齿面不同轴向位置的差异性较大，传统塞尺数据一般只探测最小间隙，并不能记录不同位置的间隙分布情况。目前使用的隔板汽封齿测量工装可以将探测点精确保证在齿顶的轴向位置，但是轴向汽封齿测量工装需要同时接触多级汽封齿，没有严格控制探测点的轴向位置，当沿着轴向汽封齿的误差比较一致时，这不会导致数据偏差，但是当测量工装因为齿高沿轴向变化发生倾斜或者不稳时，测量点可能不能准确反映对应的齿顶高度。因此，后续测量实践中有必要改进工装，使其和隔板汽封保持一致，每次只接触两级齿，并且将探测点控制在齿顶对应的轴向位置上。

（5）转子数据一旦获取并建档以后，如果不更换叶片，数据可以供将来使用，不需要每次全部重新测量，只需要抽检复核若干级和两端轴封处

Summary of practice of laser measurement of steam turbine flow technology in qinshan nuclear power plant

LI Yun-ying，LIU Wei，LU Zeng-wei，
HUANG Shao-hua，FU Yun-shi

(China Nuclear Power Operation Management Co.，Ltd.，Jiaxing，Zhejiang 314300，China)

Abstract：This article focuses on the practical summary of laser measurement of turbine flow technology in Qinshan Nuclear Power Plant, including the introduction of measurement steps, instrument accuracy verification, how to calculate relative clearance, how to verify relative clearance, how to correct relative clearance ideas, technical difficulties in the implementation process, and good practices in the measurement process, in order to reduce the number of large parts lifted and improve the accuracy of flow clearance measurement, The purpose of shortening the maintenance period. The research and practical results of this article can provide important references and guidance for similar units in power plants.

Key words：Laser；Current flow；Summary

铅铋非等温回路结构材料腐蚀产物迁移行为机理分析软件 ACCPL 的开发与验证

邓　俊[1,2]，庞　波[1,2,*]，殷　园[1,2]

（1. 深圳大学核科学与技术系，广东　深圳　518060；

2. 国家能源核电运营及寿命管理技术研发中心-核电运营安全技术联合实验室，广东　深圳　518060）

摘　要：液态铅铋合金（LBE）因其优良的中子特性和热工特性是第四代核能系统铅基快堆（LFR）重要的候选冷却剂材料。然而，液态铅铋合金对核反应堆一回路结构材料的腐蚀效应及腐蚀产物在非等温的核反应堆一回路随着流动迁移带来的流道堵塞和活化辐射直接影响 LFR 的安全性和可维护性。因此，研究非等温铅铋回路中腐蚀产物生成、释放、输运、析出与沉积的迁移过程及行为机理对 LFR 的研发有重要意义。本文基于 C++语言开发了一个分析与研究腐蚀产物在非等温铅铋回路内迁移行为机理的软件 ACCPL。基于非等温铅铋回路 DELTA 和 CORRIDA 的腐蚀与沉积的动力学模型对 ACCPL 软件进行了验证。计算结果表明，ACCPL 软件对实验回路腐蚀速率和沉积速率的预测与理论模型吻合较好，证实了 ACCPL 软件的可用性。下一步将开展非等温回路重要参数，包括管道直径与回路长度比、溶解氧浓度、冷却剂流速、温度梯度等对腐蚀产物迁移行为的敏感性分析，并对中子活化放射性核素在非等温回路内的分布情况进行源项分析，估算辐射场的分布情况，为 LFR 一回路安全分析与优化设计奠定基础。

关键词：核反应堆一回路；液态铅铋合金；非等温回路；腐蚀产物行为机理；ACCPL 软件

铅铋共晶合金（LBE）因其优良的导热性、化学惰性和良好的中子特性[1]是第四代核能系统铅基快堆（LFR）重要的候选冷却剂材料。然而，液态铅铋合金与核反应堆一回路结构材料接触会发生腐蚀并将部分产生的腐蚀产物释放到 LBE 冷却剂中，腐蚀产物会以溶解态（Fe、Co、Ni 和 Cr 等元素离子形式）和颗粒态（Fe、Co、Ni 和 Cr 等元素氧化物形式）存在，并随着 LBE 冷却剂流动在回路低温段发生沉积重新回到壁面，造成流道堵塞；部分腐蚀产物随 LBE 冷却剂流动迁移经堆芯活化辐射产生活化腐蚀产物，直接影响 LFR 的安全性和可维护性[2]。因此，研究非等温铅铋回路中腐蚀产物生成、释放、输运、析出与沉积的迁移过程及行为机理对 LFR 的研发有重要意义[3]。

国内外针对 LBE 腐蚀效应进行了大量的回路实验来研究流动条件下腐蚀产物的行为机理。研究结果表明，LBE 流动对结构材料的腐蚀效应主要取决于辐照时间、回路温度梯度和 LBE 流速等，并通过质量输运、相输运、侵蚀-腐蚀和空化-腐蚀等机制发生[4]。但是，通过实验来精确模拟实际中不同流动条件下的腐蚀效应是困难和昂贵的。因此，本文基于 C++语言开发了一个分析与研究腐蚀产物在非等温铅铋回路内生成、释放、输运、析出与沉积等迁移行为机理的软件 ACCPL，主要用于计算铅铋快堆在功率运行期间腐蚀产物在一回路的分布情况，计算结果可用于反应堆系统安全分析、屏蔽设计和辐射场评估等。图 1 为 ACCPL 软件运行计算流程，其中化学模块作为物性模块为其他模块提供物性参数；腐蚀模块计算所得的金属元素的释放总量作为溶解析出模块的输入；溶解析出模块计算得到腐蚀产物的颗粒浓度作为沉积模块的输入；沉积模块计算得到的各元素在壁面上的沉积总量将作为源项分析模块的输入，为后续计算中子辐照活化后产生的放射性核素在冷却剂中的质量比活度和在管道沉积表面的面积比活度提供相应参数。

作者简介：邓俊（1997—），男，湖南永州人，硕士研究生，现主要从事先进核能系统软件开发方面的研究。

基金项目：深圳市科技创新委员会技术攻关重点项目"核反应堆一回路污垢分析关键技术研发"（JSGG 20210629144537005）。

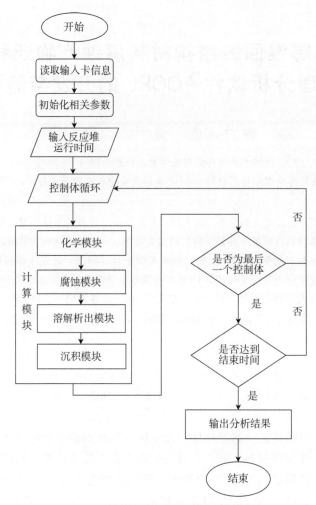

图 1 ACCPL 软件运行计算流程

参考目前主流的 LFR 候选结构材料选型（如 T91 钢、316L 钢等），ACCPL 软件主要考虑了 Fe、Cr、Ni 和 Co 4 种金属元素腐蚀产物在反应堆一回路中的分布行为。由于元素腐蚀产物分布计算流程相似，且考虑到 Fe 元素在基体材料中所占比例最高，故本文以 Fe 元素腐蚀产物分布计算为例。下文主要从 ACCPL 软件关键模块的建立、基于非等温铅铋回路 DELTA 和 CORRIDA 回路动力学模型对 ACCPL 软件的验证和结论 3 个部分进行阐述。

1 软件关键模块

ACCPL 软件关键模块包括化学模块、腐蚀模块、溶解析出模块和沉积模块，本节将对各模块的基本功能与构建过程进行阐述。

1.1 化学模块

化学模块不仅用于计算 LBE 相关物性参数，包括密度、运动黏度和动力黏度等，同时也用于计算金属元素在 LBE 中的饱和浓度和平衡浓度。

研究表明，回路中的溶解氧浓度影响着结构材料表面氧化层的产生及液态铅铋合金冷却剂的腐蚀效应。由铅铋手册（2015 版）[5]可得 LBE 中饱和氧浓度和温度的函数关系，当温度 $T < 1073.15$ K 时，溶解氧饱和浓度（wt%）的对数与温度拟合关系式为：

$$\log(C_{o,s}) = 2.62 - \frac{4416}{T}。 \tag{1}$$

金属元素饱和浓度表征相应温度下金属元素在 LBE 中所能溶解的最大浓度，其表达式为：

$$\log(C_s) = A + \frac{B}{T} \text{。}$$ (2)

在 399.15～1173.15K 的温度范围内，LBE 中 Fe 元素的饱和浓度为：

$$\log(C_{Fe, s}) = 2.012 - \frac{4382}{T} \text{。}$$ (3)

在含氧液态铅铋合金中，主要考虑氧化物为四氧化三铁（Fe_3O_4）、氧化亚铁（FeO）、氧化镍（NiO）和氧化铬（Cr_2O_3），利用氧化物在液态 LBE 中溶解度积公式计算金属元素在不同温度下的平衡浓度。Fe 元素氧化物主要为 Fe_3O_4 和 FeO，其平衡浓度分为两个部分进行计算，一部分通过 Fe_3O_4 溶解度积公式[4] 求得，另一部分通过 FeO 溶解度积公式求得。Fe_3O_4 溶解度积公式求得第一部分 Fe 的平衡浓度为：

$$C_{Fe1, eq} = \sqrt[3]{\frac{\exp\left(23.745 - \frac{98\,459}{T}\right)}{(C_{o, s})^4}} \text{。}$$ (4)

FeO 溶解度积公式求得第二部分 Fe 的平衡浓度为：

$$C_{Fe2, eq} = \frac{\exp\left(5.6835 - \frac{25\,946}{T}\right)}{C_{o, s}} \text{。}$$ (5)

由式（4）和式（5）可得 Fe 的平衡浓度为：

$$C_{Fe, eq} = C_{Fe1, eq} + C_{Fe2, eq} = \sqrt[3]{\frac{\exp\left(23.745 - \frac{98\,459}{T}\right)}{(C_{o, s})^4}} + \frac{\exp\left(5.6835 - \frac{25\,946}{T}\right)}{C_{o, s}} \text{。}$$ (6)

1.2 腐蚀模块

在一个控氧的 LBE 流动回路中，LBE 冷却剂对不锈钢基体材料的氧化腐蚀主要由 3 个过程控制[6]：①基体材料（金属或合金）内部分子穿过已经形成的氧化膜扩散至材料表面的扩散过程；②不锈钢基体材料溶解至冷却剂中，此过程主要受不锈钢/冷却剂接触界面处的溶解和化学反应控制；③冷却剂中腐蚀产物的输运，主要受冷却剂中的对流和扩散过程控制。在一个等温液态金属闭环回路中，LBE 的腐蚀效应可能会因为腐蚀产物浓度在 LBE 中达到饱和浓度而停止。而在一个非等温回路中，最终状态是动力学平衡，腐蚀与沉淀达到动态平衡，即腐蚀总量等于沉积总量，LBE 对于基体材料的腐蚀会随着时间累积而不断进行。

ACCPL 软件参考基于液态金属腐蚀引起的固/液界面处的质量交换理论模型，主要分析氧化层/冷却剂界面处的质量交换以及腐蚀产物在液态铅铋中的传质过程。在氧控铅铋合金冷却剂系统中，氧化层和冷却剂界面处有两个相互竞争的过程：①氧化过程；②氧化层溶解过程。第一个过程导致氧化层产生；第二个过程将氧化层去除并向 LBE 冷却时释放腐蚀产物。因为反应堆正常运行情况下基体材料表面的氧化反应速度快，且反应速率远远大于氧化层去除时向 LBE 释放腐蚀产物的传质速率，因此可以合理假设腐蚀过程主要由第二个过程的传质过程决定。根据传质系数计算氧化层的溶解速率，传质过程边界层的质量输运方程可以写为[7]：

$$J = k(C_w - C_b) \text{。}$$ (7)

式中，J 为氧化层向 LBE 的溶解速率，m/s；C_w 为壁面处的腐蚀产物浓度，wt%；C_b 为冷却剂主流体中腐蚀产物浓度，wt%；k 为传质系数，m/s。

而传质系数 k 可以用无量纲舍伍德数（Sh）表示：

$$Sh = \frac{kd}{D} \text{。}$$ (8)

式中，D 为腐蚀产物在铅铋合金中的扩散系数，m^2/s；d 为管道直径，m。

对于非等温回路，Sh 数与雷诺数（Re）和施密特数（Sc）的关系为：

$$Sh = bRe^{b_1} Sc^{b_2} \left(\frac{d}{L}\right)^{b_3} \left(\frac{\Delta T}{T_{max}}\right)^{b_4};$$

$$Re = \frac{V_b d}{\nu}, \quad Sc = \frac{\nu}{D}. \tag{9}$$

式中，V_b 为管道内 LBE 冷却剂主流的平均流速，m/s；ν 为 LBE 冷却剂的运动黏度，m^2/s。

因为后续的验证回路为 DELTA 回路和 CORRIDA 回路，根据参考文献[8-9] 得到 DELTA 回路 Sherwood 数关系式和 CORRIDA 回路中传质系数关系式。

在 DELTA 回路（0.1 m/s＜V_b＜2.0 m/s，50 K＜ΔT＜200 K，673.15 K＜T_{max}＜923.15 K）条件下，拟合 Sherwood 数关系式为[8-9]：

$$K = \frac{0.6216 Re^{0.633} Sc^{\frac{1}{3}} \left(\frac{d}{L}\right)^{\frac{1}{3}} \left(\frac{\Delta T}{T_{max}}\right)^{0.09} D}{d}. \tag{10}$$

在 CORRIDA 回路（V_b＜2.0 m/s，673.15 K＜T_{max}＜923.15 K）条件下，得到传质系数关系式为[10]：

$$K_{Silverman} = \frac{0.0177 Re^{0.875} Sc^{0.3} D}{d}. \tag{11}$$

式（10）和式（11）为平均 Sherwood 数和平均传质系数关系式，对实验回路等温段局部 Sherwood 数和局部传质系数计算存在一定的局限性。根据参考文献[9] 实验回路等温段局部 Sherwood 数大小，引入测试实验回路长度参数，将式（10）和（11）改进为：

$$K = \frac{b \cdot Re^{0.633} Sc^{\frac{1}{3}} \left(\frac{d}{L}\right)^{\frac{1}{3}} \left(\frac{\Delta T}{T_{max}}\right)^{0.09} \left(\frac{x - x_0}{L_{test}}\right)^{-0.2} D}{d}.$$

$$K_{Silverman} = \frac{b_1 \cdot Re^{0.875} Sc^{0.3} \left(\frac{x - x_0}{L_{test}}\right)^{-0.2} D}{d}.$$

式中，X_0 为测试实验回路段开始位置，m；L_{test} 为测试实验回路总长度，m；b、b_1 为常量。

腐蚀产物在 LBE 中的扩散系数 D 是温度的函数。根据铅铋手册（2015 版）可得，Fe 元素在 500～1000 K 液态铅铋中的扩散系数为[5]：

$$\log D_{Fe} = -3.24 - \frac{1302.26}{T}. \tag{12}$$

计算得到传质过程边界层的传质系数后，对传质过程边界层的壁面浓度进行求解。不锈钢在 LBE 中的腐蚀分为在无氧浓度下的直接溶解腐蚀和在较高氧浓度下的氧化腐蚀。在任何一种情况下，反应过程通常足够快，因此壁面处的腐蚀产物浓度维持饱和浓度或平衡浓度。在实践中，依据参考文献中的处理，假设壁面上的物质浓度是由饱和浓度和平衡浓度的最小值给出[11]：

$$C_w = \min(C_s, C_{eq}). \tag{13}$$

通过传质系数 k 与壁面浓度 C_w 和主流体腐蚀产物浓度 C_b 计算得到腐蚀产物的释放速率，沉积速率通过沉积模块进行计算。

腐蚀模块计算得到腐蚀速率，通过式（14）得到腐蚀释放总量，为后续溶解析出模块计算提供输入参数。

$$Mass[i] = \int_0^t J \times A \times \rho_p dt. \tag{14}$$

式中，Mass $[i]$ 为腐蚀产物 i 的总质量，kg；A 为浸湿表面积，m^2；ρ_p 为腐蚀产物密度，kg/m^3。

1.3 溶解析出模块

金属元素在 LBE 中的溶解与析出是一对相反的过程。假设沉积物与冷却剂的接触面处的腐蚀产物浓度为平衡浓度，当冷却剂主流中的腐蚀产物浓度低于平衡浓度时，$C_b < C_{eq}$，溶解发生。反应堆一回路为非等温回路，腐蚀产物在不同区域中的溶解度也不同。假设某个区域冷却剂中的腐蚀产物浓度达到了平衡浓度，$C_b = C_{eq}$，溶解行为停止。如果冷却剂腐蚀产物浓度超过平衡浓度，析出行为开始并直至腐蚀产物浓度达到平衡浓度。析出后，冷却剂中将形成一些固体小颗粒（粒径通常为微米级），其中一部分会在重力的作用下沉积在壁面，另一部分将随冷却剂在一回路中流动。假设析出行为产生的腐蚀产物均以颗粒的形式存在，以传质过程边界层模型为例，颗粒物浓度 $C_{i,p}$ 计算公式为：

$$C_{i,\,p} = \frac{\text{Mass}[i]}{M_{\text{cool}}} - C_{i,\,\text{eq}} \tag{15}$$

式中，Mass $[i]$ 为腐蚀产物 i 的总质量，kg；M_{cool} 为冷却剂质量，kg。

1.4 沉积模块

Friedlande[12] 发现腐蚀产物颗粒物并非一下子全部沉积在不锈钢表面，只有当颗粒穿透停止距离层时，冷却剂中伴随湍流输运的颗粒才会沉积在不锈钢表面。Beal[13] 和 Escobed[14] 引入了停止距离的概念来描述颗粒沉积在不锈钢表面的行为。ACCPL 软件采用该方法研究 LBE 中颗粒在不锈钢表面的沉积行为，并给出了基于停止距离概念的颗粒沉积模型（图 2）。

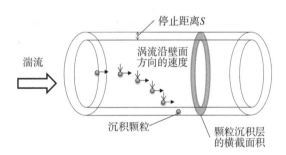

图 2　基于停止距离概念的颗粒沉积模型

停止距离 S[15] 定义为：

$$S = \frac{\rho_p d_p^2 V_b \sqrt{\dfrac{\lambda}{2}}}{20\mu} + \frac{d_p}{2}。 \tag{16}$$

式中，ρ_p 为颗粒物质的密度，g/cm^3；μ 为 LBE 的动力黏度，$kg/(m \cdot s)$；d_p 为颗粒直径，μm；λ 为颗粒管摩擦系数。

在反应堆机组运行过程中，颗粒可能生长或溶解。当前粒径数据不足，通过查阅文献，假设颗粒粒径为 $1\ \mu m$[15]。

通过式（17）计算得到控制体沉积速率 J_{dep}：

$$J_{\text{dep}} = \frac{N_{\text{dep}} \rho_p \beta_p}{\Delta t}, \quad \beta_p = \frac{\pi}{6} d_p^3。 \tag{17}$$

式中，N_{dep} 为时间步内的颗粒沉积数量，atom；β_p 为单个颗粒的体积，m^3；Δt 为时间步，s。

2　验证结果

基于非等温铅铋回路 DELTA 和 CORRIDA 的动力学模型对 ACCPL 软件进行了验证，ACCPL 软件将整个回路划分为 50 个控制体单元，每隔 0.02L 设立一个控制体单元。DELTA 回路是美国洛斯阿拉莫斯国家实验室建造的液态铅铋合金非等温实验回路[3]，回路管道总长度 29.92 m，管径 5.25 cm，主要由 SS316 不锈钢建造。CORRIDA 回路是德国卡尔斯鲁厄理工学院液态金属实验室（KALLA）建造的液态铅铋合金非等温实验回路[3]，管道总长度为 35.8 m，管径为 1.6 cm，所有组件均由 17 - 12Cr - Ni 不锈钢（DIN W. - Nr. 14571）制成。图 3（a）和图 3（b）分别为 DELTA 回路和 CORRIDA 回路的装置示意。回路中液态 LBE 由电磁泵驱动，实现强迫循环流动。循环过程中，液态 LBE 经过了两次加热和两次冷却过程，腐蚀产物在管路的热段生成释放，随 LBE 流动迁移至管路的冷段析出并沉积。

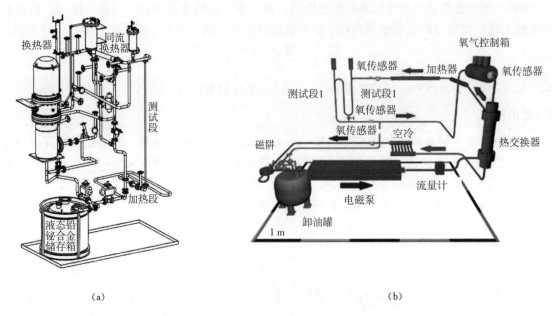

图 3　DELTA 回路装置示意（a）[3,16] 和 CORRIDA 回路装置示意（b）[3,16]

因为 Fe 元素是回路管道不锈钢基体材料的主要组成成分，因此 Fe 元素在 LBE 腐蚀的总体效应中表现最为明显。图 4 为 ACCPL 软件计算得到 Fe 元素饱和浓度和平衡浓度在回路中的分布情况，同一温度下，饱和浓度的大小远大于平衡浓度的大小，后续腐蚀模块浓度差的计算将以平衡浓度与主流体浓度为主。

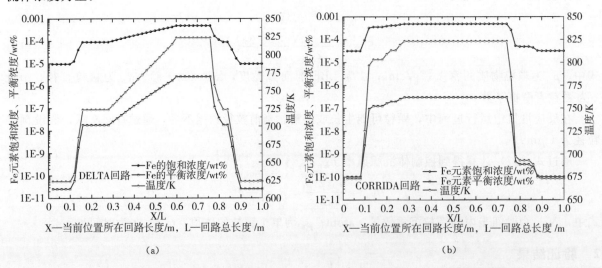

图 4　Fe 元素的饱和浓度和平衡浓度随 DELTA（a）和 CORRIDA（b）回路位置的分布

基于非等温铅铋回路 DELTA/CORRIDA 回路的动力学模型对 ACCPL 软件进行了验证。为了使结果更具直观性，腐蚀和沉积速率的单位选用回路运行一年内因腐蚀/沉积造成的管壁厚度变化（单位为 mm/year），其中正值表示腐蚀，负值表示腐蚀产物的沉积。图 5 给出了氧浓度 10^{-7} wt％（DELTA 回路）/10^{-6} wt％（CORRIDA 回路）状态下 ACCPL 软件腐蚀/沉积验证结果。

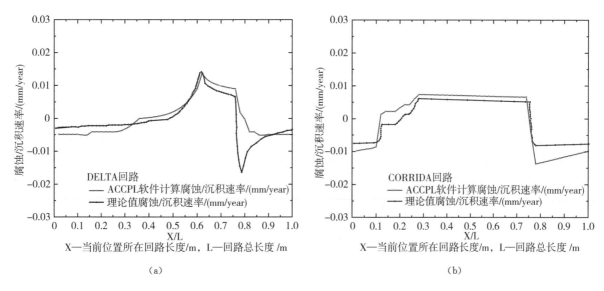

图 5　ACCPL 软件计算值与 DELTA 回路（a）和 CORRIDA 回路（b）动力学模型理论值比较

如图 5（a）所示，ACCPL 软件计算的腐蚀/沉积速率与 DELTA 回路动力学模型理论值总体吻合较好。ACCPL 软件计算的 DELTA 回路的局部最大腐蚀速率约为 0.015 mm/year，与动力学模型理论计算值相当。但沉积速率计算上存在部分差异，ACCPL 软件计算得到的最大沉积速率约为 0.005 mm/year，而动力学模型计算得到的最大沉积速率与最大腐蚀速率大小相当，约为 0.015 mm/year。究其原因为 ACCPL 软件采用的沉积模型与动力学模型存在一定的差异导致其在沉积速率的表现存在一定的差异。动力学模型假设腐蚀产物颗粒物在析出的时候全部沉积在管道表面，最大沉积速率与最大腐蚀速率大小相等。而 ACCPL 软件采用的沉积模型基于停止距离的概念，认为颗粒并非在析出的时候完全沉积在表面而是部分沉积在表面，剩余的颗粒仍会随着冷却剂流动进行转移，并在其他位置进行沉积，随着反应堆运行时间的增加，最终释放总量和沉积总量达到动态平衡。

如图 5（b）所示，在 CORRIDA 回路中 ACCPL 软件腐蚀模型计算结果与 CORRIDA 动力学模型理论预测结果吻合较好。

综上所述，ACCPL 软件计算得到的 DELTA 回路和 CORRIDA 回路的腐蚀速率和沉积速率与理论预测结果整体吻合较好。

3　结论

ACCPL 是一款基于半理论半经验模型开发的计算铅铋非等温回路中腐蚀产物迁移行为的软件。化学模块作为物性模块为其他模块提供物性参数输入；腐蚀模块用于计算回路高温段的腐蚀速率与腐蚀产物总量；溶解析出模块用于计算腐蚀产物颗粒浓度，为沉积模块计算提供输入条件；沉积模块基于停止距离的概念假定颗粒析出的时候并非完全沉积，而是达到条件后部分沉积，输出沉积速率与沉积总量，为后续源项模块提供输入条件。采用 ACCPL 软件对 DELTA 回路和 CORRIDA 回路腐蚀与沉积速率的计算结果与动力学模型的理论预测值整体吻合较好，验证了 ACCPL 软件的可行性。后续工作将开展非等温回路重要参数，包括管道直径与回路长度比、溶解氧浓度、冷却剂流速、温度梯度等对腐蚀产物迁移行为的敏感性分析，并对中子活化放射性核素在非等温回路内的分布情况进行源项分析，估算辐射场的分布情况，为铅铋快堆一回路安全分析与优化设计奠定基础。

参考文献：

[1] ZHANG J, LI N. Review of the studies on fundamental issues in LBE corrosion [J] . Journal of nuclear materials, 2008, 373 (1): 351 - 377.

[2] BALLINGER R G, LIM J. An overview of corrosion issues for the design and operation of high - temperature lead - and lead - bismuth - cooled reactor systems [J] . Nuclear technology, 2004, 147 (3): 418 - 435.

[3] SCHROER C, VOß Z, WEDEMEYER O, et al. Oxidation of steel T91 in flowing lead - bismuth eutectic (LBE) at 550℃ [J] . Journal of nuclear materials, 2006, 356 (1): 189 - 197.

[4] SCHROER C F E, KONYS J. Physical chemistry of corrosion and oxygen control in liquid lead and lead - bismuth eutectic [C] //Forschungszentrum Karlsruhe GmbH Technik und Umweit (Germany) . 2007.

[5] CORNET S. Handbook on lead - bismuth eutectic alloy and lead properties, materials compatibility, thermal - hydraulics and technologies - edition - 2015edition [M] . Paris: Organisation for Economic Co - Operation and Development, 2015.

[6] ZHANG J, LI N. Oxidation mechanism of steels in liquid - lead alloys [J] . Oxidation of metals, 2005, 63 (5): 353 - 381.

[7] MALKOW T, STEINER H, MUSCHER H, et al. Mass transfer of iron impurities in LBE loops under non - isothermal flow conditions [J] . Journal of nuclear materials, 2004, 335 (2): 199 - 203.

[8] ZHANG J, LI N. A correlation for steel corrosion in non - isothermal LBE loops [J] . Journal of nuclear science and technology, 2004, 41 (3): 260 - 264.

[9] CHEN Y, CHEN H, ZHANG J, et al. Modeling corrosion and precipitation in non - isothermal LBE pipe/loop systems [J] . Journal of nuclear science and technology, 2005, 42 (11): 970 - 978.

[10] SILVERMAN D C J C. Rotating cylinder electrode for velocity sensitivity testing [J] . Corrosion, 1984, 40 (5): 220 - 226.

[11] ZHANG J, LI N. Improved application of local models to steel corrosion in lead - bismuth loops [J] . Nuclear technology, 2003, 144 (3): 379 - 387.

[12] FRIEDLANDER S K, JOHNSTONE H F. Deposition of suspended particles from turbulent gas streams [J]. Industrial & engineering chemistry, 1957, 49 (7): 1151 - 1156.

[13] BEAL S K. Deposition of particles in turbulent flow on channel or pipe walls [J] . Nuclear science and engineering, 1970, 40 (1): 1 - 11.

[14] ESCOBEDO J, MANSOORI G A. Solid particle deposition during turbulent flow production operations [C] . SPE Production Operations Symposium, 1995.

[15] MATUO Y, MIYAHARA S, IZUMI Y. Simulation of radioactive corrosion product in primary cooling system of japanese sodium - cooled fast breeder reactor [J] . Journal of power and energy systems, 2012, 6: 6 - 17.

[16] 闫静贤，赵平辉，李远杰. 基于CFD方法对液态铅铋合金回路中腐蚀及腐蚀产物沉积的研究 [J] . 核科学与工程，2022 (4): 42.

Development and validation of ACCPL software for analyzing the migration behavior of corrosion products in non – isothermal Lead – Bismuth flow loop

DENG Jun[1,2], PANG Bo[1,2,*], YIN Yuan[1,2]

(1. Department of Nuclear Science and Technology, Shenzhen University (SZU), Shenzhen, Guangdong 518060, China;

2. Institute of Nuclear Power Operation Safety Technology (INPOST), affiliated to the National Energy R & D

Center on Nuclear Power Operation and Life Management, Shenzhen, Guangdong 518060, China)

Abstract: Thanks to its excellent neutronic and thermal – hydraulic properties, liquid lead – bismuth eutectic (LBE) is chosen as an important candidate coolant for the GIF – IV lead cooled fast reactor (LFR). However, corrosion effects of LBE on structural materials of the primary loop of the nuclear reactor may cause flow channel blockage and neutron – activated radiation due to the migration of the corrosion products in the primary loop, which can directly affect the safety and maintainability of the LFR. Therefore, it is important for the development of LFR to study the migration processes and behavioral mechanisms of the corrosion products, including their generation, release, transport, precipitation and deposition in non – isothermal lead – bismuth loop. In this study, we have developed a software termed as ACCPL based on C++ language to analyze and study the mechanism of corrosion – product generation, release, transport, precipitation and deposition in the non – isothermal lead – bismuth loop. The kinetic models of the classical non – isothermal experimental lead – bismuth loop DELTA and CORRIDA were chosen to validate the ACCPL software. Calculation results show that the predicted corrosion rate and deposition rate of the experimental loops by ACCPL software was in good agreement with those given by the empirical kinetic model, which demonstrates the feasibility of the ACCPL software. The subsequent work will first focus on sensitivity analysis of important parameters of the non – isothermal loop on the migration behavior of corrosion products, including the ratio of pipe diameter to loop length, dissolved oxygen concentration, coolant flow rate, and temperature gradient of the loop. Source term analysis of the neutron – activated radionuclides contained in the corrosion products as well as their redistribution within the non – isothermal loop will also be performed to estimate the distribution of radiation fields, in order to lay the ground foundation for the safety analysis and design optimization of the LFR primary circuit.

Key words: Primary circuit of nuclear reactor; Lead – bismuth eutectic; Non – isothermal loop; Corrosion behavior mechanism; ACCPL software

AP1000 反应堆轴向功率分布异常
风险分析及应对策略研究

陈伦寿，杜　超

（三门核电有限公司，浙江　台州　317112）

摘　要：轴向功率分布异常影响压水反应堆运行的安全性与经济性，是世界范围内的一个普遍性问题。AP1000 反应堆设计及运行方式决定它在运行过程出现轴向功率分布异常的概率较高。本义以三门 1 号机轴向功率分布异常案例为引，分析轴向功率分布异常的分类、特点与危害，并从预防、识别、分析与应对等角度，阐述如何避免与处理轴向功率分布异常，提高反应堆运行安全性与经济性。

关键词：轴向功率分布异常；机械运行补偿；反应堆安全

堆芯内良好的功率分布，是压水反应堆安全运行的前提。一方面，保证平坦的功率分布，确保堆芯内任何一点所产生的功率都不会导致燃料元件损伤，是确保反应堆堆芯安全的关键。另一方面，堆芯功率分布作为安全分析的重要输入条件，维持反应堆运行过程的功率分布与设计的功率分布保持一致，确保核设计与安全分析的有效性，是反应堆运行过程中功率分布控制的主要任务。

国际上不乏由于反应堆轴向堆芯功率分布异常影响电站运行安全性与经济性的例子。AP1000 反应堆，由于采用低泄漏、高燃料的燃料管理策略，导致其出现轴向功率分布异常概率较高，同时以控制棒代替调硼作为堆芯主要的反应堆控制方式，进一步加剧了其堆芯轴向功率分布控制的复杂性。三门核电 1 号机组在首循环达到满功率后，出现了轴向功率分布异常的情况。

本文基于三门 1 号机组首循环的功率分布异常处置过程，调研国际上压水堆堆芯出现的各种功率分布异常案例的特点，并结合 AP1000 自身设计与运行特性，分析、评估压水反应堆面临的各种轴向功率分布异常的现象及原因，最终为识别、预防及应对 AP1000 反应堆可能出现的轴向功率分布异常情况提出可行的建议与措施。

1　轴向功率分布简介

1.1　轴向功率分布表征

压水堆中通常使用轴向偏移（Axial Offset，AO）来表征轴向功率分布不均匀的程度。轴向偏移（AO）定义为堆芯上半部与下半部功率的差与反应堆总功率之比。

$$AO = \frac{P_\mathrm{T} - P_\mathrm{B}}{P_\mathrm{T} + P_\mathrm{B}} \times 100\% \text{。} \tag{1}$$

式中，P_T、P_B 分别为堆芯上、下部功率。

1.2　轴向功率分布异常的分类及成因

反应堆在运行过程中，出现堆芯轴向功率分布的实测值与设计值之间偏差较大（通常大于 3%）的情况，称为轴向功率分布异常。

轴向功率分布异常，按照形成机理及偏离方式的不同，分为轴向偏移异常（AOA）与轴向偏移

作者简介：陈伦寿（1965—），男，高级工程师，现主要从事核电厂燃料管理及反应堆物理相关工作。

偏离（AOD）两类。

1.2.1 AOA

AOA，是指反应堆冷却剂系统内腐蚀积垢物在堆芯上部的燃料棒表面沉积而导致的轴向功率分布异常现象。

形成 AOA 的 3 个必要因素即：过冷泡核沸腾、腐蚀产物沉积、硼酸。三者结合共同促成了 AOA 的产生[1]（图1）。

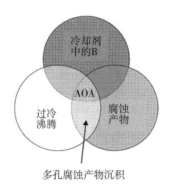

图1 AOA 形成的"三因素"

典型的 AOA 发展趋势如图 2 所示。

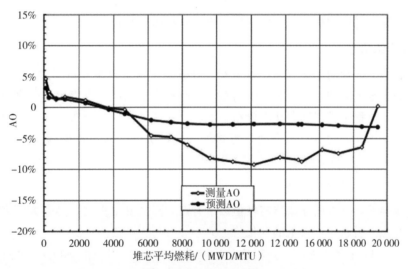

图2 典型 AOA 发展趋势

AOA 特点：

(1) 通常在寿期中后期出现，随着反应堆运行而加深；

(2) 通常发生在高功率、长循环的反应堆中。

1.2.2 AOD

AOD 是指由于运行或制造原因寿期初出现的轴向功率分布异常现象。

AOD 的诱因包括：燃料中一体化可燃毒物（IFBA）分布不均匀、控制棒插入太深、AO 控制系统的长期偏差等。

典型的 AOD 发展趋势如图 3 所示。

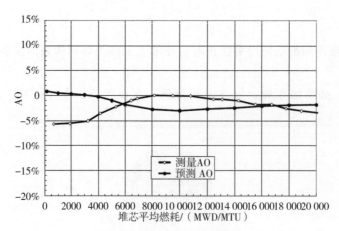

图 3　典型 AOD 发展趋势

AOD 特点：

（1）通常在寿期初出现；

（2）随燃耗逐渐减弱，直至回归到正常范围内；

（3）大多出现在采用大量可燃毒物的反应堆内。

2　轴向功率分布异常的影响

轴向功率分布异常既影响机组运行安全性，也影响机组经济性。

2.1　影响安全分析结论

反应堆平衡状态下的轴向功率分布，对于安全分析是一项十分重要的参数，不同轴向功率分布，对于机组状态的响应是不同的，它决定了机组对于运行瞬态的响应，也直接影响事故分析的结果。因此，机组在实际运行过程中维持轴向功率分布与堆芯设计的轴向功率分布一致是十分必要且重要的工作，如此才能确保机组在面对运行瞬态时能够按照预期的方向响应，也确保了事故分析的假设得到满足。

2.2　降低反应堆安全裕量甚至导致停堆

轴向功率分布异常，一方面导致堆芯峰值因子升高，降低安全裕量。另一方面将导致控制棒价值及堆芯反应性的变化，引起停堆裕量的变化。

美国某电厂在第 12 个换料循环，换料启动后堆芯出现 $+5\%$ 以上的 AOD，致使反应堆超温保护停堆整定值（OTDT）降低；在从满功率快速降至 80% 额定热功率过程中，由于功率降低引起 AO 进一步向正方向倾斜，达到了 OTDT 停堆整定值导致意外停堆。

2.3　影响反应性预测

轴向功率分布异常导致堆芯通量分布的变化，影响堆内反应性，使预测临界状态（ECC）与实际不一致。轴向功率分布异常导致控制棒价值与设计值产生偏差。对于出现 AOA 反应堆，由于在沉积垢物中聚集的硼酸在寿期末或者在反应堆瞬态过程中会重新溶解或脱落，同样会引起反应性的非预期变化。

基于全球多个电厂在异常轴向功率分布情况下的运行经验，由于轴向功率分布异常导致的 ECC 偏差可达 50ppm。

2.4　影响机组运行灵活性

轴向功率分布异常给堆芯控制带来许多不可预测的因素，易引起轴向氙振荡，导致轴向功率分布控制的困难。同时，由于其同时带来的反应性预期外变化，进一步给运行瞬态的控制带来风险。许多电厂在出现轴向功率分布异常后，失去了负荷跟踪的能力。

2.5 增加大修剂量

针对积垢导致 AOA 的电厂，停堆后，热流密度及温度的降低会导致吸附在棒表面的腐蚀产物脱落。大多数电厂在经历 AOA 后都报道了其一回路活化产物在停堆后大大增加，原因就是因为腐蚀产物的重新释放，包括 Co、Ni、Fe 等。

2.6 经济性影响

对经济性的影响，一方面体现在，失去安全裕量及运行灵活性之后，被迫降功率甚至提前停堆，机组发电效率降低。另一方面，由于存在上述不利影响，被迫花费较大代价去处理其产生的后果。包括：破损燃料修复、更换入堆乏燃料组件甚至采购新燃料、重新换料堆芯设计、安全评审等。

3 AP1000 反应堆轴向功率分布异常现象分析

3.1 三门核电 1 号机首循环轴向功率分布异常现象

三门 1 号机组是全球首台 AP1000 型机组，在调试过程中，首次到达满功率即出现轴向功率分布异常的现象，通过堆内核测的测量比较得到测量 AO 与设计 AO 的偏差最大达到 5.1%，后续在采取相关应对措施后，AO 偏差缓慢减小，最终恢复到正常范围内（小于 3%），整个过程中 AO 偏差趋势如图 4 所示。

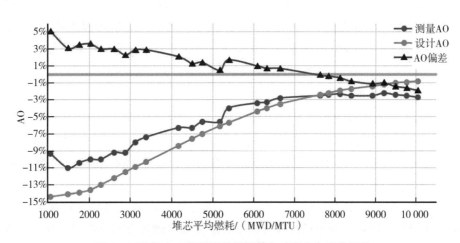

图 4 三门核电 1 号机组首循环轴向功率分布异常趋势

三门核电 1 号机出现 AOD 的根本原因是调试期间反应堆长期处于低功率运行，AO 自动控制投入较晚，且未能意识到可能产生的 AOD 风险，致使调试期间控制棒长期处于较深的插入深度，压制堆芯下部功率，AO 长期处于偏负（相比设计值）的状态。而到调试结束、回到满功率稳定运行状态、AO 棒提升至正常棒位附近时，上部被压制的燃耗得到释放，功率向上部倾斜，由此出现实测AO 向正方向偏离的情况，导致轴向功率分布偏离预期。对比前文的分类可知，此种情形属于 AOD。

3.2 三门核电 1 号机首循环轴向功率分布异常应对

三门核电 1 号机在出现 AOD 后，为及时应对该轴向功率分布异常，避免造成恶劣后果，采取了如下应对措施：

（1）低功率（25% 额定功率之前）没有 AO 控制要求时，尽量将 AO 棒保留在较高位置；

（2）25%～50%RTP 之间，通过手动方式，以核设计提供设计 AO 为目标值，尽量维持 AO 在技术规格书限制的范围内（−5，+3）；

（3）50％RTP 以上，通过手动或自动控制方式，以核设计提供设计 AO 为目标值，尽量维持 AO 在目标 AO 的±1 以内；

（4）增加调硼次数，尽量避免控制棒插入过深。

通过上述措施，避免了 AO 棒持续插入较深的堆芯位置，减少了对堆芯下部功率的压制，后续随着燃耗加深，三门核电 1 号机堆芯 AO 偏差逐渐减少，直至回到 3％（核设计不确定性）以内。同时，由于有了 1 号机的经验反馈，2 号机在调试期间采取上述措施后，未出现类似 1 号机的 AOD 情况。

4 AP1000 反应堆轴向功率分布异常风险分析

相较于 AOD 通常出现在循环初期，且随着燃耗加深而逐渐减弱；AOA 一旦出现，在当前循环中会随着燃耗加深而加剧，且如不采取有效措施，AOA 会迁移至下一循环，持续对后续循环运行造成影响。故相对而言，AOA 现象对于电站威胁更大；而 AP1000 电站，由于其设计特点及运行方式，AOA 的风险尤其突出。

4.1 燃料管理策略导致的固有风险

AP1000 反应堆在设计上自首循环开始即采用了低泄漏、长循环（18 个月）的燃料管理策略，同时 AP1000 燃料在原 AP600 燃料的基础上，将燃料组件的活性区由 12 英尺增加到 14 英尺（4.27 米）。

EPRI 通过对多个案例的研究总结出轴向功率分布异常出现的 4 个诱因：长循环长度、长燃料组件高度、小换料批次及低泄漏装载。在上述 4 个特点中，AP1000 燃料管理策略拥有其中 3 个，即：长循环长度、长燃料组件高度及低泄漏装载方式。这导致 AP1000 反应堆在出现轴向功率分布异常情况的概率较高。

4.2 MSHIM 运行策略引入的额外风险

AP1000 电站在世界范围内首次采用的机械补偿运行（MSHIM）方式，使用高、低价值的控制棒组合对反应性进行机械调节，取代日常频繁调节可溶硼的需求。由于 MSHIM 的应用，AP1000 反应堆在功率分布控制上与传统 PWR 存在较大差异，在功率分布上也存在一些本身特有的风险。

4.2.1 控制棒阴影效应[2]

MSHIM 使用高、低价值的控制棒组合对反应性进行机械调节，取代日常频繁调节可溶硼的需求，要求控制棒长期处于堆内，导致控制棒所在燃料组件轴向燃耗分布不均匀，在受压制组件上部产生燃耗阴影。轴向燃耗阴影进一步导致组件轴向功率分布偏离，更易产生轴向功率分布异常。

4.2.2 M 棒移动带来轴向功率分布的额外扰动

MSHIM 设计为一回路平均温度（即功率）与 AO 的独立控制。由 M 棒（主要由低价值的灰棒组成）对一回路冷却剂平均温度进行控制；由 AO 棒（高价值的黑棒）对 AO 进行控制。

实际运行过程中发现，使用 M 棒控制反应性，会对堆内 AO 产生影响。M 棒对于 AO 的影响，可能导致轴向功率分布朝着不利的方向发展，加剧堆芯出现轴向功率分布异常的风险。而对于已经出现 AOA 的电厂，M 棒移动引起的 AO 变化，可能进一步引发轴向氙振荡，影响堆芯运行安全。

综上所述，AP1000 电厂，由于其燃料管理策略特点，及 MSHIM 运行策略的运用，导致轴向功率分布异常发生的概率较大。上文中描述的三门 1 号机组调试期间出现的轴向功率分布异常现象（AOD），虽然由于及时发现并通过调整控制棒运行方式，及时纠正了轴向功率分布的偏差情况，但上述经历也从侧面证实了 AP1000 反应堆出现轴向功率分布异常的概率较高。

结合三门 AP1000 机组已经出现过的轴向功率分布异常，为避免堆芯运行过程中出现轴向功率分布异常，并为以后可能的轴向功率分布异常提前识别与应对，提出如下方案。

5 AP1000 反应堆轴向功率分布异常的预防与应对

5.1 通过设计避免轴向功率分布异常

通过顶层的燃料管理策略及核设计来从源头上避免轴向功率分布异常，是对运行影响较小的一种方式。包括：优化燃料管理策略、改进可燃毒物布置、降低燃料负荷等设计。

5.2 密切跟踪 AO 及化学参数的变化

跟踪高负荷组件的 AO 变化趋势，以及整个堆芯的 AO 变化趋势，结合一回路化学参数的变化（包括 Li、B 等），及早发现轴向功率分布异常的征兆，可及时发现轴向功率分布异常风险并及采取措施。

5.3 低功率运行期间保持恰当的 AO 控制

结合三门 1、2 号机调试期间经验反馈，对长期低功率运行期间的 AO 控制提出如下建议：
(1) 在控制系统还不能实现 AO 自动控制前，手动将 AO 控制在核设计限制范围内；
(2) 在 50％功率以上时，尽量将 AO 控制在目标值的控制带内；
(3) 尽量避免 M 棒长期插入堆芯较深位置，减少对 AO 的影响；
(4) 长期低功率运行期间，应保持与满功率运行相同的 AO 控制；
(5) 避免为了方便反应堆控制，主动更改 AO 目标值，使之偏离标准状态下设计值的操作。

5.4 适当的水化学控制策略

水化学因素对于轴向功率分布的影响是较复杂的问题，可开展专门的课题去研究。但无论如何，在机组运行过程中由于任何原因对一回路水化学运行策略或相关参数的修改，应视为重要变更，在变更实施前必须评估其对于燃料的影响。且一回路水化学各参数的控制范围，随着机组运行，可根据堆芯运行数据、结合 PIE 检查结果，来逐步优化。

5.5 辐照后检查（PIE）

通过 PIE，检查辐照后燃料棒的状态，可评估燃料棒表面积垢量及后续 AOA 的风险。PIE 项目本身是一个检查项目多、涉及面广、工作较复杂且相对独立的工作，可通过单独的项目来分析研究。

5.6 已发生轴向功率分布异常的应对

5.6.1 建立模型模拟分析轴向功率分布异常

对于发生轴向功率分布异常的电厂，在换料设计阶段，通过对上一循环堆芯运输历史的精确跟踪与模拟计算，可得到下一循环堆芯的准确响应，为 AO 控制提供精准支持的同时，确保了下一循环安全分析要求得到满足。

5.6.2 严格的 AO 限制

轴向功率分布异常的反应堆，AO 较难控制，对于堆芯的任何扰动易造成功率分布的失控（氙振荡或安全裕量降低）。为此，在发生轴向功率分布异常后，应采取更加严格的 AO 限制，如 AO 控制已经较困难，可通过调硼均匀引入反应性，代替 M 棒移动带来的 AO 扰动。

5.6.3 运行策略调整

(1) 保持稳定运行，减少负荷跟踪；
(2) 限制升、降功率速率，尽可能缓慢、平滑；
(3) 尽量提高净化流（AOA）；
(4) 停堆期间，通过氧化还原，去除一回路腐蚀产物（AOA）。

5.6.4 必要的补充安全分析

对于轴向功率分布异常较严重的堆芯，由于原安全分析的假设条件已经失效，因此涉及功率分布及燃耗分布等因素的事故分析，需要重新分析评估。

6 结论

轴向功率分布异常是国际上较普遍的一个问题，考虑到 AP1000 本身的设计特点及 MSHIM 运行策略的应用，其后续出现轴向功率分布异常的风险较大，为避免轴向功率分布异常威胁机组运行的安全性与经济性，本文通过论证、分析为 AP1000 核电机组及同类压水反应堆机组提出如下应对建议：

（1）通过燃料管理策略优化及换料堆芯设计等措施提前预防；

（2）通过组件与堆芯 AO 趋势跟踪、化学参数变化趋势监测等手段及早识别；

（3）通过建立核设计模型模拟、运行策略调整、更严格的 AO 控制、补充的安全分析等措施进行问题出现后的应对与处理。

本文提出的上述预防与应对反应堆轴向功率分布异常的措施不仅适用于 AP1000 反应堆，同样可为其他压水堆核电反应堆提供借鉴意义。

参考文献：

[1] 杨萍，汤春桃．AP1000 核电厂首循环 CIPS 风险评价 [J]．核科学与工程，2012，32（3）：284-288.

[2] 杜超．AP1000 堆芯的燃耗阴影效应及其控制策略 [J]．核科学与工程，2016（36）：75-83.

Risk analysis and dealing strategies research on axial power distribution abnormal of AP1000 reactor

CHEN Lun-shou，DU Chao

(Sanmen Nuclear Power Co., Ltd., Taizhou, Zhejiang 317112, China)

Abstract： Axial power distribution abnormal, which affects the safety and economy of pressurized water reactor, is a universal problem around the world. Due to the design and operation characteristics, AP1000 reactor has a high probability of axial power distribution abnormal during operation. Based on the case study on abnormal axial power distribution in Sanmen Unit 1, this paper analyzes the classification, characteristics and impacts of the axial power distribution abnormal. Additionally, this paper explains how to avoid and deal with the axial power distribution abnormal and improve the reactor operation safety and economy from the perspective of prevention, identification, analysis and response.

Key words： Axial power distribution abnormal; Mechanical operation compensation; Reactor safety

670 MW 核电汽轮机抗燃油系统污染的分析与处理

刘　伟，傅云事，李云应，陆增圩

（中核核电运行管理有限公司，浙江　嘉兴　314300）

摘　要： 某 670MW 核电机组在一次大修后频繁出现汽轮机高压主调阀阀位异常波动的现象，并且波动幅度有增大趋势，甚至影响机组功率稳定。对汽轮机抗燃油进行取样分析，发现油质颗粒度偏高，判断油中杂质颗粒造成高压主调阀油动机伺服阀阀芯卡涩，从而导致主调阀阀位波动。不同于通常的抗燃油颗粒度偶发超标处理经验，该主调阀阀位波动问题通过临时滤油、更换伺服阀等措施只能暂时得到缓解，油质经过过滤后仍然频繁出现颗粒度超标，并在油样中不定期检出黑色片状物。对抗燃油中颗粒进行了成分分析，根据分析结果对抗燃油系统进行了全面排查和试验，最终确认了油中杂质颗粒和黑色物质来源，并通过在线加装抗燃油再生装置实现 24 小时不间断过滤和再生，使主调阀阀位频繁波动问题得到有效控制，为在后续计划检修窗口根治污染源创造了条件。

关键词： 汽轮机；高压调节阀；波动；抗燃油；颗粒度；黑色物质

随着我国电力工业的发展，大型机组对汽轮机调速系统工作油的防火及液压性能要求越来越高。目前，300MW 及以上火力、核电机组已广泛采用磷酸酯抗燃液压油（简称"抗燃油"）作为汽轮机电液调速系统的工作介质[1]。由于电厂汽轮机电液调速系统长期运行，设备磨损、老化产物和外部杂质侵入等因素导致抗燃油中的杂质颗粒度污染逐渐加剧，系统滤网堵塞、伺服阀卡涩、转动部件磨损等问题时有发生。

某 670MW 核电汽轮机电液调速系统使用的抗燃油由美国科聚亚公司生产，牌号为 Reolube Tur-bof‐luid 46SJ，工作油压 14.5MPa，分别向 2 台高压主汽阀、4 台高压主调阀、12 台再热汽阀以及 2 套跳闸保护模块供油，反复出现的油质颗粒度超标问题困扰机组运行长达 1 年时间，甚至一度影响机组功率稳定。

1　异常现象

1.1　主调阀阀位波动

该机组某次燃料循环运行 5 个月后，汽轮机 2/3 号高压主调阀相继出现阀位小幅波动现象，阀位反馈信号波动幅度为 $0.5\% \sim 0.8\%$，相应伺服阀线圈电压信号也出现明显波动，分析原因为伺服阀阀芯卡涩。机组降功率至 580MW 平台，分别对 2/3 号主调阀油动机上的伺服阀进行了更换，重新投运后阀位稳定。半个月后，4 号高压主调阀阀位也出现异常波动，阀位在 1 分钟时间内从 49% 减小至 39%，机组电功率从 656 MW 降至 654.94 MW，另外 3 台调门同步开大 3%，电功率超调至 658 MW，随后在 40 秒内恢复至 656 MW。整个过程持续约 2 分钟，电功率波动幅度约 3.06 MW。机组再次降功率运行，更换伺服阀后阀位波动现象消失。此后 4 台主调阀阀位波动现象时有发生，严重影响机组稳定运行（图 1）。

作者简介：刘伟（1986—），男，高级工程师，现从事核电厂机械维修工作。

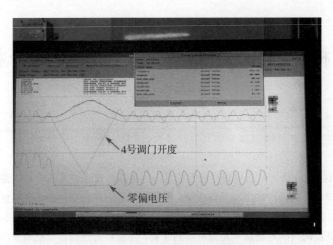

图1　4号高压主调阀阀位波动趋势

1.2　抗燃油颗粒度频繁超标

　　伺服阀如此频繁的出现卡涩问题，分析原因为抗燃油油质存在异常，于是对油质进行取样分析。油质分析结果为颗粒度6级（NAS1638，下同），通常情况下颗粒度一般保持在3～4级，其余水分、酸值、电阻率等指标均在正常范围内，具体数据如表1所示。

表1　抗燃油油质分析

分析项目	分析值	单位	标准	备注
机械杂质	有肉眼可见杂质	—	无肉眼可见杂质	
6～14μm 颗粒数	12 980	颗	—	级数[6]
14～21μm 颗粒数	530	颗	—	级数[4]
21～38μm 颗粒数	260	颗	—	级数[6]
38～70μm 颗粒数	40	颗	—	级数[5]
>70μm 颗粒数	0	颗	—	级数[0]
颗粒度	6	级	≤4	
水分	39.1	mg/kg	<300	
酸值	0.021	mgKOH/g	<0.05	
电阻率	1.68E+13	Ω·m	>8E+9	20 ℃

　　由于抗燃油供油装置再生循环回路净化能力有限，为尽快减少油中颗粒，安装离线滤油机进行滤油，该滤油机进出口通过橡胶软管与抗燃油油箱连接，存在跑油风险，滤油期间需要油务人员全程值守，密切关注过滤器压差并及时更换新滤芯。按照通常的抗燃油颗粒度偶发超标处理经验，一个燃料循环期间（18个月）抗燃油会出现2-3次颗粒度超标现象，使用常规离线去颗粒滤油机滤油3～4个工作日，即可将油质颗粒度降至4级及以下。但此次明显需要更长的滤油时间（7个工作日）才能将颗粒度降下来，并且2～3周后再次出现颗粒度超标现象，如此反复。

1.3 肉眼可见黑色物质

油质取样检测过程发现，从回油管路上取样阀放出的油样中不定期会出现肉眼可见黑色物质，往往放油时间越长，黑色物质越少。该黑色物质不是每次取样都会出现，但颗粒较大，最长达 2～3 mm，形貌特征多为黑色片状，非金属质感，悬浮于油中。针对油样中的黑色物质，委托专业检测机构进行了红外光谱和电镜检查，判断黑色物质主要成分是 C（99％成分都是碳，微弱的磷），推测可能是炭黑或石墨，但抗燃油系统中一般不会产生炭黑或使用石墨材质部件（图 2、图 3）。

图 2 油中黑色物质

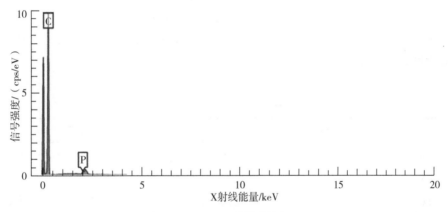

图 3 黑色物质材质分析

2 原因分析

2.1 颗粒度频繁超标原因分析

将更换下的伺服阀进行解体检查和冲洗，确认故障原因为细小颗粒杂质聚集导致阀芯卡涩，与抗燃油颗粒度超标直接相关。根据油质颗粒度频繁超标并且滤油时间明显延长的现象，判断油中细小颗粒并非系统内正常磨损产生，而是有固定的来源在持续释放。抗燃油在经过长时间运行后，在氧化或水解作用下会逐渐劣化，劣化产物聚集沉淀形成油泥，会造成系统内的滤芯或精密部件堵塞或卡涩[2]。多次取样分析酸值、水分和电阻率等指标良好，与故障现象不符，另委托专业检测机构对油样进行了亚微米颗粒分析，分析结果如表 2 所示，亚微米颗粒含量正常，因此彻底排除油质劣化的可能。

表 2 亚微米颗粒分析

分析项目	分析值	单位	检测方法
不溶物（0.22μm）	0.005	％（质量分数）	ASTM D4055 - 04
6～14μm 颗粒数	1094	颗粒数/10g	ASTM F312 - 08

此类抗燃油系统中持续释放细小颗粒的问题在该机组尚属首次出现，在排除了油质劣化产生油泥的可能性后，转向排查维修活动引入的可能因素。抗燃油系统在机组运行期间基本无涉及系统开口的维修工作，于是针对上一次机组大修的维修项目进行了梳理，发现除了油泵、管阀、油动机等常规检修项目外，还首次实施了大规模的蓄能器皮囊更换工作。为了使抗燃油系统压力保持稳定，抗燃油系统会配置一定数量的蓄能器，蓄能器内装有充入高压氮气的橡胶皮囊，对可能的油压突变提供缓冲作用。在该机组上一次大修中，14台蓄能器中有13台进行了首次预防性更换橡胶皮囊工作，而这13个橡胶皮囊备件来源于4个不同的生产厂家或供货渠道。由于抗燃油具有一定的腐蚀性，并不是所有橡胶都适用，如丁基橡胶、乙丙橡胶和氟化橡胶对抗燃油有良好的适应性，但丁腈橡胶、氯丁橡胶和天然橡胶等都不适应抗燃油。因此，橡胶皮囊材质或质量方面存在问题导致持续释放细小颗粒的可能性不能排除。

为此，对同批次的库存皮囊备件进行泡油试验，使用洁净的抗燃油对皮囊进行浸泡，定期取油样分析颗粒度变化趋势。经过近2个月的泡油试验，取样结果显示颗粒度明显上升，并且粒径组成比例与抗燃油系统中的油样相近，具体数据如表3所示。将抗燃油系统中过滤得到的细小颗粒与皮囊浸泡油中收集得到的细小颗粒分别进行红外光谱成分分析（图4、图5），两者均检测出主要成分是聚丙烯（PP）、碳酸钙。经查阅有关文献，聚丙烯是一种性能优良的热塑性合成树脂，为无色半透明的热塑性轻质通用塑料，可能来自丁腈橡胶；轻质碳酸钙广泛填充于丁腈等橡胶中，碳酸钙的添加可减少橡胶收缩、改善流变态、控制黏度等，可能来自丁腈橡胶。通过以上对比分析，基本确定该机组抗燃油系统中持续释放的细小颗粒来源于上次大修使用的不适用于抗燃油介质的蓄能器橡胶皮囊。

表3　浸泡油油质分析

分析项目	分析值	单位	标准	备注
6～14μm 颗粒数	19 900	颗	—	级数 [7]
14～21μm 颗粒数	220	颗	—	级数 [3]
21～38μm 颗粒数	80	颗	—	级数 [4]
38～70μm 颗粒数	10	颗	—	级数 [3]
＞70μm 颗粒数	0	颗	—	级数 [0]
颗粒度	7	级	≤4	

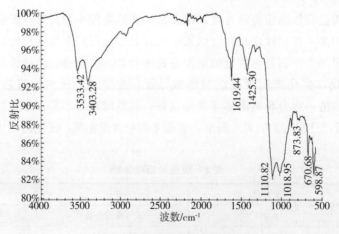

图4　运行油中颗粒成分分析

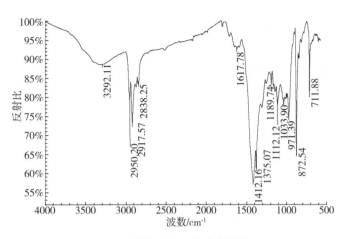

图 5　浸泡油中颗粒成分分析

2.2　肉眼可见黑色物质来源排查

根据行业内经验反馈，抗燃油中频繁出现肉眼可见黑色物质，多为系统管路中存在局部过热点而导致的抗燃油碳化产物。温度过高时（通常 100 ℃以上），作为碳氢化合物的抗燃油会发生热裂解，分子链断裂，油质严重老化甚至碳化后生成黑色焦炭类物质[3]。系统中过热点通常在油箱电加热器或靠近高温高压阀门的管段，该机组曾因油箱电加热器功率偏大导致其表面结碳，通过降低电加热器功率、优化再生循环泵运行方式等措施已彻底解决，于是针对系统管路开展测温排查。经过多次系统排查，并未发现有明显的过热点，排查结果如表 4 所示。

表 4　系统管路测温　　　　　　　　　　　　　　　　　　　　　　　　　　　　单位：℃

温度测点	1 号主汽阀	2 号主汽阀	1 号主调阀	2 号主调阀	3 号主调阀	4 号主调阀
保安油管	43	43	45	45	46	46
高压进油管	43	43	45	47	44	46
有压回油管	43	42	45	45	45	45
油动机	47	46	46	46	47	44

在排除了系统管路局部过热后，检查系统过滤器的滤芯并无大量肉眼可见黑色物质，于是将排查范围缩小至取样管路。取样管路主要包括 1 个回油模块和 2 台取样阀，检查回油模块中橡胶垫片完好，解体其中 1 台取样阀发现阀杆处使用石墨填料密封，而石墨层已经碎裂（图 6），取油样需开启取样阀，导致碎片状的石墨随抗燃油一起流出。

图 6　浸泡油中颗粒成分分析

3 处理措施

在基本确认根本原因是蓄能器橡胶皮囊不断释放细小颗粒导致抗燃油系统油质颗粒度频繁超标后，需要制定处理方案。考虑到该机组此轮燃料循环运行近半年，短期内无停机检修窗口，方案的主要思路是在机组日常运行期间进行连续滤油，尽可能滤除不断释放的细小颗粒，避免伺服阀卡涩导致的机组功率波动或损失。临时滤油机运行期间需要人员24小时连续看护，并且功能有限，经过调研，决定在线加装某热工研究院设计生产的 KY－XTDSNY10 型再生滤油机，该滤油机采用与抗燃油相容的材料及新型高效吸附剂填充的再生滤元及精密颗粒过滤器进行合理配置，可有效除去油品老化劣化所产生的有害酸性产物、胶质、水分及油中的机械杂质等，保持油品性能的长期稳定，并可自动控制和报警。经过近半年的运行实践表明，通过每两周更换一次精密颗粒过滤器滤芯，可以将颗粒度控制在4级左右，伺服阀也基本未再出现卡涩现象。在后续的停机检修窗口中，检查发现有3台蓄能器的皮囊表面明显析出填充剂颗粒，全部更换了合格的橡胶皮囊，机组重新启动后抗燃油系统恢复正常，在线滤油机每半年更换一次精密颗粒滤芯即可。在线滤油机系统原理如图7所示。

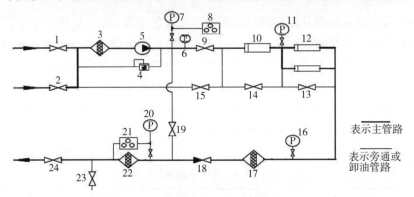

图7　在线滤油机系统原理

为确保后续蓄能器橡胶皮囊备件质量，升版蓄能器橡胶皮囊备件采购技术书，明确验收要求：供货厂家需按照 GB/T 1960—2010《硫化橡胶或热塑性橡胶耐液体试验方法》对该批次皮囊橡胶进行抽检和浸泡试验，检测质量变化率、体积变化率、尺寸变化率、表面积变化率、硬度变化率、拉伸性能变化率、单面试验和浸泡油样油质化验，出具检测报告。

针对取样阀石墨填料碎裂导致石墨进入油样中的问题，对抗燃油系统中的阀门进行了全面排查，将石墨填料改为聚四氟乙烯填料，禁止在抗燃油系统中使用石墨填料密封，此后未再发现取样油中出现黑色物质。

4 结语

抗燃油系统运维实践表明，影响油质颗粒度的可能是单一因素，也可能是多重因素叠加，可能是短时侵入，也可能是持续释放，需要仔细排查多方验证，才能最终明确根因并制定有效措施。此外，目前电厂关于抗燃油的维护策略多为基于 DL/T 571—2014《电厂用磷酸酯抗燃油运行维护导则》的指标控制和被动防御，而加装先进再生滤油机则是变被动防御为主动防御的重要手段和发展趋势。

参考文献：

［1］陈吉稳 . 9FA 燃气电厂抗燃油颗粒度超标原因分析及处理［J］. 设备管理与维修，2017（9）：76 - 78.

［2］张昕宇 . 抗燃油中杂质颗粒度的监测［J］. 江西电力，1999（2）：16 - 18.

［3］王笑微 . 某电厂2号机组抗燃油黑色颗粒物来源分析［J］. 中国电力，2014（5）：32 - 34.

Analysis and treatment of pollution in the fire – resistant oil system of 670 MW nuclear power turbine

LIU Wei, FU Yun-shi, LI Yun-ying, LU Zeng-wei

(China Nuclear Power Operation Management Co. , Ltd. , Jiaxing, Zhejiang 314300, China)

Abstract: After a major overhaul, a 670 MW nuclear power unit frequently experienced abnormal fluctuations in the position of the high – pressure main control valve of the steam turbine, and the fluctuation amplitude showed an increasing trend, even affecting the power stability of the unit. Sampling and analysis of the turbine fire resistant oil revealed a high particle size of the oil. It was determined that impurities and particles in the oil caused the jamming of the servo valve core of the high – pressure main control valve hydraulic servomotor, resulting in fluctuations in the valve position of the main control valve. Unlike the usual experience of handling occasional excessive particle size of fire – resistant fuel, the fluctuation of the valve position of the main regulating valve can only be temporarily alleviated through temporary oil filtering, replacement of servo valves, and other measures. After filtering, the oil quality still frequently shows excessive particle size, and black flakes are detected in the oil sample irregularly. The source of impurity particles and black flakes in the oil was finally confirmed. Through the installation of an online anti fuel regeneration device, 24 – hour uninterrupted filtration and regeneration were achieved, effectively controlling the frequent fluctuation of the main control valve position, and creating conditions for the thorough eradication of pollution sources in the subsequent planned maintenance window.

Key words: Steam turbine; High pressure regulating valve; Fluctuation; Fire resistant oil; Particle size; Black substance

三门核电 1、2 号机组功率运行中轴向氙振荡抑制策略研究

李　昂，钱仲悠，陈理江

（三门核电有限公司，浙江　台州　317112）

摘　要： 压水堆电厂需要面对轴向功率分布不均匀的问题。当反应堆轴向功率分布改变，势必会引起该区域 Xe - 135 浓度和反应性的相互作用，导致堆芯中 Xe - 135 和中子通量密度的空间振荡。氙振荡可能会导致燃料破损、放射性物质外泄，以及堆内材料的应力疲劳，这是电厂安全运行的重要隐患之一。本文从氙振荡原理着手，对适用于三门核电的氙振荡的抑制策略进行了研究。

关键词： 氙振荡；抑制策略；轴向功率分布控制

三门核电 1、2 号机组采用 AP1000 机型，其安全系统采用了"非能动"技术，简化了系统、减少了设备，也大大降低了人因失误造成事故扩大的可能性[1]。但作为大型压水堆电站，三门核电同样需要面对温度、燃耗、可燃毒物及裂变产物等因素导致的轴向功率和中子通量分布不均匀的问题[2-3]。在反应堆中，裂变产物的浓度与中子通量直接相关，当反应堆功率变化时，裂变产物浓度也将相应变化，从而引起正的或负的反应性效应，其中对堆芯反应性影响最显著的裂变产物是氙（Xe - 135），其热中子吸收截面大，且随功率变化具有迟滞性[4]。在功率分布发生突变的情况下，由于有氙毒的存在，反应堆内功率密度、中子通量将发生周期性的振荡，即氙振荡。

氙振荡根据发生的空间位置可分为轴向、径向氙振荡，由于径向氙振荡具有自收敛特性且一般不会发生[5]，本文所研究和提及的氙振荡均为轴向氙振荡。

堆芯轴向的自由氙振荡是轴向功率瞬时偏移围绕目标轴向通量偏差（TAFD）的正弦振荡，如不加以控制，其振荡周期为 15～30 小时[6-7]。由于氙振荡会周期性地改变堆内的功率分布状况，未及时抑制或不恰当的抑制方式将加剧氙振荡的程度，堆芯将长时间处于振荡的过程中，极有可能造成局部功率峰持续偏高，局部释热率明显增大，从而导致该区域燃料芯块肿胀程度明显增加，侵蚀包壳和芯块的间隙，严重时将导致包壳形变。由于 UO₂ 导热性能较差，在形变部位，芯块和包壳之间会产生较大的局部拉应力，使包壳出现环脊，从而有较大可能导致燃料包壳破裂，使包容的放射性物质外泄。另外，氙振荡的存在会导致堆内温度场发生交替变化，也会加速堆内材料的应力破坏[4,9]。

综上，如何有效抑制氙振荡，保持轴向功率分布处于理想状态对大型压水堆电厂是一项重要课题。本文从氙振荡产生的原理着手，结合现场实践对氙振荡的抑制策略进行探究，并就如何保障氙振荡抑制及时性、有效性提出建议。

1　氙振荡产生和识别

1.1　氙振荡产生原理

在压水堆核电站中，氙振荡主要是堆芯轴向功率波动或控制棒快速、大范围移动导致功率分布发生突变而引起的。此时，堆芯会发生显著的正向或负向的轴向功率偏移，局部中子通量、功率密度降

作者简介：李昂（1990—），男，硕士研究生，工程师，现主要从事核电厂反应堆物理、燃料管理工作。

低，轴向的对称区域的功率则会相应升高[4]。

氙的产生和消耗途径如图 1 所示。

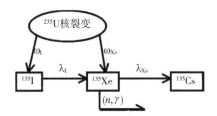

图 1　氙的产生和消耗途径

氙浓度随时间的变化率可整理出如下公式：

$$\frac{dN_{Xe}}{dt} = (\omega_{Xe}\Sigma_f\varphi + \lambda_I N_I) - (\lambda_{Xe}N_{Xe} + \sigma_a N_{Xe}\varphi)。 \tag{1}$$

式中，ω_{Xe} 为 ^{135}Xe 的裂变产额（约 0.3%）；Σ_f 为 ^{235}U 的宏观裂变截面（0.18cm^{-1}）；φ 为中子通量；λ_I、λ_{Xe} 为 ^{135}I 和 ^{135}Xe 的衰变常数；N_I、N_{Xe} 为 ^{135}I 和 ^{135}Xe 的浓度；σ_a 为 ^{135}Xe 微观吸收截面。

分析式（1）可知，在中子通量 φ 降低的区域，^{135}Xe 因吸收中子而被消耗的量 $\sigma_a N_{Xe}\varphi$ 减少，而 ^{135}I 衰变的过程仍在继续，即 $\lambda_I N_I$ 未产生变化，dN_{Xe}/dt 大于 0，即该区域的 N_{Xe} 浓度逐渐增加，进而导致该区域的中子通量 φ 进一步降低；在对称区域，中子通量密度升高，$\sigma_a N_{Xe}\varphi$ 消耗加剧，dN_{Xe}/dt 小于 0，N_{Xe} 逐渐减少，中子通量进一步升高。

随着功率分布的变化，裂变产生 ^{135}I 的量也相应变化。中子通量密度降低的区域，N_I 也会逐渐减少，最终导致 N_{Xe} 降低到低于之前浓度的状态，从而使该区域的中子通量密度 φ 由降低转为增加；另一区域则相反，中子通量密度 φ 由增加变为降低。在这种局部功率升高和降低的循环往复过程中，形成堆芯中子通量密度 φ 和 N_{Xe} 的周期性空间振荡[8]（图 2）。

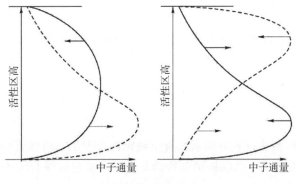

图 2　氙振荡示意

1.2　氙振荡的识别

氙振荡产生时，局部氙浓度会出现增加或减少，但在整个堆芯中，氙的总量变化很小，如果只是从总氙浓度和反应性的角度进行关注，将很难发现氙振荡。

作为第三代核电技术，三门核电 AP1000 机型所配置的 BEACON 系统可以通过解析处理堆内仪表系统（IIS）传输的信号计算并输出当前氙分布情况及变化趋势，形成 Xe Mode 图来帮助电厂人员识别（图 3）。

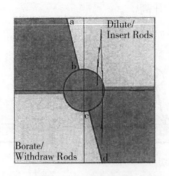

图 3　Xe Mode 图

如图所示，BEACON 系统的 Xe Mode 图以上下部氙偏差为横坐标，以氙偏差的一阶导数为纵坐标，由 BEACON 计算后分别输出，并与之前输出的点形成氙运动轨迹。为使氙的变化情况与控制棒动作保持一致且为顺时针方向运动轨迹，横、纵坐标分别倒置了坐标轴。当氙轨迹超越中心区域时，说明堆芯已发生氙振荡，需要及时进行抑制。

2　氙振荡抑制方式

氙振荡产生是由轴向功率变化导致，因此就需要有针对性地调节轴向功率分布达到抑制氙振荡的目的，而各电厂对于轴向功率的调节均依赖于控制棒组。

对于三门核电，AP1000 机型设置了专用于调节堆芯轴向功率分布的 AO 棒，通过物理和运行人员的合理判断，有效移动 AO 棒，可及时改变轴向功率分布，基于机械补偿运行和控制策略（MSHIM），AO 棒移动造成的反应性变化将由 M 棒组移动进行补偿，因此三门核电可在不调硼或少量调硼的情况下通过 AO 棒的连续移动快速调节堆芯轴向功率分布，从而实现在较短时间内有效抑制、减弱氙振荡幅度的目的。

根据 MSHIM 策略和现场实际运行经验，在正常功率运行期间 AO 棒基本位于 245～250 swd 的位置，满功率时插入限为 215 swd，因此 AO 棒的上提和下插将直接对上部功率产生影响。

AO 棒的下插将会抑制上部功率和中子通量，由于堆内整体功率维持恒定，因而下部功率会相应提高，AO 向负方向改变，下部^{135}Xe 的量减少；反之，下部功率降低，AO 向正方向改变，下部^{135}Xe 的量增加。

3　氙振荡抑制策略

由于氙振荡的幅度、控制棒位置等因素具有不确定性，抑制策略很难做到量化。因此，需要物理和运行人员根据当前氙变化趋势、AO 棒调节裕量及功率裕量进行综合考虑，确定适合的调节时机和调节方式，以少量多次为原则，通过持续的观察和评估确定后续执行方式。在发现氙振荡后，为避免出现超调导致振荡加剧，以及保留一定的 AO 棒调节裕量，可先将 AO 棒由自动控制切换至手动控制模式。

根据《堆芯运行物理手册》及现场工作实践，在循环初（BOC）和循环中（MOC），AO 棒位高于 250 swd 的情况下，其价值较低，上提能起到的调节轴向功率的作用将十分有限，因此本节以 Xe mode 图为判断依据，以 AO 棒所处棒位为两种情况对抑制策略进行研究。

3.1　AO 棒处于 250swd 以下

根据 Xe Mode 图坐标轴意义，当 Xe 运动轨迹位于第一、第三象限区时，Xe 处于发散趋势，应尽快通过 AO 棒对轴向功率分布进行调节，使运动轨迹能尽快返回自平衡区。

AO 棒处于正常运行区间时，采用如下方式：

当轨迹位于第一象限时，下部氙较多，且具有向下部积累的趋势，通过下插 AO 棒，可以抑制上部功率，间接提高下部功率，加速下部氙的消耗，从而起到抑制下部氙的积累作用，使轨迹向第四象限移动；当轨迹位于第三象限时，上部氙较多，且具有向上部积累的趋势，通过上提 AO 棒，可以提高上部功率，加速上部氙的消耗，使轨迹向第二象限移动。

当轨迹位于第二、第四象限时，氙处于收敛的趋势，如果贸然移动 AO 棒，可能扰乱堆芯状态，也会影响 AO 棒裕量，故在此期间可观察轨迹变化趋势，在处于交界线 ab 或 cd 时，分别通过下插或上提 AO 棒，尽可能将运动轨迹控制进中心绿区内。若运动轨迹成功进入中心绿区，应对轨迹保持观察，在轨迹偏离出中心前根据所处象限采取相应的措施；若未能控制进中心绿区，则根据氙运动轨迹所处位置重复上述操作，直至轨迹稳定在中心绿区。

由于 AO 棒价值较高，其上提和下插所造成的反应性变化需要由 M 棒组进行补偿，而 M 棒组的建议运行区间为 $-100\sim130$ swd，因此需要根据情况评估是否提前开启稀释或硼化，避免 M 棒组超出运行区间。

成功抑制氙振荡后，需要及时关注 PLSAFD 和 AFD 控制带偏离情况，PLSAFD 在带内的情况下才可切换回自动，否则，需要根据情况缓慢调节 AO 棒，使 PLSAFD 回到 AFD 控制带内，并切回自动控制。

运行期间出现 AO 棒低于 240 swd 的情况最可能的原因是 TAFD 未及时调整或降功率。由于此时 AO 棒仍具有调节裕量，因此可继续按照上述方式执行，在成功抑制氙振荡后，需及时调查原因并予以纠正，使 AO 棒位回到 $245\sim250$ swd 的正常运行区间。

3.2 AO 棒处于 250 swd 以上

AO 棒全提或接近全提（高于 255 swd）的情况下出现氙振荡，将严重影响氙振荡抑制的及时性，应尽可能减少此类情况的出现。

在此情况下如果出现了向上部积累的氙振荡，由于 AO 棒此时上提能够起到的调节轴向功率分布的能力很弱或完全不能调节，需要等待氙振荡周期转换（轨迹至 ab 处）进行干预和抑制。物理和运行人员需要根据功率裕量情况进行判断，看是否需要立即采取措施。

在功率裕量大于 20％的情况下，可不采取措施，等待氙轨迹运动至 ab 处时，通过下插 AO 棒进行抑制。

在功率裕量小于 20％的情况下，在等待氙轨迹运动期间需要对功率裕量进行持续、重点关注，根据轨迹所处位置、区域评估是否需要立即进行稀释/硼化操作，通过 M 棒组的移动尽可能调节堆内 AFD，以期使最极限的位置（位于 X 轴时）的功率裕量尽可能大于 10％。如果功率裕量无法满足的话，则需要立即请示值长考虑进行降功率以避免可能的停机停堆风险。

为研究 M 棒组的移动对堆内 AO 变化的影响，通过 BEACON 系统 Analysis 功能模拟计算，计算条件为 HFP、EQXE、AO＝250 swd、MSHIM1，并对 BOC、MOC 和 EOC 3 个阶段进行计算，使用先导棒位，MSHIM2 情况类似（图 4）。

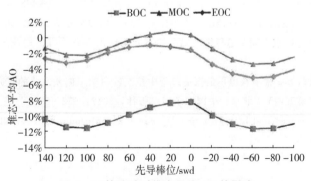

图 4　M 棒移动对堆内平均 AO 的影响

由图中可知，在 M 棒组由 150 swd 逐渐下插的过程中，M 棒对堆内 AO 的影响呈现出周期性变化。这主要是由于随着 M 棒组的插入，控制棒将经历中平面以上、中平面以下的变换，分别对上部和下部功率造成影响，导致对轴向功率分布周期性影响。

就本部分假设情况而言，应根据当前 M 棒位，通过硼化或稀释将 M 棒调节至 0～20 swd，由于此时 AO 最正，可以缓解 AFD 极限，从而给予更大的功率裕量。其余步骤与上部分相似。

4 总结

氙振荡是大型压水堆核电厂安全运行的重要隐患，如果不及时抑制或抑制方式不当，严重情况下可能造成燃料破损、放射性物质外泄，抑或是非计划降功率乃至停机停堆事件。本文从氙振荡的产生原理着手，结合现场实际问题，提出了氙振荡的抑制策略及提高氙振荡抑制有效性的建议，现总结如下：

（1）AO 棒是抑制氙振荡最直接的手段。由于 AO 棒所处棒位的关系，其下插将会抑制上部功率和中子通量，由于堆内整体功率维持恒定，因而下部功率会相应提高，AO 向负方向改变，下部 Xe 的量减少；反之，下部功率降低，AO 向正方向改变，下部 Xe 的量增加。

（2）通过 Xe Mode 图判断氙在堆芯的变化状态，结合 AO 棒的有效移动来调节轴向功率分布是三门核电进行氙振荡抑制的基础。

（3）AO 棒处于不同的运行区间，应采取相应的氙振荡抑制策略：

➢ 当 AO 棒处 250 swd 以下时，应根据氙运动轨迹所处象限进行判断，通过合理的 AO 棒移动来抑制氙振荡，并通过 Xe Mode 图确认执行效果；

➢ 当 AO 棒接近或已经全提时，应首先关注当前机组功率裕量，判断是否需要调硼缓解 AFD 极限；在机组无功率裕量过低风险的情况下，等待时机进行 AO 棒下插抑制氙振荡；否则，在功率裕量无法保证的情况下应及时与值长沟通决策。

本文通过研究氙振荡的抑制策略，希望能够提高相关工作人员在面对氙振荡问题时处理措施的及时性和有效性，预防潜在的氙振荡风险，避免燃料破损的隐患及非计划降功率甚至停机停堆的风险，提升电厂安全水准和生产绩效。

参考文献：

[1] 顾军 . AP1000 核电厂系统与设备 [M]. 北京：原子能出版社，2010.

[2] 程和平，章宗耀，于俊崇 . 反应堆轴向功率分布控制和功率能力分析 [J]. 中国核科技报告，1995（S2）：810 - 823.

[3] 叶汉平 . 压水堆核电厂轴向功率偏差控制分析 [J]. 山东工业技术，2017（16）：197.

[4] 郑福裕 . 压水堆核电厂运行 [M]. 北京：原子能出版社，1983.

[5] NUAIMI A, ALAMERI S, ALKAABI K, et al. New monitoring procedure of axial xenon oscillation in large pressurized water reactors [J]. Annals of nuclear energy, 2019, 127：459 - 468.

[6] 俄广勇，高俊成 . 反应堆氙振荡的运行控制方法与分析 [J]. 科技展望，2016，26（16）：134.

[7] 张朋 . WWER - 1000 核电机组寿期末运行中的 AO 控制方法优化研究 [J]. 产业与科技论坛，2018，17（13）：56 - 57.

[8] 彭超，李振振，孟凡锋，等 . 福清核电厂氙振荡过程中控制轴向功率偏差方法的研究 [C] //中国核学会 . 中国核科学技术进展报告（第五卷）. 北京：中国原子能出版社，2017：552 - 557.

[9] CHANG G S. PWR advanced fuel high burnup - dependent xenon oscillation controllability assessment [J]. Annals of nuclear energy, 2019, 124：592 - 605.

Investigation on suppression strategy
of axial xenon oscillation in sanmen unit 1 & 2 operation

LI Ang, QIAN Zhong-you, CHEN Li-jiang

(Sanmen Nuclear Power Co. , Ltd. , Taizhou, Zhejiang 317112, China)

Abstract: The PWR power plants need to confront with the asymmetry of axial power distribution. As for Sanmen Nuclear Power Plant, AP1000's active fuel stacks are much longer, the asymmetry of axial power distribution would have a more significant impact. However, in local region, the Xe - 135 concentration and reactivity would interacted, as the axial power distribution changed. This would possibly cause the space oscillation of Xe - 135 and neutron flux density, which is called the xenon oscillation. In severe condition, the oscillation could lead to the fuel breakage, release of radioactive material, as well as the stress fatigue of material in reactor, which is one of the important hidden risks of safety operation. In this paper, the suppression strategy of xenon oscillation was investigated, and the optimization advices was put forward.

Key words: Xenon oscillation; Control strategy; Axial power distribution control

基于 ANSYS－Workbench 的圆柱滚子轴承表面裂纹有限元分析

毕研超，王　航*，王新星，周泓睿，马乾坤

（哈尔滨工程大学，黑龙江　哈尔滨　150001）

摘　要： 旋转机械系统故障出现越来越频繁，其中大部分故障是由轴承引起的，其中滚动轴承引起的故障最为常见。本文以斯凯孚 NU 1007ECM 型圆柱滚子轴承为研究对象，运用 Solidworks 三维建模软件构建圆柱滚子轴承三维模型，通过 ANSYS－Workbench 分析软件对其裂纹故障下的应力、应变情况进行分析，并将有限元结果云图与赫兹接触理论算例计算结果及轴承振动信号时频特征进行对比。分析结果表明，滚动体在经过轴承裂纹缺陷时，其与滚道的接触应力会经历先呈梯度减小、后恢复的过程；且在滚动体整个越障过程中，会在振动信号时域特征上表现出较为明显的双冲击特点。该研究结果可为滚动轴承裂纹故障下的力学性能和振动特性研究提供支持。

关键词： 圆柱滚子轴承；裂纹；ANSYS 仿真；双冲击现象

滚动轴承是机械设备中的重要旋转部件，对具有相对转动的连接副起到减少摩擦、降低磨损的作用，并能保证旋转体的回转精度，它的承载能力和疲劳寿命直接影响到整个设备的寿命。圆柱滚子轴承因能承受更大径向载荷，在重型设备中受到广泛应用，尤其在核动力水泵中，圆柱滚子轴承在承受径向载荷、防止转轴偏移方面发挥重大作用[1]。

对于圆柱滚子轴承的研究，国内外已取得较大成果。为对其表面裂纹情况下的接触特性有更进一步的研究，本文以斯凯孚 NU 1007ECM 圆柱滚子轴承为例，基于 ANSYS－Workbench 对圆柱滚子轴承内外圈裂纹下的接触特性进行仿真，并结合轴承全寿命周期实验数据进行分析，为圆柱滚子轴承裂纹下的综合力学性能及振动特性研究提供依据。

1　圆柱滚子轴承三维模型构建

该研究基于 Solidworks 软件构建圆柱滚子轴承三维模型[2]，后将其导入有限元仿真软件 ANSYS－Workbench 中构建轴承有限元网格模型，并对其材料参数进行设置。

1.1　三维模型建立

一般圆柱滚子轴承由轴承内圈、轴承外圈、圆柱滚子和保持架 4 个部分构成。其三维模型如图 1 所示。

图 1　NU 1007ECM 圆柱滚子轴承模型

作者简介： 毕研超（1981—），男，硕士生，现主要从事核动力装置智能运维等科研工作。

从上图可以看出，保持架可引导圆柱滚子运动并将其保持在轴承内；圆柱滚子不仅承受一定径向压力，而且与内外圈形成摩擦副，这不仅可以增大接触压力，而且可以有效降低摩擦阻力，延长轴承寿命。本文选用的 NU 1007ECM 轴承设计参数如表 1 所示。

表 1 NU 1007ECM 轴承设计参数

参数名称	设计值	参数名称	设计值
轴承外圈直径（外径）	62 mm	轴承外滚道直径	53 mm
轴承内圈直径（孔径）	35 mm	轴承内滚道直径	42 mm
轴承宽度	14 mm	滚动体长度	9 mm
滚动体个数	16 个		

1.2 有限元模型建立

将建立的三维模型保存为 STEP 格式，导入仿真软件 ANSYS - Workbench 中，并对其材料参数进行设置。其中，轴承内圈、轴承外圈、圆柱滚子材料均为 9Cr18 轴承钢，保持架材料为机削黄铜，具体材料参数如表 2 所示。

表 2 轴承材料参数及特性

材料种类	密度/kg·m³	杨氏模量/GPa	泊松比
9Cr18 轴承钢	7550	206	0.3
机削黄铜	8440	90	0.32

对导入的轴承模型做如下简化：①忽略轴承倒角的影响；②不考虑轴承材料非线性；③不考虑轴向游隙及轴承润滑的影响。

在此基础上，对轴承进行网格划分。本文中对轴承内外圈及保持架采用 Multizone 方法进行网格划分，将轴承内外滚道表面网格尺寸设置为 0.7 mm，保持架兜孔表面网格尺寸设置为 0.6 mm，其余部分网格自动划分。在圆柱滚子轴承有限元网格模型中，共有 320 360 个节点，64 843 个单元，其划分的网格模型如图 2 所示。

图 2 圆柱滚子轴承有限元模型

1.3 接触条件设置

在进行接触条件设置时，本文将圆柱滚子表面设置为接触面，内外圈及保持架表面设置为目标面，整个接触对共包括 16 个滚子—内圈摩擦接触对、16 个滚子—外圈摩擦接触对、16 个滚子—保持架兜孔无摩擦接触对，且摩擦系数为 0.12。

2 仿真结果与分析[3-5]

基于已有设置条件，对有限元模型设置约束条件并施加载荷，仿真模拟正常轴承、外圈裂纹、内圈裂纹等情况下轴承表面应力情况。

2.1 正常轴承仿真分析

对滚动轴承外圈设置固定约束，并在轴承内圈内表面沿径向施加 10 kN 的载荷，其应力云图如图 3 所示。

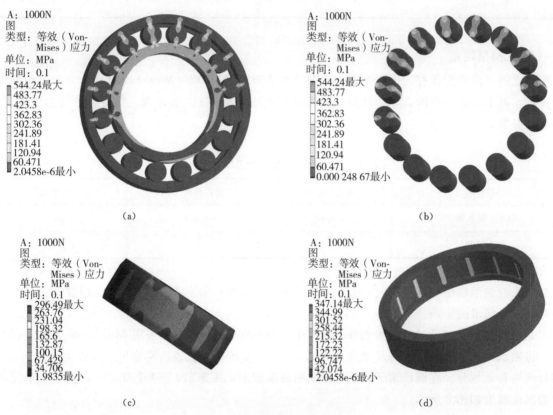

图 3 圆柱滚子轴承等效应力分布

（a）轴承应力分布截面图；（b）圆柱滚子等效应力分布；（c）轴承内圈等效应力分布；（d）轴承外圈等效应力分布

由图 3 可知，在施加载荷的情况下，圆柱滚子等效应力主要分布在与内外圈滚道接触的部位，且应力集中分布在接触次表面。对着滚动轴承转子转动，此表面层材料会出现局部弱化，极易产生微小裂纹。

2.2 轴承外圈裂纹仿真分析

对滚动轴承外圈设置固定副、内圈设置转动副，在轴承内圈内表面沿径向施加 1 MPa 的压力，并设置转速为 10 r/min，其仿真应力云图如图 4、图 5 所示。

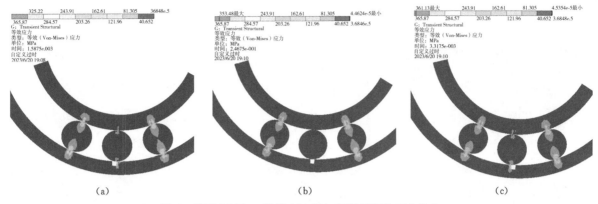

（a）　　　　　　　　　　　（b）　　　　　　　　　　　（c）

图 4　载荷 1 MPa，转速 10 r/min 下轴承部件应力分布

（a）滚动体进入缺陷前；（b）滚动体处于缺陷中；（c）滚动体退出缺陷后

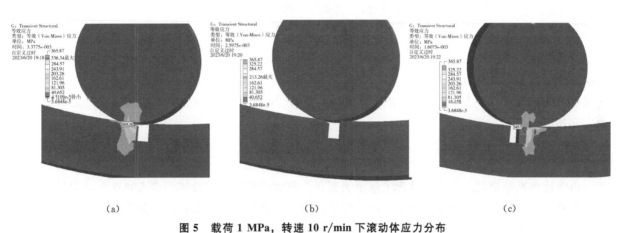

（a）　　　　　　　　　　　（b）　　　　　　　　　　　（c）

图 5　载荷 1 MPa，转速 10 r/min 下滚动体应力分布

（a）滚动体进入缺陷前；（b）滚动体处于缺陷中；（c）滚动体退出缺陷后

从图中可以看出，圆柱滚子在越障期间其应力先增大后减小：当滚动体接触裂纹前沿时，在裂纹前缘会有明显的应力集中现象，最大应力达到 303 MPa；当滚动体陷入裂纹中时，其表面应力迅速减小，最大应力几乎为 0；当滚动体与裂纹后沿接触时，滚道表面应力再次迅速增大，最大应力达到 545 MPa。

2.3　轴承内圈裂纹仿真分析

轴承运动副保持不变，在轴承内圈内表面沿径向施加 15 kN 的载荷，并设置转速为 10 r/min，其仿真应力云图如图 6、图 7 所示。

（a）　　　　　　　　　　　（b）　　　　　　　　　　　（c）

图 6　载荷 15 kN，转速 10 r/min 下轴承部件应力分布

（a）滚动体进入缺陷前；（b）滚动体处于缺陷中；（c）滚动体退出缺陷后

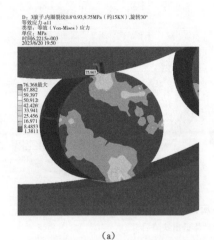 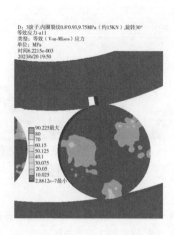 

(a)　　　　　　　　　　　　　(b)　　　　　　　　　　　　　(c)

图 7　载荷 15 kN，转速 10 r/min 下滚动体应力分布

（a）滚动体进入缺陷前；（b）滚动体处于缺陷中；（c）滚动体退出缺陷后

与圆柱滚子滚过外圈裂纹一致，在越障期间其应力先增大后减小：当滚动体接触裂纹前沿时，在裂纹前缘会有明显的应力集中现象，最大应力达到 74 MPa；当滚动体陷入裂纹中时，其表面应力迅速减小，最大应力几乎为 0；当滚动体与裂纹后沿接触时，滚道表面应力再次迅速增大，最大应力达到 130 MPa。

3　轴承裂纹振动信号分析

由上述仿真结果可知，当圆柱滚子轴承表面存在剥落裂纹时，滚动体在进入和退出缺陷时会有应力丢失和恢复的过程，反映在振动信号时频域特征中则是具有明显的双冲击现象[6]（图 8）。

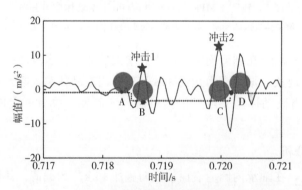

图 8　轴承双冲击现象原理

如图 8 所示，在滚动体进入缺陷时，圆柱滚子与滚道表面的解除力突然减小，轴承中心质点偏离轴心，在载荷与转速作用下会出现第一次冲击；当滚动体脱离缺陷时，圆柱滚子与滚道表面恢复接触，使轴承质心位置再次变化，造成第二次冲击现象。

利用有限元仿真软件，将轴承转速设置为 10 r/min，在轴承内圈内表面沿径向施加 15 kN 载荷，提取轴承外圈裂纹尺寸为 2 mm 和 4 mm 下的加速度信号（图 9）。

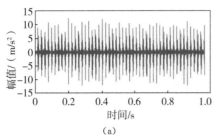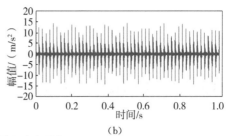

图 9 不同裂纹尺寸下轴承双冲击现象

（a）裂纹尺寸 2 mm；（b）裂纹尺寸 4 mm

从图 9 可以看出，不同裂纹尺寸下轴承振动信号时频域波形虽然有一定改变，但均具有明显的周期性冲击特性；且当轴承裂纹尺寸增大到一定程度时，在振动信号时频域特征上便会表现出较为明显的双冲击现象。

4 结论

滚动轴承作为机械设备中的重要支撑部件，为机械设备的正常运行提供了重要支持和保障。本文以 NU 1007ECM 圆柱滚子轴承为例，利用 ANSYS‐Workbench 软件对其裂纹故障下的应力、应变情况进行分析，并将有限元结果云图与赫兹接触理论算例计算结果及轴承振动信号时频特征进行对比。

结果表明，滚动体经过轴承局部裂纹缺陷时，接触产生的最大应力区域主要分布在滚道缺陷边缘，应力集成程度由缺陷边缘向外呈梯度减小；且无论轴承裂纹大小，滚动体在整个越障期间，其与轴承滚道间的接触应力均会经历降低与恢复的变化过程；滚动体进入和退出裂纹缺陷时，在振动信号时域特征上具有明显的双冲击现象。该研究为圆柱滚子轴承裂纹故障下的综合力学性能及振动特性研究提供依据。

参考文献：

[1] 王东峰，赵翀，李超强，等．滚动轴承设计技术研究现状及发展趋势［J］．轴承，2023，522（5）：1‐5，12.

[2] 贺瑜飞．基于 ANSYS Workbench 圆柱滚子轴承有限元仿真［J］．煤矿机械，2019，40（10）：181‐183.

[3] 刘宁，张钢，高刚，等．基于 ANSYS 的圆柱滚子轴承有限元应力分析［J］．轴承，2006（12）：8‐10.

[4] 刘相新，孟宪颐．ANSYS 基础与应用教程［M］．北京：科学出版社，2006.

[5] 叶亮，夏新涛，李云飞．基于 ANSYS 的滚动轴承振动性能评估［C］//中国计算机用户协会虚拟现实分会，中国机械工程学会工业设计分会，中国机电协会智能制造产业分会．2019 中国仿真技术应用大会暨创新设计北京峰会论文集，2019：14‐23.

[6] 罗茂林，郭瑜，伍星．球轴承内圈剥落缺陷双冲击特征动力学建模［J］．航空动力学报，2019，34（4）：778‐786.

Finite element analysis of surface cracks in cylindrical roller bearings based on ANSYS – Workbench

BI Yan-chao, WANG Hang*, WANG Xin-xing,
ZHOU Hong-rui, MA Qian-kun

(Harbin Engineering University, Harbin, Heilongjiang 150001, China)

Abstract: The occurrence of faults in rotating machinery systems is becoming increasingly frequent, with most of them caused by bearings, with rolling bearings being the most common. This article takes the SKF NU 1007ECM cylindrical roller bearing as the research object, uses Solidworks software to construct a 3D model of the cylindrical roller bearing, analyzes its stress and strain situation under crack failure using ANSYS – Workbench analysis software, and compares the finite element result cloud map with the calculation results of Hertz contact theory examples and the time – frequency characteristics of bearing vibration signals. The analysis results show that when the rolling element passes through the local crack defect of the bearing, the maximum stress area generated by contact is mainly distributed at the edge of the raceway defect, and the degree of stress integration decreases gradually from the defect edge outward; Regardless of the size of the bearing crack, the contact stress between the rolling element and the bearing raceway will undergo a process of reduction and recovery throughout the entire obstacle crossing period; when the rolling element enters and exits the crack defect, there is a significant double impact phenomenon in the time – domain characteristics of the vibration signal. This study provides a basis for the comprehensive mechanical performance and vibration characteristics of cylindrical roller bearings under crack failure.

Key words: Cylindrical roller bearing; Crack; ANSYS simulation; Double impact phenomenon

基于降阶模型的管壳式换热器性能快速预测

马乾坤[1]，王　航[1,2,*]，毕研超[1]

(1. 哈尔滨工程大学 核科学与技术学院，黑龙江　哈尔滨　150001；

2. 哈尔滨工程大学 核安全与仿真技术国防重点学科实验室，黑龙江　哈尔滨　150001)

摘　要：管壳式换热器广泛应用于核动力装置热力交换过程，其运行性能将影响系统整体经济性，为提高设备运行监测的智能化水准，建立了基于本征正交分解（Proper Orthogonal Decomposition，POD）的换热器降阶模型用于性能预测。首先，利用有限元方法计算多工况下换热器内部流体温度、压力及速度场分布，并使用 POD 方法对其进行降维压缩，提取降阶基与基系数；其次，采用长短期记忆（Long Short - Term Memory，LSTM）网络拟合入口条件与基系数的关系，建立非侵入式降阶模型；最后，将建立的降阶模型用于设备内部流场预测。结果表明，所建立的模型可以完成对换热器内部温度与速度场的预测，整体预测误差小于 6%；相比一维模型，降阶模型可提供更多信息用于后续运行维护。

关键词：管壳式换热器；本征正交分解；降阶模型

管壳式换热器是反应堆系统中的主要设备，作用是将高温工质的热量传给低温工质。换热器换热过程的计算涉及流动及传热，采用一维仿真程序无法准确反映其特性，需要进行精细化仿真，如今通常使用 Fluent、CFX、STAR 等商用 CFD 软件来建立仿真模型，但计算效率较低。对于核工程智能运维所追求的虚拟模型实时预测的工作设想，CFD 仿真模型目前在计算速度方面很难达到要求，需要建立降阶模型（Reduced - Order Mode，ROM）提高计算效率。

ROM 方法最早来自美国，并在后续发展中逐渐吸引欧洲、亚洲各国学者进行研究[1]。在已被提出的各算法中，本征正交分解（Proper Orthogonal Decomposition，POD）方法应用最为广泛，该方法在 1901 年被提出[2]，伴随着 20 世纪 70 年代航天航空事业的飞速发展而成熟[3]。POD 方法将高维参数进行降维压缩，同时可以基于低维特征对高维数据进行表述，由于算法本身的优越性加之学科交叉发展的需要，POD 技术已被广泛应用。例如，康伟等以 POD 分解为基础，结合 Galerkin 投影提出了一种适合复杂流体系统的降阶模型方法[4]；梁鑫源等采用 POD - Galerkin 建立了堆芯中子扩散降阶模型，基于降阶模型开展了物质区群常数的不确定性分析[5]。POD 方法构建预测模型的重点之一在于面对不同边界条件时对基系数的准确预测，相比于借助全阶模型投影的侵入式降阶，机器学习算法的发展提供了适用面更广、更灵活的非侵入式降阶实现[6]；Lindhorst 等采用 POD 方法与递归 RBF 神经网络模型，建立了低维空间动态非线性系统辨识模型[7]；王晨等采用 POD 算法结合代理模型预测变几何、定常、跨音速翼型流场，引入区域分解技术保证在非线性区域的预测结果[8]；龚禾林等基于 POD 与机器学习算法构建了堆芯降阶模型，并通过快速计算的降阶模型实现了反问题计算[9]。

本文研究目标为建立给定结构管壳式换热器的性能快速预测模型，研究对象为实验室内小型换热器。首先选择不同冷热流的进口条件进行数值计算，建立换热器运行数据库；其次采用 POD 方法提取降阶基与基系数，通过长短期记忆（Long Short - Term Memory，LSTM）网络拟合入口条件与基系数的关系，建立非侵入式降阶模型；最后利用模型进行给定进口条件下温度场、速度场等的快速重建，实现性能预测。

作者简介：马乾坤（1998—），男，河南开封人，哈尔滨工程大学硕士研究生，主要从事降阶模型及反应堆智能运维研究。

1 降阶建模方法

1.1 降阶基及基系数计算

POD 将高维数据进行正交处理，并保留信息量较大的前 k 维向量用以描述原矩阵，实现对数据的压缩。该方法在各领域内名称不同，在样本识别中称为 K - L 展开，在统计学中称为主成分分析，在气象科学中称为经验正交函数法等[10]，但其基本数学原理均为矩阵 SVD 分解或特征值分解。现阶段，针对空间点较多的大型矩阵也可采用瞬像 POD 法，该方法由 Sirovich 等提出[11]，利用时间相关矩阵替代空间相关矩阵，降低了矩阵分解所需的计算量。

设 $U = \{u_1(x), u_2(x), \cdots, u_m(x)\}$ 为一个快照样本矩阵，m 为快照数目，x 为输入条件向量，$u_i(x)$ 为第 i 个输入条件下系统响应。POD 算法目的在于寻找一组 l 个的标准正交 POD 基函数 $\Phi = \{\varphi_1(x), \varphi_2(x), \cdots, \varphi_1(x)\}$ 组合，实现对 $u_i(x)$ 的最佳逼近：

$$u_i(x) \cong \overline{u_i}(x) = \sum_{j=0}^{l} \alpha_j^i \times \varphi_j(x)。 \tag{1}$$

式中，α_j 为相应正交基的基系数。正交基可通过 SVD 分解或矩阵特征值分解求出。此外，根据文献表述，在求解特征值及特征向量前针对数据矩阵减去列均值，有助于提高模型精度。

$$(UU^T)\varphi = \lambda\varphi。 \tag{2}$$

将所得正交基依据特征值大小降序排列，基于精度 ε 截断前 l 阶正交基即可获得基函数：

$$l = \operatorname{argmin}\left(\frac{\sum_{k=1}^{l}\lambda_k}{\sum_{k=1}^{m}\lambda_k} > \varepsilon\right)。 \tag{3}$$

基于所得基函数与快照求得基系数，建立包含输入条件向量 x 与基系数 α 的训练样本：

$$\alpha_i = \Phi^{-1}u_i(x) = \Phi^T u_i(x)。 \tag{4}$$

1.2 基系数预测

LSTM 作为循环神经网络的一种变体，使用累加器和门结构组成的细胞单元作为主体，基于细胞单元拷贝自身状态和外部输入，将前一时刻的细胞单元连接至本时刻细胞单元，并由另一个单元决定何时消除或保留，加强了网络的存储能力[12]。

LSTM 可以使用过去时刻的历史数据，在中长期径流预报中，可以在不产生梯度衰减的情况下使用过去时刻径流值，较好地捕捉序列中隐藏的关系，并为预测未来中长期径流打下较好的基础[13]。LSTM 在自然语言处理、时间序列、语音识别等领域，取得了突破性的成果，获得了广泛的应用[14]。

LSTM 结构如图 1 所示。

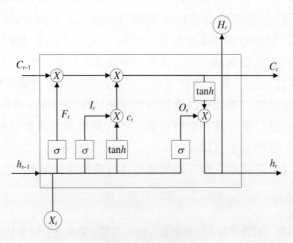

图 1　LSTM 结构

LSTM 中有输入门（input gate）、输出门（output gate）、遗忘门（forget gate）、细胞单元（cell unit）、候选细胞（candidate cell）及隐含层（hidden layer）共 6 个单元。其内部工作机制如下：

$$I_t = \sigma(X_t W_{xi} + H_{t-1} W_{hi} + b_i);$$ (5)

$$F_t = \sigma(X_t W_{xf} + H_{t-1} W_{hf} + b_f);$$ (6)

$$O_t = \sigma(X_t W_{xo} + H_{t-1} W_{ho} + b_o);$$ (7)

$$c_t = \tanh(X_t W_{xc} + H_{t-1} W_{hc} + b_c);$$ (8)

$$C_t = F_t \odot C_{t-1} + I_t \odot C_t;$$ (9)

$$H_t = O_t \odot \tanh(C_t).$$ (10)

式中，W 参数与 b 参数需要学习获得。细胞单元通过输入门、遗忘门和输出门 3 种单元的共同作用，控制隐含状态流动。3 种门输出范围均为 [0，1]，通过元素位乘实现。当前时刻细胞 C_t 的计算组合了上一时刻细胞和当前时刻候选细胞的信息。不同于 RNN 神经网络，该机制可以有效解决梯度衰减问题。

基系数预测模型训练时采用输入条件向量 x 与基系数 α 作为训练样本，通过式（1）间接计算 $u_i(x)$，保证降阶模型预测效率。

2 数值计算

2.1 数值计算对象简介

本研究以实验室内管壳式换热器为建模对象，该换热器总长 1.56 m，壳体直径 0.22 m，换热管直径 25 mm，管程流体为冷流，壳程流体为热流，内部存在 27 根换热管与两个折流板，单流程，设计换热面积 2 m²，设计工作压力 1.6 MPa，工作温度上限 100 ℃（图 2）。

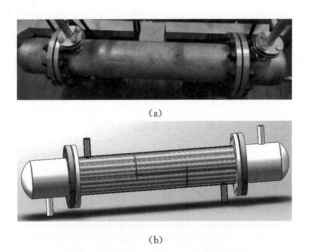

(a)

(b)

图 2 研究对象（a）与几何模型（b）

计算网格划分采用多面体网格法，总计单元数 241.3 万个，网格示意如图 3 所示。采用瞬态计算，湍流模型为 k-ε 模型，可扩展壁面函数，时间步长为 0.01 s，流动时长 25 s。

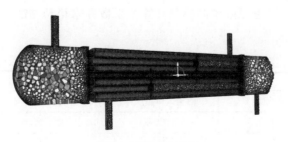

图 3 模型网格示意

2.2 样本矩阵建立

基于所划分网格及求解器设置，改变入口条件获得不同工况的温度、速度及压力空间响应。其中，入口条件涉及冷、热流体温度及速度共 4 项参数，为保证快照满足覆盖设计空间，采用拉丁超立方抽样算法在工作范围内抽取 10 个样本点，各参数工作范围如表 1 所示。

表 1　换热器入口参数工况范围

变量名称	工作范围
冷流入口温度	60~80 ℃
热流入口温度	20~40 ℃
冷流水泵频率	0~50 Hz
热流水泵频率	0~50 Hz

等待计算结束后，计算结果导出为 ASCII 文件，分别导出冷、热流体全部网格点温度、速度及压力响应和中间面温度、速度及压力响应；随后将各工况各时间点下离散参数拉伸为列向量，形成如下形式的样本矩阵。其中，n 为空间点数目，i 为工况数目，t 为时间点，矩阵大小为 n 行 ($i*t$) 列。

$$X = \begin{bmatrix} x_{1,1}^1 & \cdots & x_{t,1}^i \\ \vdots & \ddots & \vdots \\ x_{1,n}^1 & \cdots & x_{t,n}^i \end{bmatrix} 。 \tag{11}$$

3　降阶模型应用及评估

针对温度、速度、压力的全部响应及中间面响应样本矩阵进行降阶基提取与基系数计算，设定 POD 精度为 99.99%，即所保留的前 l 阶基向量特征值相比全部特征值之和占比大于 0.9999。各参数保留的基向量阶数如表 2 所示。

表 2　各参量降阶基阶数

参数名称	基向量阶数	参数名称	基向量阶数
全空间温度	115	中间面温度	97
全空间进口速度	13	中间面进口速度	23
全空间绝对压力	2	中间面绝对压力	2

为达到所需精度不同参数保留阶数存在较大差异，原因在于温度场随工况、时间波动变化较大，各阶基函数均保留有一定程度信息；速度、压力场则由于换热器设计结构原因在运行中变动较小，因此仅需少量基函数即可表征大部分信息。

随机抽样两个工况作为测试工况，在同样的网格及求解设置下进行 CFD 计算，结果作为真实解；同时基于入口条件调用 LSTM 基系数预测模型计算基系数并求得预测解。其中测试工况入口条件如表 3 所示。

表 3　测试工况入口条件

工况	冷流入口温度/℃	热流入口温度/℃	冷流水泵频率/Hz	热流水泵频率/Hz
工况 1	26.3	77.1	31.4	27.5
工况 2	17.7	74.6	14.8	4

对比真实解与预测解，结果如图 4 所示。

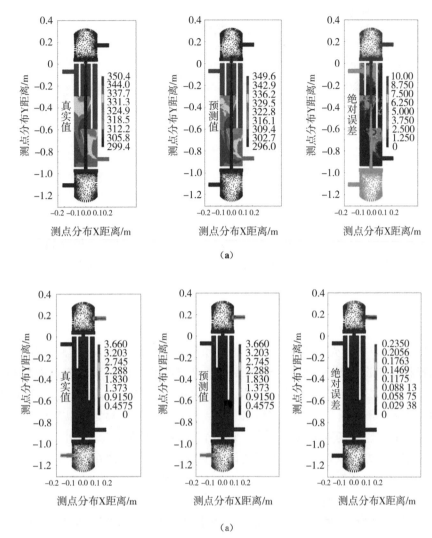

图 4　中间面降阶模型计算结果及绝对误差
（a）工况 1 流动 20 s 温度图；（b）工况 2 流动 10 s 入口速度图

所选时间点重构温度场及速度场相比真实结果平均误差百分比计算如表 4 所示。

表 4　中间面重构误差

工况	平均绝对误差	平均百分比误差
工况 1 温度场	2.08 ℃	0.64％
工况 2 入口速度场	0.00378 m/s	6.9％

可以看出，降阶模型能够还原相应入口条件下绝大部分参数信息。对于所选测试平面的温度场，其误差主要存在于第二个折流板后侧，通过分析样本数据，原因为用于训练模型的样本数据在仿真计算时入口流速存在较大差异，导致随时间发展的流动过程存在较大差异，给定时间条件时部分工况下流体还未流经该区域，产生较大误差；而对于入口速度场，由于选择时未考虑内部格点，导致其值接近 0，在直接计算误差百分比时结果偏高。

基于换热器全空间点，选择工况 2 第 20s 温度场作为测试，对比结果如图 5 所示。

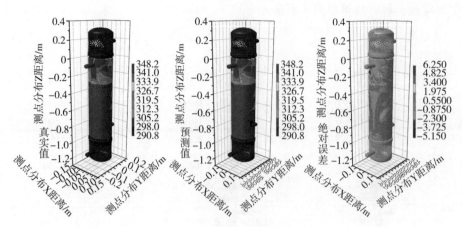

图 5　全空间温度场重构测试

　　测试中，温度场平均绝对误差为 0.601 ℃，平均误差百分比 0.64％，最大偏差点 6.25 ℃，整体预测效果良好。相比 CFD 以小时计的运行时间，降阶模型整体计算运行时长在 5s 左右，大幅提高了计算效率。

4　结论

　　本文建立了基于 POD 的管壳式换热器参数快速预测模型。通过确定换热器进口参数变化范围，利用抽样算法选择样本工况，基于数值计算结果建立用于建模的样本数据库，随后利用 POD 结合 LSTM 网络建立了非侵入式换热器降阶模型。本研究旨在探明 ROM 方法用于建立管壳式换热器代理模型进而实现性能快速预测的可行性，研究结果表明：所建立的降阶模型可以基于入口条件准确重构出绝大部分参数场，其中温度场重构误差小于 0.64％，入口速度场重构误差小于 6.9％；重构误差主要出现在第二个折流板后方，原因为不同工况流体流速差异过大，导致在同一时间点下该处的仿真结果存在较大差异；相比数值计算仿真，降阶模型计算耗时仅需 5s 左右，计算效率大幅提高。由于篇幅限制，本文未进行不同基系数预测模型的重构精度对比，在后续研究中将针对上述存在的样本点选取及基系数预测模型问题进行改进，同时考虑 POD 应用于流动换热问题的适用性及改进方向。

致谢

　　感谢王航老师及毕研超、王新星、周泓睿 3 位同学对本次研究的支持与帮助。

参考文献：

[1]　DOWELL E H. Eigenmode analysis in unsteady aerodynamics－reduced－order models [J]．AIAA journal，1996，34（8）：1578－1583.

[2]　PEARSON K. On lines and planes of closest fit to systems of points in space [J]．Philosophical magazine and journal of science，1901，2（11）：559－572.

[3]　SILVA W. Identification of nonlinear aeroelastic systems based on the Volterra theory：progress and opportunities [J]．Nonlinear dynamics，2005，39：25－62.

[4]　康伟，张家忠，李凯伦．利用本征正交分解的非线性 Galerkin 降维方法 [J]．西安交通大学学报，2011，45（11）：58－62.

[5]　梁鑫源，王毅箴，郝琛．基于降阶模型的中子扩散特征值问题的不确定性分析研究 [J]．原子能科学技术，2023，57（8）：1584－1591.

[6]　李坤．纳米光子学数值模拟问题的间断 Galerkin 方法及模型降阶技术 [D]．成都：电子科技大学，2020.

[7]　LINDHORST K，HAUPT M C，HORST P. Reduced－order modelling of non－linear，transient aerodynamics of

the HIRENASD wing [J]. The aeronautical journal, 2016, 120 (1226): 601 – 626.

[8] 王晨，白俊强，邱亚松，等. 预测跨音速流场的区域分解与模型降阶方法 [J]. 航空计算技术，2018，48 (1): 21 – 25.

[9] 龚禾林，陈长，李庆，等. 基于物理指引和数据增强的反应堆物理运行数字孪生研究 [J]. 核动力工程，2021，42 (S2): 48 – 53.

[10] 路宽，张亦弛，靳玉林，等. 本征正交分解在数据处理中的应用及展望 [J]. 动力学与控制学报，2022，20 (5): 20 – 33.

[11] SIROVICH L. Turbulence and the dynamics of coherent structures. I. coherent structures [J]. Quarterly of applied mathematics，1987，45 (3): 561 – 571.

[12] 刘建伟，宋志妍. 循环神经网络研究综述 [J]. 控制与决策，2022，37 (11): 2753 – 2768.

[13] 顾逸. 基于长短期记忆循环神经网络及其结构约减变体的中长期径流预报研究 [D]. 武汉：华中科技大学，2018.

[14] 王雨嫣，廖柏林，彭晨，等. 递归神经网络研究综述 [J]. 吉首大学学报（自然科学版），2021，42 (1): 41 – 48.

Rapid performance prediction of shell – and – tube heat exchangers based on reduced – order model

MA Qian-kun[1], WANG Hang[1,2,*], BI Yan-chao[1]

(1. College of Nuclear Science and Technology, Harbin Engineering University, Harbin, Heilongjiang 150001, China;

2. Fundamental Science on Nuclear Safety and Simulation Technology Laboratory,

Harbin Engineering University, Harbin，Heilongjiang 150001，China)

Abstract: Tube – and – shell heat exchangers are widely used in the thermal exchange process of nuclear power plants, whose operation performance will affect the overall economy of the system. In order to improve the intelligent level of equipment operation monitoring, a heat exchanger reduced – order model based on Proper Orthogonal Decomposition (POD) has been established for performance prediction. Firstly, the finite element method was used to calculate the fluid temperature, pressure and velocity distribution in the heat exchanger under multiple working conditions, and POD method was used to compress the fluid dimensionally, the reduced – order basis and base coefficient were extracted. Secondly, a Long short – term memory (LSTM) network is used to fit the relationship between the entry conditions and the basis coefficients, and a non – invasive order reduction model is established. Finally, the reduced – order model is used to predict the internal flow field of the equipment. The results show that the model can complete the prediction of the temperature and velocity field in the heat exchanger, and the overall prediction error is less than 6%. Compared with one – dimensional model, reduced – order model can provide more information for subsequent operation and maintenance.

Key words: Shell – and – tube heat exchanger; Proper orthogonal decomposition; Reduced – order model

基于 Wasserstein 距离数据驱动的
核动力装置系统级异常监测方法研究

王新星，王　航，周泓睿，毕研超，马乾坤

（哈尔滨工程大学，黑龙江　哈尔滨　150001）

摘　要： 在核动力系统中，系统的工作状态监测至关重要，需要对系统运行状态进行实时状态判断或对过往运行数据进行信息挖掘。在现有的状态监测方法中，往往存在漏报率和误报警率较高的问题，且成熟的机器学习模型在面对核动力系统这种异常数据样本较少的数据集时，往往很难训练精确模型。因此，着眼核动力系统实时运行状态监测与过往运行数据分析的目的，首先通过系统中各类传感测量手段获取系统运行参数，通过 KPCA 进行数据降维实现海量原始运行参数去噪与特征提取，然后构建针对核动力装置系统非线性、高耦合特点的异常检测模型。针对核动力系统异常数据样本较少的问题，提出采用正常数据作为训练集，计算 Wasserstein 距离对比待测数据与正常数据间相似程度实现异常状态判断，以此克服异常样本少的问题。

关键词： 核动力系统；异常监测；数据驱动

随着核动力系统的智能化水平的不断提高，在线异常检测技术逐渐应用其中，该技术能够自动识别系统运行中的异常状态并及时报警，减轻操作员的工作负担、降低核动力系统对人员的依赖程度，进而降低人因失误的发生概率[1]。同时提前检测系统运行异常征兆进行事前预防，可以为事故处置预留充足时间，因此，研究核动力系统在线异常检测技术具有很高的实际意义[2]。

鉴于核动力系统复杂程度高、故障样本少的特点，国内外关于核动力系统异常检测技术的研究大致分为两类：机理分析方法与数据驱动方法。机理分析方法发展较早，但往往受限于专家规则的完备性问题，同时随着现代传感技术的不断发展该方法面临着数据爆炸的问题。近年来随着机器学习方法的不断进步，基于数据驱动的方法逐步开始应用于核动力系统，并且凸显出其具备的独特优势，目前数据驱动的方法主要分为两种：①通过仿真模拟获得故障数据进行模型训练，利用训练好的模型进行异常检测。该方法存在依赖仿真模拟数据的缺点，仿真模拟数据不确定性直接影响异常检测模型的检测效果的问题。②利用历史正常运行数据作为检测标准对待测数据进行异常检测，该方法避免了仿真模拟数据对异常检测模型的影响，提高了核动力系统异常检测的准确性[3]。

1　异常检测模型机理

核动力系统的高可靠性导致故障样本数据少、仿真模拟得到的故障样本不确定性大、历史运行数据大多为正常数据，难以形成较为完备的故障数据训练库。因此，通过利用正常运行数据构建核动力系统的异常检测模型，其本质是对比正常运行数据与待测数据间的相似度进而达到异常检测的目的。

2　异常检测算法设计

基于 Wasserstein 距离数据驱动的核动力系统异常检测模型体系如图 1 所示，其中主要包括：筛选能够表征系统运行状态的参数作为异常检测模型的数据输入，通过数据降维模型得到维度较低且包含数据主要信息的特征向量，最后利用历史正常运行数据作为标准对待测数据进行异常检测判断核动

作者简介：王新星（1999—），男，硕士生，现主要从事反应堆旋转机械故障诊断、智能运维等科研工作。

力系统的运行状态[4]。

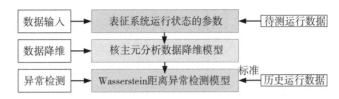

图 1　基于 Wasserstein 距离数据驱动的核动力系统异常检测模型体系

2.1　系统运行状态参数降维模型构建

在核动力系统中传感手段丰富，监测参数种类众多，综合考虑各参数间耦合关系等因素筛选出稳压器压力、稳压器水位、核功率等 70 种参数类型用于表征系统运行状态。由于参数种类繁杂，因此采用数据降维的方法对运行参数进行特征提取。

针对核动力系统各参数间非线性相关的问题，采用核主成分分析方法（Kernel Principle Component Analysis，KPCA）进行数据降维[6]。该方法通过非线性映射将原始空间中的样本映射到一个新的特征空间，再在该特征空间中进行主成分分析，进而最大化保留特征空间的信息含量，以下将简单介绍 KPCA 的基本原理。

假设 $\{x_1, x_2, \cdots, x_M\}$ 为样本数据集，ϕ 为输入空间到高维空间的映射，且这个空间中的数据是中心化的，即 $\sum_{u=1}^{M}\phi(x_u)=0$，协方差矩阵为：

$$C = \frac{1}{M}\sum_{u=1}^{M}\phi(x_u)\phi(x_u)^T = \frac{1}{M}\phi\phi^T \text{。} \tag{1}$$

通常难以求解 $\phi(x_u)\phi(x_u)^T$，采用核函数计算协方差，定义 $M \times M$ 维矩阵 K：

$$K = [k_{uv}]_{M \times M} = K(x_i, x) \text{。} \tag{2}$$

式中，$k_{uv} = (\phi(x_u)\phi(x_v))$，$u, v = 1, 2, 3, \cdots, M$，通过核函数计算得到的协方差矩阵为 $C = \frac{1}{M}K$。

如果式（2）不成立，需要对核矩阵进行中心化：

$$K - n = K \cdot IK \cdot KI + IKI \text{。} \tag{3}$$

通过公式：

$$K_n \cdot v = \lambda v \text{。} \tag{4}$$

求解 $K - n$ 的特征向量和特征值，继而得到最大的 N 个特征值 λ_i 和对应的特征向量 v_i，得到矩阵的主成为：

$$Y = K_n \cdot V, \quad V = [v_i], \quad i = 1, 2, 3, \cdots, n \text{。} \tag{5}$$

2.2　基于 Wasserstein 距离异常检测模型建立

核动力系统因其对安全性要求较高导致历史运行数据大多为正常运行数据，针对该问题本文建立对比待测数据与历史正常运行数据间相似性的算法模型，实现对核动力系统的异常检测。本文建立 Wasserstein 距离算法模型作为评判两组数据间相似程度的指标，度量两组数据间分布的距离。以下将简单介绍 Wasserstein 距离定义。

$$W(p_1, p_2) = \inf_{v\prod(v_1, v_2)} E_{(x, y)\sim\gamma}[\|x - y\|] \text{。} \tag{6}$$

式中，p_1、p_2 为两个概率分布；$\prod(p_1, p_2)$ 为 p_1 与 p_2 组合所得的联合分布集合；γ 为样本 x 与 y 的联合分布；$\|x - y\|$ 为样本间距离。计算联合分布 γ 下，样本对距离期望值表示为 $E_{(x, y)\sim\gamma}[\|x - y\|]$，所有可能的联合分布中取期望值下界为 p_1 与 p_2 的 Wasserstein 距离。

3 数值测试验证

为验证本文设计的异常检测模型的有效性，本文将采用某型核电厂全范围仿真机运行数据作为测试案例进行验证分析。本文将对比 KPCA、主元分析（Principal Component Analysis，PCA）、局部切空间排列（Local Tangent Space Alignment，LTSA）3 种数据降维的方法以验证本文选用的 KPCA 方法具有优势[5]。本文将对比 Jensen–Shannon 散度与 Wasserstein 距离两种评判分布相似程度的指标以验证本文所选取的 Wasserstein 距离指标更具优势。

3.1 正常工况验证测试

主要采用某型核电站全范围仿真机满额定工况运行数据进行异常检测模型的有效性测试，对比验证 KPCA、PCA、LTSA 3 种数据降维方法在稳定工况下特征提取的能力。验证数据部分参数如图 2 所示。

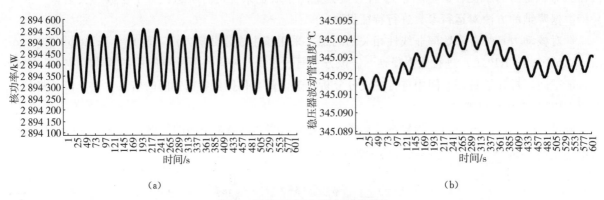

图 2　正常工况验证数据部分参数

分别采用 KPCA、PCA、LTSA 3 种特征提取方法对测试样本进行数据降维得到图 3 降维结果曲线。由于数据降维主要目的是保留原始数据中总体趋势，并且原始数据中各类别参数数值差别较大，因此数据降维后的曲线其幅值无须过分关注，下图中也没有给出纵坐标幅值。

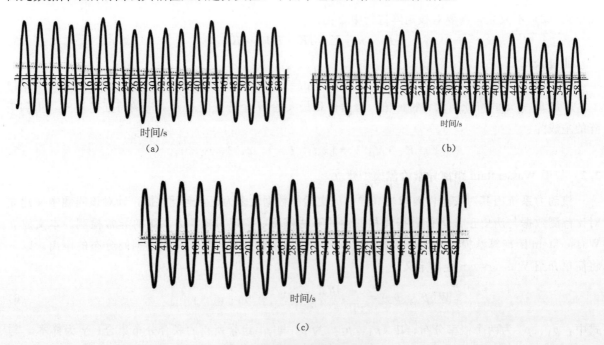

图 3　特征提取降维特征曲线

（a）KPCA 降维特征曲线；（b）PCA 降维特征曲线；（c）LTSA 降维特征曲线

由上述特征提取方法结果图可以看出，数据降维方法能够降低包含繁多种类的运行数据维数，并且在降维的同时3种方法均能够保留原始数据中的部分信息，对比将为特征曲线趋势线可以得出KP-CA方法获得的特征曲线能够最大程度保留原始数据中的信息。

3.2 异常工况验证测试

主要采用某型核电站全范围仿真机一回路热管段泄露与"弹棒"两种异常工况数据进行异常检测模型的有效性测试，对比验证Wasserstein距离与JS散度两种相似度指标的异常检测能力。验证测试一回路热管段泄露工况数据部分参数如图4所示。

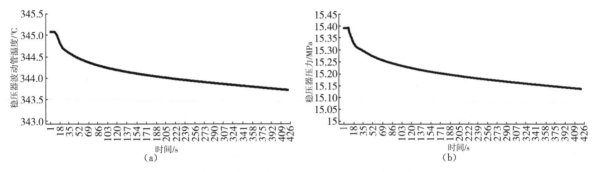

图4 一回路热管段泄露工况数据部分参数

采用时间长度为20s的正常工况数据作为检测标准与待测数据进行相似度对比，Wasserstein距离与JS散度两种相似度评价指标效果如图5所示。

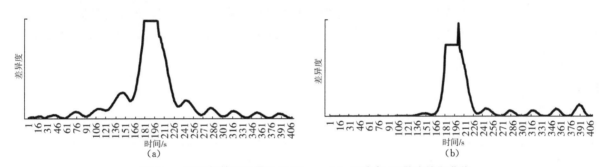

图5 一回路热管段泄露工况 Wasserstein 距离与 JS 散度结果曲线

（a）Wasserstein 距离曲线；（b）JS 散度曲线

对比 Wasserstein 距离与 JS 散度结果曲线可以看出 Wasserstein 距离指标对于异常工况更加敏感，异常发生前期由于参数变化不明显 JS 散度并未触发报警而 Wasserstein 距离对异常前期微弱变化也能够起到较好的检测效果，同时 Wasserstein 距离指标的趋势性明显优于 JS 散度指标更有利于报警阈值的设定。

验证测试"弹棒"工况数据部分参数如图6所示。

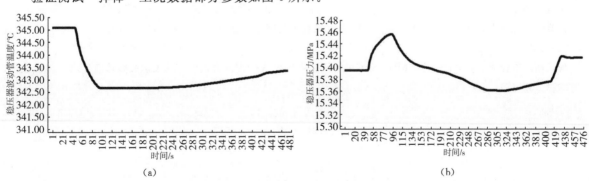

图6 "弹棒"工况数据部分参数

采用时间长度为 20s 的正常工况数据作为检测标准与待测数据进行相似度对比，Wasserstein 距离与 JS 散度两种相似度评价指标效果如图 7 所示。

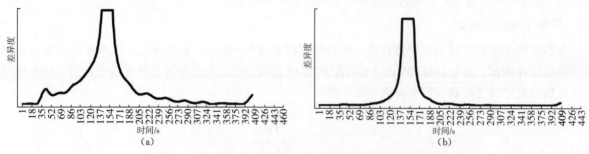

图 7　"弹棒"工况 Wasserstein 距离与 JS 散度结果曲线
（a）Wasserstein 距离线；（b）JS 散度曲线

对比 Wasserstein 距离与 JS 散度结果曲线可以看出 Wasserstein 距离作为待测数据与正常数据的差异性指标在异常发生前期更具有优势，能够提早实现异常的预报为事故处理提供充足的准备时间。

4　结论

本文基于核动力系统历史运行的正常数据，提出基于 Wasserstein 距离的数据挖掘异常检测方法，实现对核动力系统运行状态的检测提高核动力系统智能化水平减轻运维人员的工作负担。并利用某型核电厂全范围仿真机数据对算法模型进行了测试验证，结果表明，本文设计的算法能够有效区别正常工况与异常工况以实现异常检测，对比分析，说明了本文采用的指标相较于已有指标对于异常发生前期更具有敏感性。本文进行的工作内容为后续开展基于历史正常数据进行异常检测方法的相关研究提供了参考。

致谢

感谢本文撰写过程中身边各位良师益友的帮助。

参考文献：

[1]　王晓龙，张永发，刘忠，等．基于数据驱动的核动力系统异常检测及分析方法研究［J］．核动力工程，2021，42（5）：149 - 155.

[2]　余刃，孔劲松，骆德生，等．基于运行数据分析的核动力装置异常运行状态监测技术研究［J］．核动力工程，2013，34（6）：156 - 160.

[3]　庄乾平．基于数据驱动的舰船核动力安全支持技术分析［J］．舰船科学技术，2017，39（15）：142 - 145.

[4]　李兆恩，张智海．基于 Wasserstein 距离的在线机器学习算法研究［J］．中国科学：技术科学，2023，53（7）：1031 - 1042.

[5]　赵荣珍，陈昱吉．KPCA 与 LTSA 融合的转子故障数据集降维算法［J］．兰州理工大学学报，2021，47（1）：36 - 40.

[6]　张天瑞，李金洋．基于自适应 VMD - KPCA 特征提取与 SSA - SVM 方法的滚动轴承故障诊断［J］．机械设计，2022，39（7）：63 - 73.

Wasserstein distance data – driven system – level anomaly monitoring method for nuclear power plants

WANG Xin-xing, WANG Hang, ZHOU Hong-rui,
BI Yan-chao, MA Qian-kun

(Harbin Engineering University, Harbin, Heilongjiang 150001, China)

Abstract: In nuclear power systems, system operating condition monitoring is crucial and requires real – time condition determination of system operating status or information mining of past operating data. In the existing condition monitoring methods, there are often problems of high leakage rate and false alarm rate, and it is often difficult to train accurate models for mature machine learning models when facing the data set with small sample of abnormal data in nuclear power systems. Therefore, for the purpose of monitoring the real – time operation status of nuclear power system and analyzing the past operation data, we firstly obtain the system operation parameters through various sensing measurement means in the system, realize the denoising and feature extraction of the massive original operation parameters through KPCA, and then build the anomaly detection model for the nonlinear and high coupling characteristics of nuclear power plant system. To overcome the problem of small abnormal data samples in nuclear power system, we propose to use normal data as the training set and calculate the Wasserstein distance to compare the similarity degree between the data to be measured and normal data to realize the abnormal state judgment.

Key words: Nuclear power systems; Anomaly monitoring; Data – driven

世界核电机组延续运行现状及趋势分析

曹洪胜，曹国畅，李志华，姜　赫，陶　钧

（中核核电运行管理有限公司，浙江　嘉兴　314300）

摘　要： 核电机组延续运行具有突出的社会、经济及生态价值，已逐渐成为国内外核电站运营管理的主要目标和做法。本文针对不同国家核电机组的机龄、堆型及延续运行实践，系统梳理了世界核电机组的延续运行现状，对国际主流的延续运行策略进行了介绍；分析了国外主要核电国家的延续运行政策倾向与实践情况，对其机组延续运行趋势进行了分析和预测；调研了我国核电机组延续运行需求，对我国机组运行许可证延续的进展进行了介绍；同时，为我国后续核电机组的延续运行提出了建议。

关键词： 核电厂；延续运行；执照更新；长期运行

核电厂延续运行（或称"延寿"）是在充分考虑构筑物、系统和设备（SSCs）的特点及使用寿命期限的基础上，经安全评估论证，使核电厂超过原运行许可证有效期限的运行，是在具有可接受的技术性能和安全水平条件下的"实际寿期"内运行的行为[1]。核电机组延续运行可产生突出的社会、经济及环境效益，可通过释放原有设计裕量，实现电厂价值最大化[2]。基于我国核电机组延续运行需要，同时考虑到国际核电延续运行巨大的市场，及时跟踪世界核电机组延续运行现状并进行趋势分析，对我国核电长期发展和核电"走出去"都具有现实意义。

1　世界核电机组延续运行概述

根据国际原子能机构（IAEA）公布的数据[3]，至 2023 年 6 月，世界在运核电机组 410 台，按运行年限的分布如图 1 所示。其中，276 台（约 67%）已运行达 30 年，135 台（约 33%）已运行达 40 年。世界在运核电机组的平均役龄为 31.5 年，逐渐接近典型的 40 年初始设计寿期，核电机组延续运行前景广阔。

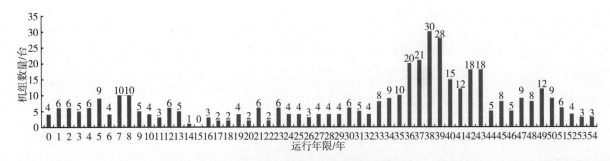

图 1　世界在运核电机组按运行年限分布[3]

作为国际上的成熟做法，核电厂延续运行主要有美国的执照更新（LR）和 IAEA 的长期运行（LTO）两个体系，其他国家机组的延续运行均遵循这两种体系，并在其基础上结合本国实际情况做适应性调整。最初执照更新和长期运行的方法策略有所区别，但随着 IAEA 的 SSG－48 导则发布，其策略越来越接近美国的技术路线。

作者简介： 曹洪胜（1997—），男，学士，寿命管理工程师，现主要从事电厂寿命管理工作。

2 国外核电机组延续运行现状

2.1 美国

根据 IAEA 数据[4]，至 2023 年 6 月，美国在运核电机组 93 台（平均役龄 42.1 年），其中 52 台已运行达 40 年。美国机组在初始执照（一般为 40 年）到期前的 5～20 年，向核管会（NRC）提交执照更新（LR）申请，通过安全审查及环境审查后即可延续运行至 60 年。在延续运行期内，核电厂可以向 NRC 提交执照二次更新（SLR）申请，获批后即可延续运行至 80 年。目前，除 3 台服役时间不长的机组外，美国在运机组中已有 84 台通过执照更新（LR）审查[5]，详细情况如表 1 所示。预计 NRC 将完成所有在运机组的 LR 审评工作。

表 1　美国在运核电机组 LR 情况统计[5]

执照更新（LR）情况	机组数量/台	备注
通过 LR 审查	84	
处于 LR 审查过程中	2	Comanche Peak - 1、2
短期内将提交 LR 申请	2	Perry - 1，Clinton - 1
提交后 LR 申请又取消	2	Diablo Canyon - 1、2
短期内暂不提交 LR 申请	3	Watts Bar - 1、2；Vogtle - 3

随着进入延续运行期的机组增多，NRC 的工作重心将向 SLR 倾斜。美国有 6 台机组（Turkey Point - 3、4；Peach Bottom - 2、3；Surry - 1、2）已通过 SLR 审查，运行期限可至 80 年，另有 10 台机组在 SLR 审查中，8 台机组将于近期提交 SLR 申请[6]。值得注意的是，NRC 正在更新通用环境影响声明（GEIS）以覆盖 60～80 年寿期，尚未批准的 SLR 申请将基于新版 GEIS 开展环境审查，而安全审查不受影响。已获 SLR 批准的 Turkey Point - 3、4 和 Peach Bottom - 2、3 的安全审查结论仍然有效，但其执照期限被暂时重置至 60 年，其环境审查工作将进行再评估[6-7]。

2.2 法国

根据 IAEA 数据[4]，至 2023 年，法国在运核电机组 56 台（平均役龄 38.2 年），均由法国电力公司（EDF）负责运营。法国在运机组可按单机容量分为 900MW、1300MW、1450MW 3 个系列[8]，其中 25 台已运行达 40 年，且均为 900MW 机组。

法国机组采用 40 年假设初始寿期输入，运行许可证不设固定期限[8]，并通过定期安全审查（PSR）决定是否延续运行，单次延续运行期为 10 年[9]。由于系列内的机组相似性很高，法国在 PSR 时先对该系列机组共性的老化及安全情况进行统一审查，通过后再对系列内各个机组进行审查。具体实施时，EDF 将第四次 PSR 分为通用（generic）和特定（specific）两个阶段[9]（图 2）。通用 PSR 对该系列的机组进行通用安全审查，法国核安全局（ASN）依据通用阶段的审查结论批准该系列机组的延续运行[10]。特定阶段是对系列内每台机组的具体情况进行审查，以决定该机组是否延续运行[9]。2020 年末，900MW 系列机组已完成第四次 PSR 通用阶段审查[8,10]。

法国机组延续运行的安全改造主要在第四次十年大修期间进行[9]。Tricastin - 1 于 2019 年率先开展第四次十年大修。至 2022 年末，EDF 已经完成或正在实施 11 台机组的第四次十年大修[11]。补充安全改造在十年大修后分步实施[9]。在通用阶段审查决议[10]中，ASN 给出了各台机组完成补充安全改造的具体时间表。

EDF 于 2017 年启动了 1300MW 系列机组第四次 PSR 的前期工作，目前正在进行通用阶段审查，相关机组的首个第四次十年大修预计在 2025 年进行[8]。

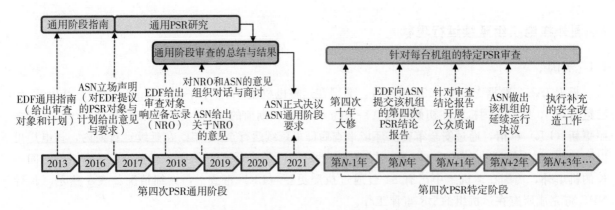

图 2　法国 900MW 系列机组第四次 PSR 实施流程[9]

2.3　俄罗斯

根据 IAEA 数据[4]，至 2023 年，俄罗斯在运核电机组 37 台（平均役龄 30.0 年），其中 14 台已运行达 40 年。俄罗斯机组主要包括压水堆、轻水石墨慢化堆（LWGR）和快中子堆[4,12]。

俄罗斯核电机组的初始执照期限为 30 年，延续运行决定需在到期 5 年前做出[12]，且不同堆型的延寿策略不尽相同。老式机组一次延寿一般为 15 年，而 VVER-1000 机组裕量较大，一般直接延寿 30 年[12]。具体而言，RBMK 和 VVER-440 机组将延续运行至 45 年[13]。RBMK 机组不会选择二次延寿，在到期后会被 VVER 新机组替代[14]；VVER-1000 机组将至少运行至 60 年；VVER-1200 机组设计寿命为 60 年，俄罗斯计划将其延续运行至 80 年[13]；快中子堆 Beloyarsk-3 在 2020 年经二次延寿 5 年，将运行至 2025 年[12-13]，并正在进行翻新，以期延寿至 60 年[14]。

2023 年，俄罗斯在运核电机组中共有 24 台获准延续运行（表 2），可按堆型分为：7 台 VVER-1000、5 台 VVER-440、8 台 RBMK、3 台 EGP-6 和 1 台快中子堆。其中，5 台进行了二次延寿。由于希望进一步提升核电占比[14]，且初始执照期限较短、后续机组（主要是 VVER-1000 和 VVER-1200）实际寿期裕量较大，预计后续的 VVER 机组都会进行延寿，最终实际运行期限很有可能超过 60 年。

表 2　俄罗斯在运机组延续运行情况统计[12,14]

机组名称	堆型	执照期限	延寿情况/年	机组名称	堆型	执照期限	延寿情况/年
Balakovo 1	VVER-1000	2045 年	一次延寿（30+30）	Kursk 2	RBMK	2024 年	一次延寿（30+15）
Balakovo 3		2048 年		Kursk 3		2029 年	
Balakovo 4		2053 年		Kursk 4		2031 年	
Kalinin 1		2045 年		Leningrad 3		2025 年	
Kalinin 2		2047 年		Leningrad 4		2026 年	
Novovoronech 5	VVER-1000	2035 年	一次延寿（30+25）	Smolensk 1		2028 年	
Balakovo 2		2043 年		Smolensk 2		2030 年	
Kola 1	VVER-440	2033 年	二次延寿（30+15+15）	Smolensk 3		2034 年	
Kola 2		2034 年		Bilibino 2	EGP-6	2025 年	二次延寿（30+15+5）
Novovoronech 4		2032 年		Bilibino 3		2021 年①	一次延寿（30+15）
Kola 3	VVER-440	2027 年	一次延寿（30+15）	Bilibino 4			
Kola 4		2029 年		Beloyarsk 3	BN-600	2025 年	二次延寿（30+10+5）

注：①Bilibino 3，4 机组原计划 2021 年退役，但目前机组仍在运行[4]，且在进行二次延寿工作[14]，执照期限尚未更新。

2.4 加拿大

根据 IAEA 数据[4]，至 2023 年，加拿大在运核电机组 19 台（平均役龄 40.1 年），其中 9 台已运行达 40 年。加拿大在运机组均为 CANDU 重水堆，其延寿策略是将机组通过翻新（refurbishment）实现延续运行[15]。翻新工作的核心是在役龄 30 年左右进行压力管更换。在换管大修期间同步进行电站更新、设备替换等工作，部分改造可以在换管前后的大修中实施。由于换管工作周期长，投入大，若只进行一次换管，则 CAUDU 机组的实际寿期预计只能达到 60 年，难以进行二次延寿。

加拿大在运机组中，有 6 台机组已完成翻新，4 台机组正在翻新，5 台机组将在后续翻新[13,15]。由于安大略省政府的原因，Pickering - 2、3 机组在完成翻新后已经退役，Pickering - 5、6、7、8 将在现有执照到期后陆续关停，相关情况详如表 3 所示。

表 3　加拿大在运核电机组延续运行情况统计[13,15]

机组名称	翻新情况	现有执照期限
Bruce - 1、2	已翻新	2028 年
Darlington - 2		2025 年
Pickering - 1、4	已翻新（将于 2024 年提前退役）	2028 年
Point Lepreau	已翻新（2022 年获准延寿 10 年）	2032 年
Bruce - 3、6	正在翻新	2028 年
Darlington - 1、3		2025 年
Bruce - 4、5、7、8	待翻新（预计 2025 年、2026 年、2028 年、2030 年分别开始）	2028 年
Darlington - 4	待翻新（预计 2023 年 9 月开始）	2025 年
Pickering - 5、6、7、8	未翻新，将于 2025 年提前退役	2028 年

2.5 其他国家

许多欧洲国家早期建设的机组完成了延续运行。芬兰 Loviisa 核电厂的两台改进型 VVER - 440 及匈牙利 PAKS 核电厂的四台 VVER - 440 机组获得二次延寿批准，按照 30＋20＋20 的路线，其实际寿期将达到 70 年[13-14]。斯洛文尼亚、比利时也完成了核电机组延续运行[14]。

2023 年，日本通过政策，改变此前遵循的"原则上 40 年，最长 60 年"的核电站运转年限政策，允许核电机组在超出 60 年上限后继续运行[14]。此前，Tokai - 2、Onagawa - 2 和 Shimane - 2 机组已获准延续或重启运行，Takahama - 3、4 机组也将寻求延续运行至 60 年[13]。

此外，阿根廷、南非及巴西等国家也开展了核电机组延续运行工作[13]，在此不再赘述。

3　我国核电机组延续运行现状

2023 年，我国 55 台在运核电机组的平均役龄约 9.8 年。到 2043 年末，7 台机组的初始运行许可证将到期，3 台机组将到达初始运行许可证末期。到 2055 年末，我国初始运行许可证到期的核电机组数目将达到 29 台（图 3），未来我国机组的延续运行需求快速增加。

作为我国大陆的第一座核电厂，秦山核电厂于 1991 年并网，初始运行许可证期限为 30 年。秦山核电厂于 2012 年启动运行许可证延续（OLE）项目，开展安全评估及工程改造工作。2021 年，秦山核电厂 OLE 申请正式获批，标志其成为大陆首个获准延续运行 20 年的核电机组，实现了核电厂 OLE 从技术准备到工程实施"零"的突破。秦山核电厂 OLE 示范工程首创了适用于我国的 OLE 技术体系和总体技术路线（图 4），掌握了电厂整体评估（IPA）、时限老化分析（TLAA）、执照文件更新等关键技术，形成了一套自主、系统的 OLE 安全评估方法、流程和标准化产品，并开发了配套的老化管理大纲及支撑技术、工程改进技术等，其OLE工程实践可为我国后续机组的OLE活动提供经验借鉴。

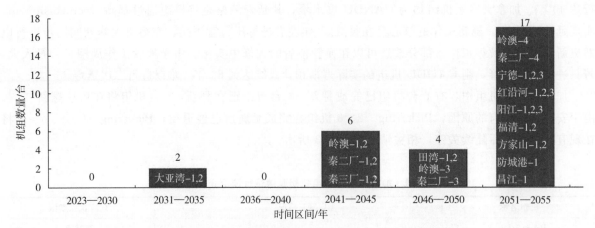

图 3 我国到达初始寿期末的机组数目分布（至 2055 年末）

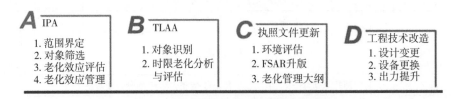

图 4 核电厂运行许可证延续技术路线

我国其他核电机组的初始运行许可证有效期为 40 年。大亚湾核电站于 2016 年启动延寿评估工作。秦山核电已做出 OLE 长期规划，并启动了秦二厂 1、2 号机组及秦三厂的中期寿命评估，为后续 OLE 工作打好基础。

4 结论与建议

（1）核电机组延续运行主要有美国的 LR 和 IAEA 的 LTO 两个体系。全世界约 1/3 的核电机组已运行达到 40 年，延续运行前景广阔。

（2）国际核电延续运行实践丰富。美国绝大多数机组已完成 LR 申请，且已有 SLR 的成功实践；法国通过 PSR 按系列开展机组的延续运行；俄罗斯机组堆型丰富，延续运行实践较为灵活；加拿大 CANDU 重水堆的翻新工作较为特殊，值得我国秦山三厂参考借鉴。

（3）我国大陆只有秦山核电厂完成了 OLE 实践，为后续机组延续运行提供了经验借鉴。

由于我国核电机组的延续运行工作尚属起步阶段，考虑到延续运行需求，应当重视核电机组的延续运行工作，继续深入跟踪国外核电机组的延续运行情况，了解相关前沿技术，挖掘核电延寿市场。同时应完善相关法规标准体系，开展延续运行技术储备，为后续核电机组的延续运行工作打好基础。

参考文献：

［1］ 国家核安全局. 《核电厂运行许可证》有效期限延续的技术政策（试行）［R］. 北京：国家核安全局，2015.

［2］ OECD/NEA. Long-term operation of nuclear power plants and decarbonisation strategies［R］. Paris：OECD/NEA, 2021.

［3］ IAEA. World Statistics［DB］. https：//pris.iaea.org/PRIS/WorldStatistics/OperationalByAge.aspx.

［4］ IAEA. Country Statistics［DB］. https：//pris.iaea.org/PRIS/CountryStatistics/CountryDetails.aspx.

[5] NRC. Status of Initial License Renewal Applications and Industry Initiatives [DB]. https: //www. nrc. gov/reactors/operating/licensing/renewal/applications. html.

[6] NRC. Status of Subsequent License Renewal Applications [DB]. https: //www. nrc. gov/reactors/operating/licensing/renewal/subsequent - license - renewal. html.

[7] ROMA A, MATSICK R, FISHMAN S. NRC ordered new environmental reviews for subsequent license renewals - reversing approved extensions [EB/OL]. [2022 - 03 - 02]. https: //www. engage. hoganlovells. com/knowledgeservices/news/nrc - ordered - new - environmental - reviews - for - subsequent - license - renewals - reversing - approved - extensions.

[8] ASN. ASN report on the state of nuclear safety and radiation protection in France in 2021 [R]. Paris: ASN, 2022.

[9] ASN. Les cahiers de l'ASN ♯ 02 - Conditions for the continued operation of EDF' s 900MWe reactors [R]. Paris: ASN, 2021.

[10] ASN. ASN resolution 2021 - DC - 0706 of 23 February 2021 [R]. Paris: ASN, 2021.

[11] ASN. Rapport de l'ASN sur l'état de la sûreté nucléaire et de la radioprotection en France en 2022 [R]. Paris: ASN, 2023.

[12] WNA. Nuclear power in russia [EB/OL]. [2022 - 03 - 02]. http: //www. world - nuclear. org/information - library/country - profiles/countries - o - s/russia - nuclear - power. aspx.

[13] SCHNEIDER M, FROGGATT A, HAZEMANN J, et al. The world nuclear industry status report 2022 [R]. Paris: WNISR, 2022.

[14] NEI. Plant ageing and life management [EB/OL]. [2022 - 03 - 02]. https: //www. neimagazine. com/news/plant - ageing - and - life - management.

[15] CNSC. Refurbishment and life extension [EB/OL]. [2022 - 03 - 02]. http: //nuclearsafety. gc. ca/eng/reactors/power - plants/refurbishment - and - life - extension/index. cfm.

Current situation and trend analysis
for continuous operation of worldwide nuclear power plants

CAO Hong-sheng, CAO Guo-chang, LI Zhi-hua,
JIANG He, TAO Jun

(China Nuclear Power Operation Management Co., Ltd., Jiaxing, Zhejiang 314300, China)

Abstract: Continuous operation of nuclear power plants (NPPs) has outstanding social, economic and ecological value, and has gradually become a worldwide major target and practice for NPPs in their operation management. In this paper, according to operating age, type of units and practices of continuous operation in different countries, the current situation for continuous operation of worldwide NPPs is systematically sorted out, and the international mainstream strategies for continuous operation are introduced; the policy tendency and practices of continuous operation in the main nuclear - powered foreign countries are analysed, and the trend of the continuous operation of the units in these countries is analysed and anticipated; the demand for continuous operation of NPPs in China is investigated, and the progress for operating license extension of NPPs in China is introduced; meanwhile, some suggestions for continuous operation of Chinese subsequent NPPs are given.

Key words: Nuclear power plants; Continuous operation; License renewal; Long - term operation

基于改进局部均值分解的故障特征提取方法

吴帅帅，王新星，王　航*

（哈尔滨工程大学，黑龙江　哈尔滨　150000）

摘　要：局部均值分解（Local Mean Decomposition，LMD）是一种常用于振动信号处理的技术，尤其在滚动轴承故障诊断、机械故障预测等领域中广泛应用。然而，在实际应用时，LMD 采用迭代过程中的平均化的方式来确定局部均值并进行信号分解。由于在信号两端缺少足够数据量，两端的局部极值点无法被完全包含在信号范围内，因此会导致局部均值的不准确性，引发端点效应问题。为了解决这个问题，可以采用加汉宁窗函数的方法来降低端点效应的影响。具体而言，加窗函数是一种对振动信号进行加权处理的函数，它能够使得信号在两端逐渐趋近于零，从而减小端点效应的影响。因此，在进行 LMD 分解时，我们可以先将信号进行加窗处理，然后再进行分解，这样能够有效提高信号分解的精度和可靠性。

关键词：滚动轴承；端点效应；汉宁窗

振动信号处理在滚动轴承故障诊断、机械故障预测等领域具有重要的应用价值[1-2]。LMD 作为一种常用的技术，在振动信号处理中被广泛采用[3-4]。然而，LMD 在实际应用中存在一个普遍问题，即端点效应[5]。由于振动信号在两端缺乏足够的数据量，导致信号两端的局部极值点无法被完全包含在信号范围内，从而影响了局部均值的准确性，进一步导致信号分解的精度下降，限制了 LMD 技术的可靠性和应用范围。为了抑制 LMD 的端点效应，本文采用加汉宁窗函数的解决方法，有效地减小信号两端的影响，进而提高信号分解的精度和可靠性。通过实验和分析，比较加窗前后的分解结果，并对其改进效果进行评估。本文在提供一种解决 LMD 端点效应问题的方法，并为振动信号处理领域的进一步发展和应用提供有益的思路和方法。

1　基本原理

LMD 能够将复杂的旋转机械非稳定振动信号分解为若干成分单一的信号分量（PF）和一个残差，PF 是包络信号与纯调频信号的乘积。其中，包络信号为 PF 的瞬时幅值，纯调频信号求导可得瞬时频率。LMD 是一种有效的信号处理手段，具体分解步骤如下[6]：

（1）假设待处理的振动信号为 $x(t)$，找出 $x(t)$ 的全部极值点，并求解相邻两极值点的平均值：

$$m_i = \frac{n_i + n_{i+1}}{2}, \ a_i = \frac{\mid n_i - n_{i+1} \mid}{2}。 \tag{1}$$

（2）将 m_i，a_i 对应的极值点时刻进行直线延伸，之后再使用滑动平均法对其平滑处理，得到局部均值函数 $m_{11}(t)$ 和局部包络函数 $a_{11}(t)$。

（3）从原始信号中分离出局部均值函数，得到零均值信号：

$$h_{11}(t) = x(t) - m_{11}(t)。 \tag{2}$$

（4）对 $h_{11}(t)$ 进行解调处理，得到调频函数：

$$s_{11}(t) = \frac{h_{11}(t)}{a_{11}(t)}。 \tag{3}$$

作者简介：吴帅帅（2001—），男，博士研究生，主要研究方向为核动力旋转设备的故障诊断、寿命预测及维修决策。

（5）重复上述步骤即可得到 $a_{11}(t)$，$a_{12}(t)$，$\cdots$，$a_{1n}(t)$。判断调频函数是否为纯调频信号，即若 $a_{12}(t)=1$，则 $s_{11}(t)$ 为调频函数，否则重复上述操作，直到所有的 $s_{1n}(t)$ 为纯调频函数。

（6）将上述过程得到的所有局部包络函数进行乘积运算，就能获得包络信号：

$$a_1(t)=a_{11}(t) \cdot a_{12}(t) \cdots a_{1n}(t) 。 \tag{4}$$

（7）$x(t)$ 的第一个 PF 分量为步骤（6）得到的包络信号与步骤（5）得到的纯调频信号之积。

（8）原始信号去除 PF 分量后，得到 $u_1(t)$，将 $u_1(t)$ 视为待分解信号，重复前 7 个步骤，循环 k 次，直到 $u_k(t)$ 成为单调函数为止。

（9）假设循环 k 次，最后的单调函数为 $u_k(t)$，此时原始信号可以表示为：

$$x(t)=\sum_{p=1}^{k} PF_p(t)+u_k(t) 。 \tag{5}$$

从上述步骤可知，LMD 分解是通过迭代求解局部极值点来实现的。在实际的振动信号采集和传输过程中，受到各种干扰因素的影响，会导致信号的完整性和连续性破坏。此外，振动信号往往同时具有周期性和非周期性的变化。为了进行时频分析，我们通常会截取振动信号的某一片段来代表整体信号。然而，由于所选取的局部信号范围无法完全包含两端的局部极值点，局域信号的极值点存在不确定性，这意味着在振动信号的端点处可能出现不连续的情况。

为了抑制原始振动信号 LMD 过程中存在的端点效应，本文提出了加窗函数的改进方法并验证其有效性。加窗函数是一种常见的信号处理方法，通过在时域上对信号进行加权调整来改善信号的性质。本文选择了汉宁窗作为加窗函数，用于处理端点效应问题。具体而言，本文使用了基于 LMD 的信号去噪算法，并引入汉宁窗来加权边缘信号以抑制端点效应。算法首先定义了一个窗口长度参数，然后针对每个局部区域应用汉宁窗进行加权平均处理。具体步骤如下：根据窗口长度计算信号的局部片段，然后计算每个片段内汉宁窗的平均权重，将权重乘以信号的平均值得到加权后的信号。最后，对所有分段加权后的信号再次进行平均，从而去除噪声信号。为了验证该改进方法对 LMD 端点效应的有效性，本文选用了西储大学滚动轴承内圈故障数据进行实验。通过对比使用加窗函数和不使用加窗函数的 LMD 结果，可以评估加窗函数对端点效应的改进效果。

2　实验数据分析

选用西储大学滚动轴承内圈故障数据进行分析，滚动轴承故障时会产生特定的振动信号，这个信号通常具有周期性的低频振动冲击和固有的高频振动特征。为了有效地诊断轴承故障，可以采用频谱分析等方法来准确识别故障特征频率的位置。轴承的故障频率与许多因素相关，包括轴承本身尺寸和转速等。一般来说，可以使用公式推算出轴承理论上的故障频率，并将实际测试结果的频率与预期数值进行对比分析。

按故障发生位置，轴承故障分为外圈、滚动体、内圈、保持架故障等。它们的特征频率计算如下：

$$\begin{cases} f_{BSF}=\dfrac{Dfr}{2d}\left[1-\left(\dfrac{d}{D}\cos\theta\right)^2\right] \\[2mm] f_{BPFO}=\dfrac{Zfr}{2}\left(1-\dfrac{d}{D}\cos\theta\right) \\[2mm] f_{BPFI}=\dfrac{Zfr}{2}\left(1+\dfrac{d}{D}\cos\theta\right) \\[2mm] f_c=\dfrac{fr}{2}\left(1-\dfrac{d}{D}\cos\theta\right) \end{cases} \tag{6}$$

式中，f_{BSF}、f_{BPFO}、f_{BPFI}、f_c 分别为轴承滚动体、外圈、内圈、保持架故障特征基频。本文选用型号为 6205 - 2RS JEM SKF 的深沟球轴承，$f_{BPFI}=162.19$ Hz，$f_{BPFO}=107.36$ Hz，$f_{BSF}=70.58$ Hz，$f_c=11.93$ Hz。为更加直观观察加窗前后效果，选用采样频率为 12 000 Hz 的滚动轴承内圈故障数据进行分析。

图 1 和图 2 是加汉宁窗前后的信号分解，信号的边界处受到端点效应的影响，导致出现锯齿状边

缘现象，汉宁窗平滑了信号在边界处的不连续性，从而改善了分解结果。

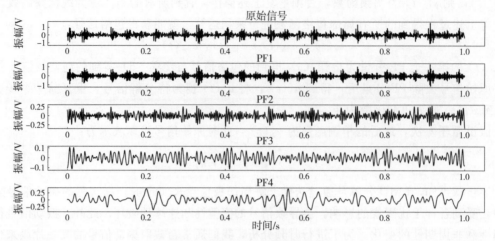

图 1　未改进 LMD 的信号分解

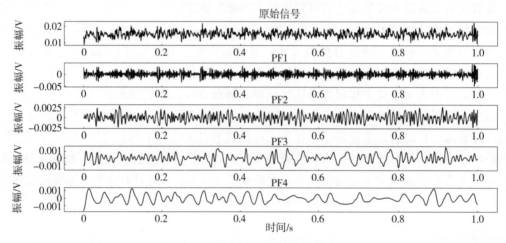

图 2　改进后 LMD 的信号分解

图 3 和图 4 是加汉宁窗前后的频谱，加入汉宁窗后几个 PF 分量的特征频率更加突出，并且整个频谱变得更加平滑。这表明使用汉宁窗函数对 LMD 进行改进有效地缓解了端点效应，提高了频谱分析的准确性。

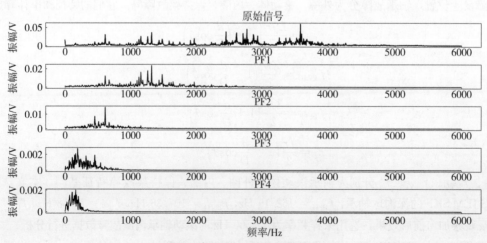

图 3　未改进 LMD 的分量频谱

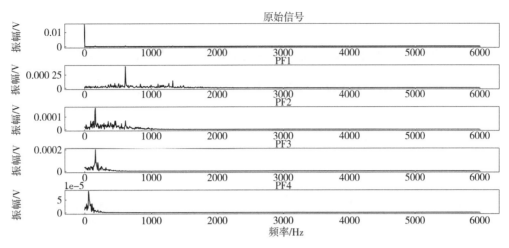

图 4 改进后 LMD 的分量频谱

为进一步证明加窗函数的有效性，本文通过信噪比增益 ISNR 这一指标进一步说明。在计算 IS-NR 时，将主频周围的一小段视为信号，主频周围较大的一段视为分析的全部信号。在这个范围内除去信号部分被视为噪声，并以信号能量与噪声能量的比值作为 ISNR 的度量。主频为 162.19 Hz，将 160～164 Hz 视为信号，将 150～170 Hz 中除去信号部分视为噪声，加窗前 ISNR 值为 - 3.739dB，加窗后 ISNR 值为 2.234dB。因此可以得出结论：应用汉宁窗函数对信号产生了积极的影响，有效改善了信号的质量。

3 结论

应用汉宁窗函数可以抑制 LMD 端点效应，减少频谱泄漏现象并改善信号质量，使得频谱能够更加精确地反映信号的频率成分。这在许多信号处理应用中都非常有用，如语音识别、音频压缩等。总之，汉宁窗函数的应用可以改善信号分析过程中的端点效应，并提高频谱分析的准确性和可靠性。

致谢

衷心感谢在本文撰写期间给予我们帮助的所有人。

参考文献：

[1] 陆建湖，黄文，毛汉领 . 机械设备振动监测与故障诊断的发展与展望 [J]. 仪器仪表与分析监测，1999 (1)：1 - 4.

[2] 朱利民，钟秉林，贾民平，等 . 振动信号短时分析方法及在机械故障诊断中的应用 [J]. 振动工程学报，2000 (3)：80 - 85.

[3] 陶然，许有才，邓方华，等 . 基于 SVD 优化 LMD 的电梯导靴振动信号故障特征提取 [J]. 振动与冲击，2017，36 (22)：166 - 171.

[4] 蒋章雷，徐小力，卞家磊 . LMD - ICA 联合降噪方法在滚动轴承振动信号中的降噪性能分析 [J]. 北京信息科技大学学报（自然科学版），2017，32 (3)：13 - 17.

[5] 张亢，程军圣，杨宇 . 基于自适应波形匹配延拓的局部均值分解端点效应处理方法 [J]. 中国机械工程，2010，21 (4)：457 - 462.

[6] 刘乐 . 基于局部均值分解的滚动轴承故障诊断系统研究与应用 [D]. 太原：中北大学，2017.

Fault feature extraction method based on improved local mean decomposition

WU Shuai-shuai, WANG Xin-xing, WANG Hang*

(Harbin Engineering University, Harbin, Heilongjiang 150000, China)

Abstract: Local Mean Decomposition (LMD) is a commonly used technique in vibration signal processing, particularly in the fields of rolling bearing fault diagnosis and mechanical failure prediction. However, in practical applications, LMD employs an averaging process to determine local means and decompose the signal. Due to insufficient data at the ends of the signal, the local extreme points cannot be fully contained within the signal range, leading to inaccuracies in the local means and causing endpoint effects. To address this issue, the use of a Hann window function can be employed to mitigate the impact of endpoint effects. Specifically, a window function is a weighted function applied to the vibration signal, gradually bringing the signal closer to zero at both ends, thereby reducing the influence of endpoint effects. Therefore, during LMD decomposition, it is beneficial to apply a windowing process to the signal before performing the decomposition, as this can effectively improve the accuracy and reliability of signal decomposition.

Key words: Rolling bearing; End effect; Hanning window

核电厂阀门执行机构橡胶膜片外漏浅析

牟　杨

（中核核电运行管理有限公司，浙江　嘉兴　314300）

摘　要： 核电厂气动阀承担重要控制功能，其最高频运行期间的失效为膜片外漏。该现象可能会导致控制失效或超出电站技术规格书限制条件的后果，部分关键阀门设备也有导致机组停堆事件及降功率事件。通过对执行机构密封结构及膜片寿命的分析，显示其外漏的主要贡献是膜片材料的蠕变、老化，次要贡献为螺栓副的松弛。根据分析，膜片一次紧固后，密封寿命满足工程预期目标。对环境恶劣的重要调节阀应定期开展密封检查、外漏检查和复紧，同时在膜片安装后应持续关注，橡胶形变是缓慢到最终形变的，应延时 20～60 分钟进行复紧，确保最终力矩，并应做好膜片螺母的防松措施，确保阀门执行机构膜片在更换周期内不产生外漏。

关键词： 核电厂；阀门；执行机构；橡胶膜片；外漏

核电厂很多阀门设备往往承担着电厂重要功能，且阀门设备是核电厂数量最大的机械类设备，其中大部分的气动阀门，尤其是气动调节阀承担着电厂重要功能。气动阀门可以实现主控室远程开关控制，这些气动阀的执行机构在整个检修周期内，必须保证其内部承压密封边界保持完整。尤其是气动调节阀作为一种流程控制的执行器，在核电厂中不仅要实现其流程控制的功能，还要在系统中实现一定的安全功能。例如，稳压器喷淋阀通过调节喷淋流量来控制稳压器压力，它的正常位置为关闭（除了机械最小开度外），故障安全位置为关闭，以保证在故障状态下，如失去压空，阀门最终位置为关闭状态，稳压器喷淋流量维持在最小喷淋流量，避免稳压器压力被过度降低上充流量调节阀，通过调节上充流量控制稳压器水位，它的故障安全位置为开启；余热排出流量调节阀调节余热排出流量，它的故障位置为保持开度，以保证堆芯的余热能正常排出。这些重要气动阀门失效，可能会导致超出电站技术规格书限制条件（LCO）的后果，部分关键阀门设备也有导致机组停堆事件及降功率事件。

根据统计，关键敏感设备（单个设备故障可导致电站停堆、停机、功率大幅度波动的设备）中，单个核电站每年产生 0.25 个气动阀膜片外漏缺陷。由于膜片外漏发生突然，较难发现，外漏后后果不可控，对电站安全稳定运行造成了影响。

1　膜片外漏分析

1.1　执行机构密封结构

气动调节阀执行机构的通常结构如图 1 至图 3 所示，其中最主要影响外漏的密封是执行机构法兰。该执行机构法兰密封的构成为橡胶元件和法兰金属密封副。橡胶元件（通常是膜片）会随时间的变长而产生蠕变，即产生尺寸变化。同时，会随阀门开关产生拉拽应力。另外，橡胶本身为非金属有寿期物品，会产生材质老化，且受到辐射、高温等环境因素影响会有额外老化特征。其中，与活塞或执行机构阀杆配合的部位大多采用 O 形圈密封，其密封较为可靠，机组稳定运行后故障率较低。

1.2　膜片寿命分析

根据工程经验，出现过多次执行机构的法兰力矩会随安装时间的变化、环境的影响产生不同程度

作者简介：牟杨（1986—），男，硕士，高级工程师，主要从事核电厂机械设备维修工作。

图1　上进气气动执行机构实物剖面图

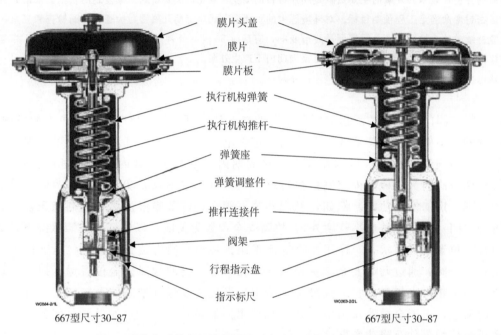

膜片头盖

膜片

膜片板

执行机构弹簧

执行机构推杆

弹簧座

弹簧调整件

推杆连接件

阀架

行程指示盘

指示标尺

WC664-2/L
667型尺寸30-87

WC663-2/L
667型尺寸30-87

图2　膜片气动执行机构剖面图（左为下进气，右为上进气）

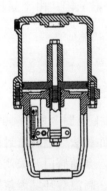

图3　气缸式气动执行机构剖面图

衰减的情形。所以，在阀门运维中需要考虑和评估气动调节阀执行机构力矩松弛，避免法兰密封性下降，进而出现外漏。

执行机构法兰模型中，是由金属-非金属形成密封副。使用硬垫片的法兰，其螺栓达到拧紧力矩时，螺栓拉伸力高达65％～75％螺栓屈服强度。非金属（膜片）较软，其螺栓的设计拧紧力矩远低于通常硬垫片螺栓法兰的拧紧力矩。故基于螺栓蠕变的法兰连接寿命预测模型不适用。针对膜片的松弛泄漏问题主要考虑膜片密封的寿命，需要将膜片的变形和泄漏特性统一到整个阀门系统中进行分析。

对于执行机构膜片（简化局部模型，以下称垫片）来说，分为密封寿命和垫片老化寿命，均与时间相关。工程上理想的预期目标是密封寿命≥老化寿命>更换的周期。

其垫片应力松弛是两个部分组成。纯应力松弛部分，即恒应变下垫片所受应力的改变，主要受螺栓伸长和螺母松动影响，根据国内学者的研究[1]，室温下该力矩松弛至初始应力的80%时间为7.884×10^{6}min，即15.2年。

通常气动阀（调节阀）橡胶膜片的更换周期为3~9年，该年限远超出当前膜片维修周期和更换周期的设定。通常拧紧力矩有紧固余量，产生了20%的衰减对膜片的密封性能的影响是有限的，在做好防止螺母松动的措施后，可以不用考虑螺栓伸长导致的松弛影响。

对橡胶垫片的应力松弛和蠕变进行研究和评估。纯垫片蠕变，即恒应力下垫片应变的改变组成。在垫片＋执行机构螺栓＋执行机构法兰系统中，应力松弛和蠕变这两个部分是相互影响和相互改变的。应力松弛不是材料的基本性质，应力松弛主要受垫片材料的蠕变和是否有防松措施、振动等其他零件和环境影响，只有蠕变才是垫片材料的基本性质，它的最直接结果是垫片应力的下降，最终导致泄漏甚至垫片部位吹出。

橡胶垫片的蠕变特性较为复杂，它在加工过程中通常是从固体变为半固体，再从半固体变固体（硫化），所以加工过程中橡胶于不同条件下会分别表现出固体和半固体的性质，即表现出弹性和黏性。但是由于橡胶大分子的长链结构和大分子运动的逐步性质，橡胶的形变不可能是纯弹性和纯黏性的，橡胶对应力的响应兼有弹性固体和黏性流体的双重特性，称黏弹性。黏弹性定义在材料中即黏性和弹性的结合，材料不仅具有弹性，而且具有摩擦。当应力被移除后，一部分功被用于摩擦效应而被转化成热能，这一过程可用应力应变曲线表示（图4）。

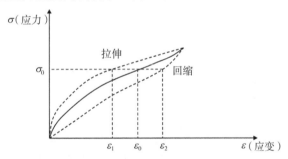

图4　橡胶压缩、回复的应力和应变曲线

橡胶在长时间的压缩下会发生压缩永久变形。永久变形的程度依赖于许多变量。ASTM 395 - 98描述了在特定温度和时间，恒定外力（方法A）或恒定屈挠（方法B）下的测试方法。试样的残留变形在样品离开试验机30 min后测定。在恒定屈挠下测定压缩永久变形的方法B更为普遍，部分原因是它需要的设备比方法A更简单。

值得注意的是执行机构的橡胶膜片压缩量即紧固力矩是需要严格控制的，并不是越大越好。过大的压缩量会使橡胶膜片进入黏性流动区间，造成不可逆的形变。

如图5所示，普通弹性形变ε_1区间属于弹性体，外力除去，立即完全回复。应力应变成正比，其商为橡胶的普通弹性形变的弹性模量。

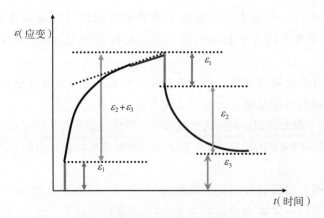

图 5　橡胶受力变形和回复曲线

在高弹形变 ε_2 区间，形变是逐渐恢复的，其中的高分子链形态产生了改变。

在黏性流动 ε_3 区间，形变是不可逆的，会产生分子间滑移，表现出来的情况是垫片的厚度永久变薄。

根据国内外学者的试验[2]，膜片材料 EPDM 橡胶的黏弹性引起的蠕变与时间的对数成正比（公式表达为形变 $\varepsilon(t) = A\ln(t) + B$），在短时间内它起主要作用，会使压缩率下降 $4\% \sim 11\%$，总量较小。这也启示了工程中，紧固膜片法兰螺栓后，短时间内橡胶有可能仍然在形变当中，复紧和确认力矩应有一小段时间间隔，效果更佳。

如图 6 所示，根据实验结果，间隔时间取值推荐第一个拐点所在位置，为 20 分钟。

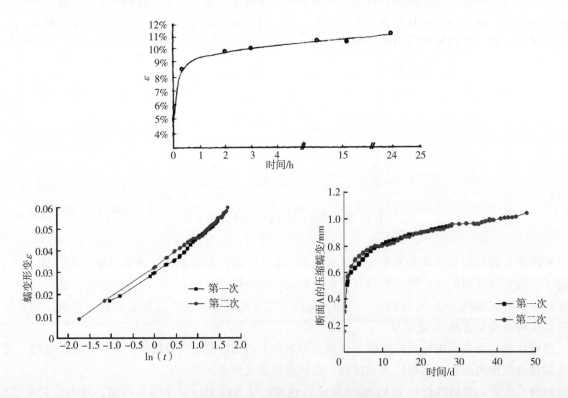

图 6　EPDM 橡胶受压缩力蠕变曲线

在长时间时，特别是叠加高温、辐照下，EPDM 橡胶膜片的化学松弛占主导地位，它通常与时间呈线性关系。核电厂执行机构膜片需要考虑介质泄漏或高辐照条件对橡胶的影响。标准上研究其密封寿命是以性能下降至50%作为寿命截止点，但是根据工程案例[3]，下降至68%即有产生泄漏的风险和样例，由于与时间呈线性关系，故对以下国内外学者研究得到的结果应用取安全系数0.6是合适的。

对于高温条件，根据国内学者的试验研究[4]，不考虑紫外线、辐照、臭氧、机械应力下，仅考虑温度下，80 ℃下预期寿命为5年，70 ℃下为17年，60 ℃下为61年。对于辐照条件，根据国内学者的试验研究[5]，在不考虑辐照条件下其寿命为32年，考虑辐照条件下其寿命下降30%，高辐照条件情况下降50%，即分别为22.4年和16年。正常阀门膜片的工况条件为50 ℃以下，考虑辐照条件其理论寿命为22.4年。根据工程实践经验[6]，其大量橡胶垫片在高放射性压缩应力环境下，服役15年以上未发生泄漏失效，随后虽陆续修改为石墨垫片，但工程上证明实验室试验得到的寿命预测为可信，取安全系数后，即22.4年×0.6＝13.44年。

由于气动调节阀动作频率高、工况更为苛刻，膜片外漏分析可以包络气动两位阀的对应情况。

2 膜片优化紧固方法

法兰正常安装方法为机械对称均匀紧固，即对称紧固并分三次力矩加载。该方法可以实现力矩载荷的均布，膜片安装可以采用该方法紧固。一般膜片螺栓数量多，容易遗漏和力矩施加错误，同时，由于橡胶垫片的高弹性形变，紧固所在螺栓会直接导致周边螺栓产生松弛，推荐采用优化的分区对称紧固，并分三次力矩加载。这样的紧固方法可以保证同一区域力矩更为均匀，从而获得最佳的载荷分布（图7）。

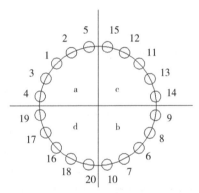

图7　膜片螺栓紧固顺序举例

同时，在膜片安装后应关注，橡胶形变是缓慢到最终形变的，膜片紧固后应进行复紧检查力矩，复紧延时20～60分钟，可以确保变形后力矩下降时，采取最终力矩复紧校核，满足安装最终力矩要求。

3 结论

对核电厂阀门执行机构橡胶膜片的结构和外漏进行分析，得到以下结论：

（1）从理论上来说，膜片一次紧固后，密封寿命满足工程预期目标（密封寿命≥老化寿命>更换的周期），无须进行更换周期内复紧。

（2）但由于执行机构膜片位于执行机构法兰中间，理论上只受压应力，但工程上，调节阀的膜片受到气压的影响，叠加了动态变化的向内的拉应力作用，其工况更为恶劣，应偏保守进行估计和考虑，对环境恶劣的（高温环境或红区高放射性）重要调节阀应定期（每个燃料循环）开展密封检查、外漏检查，对产生微量泄漏的开展及时复紧，避免松弛后膜片孔处被拉扯撕裂或变形失效。

（3）在膜片安装后应关注，橡胶形变是缓慢到最终形变的，如进行复紧检查力矩，应延时20～60分钟进行，可以确保变形后力矩下降时，采取复紧，满足安装最终力矩要求。同时，应做好膜片螺母的防松措施。

参考文献：

[1] 余志刚，阳建红，张永敬．螺栓室温应力松弛试验研究 [J]．固体火箭技术，1999 (3)：55－58.

[2] 罗驰，杨新安，雷震宇．盾构隧道橡胶密封垫压缩蠕变试验研究 [J]．华东交通大学学报，2018，35 (2)：1－8.

[3] 胡明磊，徐科，姬卢东，等．某核电厂安注电机空冷器橡胶垫片失效原因分析 [J]．全面腐蚀控制，2016，30 (4)：54－56.

[4] 马妍，冯德和，王峰，等．三元乙丙橡胶热氧老化性能研究及寿命预测 [J]．特种橡胶制品，2022，43 (1)：1－4.

[5] 王进文．核动力船舶 EPDM 密封件的寿命研究 [J]．世界橡胶工业，2016，43 (2)：19－25.

[6] 蔡臣君．重水收集罐法兰垫片潜在风险分析及替代方案 [J]．液压气动与密封，202，42 (3)：26－29.

Analysis of rubber diaphragm leakage
in valve actuators of nuclear power plants

MOU Yang

(China Nuclear Power Operation Management Co., Ltd., Jiaxing, Zhejiang 314300, China)

Abstract： The pneumatic valve in nuclear power plants plays an important control function, and its failure during its most frequent operation is due to membrane leakage. This phenomenon may lead to control failure or consequences beyond the limitations of the power plant technical specifications, and some key valve equipment may also lead to unit shutdown events and power reduction events. Through the analysis of the sealing structure of the actuator and the service life of the diaphragm, it is shown that the main contribution of its leakage is the creep and aging of the diaphragm material, and the secondary contribution is the relaxation of the bolt pair. According to the analysis, the sealing life of the diaphragm after one tightening meets the expected engineering goals. For important regulating valves with harsh environments, regular sealing checks for leakage and re tightening should be carried out. At the same time, attention should be paid after the installation of the diaphragm. Rubber deformation is slow to the final deformation, and re tightening should be delayed for 20－60 minutes to ensure the final torque. Anti loosening measures should be taken for the diaphragm nut to ensure that the valve actuator diaphragm does not leak during the replacement cycle.

Key words： Nuclear power plant；Valves；Executive agency；Rubber diaphragm；External leakage

基于 TCN - SVM 的核电厂一回路故障诊断方法研究

周泓睿，王　航，马乾坤，王新星，毕研超

（哈尔滨工程大学，黑龙江　哈尔滨　150001）

摘　要： 反应堆一回路系统是庞大且复杂的工程系统，一旦发生故障若不能得到及时有效的处理，则可能导致严重事故，甚至放射性释放。针对系统中出现微弱故障时，由于初期特征不明显致使其类型难以判断的问题，提出一种基于时间卷积网络（Temporal Convolutional Network，TCN）与支持向量机（Support Vector Machine，SVM）相结合的故障诊断方法，利用时间卷积网络充分提取故障数据中的时序信息，再将提取到的故障特征作为输入，利用支持向量机对故障类型进行识别，提高诊断准确率的同时极大地减小了模型的计算量。通过核电站全范围模拟机获取的仿真数据对模型进行测试与验证，结果表明，该方法的故障诊断准确率可达 99% 以上，与传统的机器学习方法相比，该方法具有更高的诊断准确率，对于建立一回路系统故障诊断方法，实现"智慧核电"具有实际意义。

关键词： 一回路系统；微弱故障；时间卷积网络；支持向量机；故障诊断

反应堆一回路系统主要负责在电厂正常运行时将堆芯产生的热量导出，传递给二回路工质，是核电厂系统的关键组成部分。同时它还作为包容冷却剂的完整承压边界，是防止放射性物质扩散的第二道安全屏障。鉴于一回路系统高温高压的工作环境，一旦发生故障若不能得到及时有效的处理，则可能导致严重事故，甚至放射性释放。因此，研究智能故障诊断方法，实现快速准确地诊断系统中发生的故障，对于提高核电站的安全性具有重要意义。

目前，随着传感监测手段的进步及对样本数据的重视与积累，以机器学习为主的数据驱动方法逐渐成为故障诊断领域的研究热点，汪凡雨等[1]开发了粒子群优化的支持向量机用于核电厂 DCS 卡件故障诊断；艾鑫等[2]基于孤立森林与 Adaboost 算法开展了核电厂故障诊断技术研究。但一回路系统发生故障时，特征参数的变化趋势具有显著的时序特征，如果采用传统的机器学习方法对单点数据特征进行分类识别难以获得理想的诊断精度。以卷积神经网络为例，深度学习模型具有强大的特征挖掘能力，通过提取原始数据中的故障特征，最后通常由 softmax 分类器给出最终的分类结果。邓志光等[3]提出一种基于改进 LSTM 的核电厂传感器故障诊断方法；李艳艳等[4]基于深度置信网络（DBN）和小波变换相结合的方法，对核电机组中传感器进行故障诊断。但由于深度学习模型涉及参数量巨大，容易出现过拟合问题。支持向量机可以仅使用少量的支持向量进行分类决策，从而达到消除冗余样本、降低分类的复杂性、提高故障诊断准确性的目的。

针对以上问题，本文提出一种将时间卷积网络与支持向量机相结合的故障诊断方法。首先，通过多层卷积核提取原始数据中的重要特征，便于后续时间卷积网络学习特征变化；然后，通过时间卷积网络提取故障特征中的时序信息，充分反映数据中的非线性故障特征；最后将提取到的时序特征作为输入，利用支持向量机进行分类诊断，该方法能有效减少模型的计算量，提升诊断效率的同时提高诊断准确率。

1　TCN - SVM 诊断模型方法原理

1.1　卷积神经网络

卷积神经网络是一种前馈神经网络，因使用卷积运算而得名[5]。网络结构由输入层、包含隐藏层

作者简介： 周泓睿（1999—），男，硕士生，现主要从事核动力装置智能运维等科研工作。

的卷积层、激活函数层及池化层组成[6]。卷积层通过式（1）来提取特征：

$$x_j^l = f(\sum_{x \in M_j} x_j^{l-1} \times k_{ij}^l + b_j^l)。 \tag{1}$$

式中，l 代表第 l 个卷积层；x_j^l 是第 l 层的输出；k 代表卷积核个数；b 是偏置参数。在经过卷积运算后，提取的特征通过激活函数前馈并输出到池化层。模型中激活函数层采用 Leaky ReLU 激活函数，可以使稀疏模型更好地挖掘数据中的特征并拟合训练数据。最后，通过池化层实现特征抽象，提高模型的泛化能力，计算公式如下：

$$x_j^l = \beta_j^l down(x_j^{l-1}) + b_j^l。 \tag{2}$$

式中，$down$ 是池化函数；β 是第一层的网络乘性偏差；b 表示偏差。

1.2 时间卷积网络

时间卷积网络（Temporal Convolutional Network，TCN）是卷积神经网络针对时序问题进行改进后的变体，其核心是因果卷积、膨胀卷积及残差连接[7]。通过因果卷积与膨胀卷积的使用，使 TCN 能够适用于处理时序数据同时扩大了网络模型的感受野，使网络能获取更长的历史时序特征。对于一维序列输入 X 与滤波器 f：$\{0, \cdots, k-1\}$，针对元素 s 的膨胀卷积运算公式为[7]：

$$F(s) = \sum_{i=0}^{k-1} f(i) \cdot X_{s-d \cdot i}。 \tag{3}$$

式中，k 为滤波器大小；d 为膨胀因子；$s - d \cdot i$ 表示输入序列中的历史信息。

在此基础上，残差连接的使用使得 TCN 在一定程度上消除了深度网络中可能存在的梯度消失与爆炸问题。通过将经过非线性变换的残差部分 $F(x)$ 与经 1×1 卷积直接映射的 x 相加作为本层的输出，使得下一层的输入同时包含了该层的信息与经过非线性变化的信息，有效避免了由于中间层堆叠而出现的梯度消失问题。研究表明，TCN 在许多序列问题上的表现优于长短时记忆神经网络、循环神经网络、门控循环单元等深度学习模型[7]，并在许多方面得到了广泛应用[8-10]。

1.3 支持向量机

支持向量机（Support Vector Machine，SVM）是根据统计学理论提出的机器学习方法[11]，适用于解决小样本、高维数和非线性等方面的问题[12]。SVM 通过在样本中找到一个超平面使其能划分不同类型的样本。当样本线性可分时，超平面可定义为：

$$f(x) = W \cdot X + b = 0。 \tag{4}$$

式中，W 是垂直于超平面的向量；b 是截距。假设超平面上一个点的坐标为 (x_i, y_i)，则从最近的点到超平面的距离为 $\frac{1}{\parallel w \parallel}$。求解最优分类超平面可描述为在满足约束条件下使分类间隔最大化，由于 $\frac{1}{\parallel w \parallel}$ 的最大值等于 $\frac{1}{2} \parallel w \parallel^2$ 的最小值，因此该问题是一个约束优化问题。

$$\min \frac{1}{2} \parallel w \parallel^2。 \tag{5}$$

$$y_i(W \cdot x_i + b) \geqslant 1, \ i = 1, \cdots, n。 \tag{6}$$

通过拉格朗日乘数法对约束进行优化，可求得最优分类决策函数为：

$$f(x) = \text{sgn}(\sum_{i=1}^{m} y_i a_i (x \cdot x_i) + b)。 \tag{7}$$

式中，sgn（ ）为函数符号；a_i 是拉格朗日乘数法引入的系数。

针对非线性情况，支持向量机的处理方法是通过一定的非线性映射将原始样本映射到线性可分离的高维特征空间，然后在高维特征中构造最佳分类超平面。

2 TCN-SVM 故障诊断模型

本文所提出的 TCN-SVM 的故障诊断模型框架如图 1 所示，首先，通过多层卷积实现原始样本数据的特征抽象表示，以便于后续 TCN 模型针对特征的学习训练。然后，将时序信息未经改变的特征传递给 TCN，训练后形成可靠的模型以提取特征中的时序信息。最后，将提取到的时序特征输入支持向量机中进行训练和分类。

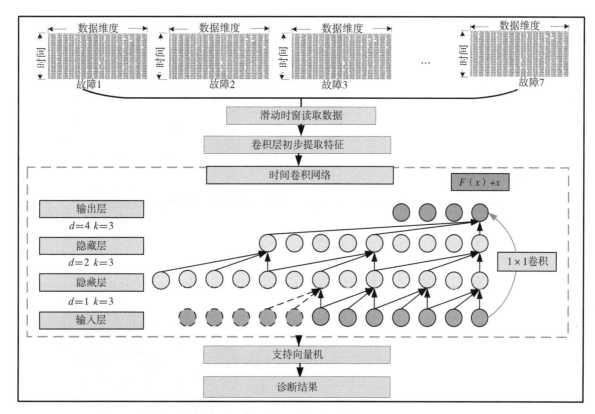

图 1　TCN - SVM 的故障诊断模型框架

3　实例分析与验证

为了验证 TCN - SVM 故障诊断模型的准确性和有效性，本文以福清全范围模拟机为实际对象，通过在一回路及辅助系统上插入典型故障取得的故障样本数据来验证所提出故障诊断方法。针对系统中的设计基准事故或故障程度十分严重的故障，其发生后系统中特征参数波动剧烈且变化趋势明显，操纵员依据操作规程即可判别并处理，加之这类在实际运行过程中发生概率极低，对其进行故障诊断的意义并不大。然而对于一些微弱故障，由于故障初期特征不明显，操作人员很难从参数的变化中发现并识别出系统异常原因，从而导致错过最佳处理时机或者误操作最终引起意外停堆。因此，本文选取对系统安全有重要影响的主冷却剂管道热管段微小破口、化容系统上充和下泄管路微小破口、故障程度为 5% 的上充和下泄阀泄漏、故障程度 4% 的容控箱泄漏及故障程度 5% 泵三级轴封损坏为实例验证。模型以滑动时窗的方式读取数据，滑动时窗的步长设置为 40。并将读取的样本数据 70% 划分为训练数据，其余 30% 作为测试数据。

3.1　是否使用卷积层

TCN 之前的卷积层可以提取隐藏在原始样本数据中的深层信息，以便于 TCN 更好地发挥作用，提取更丰富的时序特征信息。因此，在 TCN 网络结构与超参数相同的情况下，首先对此分析是否加入卷积层。

如图 2 所示，图（a）是仅使用 TCN 模型利用原始数据进行训练和测试得到的损失函数曲线与混淆矩阵。图（b）是在 TCN 模型前加入卷积层后对故障数据进行训练测试得到的损失函数与混淆矩阵。可以看出，卷积层的加入没有导致模型出现欠拟合或过拟合的情况，且 TCN 模型的分类准确率由 87.56％上升到了 97.13％，得到了明显的提升，说明卷积层的加入对特征提取具有积极作用。

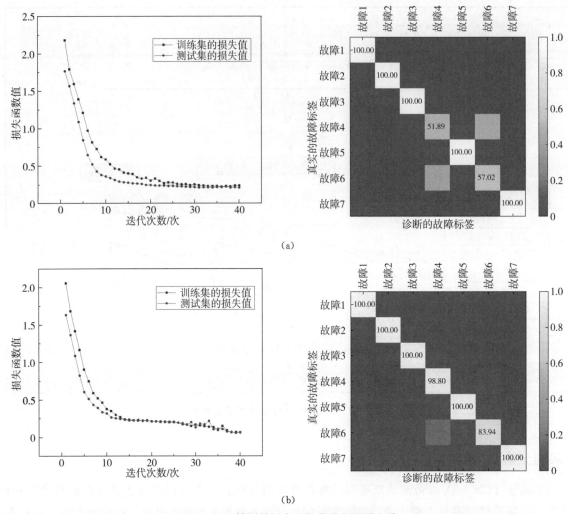

（a）

（b）

图2　TCN 模型的损失函数曲线与混淆矩阵

（a）不加入卷积层；（b）加入卷积层

3.2　TCN、SVM、TCN–SVM 故障诊断结果比较

故障诊断模型中涉及了大量的超参数，但通过测试发现超参数的微调对模型整体的诊断结果影响不大，因此本文不对模型超参数的影响逐一进行比较。TCN 采用使用最为广泛的 Adam 优化算法，能自适应学习率并沿梯度负方向更新参数，从而加快网络收敛。为了更好地反映数据中的非线性特征，将卷积层和时间卷积网络中涉及的激活函数都选用 Leaky ReLU，最大迭代次数为 40 次。TCN 模型的具体超参数设置如表 1 所示。

表1　TCN 模型的超参数设置

模型超参数	参数设置	模型超参数	参数设置
优化算法	Adam	卷积核个数	64
激活函数	Leaky ReLU	卷积核尺寸	3
损失函数	categorical＿crossentropy	学习率	0.001
膨胀因子	1、2、4、8	Dropout	0.25

在确定了 TCN 模型的结构之后，将 TCN 与 SVM 进行结合，SVM 则选用不仅可以实现非线性响应，而且比多项式函数具有更少的函数参数的 RBF 函数。然后使用相同的样本数据集对 TCN、SVM、TCN – SVM 3 种模型进行测试并对比分析。3 种模型的诊断混淆矩阵如图 3 所示。

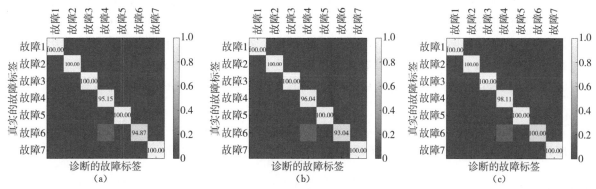

图 3　3 种模型的诊断混淆矩阵
（a）TCN 混淆矩阵；（b）SVM 混淆矩阵；（c）TCN – SVM 混淆矩阵

除混淆矩阵外，还通过 F1 score、召回率、准确率等指标对模型进行对比分析，结果如表 2 所示。

表 2　三种模型的评价指标

评价指标	TCN	SVM	TCN – SVM
F1 score	0.99	0.99	1.00
召回率（Recall）	0.9856	0.9839	0.9915
准确率	98.63%	98.54%	99.75%

从图 3 和表 2 中可以看出，TCN – SVM 在各个指标上相较于单独使用 TCN 或 SVM 模型都有显著提升，针对 7 种一回路及辅助系统中的典型微弱故障平均诊断准确率可达 99.75%，满足故障诊断的技术指标要求。

3.3　TCN – SVM 与经典机器学习方法比较

为了验证本文所提模型的性能，将其与逻辑回归、朴素贝叶斯分类器、卷积神经网络等经典分类模型在相同数据集下的诊断结果进行比较，结果如表 3 所示。

表 3　诊断结果比较

评价指标	逻辑回归	朴素贝叶斯分类器	CNN	TCN – SVM
F1 score	0.9	0.97	0.99	1.00
召回率	0.8962	0.9724	0.9846	0.9915
准确率	90.05%	97.14%	98.55%	99.75%

从结果可以看出，本文提出的 TCN – SVM 诊断模型在所有指标上优于其他机器学习模型，证明该模型对福清全范围仿真机中取得的一回路及辅助系统故障数据进行故障诊断的准确性与优越性。

4 结论

　　针对核电站故障数据非线性与时序特征较强且微弱故障初期特征不明显的问题，本文提出一种基于 TCN‐SVM 的故障诊断方法。该方法首先利用卷积层对原始数据进行初步特征提取，然后利用 TCN 进一步获取数据中的时序特征信息，最后将提取的故障特征输入 SVM 进行分类。在充分利用故障数据中的时序特征的同时，依靠 SVM 强大的非线性映射能力，有效地提高了方法的诊断准确率。通过福清全范围仿真机中取得的故障数据进行对比分析，结果表明本文所提方法诊断准确率可达 99.75%，相较于传统机器学习模型或单独使用 TCN（SVM）具有更高的诊断准确率与优越性。

致谢

　　感谢老师的指导与同门的帮助，感谢领域内所有攻坚克难的科研人员。

参考文献：

[1] 汪凡雨，吴一纯，卜扬，等．基于机器学习的核电厂 DCS 卡件故障诊断研究［J］．自动化仪表，2023，44 (6)：5‐12.

[2] 艾鑫，刘永阔，蒋利平，等．基于 iForest‐Adaboost 的核电厂一回路故障诊断技术研究［J］．核动力工程，2020，41 (3)：208‐213.

[3] 邓志光，吴茜，朱加良，等．基于改进 LSTM 的核电厂传感器故障诊断研究［J］．自动化仪表，2023，44 (6)：115‐120.

[4] 李艳艳，张天舒．基于深度学习算法的核电机组传感器故障诊断［J］．电子技术应用，2021 (S1)：260‐267.

[5] HINTON G E，SALAKHUTDINOV R R．Reducing the dimensionality of data with neural networks［J］．Science，2006，5786 (313)：504‐507.

[6] ABDEL‐HAMID O, MOHAMED A R, JIANG H, et al. Applying convolutional neural networks concepts to hybrid NN‐HMM model for speech recognition［C］//Proceedings of the 2012 IEEE International Conference on Acoustics, Speech, and Signal Processing (ICASSP). Kyoto：IEEE, 2012. 4277‐4280.

[7] BAI S, KOLTER J Z, KOLTUN V. An empirical evaluation of generic convolutional and recurrent networks for sequence modeling［EB/OL］．(2018‐5‐4) . https：//doi. org/10. 48550/arXiv. 1803. 01271.

[8] 李港，李有为，舒章康，等．基于时间卷积网络的长江下荆江航道水位预测［J］．水利水运工程学报，2023 (5)：1‐11.

[9] 柳大虎，汪永超，何欢．基于时间卷积网络的刀具磨损在线监测［J］．组合机床与自动化加工技术，2023，590 (4)：174‐176，182.

[10] 王秀娜，鲁守银，任飞．基于随机森林和时间卷积网络的航空发动机故障预测［J］．计算机时代，2022，364 (10)：103‐107.

[11] CORTES C, VAPNIK V. Support‐vector network［J］．Machine learning, 1995, 20 (3)：273‐297.

[12] 李侃，黄文雄，黄忠华．基于支持向量机的多传感器探测目标分类方法［J］．浙江大学学报（工学版），2013，47 (1)：15‐22.

Research on fault diagnosis method for primary circuit of nuclear power plants based on TCN – SVM

ZHOU Hong-rui, WANG Hang, MA Qian-kun,
WANG Xin-xing, BI Yan-chao

(Harbin Engineering University, Harbin, Heilongjiang 150001, China)

Abstract: Reactor coolant system is a huge and complex engineering system. Once a fault occurs, it cannot be handled in time and effectively, which may lead to serious accidents and even radioactive release. Aiming at the problem that it is difficult to judge the type of weak fault in the system due to the inconspicuous initial features, a fault diagnosis method based on the combination of time convolution network and support vector machine is proposed. The time convolution network is used to fully extract the time series information in the fault data, and then the extracted fault features are used as input. The support vector machine is used to identify the fault type, which improves the diagnostic accuracy and greatly reduces the calculation amount of the model. The model is tested and verified by the simulation data obtained from the full – range simulator of nuclear power plant. The results show that the accuracy of fault diagnosis of this method can reach more than 99 %. Compared with the traditional machine learning method, this method has higher diagnostic accuracy. It is of practical significance to establish a fault diagnosis method for primary circuit system and realize 'wisdom nuclear power' .

Key words: Primary circuit system; Weak fault; Temporal convolutional network; Support vector machine; Fault diagnosis

核电厂应急柴油发电机反向过流保护分析

尹　航，李柯蓂，沈晓晖，刘怡君，任振耀

（中核核电运行管理有限公司，浙江　嘉兴　314300）

摘　要： 现代社会的飞速发展使得用电需求越来越高，电力系统规模也随之越来越大，而传统的火力发电环保程度不够，更加具有清洁性的新能源的占比则越来越高，核能发电在其中就占据了很大一部分，受制于核能发电具有的风险性，对核电厂相关电力设施实施的保护目前已是电力工作者的主要研究方向，其中应急柴油发电机作为核电厂紧急失电状态下的重要保障手段，也是一个被关注的重点，柴油发电机配备了诸多电气保护手段，其中过负荷保护作为防止反向输送功率导致母线受损的重要保护，占有格外重要的地位。本文内容主要以过负荷保护中的反向过流保护为重点，通过某电厂实际配备保护为例，对该保护在不同故障工况下的动作的情况进行分析，并将其与同类型其他保护进行比较，对其优劣性做出说明，再对目前该电厂的反向过流保护配置提出优化和建议，为之后同类电厂的功能设计及检修维护提供借鉴。

关键词： 核电厂；柴油发电机；反向过流保护

在科技水平发展日新月异的今天，能源逐渐成为各大国关注的焦点，目前在能源的研究范围中，核电以其安全、高效、清洁和稳定的优势得到了快速发展[1]。在核电厂中，为保证核安全普遍设置了柴油发电机组作为应急或备用电源，其安全可靠运行对厂内的核安全意义重大，为此柴油机配置了诸多辅助保护，其中过负荷保护是重要的一环，目前多数电厂选择的过负荷保护方式为正向过流保护，部分电厂同时配置了反向过流保护，下文将主要研究反向过流保护在过负荷工况中的配置及其做出的改进。

1　系统连接图和保护配置图

某厂柴油机及相关保护配置如图 1 所示。

其中，柴油机保护配置了 9 种不同的保护模式，其上游的 6.3 kV 母线上的 F17 开关则配置了正向和反向过流保护以应对柴油机过负荷的工况，下面将对其反向过流保护做进一步分析。

2　反向过流保护的运行工况

柴油发电机在运行时，若要 F17 开关触发反向过流保护，必须要让柴油发电机并网运行，在并网期间，如果不发生异常工况，即便有反向电流，也达不到 F17 开关的动作值。然而一旦柴油机本体发生故障导致其输出电流上升，如过负荷，就会导致其多个保护动作，主要有以下几种。

（1）柴油机本体的过流保护：过流保护的动作值按柴油发电机允许长期运行电流整定。

（2）柴油机的过频动作：柴油机发生故障时，会导致频率产生较大的波动，达到动作值时即会使柴油机出口开关跳闸。

（3）反向过流保护动作：柴油机发生过负荷故障时会向母线反送功率，表现为反向的输出电流。

除此以外，柴油发电机的其他保护是针对其发生短路故障时设置的，而发生频率波动和功率波动属于异常工况，因此不会启动。

作者简介： 尹航（1999—），男，吉林长春人，本科，助理工程师，现主要承担应急柴油机保护及厂用电切换保护工作。

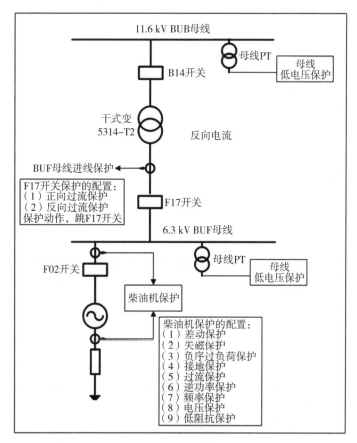

图 1　某厂柴油机及相关保护配置

当发电厂发生四级电源事故时，厂用电系统的有效电源减至 1 路，仅柴油发电机可用，而 6 kV 系统功率远大于柴油发电机额定功率。如果让柴油机继续带整个系统运行，会危害事故工况下的供电安全，下面将列举几种故障工况，并对故障发生时的保护情况进行分析。

2.1　11.6 kV 母线发生短路故障

如图 2 所示，故障点 K 位于 11.6 kV 母线上，500 kV 系统侧和柴油发电机侧都向故障点 K 供应故障电流。

此时保护系统执行如下动作：

（1）母线故障，按照逻辑，快切装置被闭锁：此时 220 kV 系统切换无法实现，机组彻底失去四级电源。

（2）B05 开关的过流保护动作：一方面跳开 B05 开关，切断 500 kV 系统侧的故障电流；另一方面联跳 B14 开关，切断柴油发电机侧的故障电流。

（3）B14 开关的过流保护启动：动作出口后将同时跳 B14 和 F17 开关，切断柴油发电机侧的故障电流。

（4）F17 开关的反向过流保护动作：跳 F17 开关，同时切断柴油发电机侧的故障电流。

根据电路图分析来看，B14 和 F17 开关跳闸，都能起到切断 SDG 侧故障电流的作用，其所需的时间如表 1 所示。

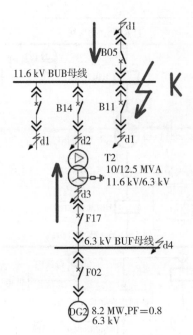

图 2 11.6 kV 母线短路故障

表 1 保护动作时间

保护名称	保护动作时间/s
B05 过流保护动作联跳 B14	1.038
B14 开关过流保护动作跳 B14	2.2
F17 开关反向过流保护动作跳 F17	0.11

这里 B05 开关的过流保护既是 11.6 kV 母线短路故障的主保护，也是 11.6 kV 母线馈线短路故障的后备保护，按照整定原则，其动作时间要与馈线开关主保护的速断保护时间形成级差，因此其动作时间不能低于 0.3 s。同时 B14 开关的过流保护是干式变压器的后备保护，保护范围延伸到 6.3 kV 母线，其动作时间要与下级保护的动作时间形成级差，级差仍为 0.3 s，因此动作时间不能低于 0.3 s。比较上述 3 种保护的动作时间后可以得知，F17 开关的反时限过流保护能更快动作，迅速切除 SDG 侧的故障电流。

2.2 11.6 kV 母线的进线侧发生短路故障

如图 3 所示，故障点 K2 位于 11.6 kV 母线的进线侧，且快切装置快切失败，该工况同样会导致机组失去四级电源。

K2 点发生短路故障，500 kV 系统和柴油发电机都向 K2 点供应故障电流，此时保护系统执行如下动作：

（1）发变组保护动作：跳开 B05 开关，切断 500 kV 系统侧的故障电流，但发变组的动作逻辑不会联跳 B14 开关。

（2）B14 开关的过流保护启动：动作出口后将同时跳 B14 和 F17 开关，切断柴油发电机侧的故障电流。

（3）F17 开关的反向过流保护动作：跳 F17 开关，同时切断柴油发电机侧的故障电流。

因为发变组保护没有联跳 B14 开关的逻辑，因此不需要再比较 B05 开关和 F17 开关的跳闸时间，B14 和 F17 开关的跳闸动作时间和第一种情况相同，仍然由 F17 开关跳闸，快速切除柴油发电机侧的

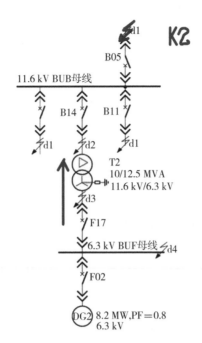

图 3 11.6 kV 母线进线侧短路故障

故障电流。

2.3 11.6 kV 母线进线开关偷跳，无短路故障

11.6 kV 母线进线开关偷跳，且快切装置切换不成功，会导致机组失去四级电源，但由于此时系统内没有短路电流，整个 11.6/6.3 kV 系统仅由柴油发电机供电。保护系统的响应如下：

（1）母线低电压保护：11.6/6.3 kV 系统的额定功率远超柴油发电机的额定出力。由于电机惰转和柴油发电机的共同作用，母线电压不会马上下降，因此不会立即触发母线低电压保护扫掉电机负荷。母线低电压保护为反时限保护，即电压越低，动作时间越快。在最恶劣的故障情况下，即电压从 100 V 突降到 0 时，最快的动作时间为 0.2 s 左右。因此可以得知，当由柴油发电机带动整个 11.6/6.3 kV 系统运行时，如前所述，母线电压不会马上下降，其动作时间肯定大于 0.2 s。

（2）F17 开关反向过流保护：此时反向电流肯定超过了反向过流保护的动作值，由于此工况下负荷功率大于柴油发电机额定功率，势必会拉低系统频率。按照整定原则，系统低频时，应通过低频减载装置切除负荷，使频率恢复正常；如果减载装置动作后，频率仍未恢复，则需要由低频保护动作切除发电机，而在 11.6/6.3 kV 系统母线上有自启动的大电机，按照整定原则，电机保护的时间宜设为 0.5 s，躲过电机自启动引起的低电压。因此母线低电压保护的动作时间不能低于反向过流保护的动作时间 0.11 s。综上所述，F17 开关的反时限过流保护快速动作，切除非安全负荷，保证三级母线的安全，实际起到了减载的作用。

3 过流保护配置的比较

目前在国内，绝大多数电厂在应急柴油机的保护配置选择上，依然是以单一的过流保护为主，这样的保护方式不限定故障电流的方向，具有更好的泛用性，但灵敏性与反向过流保护差别较大。

单一过流保护无论是母线侧还是柴油机侧发生故障，故障电流大小只要达到定值，保护均能做到准确识别，并切断故障侧的故障电流。这种保护方式与反向过流保护相比，各有其优劣性，反向过流保护的灵敏度高，整定值低，动作速度快，能最迅速地切断故障电流，但其对系统的要求很高，加入该保护以后的保护回路构成更加复杂，不是所有电厂均有能力实现反向过流保护的配置，相比之下单一过流保护能广泛地配置于绝大多数电厂，可以通过同类电厂获得更多的管理经验，维护难度低，配件容易更换。

保护的配置与母线的电压等级也有一定关系，上例中配备了反向过流保护的柴油机系统，其应急段母线的电压等级与主母线的电压等级不同，中间增加了一个变压器，这样在母线侧或是柴油机侧发生故障时，由于变压器会导致流经 F17 开关的故障电流存在差别，配备反向过流保护可以避免由于故障侧的不同导致的电流差异，而上例中配备了单一过流保护的柴油机系统，应急段母线跟主母线的电压等级相同，没有变压器的参与，这样在发生故障时，无论是哪一侧故障都不影响流入的故障电流，保护只需要判断故障电流的大小，而不需要对故障电流的方向进行判定。

4 反向过流保护的优化

通过上文分析可以得知，反向过流保护的作用是：①快速切除柴油发电机侧的故障电流；②快速切除非安全相关负荷。该保护在事故工况下可以有效保证安全系统的供电安全，在系统中应予以保留，为了防止其发生误动作，考虑对保护进行优化调整。根据现场实际情况分析，对保护的优化主要从以下两个方面着手。

（1）保护逻辑的优化

首先更改保护逻辑，原保护的触发逻辑为当 F17 开关的反向电流达到 360 A 时，保护即动作；在此基础上增加一个限制条件，要求柴油发电机出口电流需大于 1.1 倍的其额定电流，两条件均满足时，保护才能动作，这样当电流反送时，该方案相当于将母线进线保护继电器反向过流保护的动作值提高到柴油机 1.1 倍的额定电流，同时保证柴油机不会过负荷运行。

若要实现此保护逻辑，可实现的途径有两条，第一是通过柴油机的综保装置实现，这一方法的问题是需要修改综保装置的软件来实现过流保护的配置和定值设置，过于复杂，并且没有冗余的常开出口接点，同时柴油机综保装置和 F17 开关的跳闸回路工作电源不一致，失去任意一路电源都会导致回路失效；第二是通过母线进线保护继电器来实现，但同样存在问题，该继电器只有一组三相电流输入，无法再接入柴油机出口电流，而且该继电器的正向过流和反向过流的出口接点是同一个借点，需重新定义反向过流保护的出口接点。目前来看，若要改变保护逻辑，需增加电流回路，修改出口跳闸回路，具有较大的实施难度。

（2）保护定值的优化

柴油机现有的过流保护按照长期允许运行电流能做到可靠返回整定，其计算结果为 1.28 倍的额定电流，作为柴油机的后备保护，它的保护范围可以延伸到 6.3 kV 母线，甚至干式变高压侧的短路故障，其灵敏度高，但动作时间长。改变过流保护定值意义不大。

而对于反向过流保护来说，根据运行经验，在正常工况下，负荷运行电流达不到额定电流，再考虑柴油机 10% 的持续过负荷运行能力，柴油机向四级母线输送的功率被限制在 4.5 MW 以内，折算电流值为 515 A，考虑继电器的动作可靠性系数 1.2，电流为 430 A。如果直接将反向过流保护的定值提高到柴油机 1.1 倍的额定电流，在叠加母线的负荷电流，相当于柴油机出口电流需要达到约 1.5倍左右的额定电流时，F17 开关的反向过流保护才能动作。当开关偷跳导致失去四级电源时，整个系统没有发生短路故障，柴油机带动整个 11.6/6.3 kV 系统运行，系统电压会被拉低，电流上升，电流电压的变化趋势在此只能做定性分析，无法确定具体的数值。但存在一种可能，即短时间内电压没有衰减到低电压保护定值，反向电流也没有达到 1.1 倍额定电流，系统继续此方式运行，直到低电压保护动作或过流保护动作。

5 结论

过流保护目前仍然是各电厂柴油发电机的重要保护之一，可有效避免柴油机发生过负荷后继续运行给电网和发电机带来的巨大危害。目前，多数电厂在柴油机保护这方面，并没有配备反向过流保护，仅通过正向过流保护来确保过负荷时的安全运行，然而正向过流保护的灵敏性和速动性均不如反向过流保护，因此建议有条件的电厂对其进行改造。

参考文献：

[1] 许友龙，刘莞，郑丽馨，等. 近五年核电厂人因相关运行事件统计分析与建议［J］. 核安全，2023，22（1）：49 - 54.

Analysis of reverse overcurrent protection for emergency diesel generator in nuclear power plant

YIN Hang，LI Ke-ting，SHEN Xiao-hui，
LIU Yi-jun，REN Zhen-yao

(China Nuclear Power Operation Management Co., Ltd., Jiaxing, Zhejiang 314300, China)

Abstract：The rapid development of modern society has led to an increasing demand for electricity and a larger scale of the power system. However, traditional thermal power generation is not environmentally friendly enough, and the proportion of cleaner new energy sources is increasing. Nuclear power generation accounts for a large part of it. Due to the risks associated with nuclear power generation, the protection of nuclear power plant related power facilities is currently the main research direction of power workers, Among them, the emergency diesel generator, as an important guarantee means under the emergency power loss state of the nuclear power plant, is also a focus of attention. The diesel generator is equipped with many electrical protection means, among which the overload protection, as an important protection to prevent the bus damage caused by reverse power transmission, occupies a particularly important position. The main focus of this article is on the reverse overcurrent protection in overload protection. Taking the actual protection installed in a certain power plant as an example, the operation of this protection under different fault conditions is analyzed, and compared with other protections of the same type. The advantages and disadvantages of this protection are explained. Furthermore, optimization and suggestions are proposed for the current reverse overcurrent protection configuration in the power plant, providing reference for the functional design and maintenance of similar power plants in the future.

Key words：Nuclear power plant；Diesel generator；Reverse overcurrent protection

核电厂电动阀动作性能诊断方案方法和常见故障浅析

牟　杨

（中核核电运行管理有限公司，浙江　嘉兴　314300）

摘　要：核电厂电动阀大多承担重要隔离功能，需要在运行期间保证可以动作和可靠密封。无法动作或产生泄漏可能会导致控制失效或导致超出电站技术规格书限制条件的后果，部分关键阀门设备也有导致机组停堆事件及降功率事件。通常阀门需要定期进行动作和性能检查、检修，确保其在下一次定期工作期间可靠运行。对电动阀门不完全解体情况下，阀门性能检测和故障诊断标准进行研究，判断阀门性能是否降质。对电动阀门动作性能诊断内容、方法、要求开展研究，并对电动阀的常见诊断故障进行浅析。

关键词：核电厂；电动阀；性能诊断；故障浅析

核电厂很多阀门设备往往承担着电厂重要功能，且阀门设备是核电厂数量最大的机械类设备，其中大部分的电动阀门承担着电厂重要隔离和安全功能。电动阀门可以实现主控室远程开关控制，这些电动阀门在整个检修周期内，必须保证其内部承压密封边界保持完整。大部分的一回路压力边界阀门都是电动阀。部分作为安全级阀门，在事故时起到关键的通断控制功能。这些重要电动阀门失效，可能会导致超出电站技术规格书限制条件（LCO）的后果，部分关键阀门设备也有导致机组停堆事件及降功率事件。

1　动作性能诊断方案

电动阀通常驱动力余量较大，可以在填料摩擦力较高（即阀杆密封性较好）的情况下，还有符合要求的行程时间，不容易发生拒动、填料外漏故障，其最常见的故障形式为内漏。与阀门性能相关的主要诊断内容为：关行程中扭矩开关动作时阀杆推力（内漏相关）；关行程中阀门关闭后的最终插入力（内漏相关）；开行程中阀瓣拔出力（内漏相关）；平均摩擦力（拒动相关）（内漏相关）；行程时间（拒动相关）；开行程中开力矩旁路开关（bypass）动作时间（拒动相关）；峰值开阀冲击电流/功率（拒动相关）；运行电流/功率（拒动相关）；峰值关阀电流/功率（拒动相关）；外观检查（填料、紧固件、泄漏、润滑等）。

在这些参数中，阀门关闭力是阀门是否能够完成密封的最重要指标，是电动阀的核心指标，也是性能诊断的重点。在强度范围内，阀门关闭力越大，密封性越好。阀门开启力又叫阀门拔出力，是衡量阀门打开一瞬间所需的力的指标。楔式闸阀中，它还是衡量阀门阀座弹性的重要指标，同时也是对阀门角度和研磨效果的评估，是监测的重要参考指标。

阀门关闭力的计算公式为：闸阀：$F_c = F_{pack} + F_{dp} + F_s + F_p$；压力助关截止阀：$F_c = F_{pack} - F_{dp} + F_s$；压力助开截止阀：$F_c = F_{pack} + F_{dp} + F_s$。阀门拔出力（开启力）的计算公式为：楔式闸阀：$F_o = F_c \times B + F_{pack} \times (1 - B) + DP \times (S_{seal} \times C - S_{stem})$；其他闸阀：$F_o = F_{pack} + F_{dp} + F_s - F_p$；压力助关截止阀：$F_o = F_{pack} + F_{dp} + F_s$；压力助升截止阀：$F_o = F_{pack} - F_{dp} + F_s$（由于楔式闸阀阀瓣有弹性变形，计算公式比较特殊），相关参数如表 1 所示。

作者简介：牟杨（1986—），男，硕士，高级工程师，主要从事核电厂机械设备维修工作。

表 1　电动阀门关闭力参数

公式参数	计算和取值
F_c：关闭力（close force）	阀门关闭力是衡量阀门能否完成密封能力的重要指标
F_{pack}：填料摩擦力（packing friction load）	填料摩擦力是衡量阀杆能否正常动作且保证无外漏的参数。填料载荷的方向与阀杆的运动方向相反，因此在开、关两个方向上，均应加上该部分数值。填料载荷大小是变化的，并且受填料材料、填料压盖预紧力的影响。在没有办法实测时，可以偏保守进行预估： 阀杆直径≤0.5 英寸时，500 lbs=2225 N； 0.5 英寸＜阀杆直径≤1 英寸时，1000 lbs=4450 N； 1 英寸＜阀杆直径≤1.5 英寸时，1500 lbs=6675 N； 1.5 英寸＜阀杆直径≤2.5 英寸时，2500 lbs=11 125 N； 阀杆直径＞2.5 英寸时，4000 lbs=17 800 N
S_{stem}：阀杆面积	阀杆处的直径。 $S_{stem}=$（阀杆直径）$^2\times\pi/4$
F_p：活塞效应力（piston effect load）	阀杆活塞效应力是由管道压力作用在阀杆横截面上产生的力。该作用力在关方向为正，开方向为负。 计算方法如下： $F_p=$管道压力$\times S_{stem}$。 管道压力通常为阀门上游（高压侧）的表压力（该压力等于中腔压力）；阀杆直径取填料处阀杆直径。介质压力小于 6.897 MPa 时活塞效应力可以简略计算或忽略不计，活塞效应对高压闸阀影响较大。截止阀阀杆面积包含在密封面积中，活塞效应忽略不计
DP	DP（differential pressure）=阀门上下游的压差

S_{seal}：密封面积	$S_{seal}=$ 密封面中径$^2\times\pi/4$。 如密封面中径难以测量或估计，S_{seal} 可以用下表数据进行选择：

DN/英寸	密封面积/mm^2	DN/英寸	密封面积/mm^2
1/2	132.7	8	31 730.9
3/4	283.5	10	49 875.9
1	490.9	12	72 106.6
1 1/4	804.2	14	87 615.9
1 1/2	1134.1	16	116 415.6
2	1885.7	18	149 301.0
2 1/2	3019.1	20	186 272.1
3	4300.8	22	227 328.8
4	7854.0	24	272 471.1
5	12 667.8	26	314 700.4
6	31 730.9	28	367 453.2

F_{dp}：压差载荷（differential pressure load）	压差作用力是指在流体压力作用下对阀瓣产生的载荷。 $F_{dp}=DP\times S_{seal}\times\mu$。 μ 是摩擦综合系数，根据摩擦角进行三角函数计算得到，其取值分为以下 4 种情况。 关闭中，阀门闸板与导向槽摩擦：$\mu=$ 摩擦系数/（$\cos\theta+$ 摩擦系数$\times\sin\theta$）；

公式参数	计算和取值
F_{dp}：压差载荷（differential pressure load）	关闭时：μ＝摩擦系数 $\cos\theta - \sin\theta$； 开启时：μ＝摩擦系数 $\cos\theta + \sin\theta$； 开启中：μ＝摩擦系数/（$\cos\theta$＋摩擦系数$\times\sin\theta$）； θ 是密封面角度，一般阀门的角度为 $3°\sim7°$； 如难以测量或估计，μ 可以使用下表数据进行选择： 表格见下

阀门类型	液体	气体
平行式闸阀和弹性楔式闸阀	0.25	0.35
刚性楔式闸阀	0.35	0.45
DN50 以上截止阀	1.15	1.15
DN50 以下截止阀	1.5	1.5

公式参数	计算和取值
F_s：密封力	为了实现密封施加的额外密封力，通常情况该值根据维修后密封检测情况施加，正常良好维修后该值取 0
F_o：拔出力（open force）	阀门开启力又叫阀门拔出力，是衡量阀门打开一瞬间所需的力的指标

B、C 常数摩擦系数

阀门角度	B	C
3°	0.755	0.158
3.5°	0.733	0.165
4°	0.712	0.171
5°	0.671	0.184
6°	0.632	0.197
7°	0.594	0.210

阀门执行机构输出扭矩是阀门是否能够提供足够密封力的重要指标，也是电动执行机构的核心指标。

阀门电动执行机构输出的是一个转动的力矩，闸阀和截止阀的阀杆通过驱动螺母上的梯形螺纹（该角度国标取值为 30°），驱动阀门做升降运动。扭矩转化为阀杆的推力，它是利用螺纹的机械旋转产生直线运动，阀杆系数有通过梯形螺纹把阀杆推力转换为扭矩的作用，即通常我们所讲的梯形螺纹的摩擦半径。一旦获得阀杆推力，根据公式可得到扭矩值：执行机构扭矩＝阀杆推力×阀杆系数。

阀杆系数可通过查阀门设计手册进行选择，常见的尺寸阀杆系数如表 2 所示。

表 2　常见的尺寸阀杆系数

阀杆尺寸 （直径×螺距）	阀杆系数	阀杆尺寸 （直径×螺距）	阀杆系数	阀杆尺寸 （直径×螺距）	阀杆系数
10×3	0.001 11	22×5	0.002 23	36×6	0.003 37
12×3	0.001 25	24×5	0.002 38	38×6	0.003 51
14×3	0.001 40	26×5	0.002 52	40×6	0.003 66
16×3	0.001 54	28×5	0.002 66	42×6	0.003 80
16×4	0.001 67	30×6	0.002 94	44×8	0.004 20
18×4	0.001 81	32×6	0.003 08	46×8	0.004 35
20×4	0.001 95	34×6	0.003 23	48×8	0.004 49

注：
①阀杆系数为单头螺纹系统，单位 N×m/N；
②对于暗杆式闸阀，阀杆系数需要乘以 1.5；
③阀杆系数的计算公式为：阀杆系数＝DFL/2×（$\cos\psi\times\tan a+\mu$）/（$\cos\psi-\tan a\times\mu$）；DFL＝名义直径（DN）－0.5×螺距；梯形螺纹牙型角 ψ＝14.5°，摩擦系数 μ＝0.15，$\tan a$＝导程/$\pi\times DFL$。

所需执行机构输出力矩＝阀杆所需力矩×传动损失×安全系数。通常安全系数不小于 1.25 阀门关闭力裕量，裕量＝（执行机构输出力-阀门所需最小密封力）/阀门所需最小密封力×100％。

阀门电动头参数主要有：

（1）电参数，包括电压和电流。通过对阀门电机三相的记录和分析，进一步得到功率、功率因子等参数。检查电动执行机构是否存在不平衡或过载。其中，重点测试和关注的数据为电流参数，电流参数是电动执行机构的工作情况的最直观表征，其工作电流应一般低于额定电流。峰值冲击电流应小于 10 倍额定电流。

（2）开关量，包括所有与电动阀相关的控制量，如限位开关、力矩开关、旁路开关、指示灯等。好的阀门必须有正确的逻辑量指示，其中旁路开关的设置对阀门的安全非常重要。从开到关的过程中，应设置力矩开关旁路，确保执行机构电机不会因为锤击效应导致力矩开关动作而中断运行。对于某些阀门，力矩开关可以设置成直至流体被截断为止，以此提供最大的输出。在诊断中需对比旁路开关（bypass）设置开始和恢复的时机和尖峰电流/尖峰力的出现时机，以判断旁路开关设置的合理性，正常情况下，旁路开关动作区间应涵盖尖峰区域。

（3）位移量及行程时间，包括阀杆的位移量的测量。电动阀门的行程一般较大，虽然没有气动阀门的行程要求严格，但是对行程的测量可以判断阀门的阀内件是否有脱落、是否组装正常无变形、是否有异物等。行程时间需要满足阀门设计的要求，且对照上次检测结果不应有较大变化，否则应查明原因。

（4）回路参数，在非排空介质下进行动作性能诊断，还应收集阀门上下游压力和压差作为辅助分析。指示和灯、远端显示、外观检查时，指示、灯、远端显示需和阀门实际动作对应准确。外观检查时，要无漏油、线缆破损、绝缘损坏、填料泄漏等问题。

2 电动阀典型故障诊断

电动阀动作性能诊断后，应及时评估设备检查结果或诊断试验结果。并将试验参数与基准试验参数进行对比，以确定是否存在偏差或降级状态。将整体的推力/扭矩曲线形状、拔出力/力矩、力矩开关动作点的推力/扭矩、密封时的最大推力/力矩与基准试验数值及上一次的定期验证试验数值进行对比。其他的参数、试验或类似的设备也可进行对比、参考，以获得更多的反映电动阀性能的信息。在考虑不确定度（重复误差）的情况下，测试的重复偏差和对照往年测试的基准偏差应低于 20％。常见会引起电动阀产生重要故障的诊断结果是阀门密封力不足。

检查阀门最终插入力参数，其数值应比计算值大，且满足一定安全裕量。检查其关闭力曲线（即图 1 中的打"×"位置，图中为正常的闸阀关闭曲线），全关情况下关闭力应保持恒定，为一条水平线，如有波动或产生斜线变化，阀门可能未良好落座，需多次检查和采用其他方法进一步确认和验证。

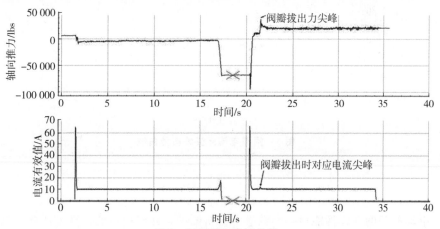

图 1 闸阀关闭典型曲线

其中，关闭力曲线和电流曲线相互对应。关闭力曲线中，在开启瞬间通常有拔出力尖峰，代表阀瓣产生了弹性变形。如无该拔出力尖峰，并不代表阀门会出现内漏，只表征了阀门的研磨使阀瓣和阀座的匹配角度发生了改变，如有条件可以进行中腔打压密封验证。闸阀电流尖峰典型曲线如图2所示。

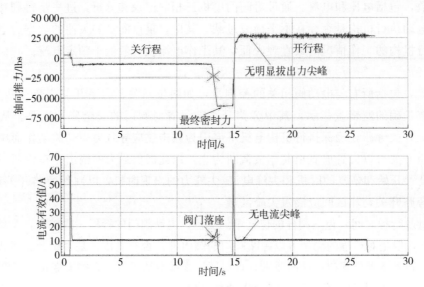

图 2 闸阀电流尖峰典型曲线

电流曲线几个尖峰中，第一个尖峰为电机正常启动电流尖峰。第二个小尖峰为阀门关闭到全关位置时，位移受到限制，电机憋转产生电流小尖峰。如果没有该尖峰，说明阀门关闭力可能不足，落座不良。阀瓣导向槽和阀体导向可能有变形或刮擦等都会导致此类现象。如有条件可以进行中腔打压密封验证（图3）。

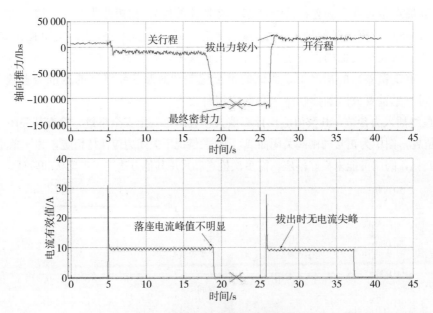

图 3 闸阀电流无尖峰典型曲线

3 结论

对核电厂电动阀门的动作性能检查参数进行分析归纳，并对指标的计算方法和合格要求进行了研究，重点对关闭力指标进行了研究，给出了不同类型的闸阀、截止阀的关闭力的计算取值方法和各参数的含义、要求。同时明确了电动执行机构的扭矩计算、校核方法和主要参数要求。对核心参数关闭力的故障典型诊断进行了分析举例。

Method for diagnosing the action performance of electric valves in nuclear power plants and analysis of common faults

MOU Yang

(China Nuclear Power Operation Management Co., Ltd., Jiaxing, Zhejiang 314300, China)

Abstract: Most electric valves in nuclear power plants undertake important isolation functions and need to be operable and reliably sealed during operation. Failure to act or leakage may result in control failure or consequences beyond the limitations of the power plant technical specifications. Some key valve equipment may also lead to unit shutdown events and power reduction events. Usually, valves need to undergo regular action and performance checks and maintenance to ensure their reliable operation during the next regular work period. Conduct research on valve performance testing and fault diagnosis standards in the case of incomplete disassembly of electric valves to determine whether valve performance has deteriorated. Conduct research on the content, methods, and requirements for diagnosing the performance of electric valves, and analyze common diagnostic faults of electric valves.

Key words: Nuclear power plant; Electric valve; Performance diagnosis; Fault analysis

堆芯在线监测系统 CAPTAIN 在 M310 型反应堆机组的应用

焦　健，项骏军，詹勇杰，许　进，蔡庆元

（中核核电运行管理有限公司，浙江　嘉兴　314300）

摘　要：针对 M310 型机组研发的堆芯在线监测系统（CAPTAIN）为中核运行与上海核星基于堆芯核设计程序（ORIENT）研发的。与第三代机组的在线监测系统不同，本系统没有配置固定式堆内探测器（FID），通过实时采集电站计算机系统实测数据并运用测量修正技术开展堆芯监督。除具备堆芯监督功能外，基于高精度堆芯数值模拟技术，系统具备反应堆变功率控制方案的搜索和推荐功能。可通过手动输入反应堆控制计划和运行限制，模拟预测堆芯行为的方式自动化搜索最佳运行控制方案，保证机组轴向功率偏差（ΔI）、氙振荡等主要控制指标处于最佳受控状态。以实际应用案例说明 CAPTIAIN 系统变功率控制方案搜索功能在 M310 机组调门试验期间的应用情况。

关键词：M310；堆芯在线监测系统；CAPTAIN；调门试验；预测

1　堆芯在线监测系统 CAPTAIN 介绍

当前国内核电机组应电网要求调整负荷的情况日益频繁，这种负荷变动要求将给反应堆操控及堆芯反应性管理带来挑战，大幅度增加了操纵员的压力和负担。随着我国电力需求整体提升及核电装机容量的大幅增加，核电机组参与电网负荷调度已成为不可回避的一个问题。

目前第三代压水堆机组如 AP1000、华龙一号均配备具有堆内固定式探测器（FID）的堆芯在线监测系统，该系统可以实时探测堆芯重要安全参数，尤其是直接监督堆芯热工裕量，是操纵员判断堆芯状态的重要工具。但二代和二代改进型机组不具备堆内固定式探测器，因此也无法安装类似的堆芯在线监测系统。

为增强二代及二代改进型机组监督堆芯热工裕量、应对负荷跟踪变化的机组控制能力，降低反应堆操纵员操控风险，提升反应堆物理人员和操纵员对机组的反应性控制水平，自 2018 年起，中核运行与上海核星联合研发了一套无须堆内固定式探测器的基于测量修正技术的堆芯在线监测系统 CAPTAIN，并首次实现堆芯在线监测系统在二代及二代改进型机组的应用。该系统的主要功能包括：①根据机组实测数据，通过测量、修正技术，实时计算和显示机组堆内径向、轴向功率分布、燃耗分布、热点因子、热管因子，最小 DNBR、机组轴向功率偏差（ΔI）分布状态等一系列堆芯关键安全参数如图 1 所示。②实时跟踪机组氙毒总量和分布情况，当机组发生氙振荡趋势并触发振荡幅度阈值时，自动给出最佳干预手段和干预时间，高效抑制氙振荡，如图 2 所示。③系统具备先进的"静态刻表法"及"动态通量图法"，大幅度缩短传统相关物理试验时间，减少复杂的堆芯控制步骤，但可以达到相同的反应堆物理试验目的。④提供包括负荷跟踪在内的堆芯变功率控制操作建议，在不改变操纵规程的前提下，最优化硼-棒控制策略，实现机组功率变化期间的 ΔI 始终保持在推荐 ΔI 附近，并不会触发氙振荡，从而大幅度减小反应堆操控风险，实现机组反应性控制的精准化、数字化管理。

堆芯在线监测系统 CAPTAIN 的中子学程序为 ORIENT 系统。ORIENT 软件系统是中核核电运行管理有限公司联合上海核星核电科技有限公司，历时 4 年（2012—2016 年）共同开发的国内首个具有完全自主知识产权的压水堆核电厂堆芯物理分析及燃料管理软件系统。软件按照"组件-堆芯"两步分析方法的总体框架，依次进行组件均匀化计算和三维节块法堆芯计算，系统采用基于最新评价

作者简介：焦健（1986—），男，高级工程师，现主要从事换料设计工作。

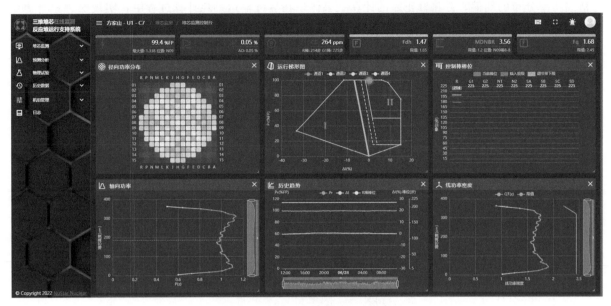

图 1　CAPTAIN 系统堆芯监测模块

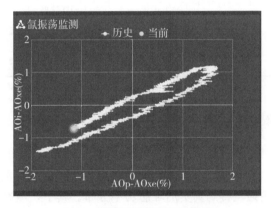

图 2　氙振荡监督和控制模块

核数据库制作的多群常数库；输运计算采用精度高、几何适应性强的特征线方法。在特征线法的空间立体角离散方法和三维堆芯计算所采用的粗网计算方法等方面具备自主创新技术。系统在秦山地区大型商用压水堆上进行了大量的试验数据验证，利用现役的 320 MWe/650 MWe/1000 MWe 类型核电厂近 60 个燃料循环的历史运行数据和大量的启动物理试验参数，对软件系统进行确认。

　　堆芯在线监测系统 CAPTAIN 以 ORIENT 系统为计算核心，实时采集电站计算机系统下游数据，自动进行机组堆芯状态模型建立及跟踪计算。系统通过定期物理试验数据和实时堆芯测量数据，基于一套测量-修正方法，对理论计算模型进行修正，从而达到"间接"开展堆内功率分布测量和热工状态测量的目的。依靠高精度的理论计算和修正结果，还可以进一步实现对未来机组状态的预测、变功率情况下机组控制方案搜索、最优化控制方案筛选和自动生成特定报告等功能。

2　CAPTAIN 系统与不同堆芯在线监测系统对比

　　CAPTAIN 堆芯在线监测系统与其他第三代堆型的在线检测系统主要区别在于在缺少（或无法通过技术改造安装）固定式示堆内探测器的情况下，充分利用自身核设计软件计算准确性高、计算速度快的特点，通过定期物理试验结果对理论模型开展定期校准，通过实测热电偶温度对理论计算结果进行精细功率分布的纠偏，并将修正后的计算结果体现在后续输运燃耗计算过程中，实现对理论计算结果的修正。CAPTAIN 系统与其他堆芯在线监测系统的对比如表 1 所示。

表 1　各类型堆芯在线监测系统对比

软件名称及开发商	是否具备堆内探头	中子学计算程序或核心计算程序	采集信号	主要功能
BEACON[1]（美国西屋公司）	是	三维节点程序 SPNOVA	堆外中子探测器、堆芯出口热电偶、堆内可移动探测器、FID 数据	堆芯精确分析、堆芯行为预测
SOMPAS[2]（上海核工程研究设计院）	是	堆芯核设计系统 SCAP	堆芯状态测量参数、探测器测量电流	提供在线监测/预测/分析/诊断功能，实时监测堆芯状态和安全裕量
SOPHORA[3]（中广核研究院）	是	堆芯核设计程序 COCO，热工子通道分析软件 LINDEN	堆芯状态参数、测量的 FID 读数	功率峰值裕量和热工 DNB 裕量等重要运行数据监测
华龙一号 LPD 在线监测系统[4]（中国核动力研究设计院）	是	未知	电站运行实测参数、FID 数据	在线显示堆芯线功率密度，LPD 报警限值，对反应堆实时和在线的监测和报警
CAPTAIN 中核运行/上海核星	否	ORIENT	堆芯状态参数、堆外中子探测器	堆芯监测、热工裕量监测、氙振荡监测、变功率预测

3　CAPTAIN 系统测量修正技术简介

CAPTAIN 堆芯在线检测系统的修正技术主要包括径向功率分布修正和轴向功率分布修正。径向功率分布理论计算值和真实值总是存在误差的，由于缺少堆内固定式探测器，M310 堆芯通过只能通过定期物理试验直接测量堆内通量得到真实的堆芯功率分布。其中，理论值和真实值之间的误差主要是理论模型误差所导致的。对于特定机组的特定循环，其偏差值相对固定，其受到功率水平、控制棒棒位、燃耗和氙毒的影响比较小或者比较缓慢。因此，径向功率分布的计算值可以通过机组定期试验测量结果（月度通量图）和实时测量信号（堆芯出口热电偶温度）来加以修正。前者用于修正中子学模型在参考状态的模型误差（通量图测量时的状态为参考状态），后者主要修正控制棒棒位变化和后续一个月内（两次月度通量图之间）燃耗效应引起的模型误差。

在轴向功率分布的修正中，主要修正方法是在 M310 型机组 LOCA 监测系统相关技术的基础上提出的，并针对性地进行了原创性改进：在现行的 LOCA 监测系统中，几何矩阵［G］直接用于精细轴向功率分布的重构，精度难以得到保证，而本方法所实施的方法中仅将几何矩阵［G］应用于精细轴向功率分布偏差的重构，并将构造的偏差用于对轴向功率分布理论值的修正，从而能够获得更高的在线监测精度。

4　CAPTAIN 系统预测功能在 M310 机组的应用情况

2023 年 6 月，某 M310 型反应堆机组拟执行降功率调门试验，根据操纵员需求，需提供准确的降功率反应性控制方案，保证试验期间机组的 ΔI 在推荐的运行带以内运行，防止出现氙振荡；尽可能减少稀释和硼化的范围，减少放射性废水的产生。调门试验的计划为：机组满功率开始以 1 MWe/min 速率降功率至 1025 MWe，停留 1 小时；再以 1 MWe/min 速率升至 1065 MWe，停留 2 小时；最后以

1 MWe/min 速率升回至满功率。运用CAPTAIN预测模块输入建模要求（图3），此时参考轴向功率偏差（$\Delta Iref$）为-4.5%FP，要求系统搜索的控制范围为-5.5%FP～-3.5%FP，要求系统给出推荐的变功率控制方案。

经过预测计算，CAPTAIN 系统给出了推荐的变功率控制方案（表2），在降功率期间，控制棒变化范围为 213 步至 210 步，硼浓度变化量为-2 ppm～13 ppm，ΔI 的变化范围为-5.1%FP～-3.3%FP。

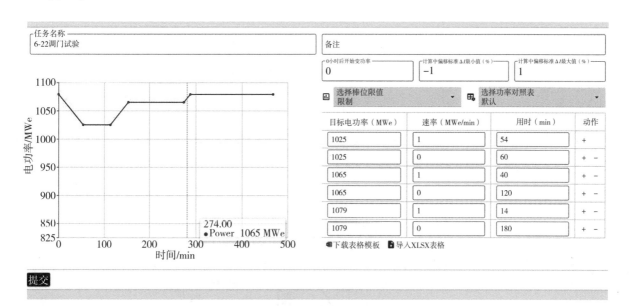

图3　预测模块进行变功率方案设计建模

表2　推荐的变功率控制方案

时间/分钟	电功率/MWe	硼浓度变化/ppm	ΔI	R 棒	氙毒/pcm
0	1079	0	-4.841%	213	2651
15	1064	5.4	-3.979%	213	2652
30	1049	8.1	-4.022%	210	2654
45	1034	10.3	-4.186%	207	2657
54	1025	13.2	-3.668%	207	2659
69	1025	12.6	-3.593%	207	2663
84	1025	12.1	-3.523%	207	2666
99	1025	11.6	-3.456%	207	2669
114	1025	11.2	-3.393%	207	2672
129	1040	5.5	-4.157%	207	2674
144	1055	0	-5.011%	207	2674
154	1065	-0.9	-4.587%	210	2673
274	1065	0.4	-4.894%	210	2663
288	1079	-2.1	-4.795%	213	2662
468	1079	0	-5.136%	213	2646

按照推荐方案在调门试验期间进行反应性操作，得到的堆芯轴向功率偏差在运行梯形图推荐运行区域内得到良好的控制，轴向功率偏移的变化幅度为-6.7%FP～-4.5%FP（其中初始偏差为-1.5%

FP）（图 4），实际硼浓度变化量为-5 ppm～15 ppm，控制棒动作范围为 213 步至 208 步，整个试验过程中堆芯氙毒控制稳定，未发生氙振荡（图 5）。本次试验证明堆芯在线监测系统预测模块可以在机组实施应用并可以取得良好的控制效果。

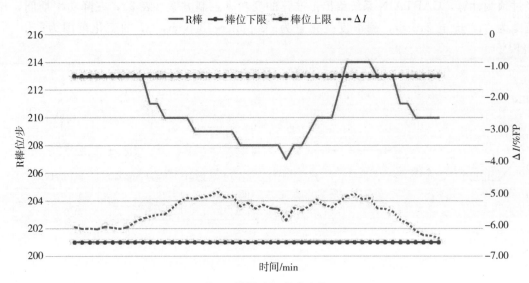

图 4　堆芯实际状态变化

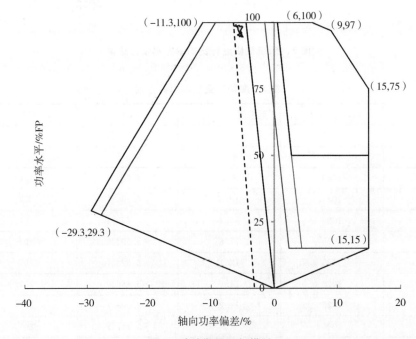

图 5　试验期间运行梯形

5　结论

堆芯在线监测系统 CAPTAIN 在无须堆内固定式探测器的情况下，通过建立测量修正方法，基于高精度的堆芯核设计程序和精准建模，实现了在 M310 型反应堆实施堆芯在线监测的目的，并可实现对堆芯关键安全参数的实时监测。基于精确计算，堆芯在线监测系统预测模块可以实现机组变功率反应性控制方案的推荐。以 M310 型机组调门试验为例，证明 CAPTAIN 系统给出的控制方案精确性高，控制方案优秀，模块的应用提升了机组的变功率控制水平。

参考文献：

[1] 戴青，陈笑松.BEACON 堆芯在线监测系统概述 [J]．原子能科学与技术，2013，47（6）：99－102.

[2] 杨伟炎，汤青桃，杨波，等．堆芯在线监测系统 SOMPAS 中子学计算核心测试验证 [J]．原子能科学与技术，2019，53（7）：1214－1220.

[3] 张香菊，李文淮，党珍，等．堆芯三维在线监测系统 SOPHORA 的实现与验证 [J]．强激光与粒子束，2017，29（1）：28－30.

[4] 张知竹，廖鸿宽，李庆，等．华龙一号 LPD 在线监测系统误差分析 [J]．核动力工程，2020，41（2）：11－15.

Application of on‒line core monitoring system CAPTAIN in M310 reactor unit

JIAO Jian，XIANG Jun-jun，ZHAN Yong-jie，XU Jin，CAI Qing-yuan

(China Nuclear Power Operation Management Co., Ltd., Jiaxing, Zhejiang 314300, China)

Abstract： The online core monitoring system (CAPTAIN) developed for the M310 unit is a core online monitoring system developed by China Nuclear Operation and Shanghai Nustar based on the Core Design Program (ORIENT). Different from the on‒line monitoring system of the third generation unit, this system does not have a fixed in‒pile detector (FID), which collects the measured data of the power station computer system in real time and carries out core supervision by means of measurement correction technology. In addition to the core monitoring function, based on the high precision core number simulation technology, the system has the function of searching and recommending the reactor variable power control scheme. By manually entering the reactor control plan and operation limits, the optimal operation control scheme can be automatically searched through the simulation and prediction of the core behavior, and the main control indicators such as axial power deviation (ΔI) and xenon oscillation of the unit can be best controlled. The application of variable power control scheme search function of CAPTIAIN system in M310 unitvalve opening test is illustrated with a practical application case.

Key words： M310；on‒line core monitoring；CAPTAIN；Valve opening test；Predict

核电厂阀门填料泄漏分析及应对

牟　杨

（中核核电运行管理有限公司，浙江　嘉兴　314300）

摘　要： 核电厂阀门承担重要控制和隔离功能，其最高频运行期间的失效为填料外漏。该问题会导致介质外漏，造成环境污染或潜在人身伤害风险，且对机组的安全稳定运行会造成一定影响。通过对阀门填料结构和基本原理，以及填料失效的分析，得到其标准结构填料的无泄漏典型寿命情况，为采取干预和预防性维修措施提供依据。并根据分析，给出紧固力矩计算过程填料优化密封的安装方法，同时根据不同填料外漏情况，制定填料紧固和处理对策，为填料缺陷处理和应对提供了参考。

关键词： 核电厂；阀门；填料；泄漏

核电厂很多阀门设备往往承担着电厂重要功能，且阀门设备是核电厂数量最大的机械类设备，其中大部分的阀门的压力边界是使用填料密封。填料位置跑冒滴漏是电厂最常见的缺陷。而对核电厂来说，为了避免环境污染或潜在人身伤害风险，介质外漏是需要严格控制的。同时，核电厂有较多运行中处于不停调整动作中的气动调节阀和需要备用随时可能远控动作的阀门，这些阀门在电厂中承担着重要功能。填料外漏或外漏的不当处理等原因也会造成摩擦力异常，可能会导致拒动、死区加大、控制精度下降等问题。

根据统计，关键敏感设备（单个设备故障可导致电站停堆、停机、功率大幅度波动的设备）中，单个核电站每年产生 2.11 个填料外漏缺陷。而填料外漏缺陷处理可能会带来额外的阀门拒动、调节异常风险，对电站安全稳定运行造成了影响。

1　填料外漏分析

1.1　填料密封结构和原理

核电厂填料材质有石墨、石墨编织、复合材料、聚四氟乙烯、其他非石墨材料等。在核级阀门中多采用石墨填料。石墨按力学模型为黏弹性固体材料，其力学特性介于理想弹性固体和牛顿流体之间，随时间而变化变形的过程表现为蠕变、应力松弛、迟滞和应变敏感。

填料常见结构如图 1 所示，填料在受力密封过程中可以产生足够大的轴向及径向变形，并且产生足够大的径向比压，从而达到理想的密封效果。

目前，大多数阀门的阀杆密封均采用外载碟簧式填料压紧结构。填料截面绝大多数为正方形、长方形，少数为 V 形。压缩成型的石墨填料和编织石墨填料等弹性模量相对较低，但泊松比相对较大，即填料在受轴向力时横向应变较大，填料的密封性能很好。影响填料密封性能的另一个指标是压紧填料的比压，即压紧力作用在填料环上产生的压强。理论上填料宽度越窄密封比压越大，密封效果越好。但过于窄的填料其补缩量在径向变形较大，反而密封效果会变差。

作者简介： 牟杨（1986—），男，硕士，高级工程师，主要从事核电厂机械设备维修工作。

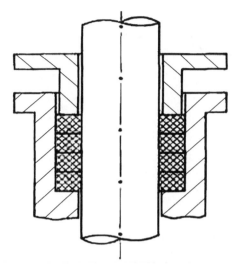

图 1　填料常见结构

1.2　填料失效分析

填料密封的构成为石墨填料和金属压盖、底环。该类密封为动密封，填料会随动作时间的变长而产生磨损，即产生尺寸变化。同时，阀门填料处摩擦力会随阀门开关产生不同方向的变化应力。另外，填料本身为非金属-石墨，具有应力下易蠕变的特征。填料压盖有补偿碟簧的填料，可以弥补磨损和尺寸变化导致的影响，通常寿命较长。

该力矩会随阀门的动作次数和时间的变化、高温的影响产生衰减。需要考虑和评估力矩松弛导致的密封性下降情况出现。

根据上述填料密封的磨损特点，动作次数较少的常开阀、常闭阀因动作次数较少，产生的磨损较小，通常可以认为处于良好工作状态。可以近乎认为与法兰密封的状态一致，可以长期运行不会产生外漏或外漏量较小，且危害较小。对于高频动作的阀门即调节阀，填料磨损通常较为严重，需要重点考虑填料处的磨损和应力松弛情况。

对于填料来说，只有密封寿命，其寿命长短主要与动作频次有关，密封性表征在螺栓载荷下降（由于填料磨损导致尺寸变化，力矩会产生下降）、与阀杆摩擦力下降、泄漏增大。对于阀门来说，高密封要求意味着每次动作时产生的磨损会变大，即使用寿命降低。此外，两位阀和电动阀填料高摩擦力会导致阀门关闭力削弱，调节阀高摩擦力会导致调节性能下降。所以不能一味追求其密封性能，需要系统性综合考虑阀门的各种性能。在填料磨损的临界点内（轴向应力在 30 MPa 以下），磨损和应力成线性增长。临界点轴向应力为 37.5 MPa，超出后应力大幅增加，增加接触应力（密封性能）其密封寿命是增高的，最佳轴向密封应力为 30 MPa[1]。

通常核级填料的鉴定寿命为 12 年左右，核级气动调节阀要求 60 年完成 30 000 次全行程循环，每年的理论动作全行程动作次数为 500 次。实际调节阀大多数处于全开或全关位置，少部分重要调节阀处于中间开度，常年在微调反馈动作循环中，为高频开关移动。

选择两种常见的核电厂填料进行试验，以目视可见为判断标准，安装采用常规安装方案和标准力矩，根据实验结果，其密封寿命在 100～150 次全行程动作[2]（图 2、图 3）。

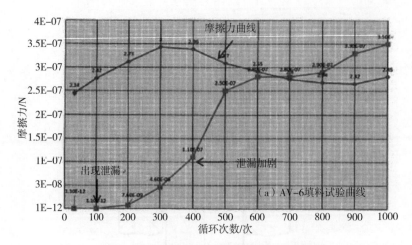

图2 常见类型 AV-6 填料泄漏试验曲线

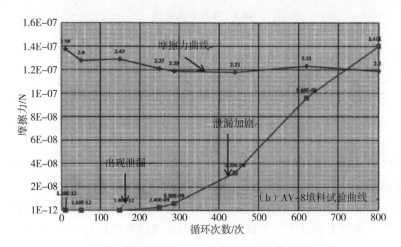

图3 常见类型 AV-8 填料泄漏试验曲线

经过优化安装（逐环压紧）的填料密封寿命在轴向密封载荷均布且增加的情况下可以达到 400 次以上。常见类型填料不同紧固力矩下泄漏试验曲线如图 4 所示。

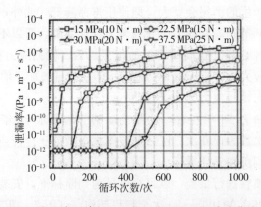

图4 常见类型填料不同紧固力矩下泄漏试验曲线

根据实验结果[3]，初始紧固力矩为 20 N·m，在 1000 次动作后，其螺栓紧固残余扭矩值为 15 N·m。对应螺栓载荷来说，200 个循环后会产生松弛 16%～19%，摩擦力上涨 45%，泄漏率上涨 118%～154%（表1）。

表 1   填料动作次数和紧固力矩变化、泄漏量变化

样本	循环	螺栓载荷/kN	载荷松弛	摩擦力矩/（N·m）	摩擦力矩变化	泄漏率/（×10⁻⁷Pa·m³/s）	泄漏变化率
1	0	25.8	—	—	—	1.1	—
	50	23.4	−9.3%	26.4	—	1.6	+45.5%
	200	21.6	−16.3%	38.3	+45%	2.4	+118.1%
2	0	25.6	—	—	—	1.1	—
	50	22.8	−10.9%	25.8	—	1.9	+73%
	200	20.8	−18.8%	37.4	+45%	2.8	+154.5%

　　针对工程经验情况对实验结果进行验证，选择苛刻工况下经常在循环中产生填料外漏的主给水调节阀 ARE031VL，动作频次 1 小时动作 44 次，每次幅度为 3.3 mm，每天动作距离 79.3 mm，全燃料周期动作行程距离为 42 822 mm，如图 5 所示。该阀门行程距离为 81 mm，循环为 528 次，根据实验结果，使用正常矩形截面填料良好安装下 400 次就会产生填料密封恶化，容易产生泄漏，与实验结果吻合（后续该位置填料修改形式为特殊设计的 V 形填料，密封寿命得到延长）。正常核岛调节阀的动作频率和幅度较低，处于稳态工况，密封寿命＞更换周期。

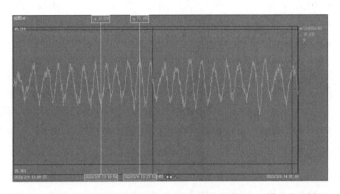

图 5   主给水调节阀日常动作曲线（纵坐标幅度、横坐标时间）

　　根据分析，填料的紧固力矩应使用恰到好处的值，过小和过大都会导致填料的密封寿命下降。填料的理论密封寿命可以满足长时间运行要求，但针对使用位置不同的调节阀应开展评估，在动作全行程循环 200～400 次（循环即往复行程距离乘动作次数）后密封失效概率增加，此时需要对力矩进行复紧，恢复原紧固力矩。

2   填料维修优化及缺陷处理

2.1   填料紧固力矩计算

　　密封填料紧固力矩通常为查询阀门或填料生产厂家提供的完工资料，找出给定的力矩值，按照给定的力矩值进行紧固。如没有给出紧固力矩值，则应该按照以下公式进行计算得来。

$$W_0 = A_g\sigma_0；A_g = 0.785(D_0^2 - D_i^2)；\tag{1}$$

$$T = \frac{kdw_0}{n} = \frac{kdA_g\sigma_0}{n} = \frac{0.785kd\sigma_0(D_0^2 - D_i^2)}{n}。\tag{2}$$

式中，T 为填料压盖螺栓力矩，N·m；k 为螺栓摩擦系数，润滑充分的新螺栓 $k = 0.16$，其他 $k = 0.2$；d 为螺栓名义直径，m；σ_0 为填料预压缩应力，25 MPa≤σ_0≤35 MPa；（一般计算，阀门介质压力≤2 MPa，σ_0 取小值，阀门介质压力≥10 MPa，σ_0 取大值，其余取中间值即可）；D_0 为填料起密封作用的外径，mm；D_i 为填料起密封作用的内径，mm；n 为螺栓数量；W_0 为螺栓最小预紧载荷，N；A_g 为填料起密封作用的面积，mm²。

拧紧压紧螺母后，通过填料压板、填料压套将压紧力作用在填料上。压紧力沿轴向分布，在轴向力作用下填料产生形变，填料与阀杆之间及填料与填料函内孔之间产生径向接触压力，该接触压力即为填料径向的密封比压，阻止介质外漏。该密封比压正常情况下，沿轴向的分布规律为呈抛物线或对数曲线方式衰减。

试验证明，普通安装方法的填料压紧力在填料第 4 层（从填料压套方向向下）时已经很小。介质作用力通过阀杆与阀盖空隙作用在填料上的力也是呈抛物线形方式减弱，但是其方向与填料压紧力方向相反，所以最底层的填料几乎不承受压紧力的作用，因此其径向接触压力很低。核电厂阀门有它的特殊性，较多核岛阀门填料分为两段，中间由间隔金属环隔开，将填料分为下填料和上填料。在间隔环处位置对应的阀体上，开有引漏管接口。在下部填料失效后，产生的介质泄漏会经由该引漏管引流至密闭系统和容器，避免上部填料产生失效后发生放射性介质外漏。但由于填料普通的安装方法下，下部填料的密封力较小，密封性能未完全发挥，维修后相关泄漏概率较设计时增高，改进的安装方法是必要的。改进的安装方法下，其密封寿命（动作次数）可以延长一倍。

2.2 填料维修优化

在安装填料前，需检查阀杆、填料函的配合表面，应清理干净，并应满足配合间隙要求。填料尺寸内外径应与阀杆和填料函无明显间隙（配合最大间隙＜0.3 mm）。阀杆与压盖、填料函之间应配合正确，间隙适当，阀杆粗糙度、圆度、直线度等技术指标应符合要求（圆度无法检测，可把圆度与直线度相结合，以圆柱度作为指标），不得有腐蚀、机械损伤、沟槽、弯曲等现象，不允许表面有划痕、凹坑、裂纹等缺陷。

填料外观检查，不允许有齐口、张口、松头，以及老化、毛边、划痕、压痕、裂纹等缺陷。

确认填料泄漏阀门类型及运行参数，同时现场核实泄漏位置及漏量大小，根据不同的温度压力及泄漏情况采用相应的处理措施，温度压力较高的密封填料泄漏需尽快紧固，避免泄漏的高压介质长时间冲刷，造成填料损伤无法紧固消缺，同时手动阀和气动、电动阀填料紧固应区别实施。检查阀杆及填料压盖是否有锈蚀或杂物，如有锈蚀或杂物则应进行清理，并检查确认阀杆是否有损伤。

为了确保更好的密封性和更长的寿命，核电厂阀门填料的安装工艺为：逐环压紧。需制作专用压紧套工具（内外径和压盖相同的空心圆柱筒）进行安装，在安装每一圈填料后，使用压紧工具、压盖、螺栓、螺母进行压紧。在整个过程中应保证填料环与阀杆垂直，同时操作应小心填料损坏和污染。

对于整圈填料，应从阀杆上方垂直小心套入，避免划伤或损坏填料。对于有切口的填料，应切成上下搭接形式，切口推荐为 45°。如有多个搭接填料，挨着的填料切口应错开 120°安装。

紧固压紧力矩时，采用对称交叉拧紧填料压盖螺栓的方式，应对称均匀分次拧紧压盖螺栓，避免压盖倾斜、受力不均匀。在紧固完成后，压盖与阀杆圆周的间隙应该均匀。如检查填料压盖存在偏斜，则需调整后再紧固。填料压盖出现偏斜时，易在阀门动作时划伤阀杆或填料函，同时造成密封受力不均匀外漏。禁止一次单颗螺栓紧固过多，不允许捶打压盖。

由于 V 形填料的磨损寿命较正常填料短，在 V 形填料安装中，应严格控制压缩量，避免过度压缩导致填料过度磨损失效。逐环压紧的力矩推荐为≥70％最终填料力矩。

由于大多数填料有自润滑性，正常填料安装时，不需要使用润滑剂。在实际阀门安装使用中，存在增加填料密封——增大死区、卡涩的相悖参数，部分位置对调节要求高、对动作时间要求高、设计驱动装置输出余量小，所以在这些调节阀、截止阀等填料安装过程中，可以在安装期间，在阀杆外壁使用填料润滑剂进行辅助润滑或安装完成后在阀门动作时在阀杆处进行润滑。推荐使用的润滑剂有石墨润滑剂（如 Neolube2）、金属极压润滑剂（如艾志 787）、非金属润滑剂（如伍尔特 ULTRA2040）等，使用时需关注使用对象所在系统的化学要求。

填料安装完成后需检查密封填料余量，确认仍有紧固余量，如无紧固余量，则需检查是否有异常，或采取其他措施（添加、更换填料）。在安装完成后，手动阀门执行手动开关动作，确认阀门填料无卡涩。电动或气动阀门，执行电动或气动开关动作，确认阀门动作正常，填料无卡涩。如有阀门在线诊断或摩擦力检查的，需核实检查阀门填料摩擦力是否满足要求。

2.3 填料缺陷处理

填料在密封范围内，保证阀门顺畅开关的情况下，具有一定压缩量范围。基于维修成本和填料特性考虑，应在能够保证阀门功能下，尽量减少解体更换填料的工作数量，避免阀门产生过度维修，应开展填料的紧固。所以对泄漏处理需要进行评估，评估后采取对应的维修处理策略。评估步骤和原则需要按照以下方面考虑。

（1）当前泄漏情况下是否影响阀门功能。

（2）下一个运行周期内产生劣化的趋势是否会影响阀门功能。

对于填料泄漏缺陷［目视可见（或听到）气、液体的外漏］，可以采用在线紧固处理，在线更换（增加）填料，倒密封或临时处理、隔离处理，带压堵漏处理 4 种方案。

• 在线紧固处理。针对填料泄漏开展对称均匀紧固填料。电动阀和气动阀应关注紧固力矩，应保证有足够余量，以确保电动阀和气动阀不产生卡涩，动作性能满足要求，必要时需进行动作验证。无法动作验证的，紧固增加量不宜超过初始力矩的 120％。可以动作验证的，可每增加 5％力矩或每紧固增加一定压缩量后进行动作验证。

• 在线更换（增加）填料。针对有倒密封阀门的填料可以进行在线更换，开启至倒密封，使用填料钩，将填料逐环取出，进行在线更换填料。温度较高或空间受限不便取出的也可以增加填料圈数，以实现阀门填料的密封。在线更换时需要对高压介质外漏的后果进行评估和防护。

• 倒密封或临时处理、隔离处理。填料泄漏无法通过紧固消除时，阀门开启至倒密封位置进行密封，不具备条件的进行临时处理。填料泄漏无法通过紧固消除或者紧固后阀门动作性能劣化至接近或不满足阀门动作性能（行程、密封性、时间）要求时，在隔离状态具备时，进行隔离更换填料。

• 带压堵漏处理。填料泄漏无法通过其他手段消除时，采用带压堵漏方式进行消缺。例如，填料函打孔注胶、全包覆夹具等。针对填料渗漏缺陷［目视无可见（或听到）泄漏，但阀杆处有泄漏产物或痕迹］，分手动和气、电动处理方式，主要是由于气、电动阀门的开关力矩为定力矩，手动阀开关力矩可人为增大。紧固填料会造成摩擦力增加，所需开关的驱动力增加。

针对不同类型的阀门，处理的策略是不同的。主要是由于不同类型阀门的驱动力和所需操作力的差值是不同的。其中，电动阀和气动阀的驱动力在运行下是恒定的。手动阀的驱动力可以随不同的人力施加发生变化。电动阀的驱动力余量通常较大，气动两位阀次之，气动调节阀驱动力余量最小。

针对手动阀处理，首先需要评估阀门渗漏至目前状态的时间。进行统计并形成数据库，并根据渗漏至目前状态的时间，定期查看跟踪渗漏是否消除或恶化。对填料渗漏痕迹进行清理，并适当对称均匀紧固填料。对于无法紧固消除的，渗漏量较大，对比历史数据有恶化趋势且紧固没有缓解的，会影响周围设备和环境的，需进行解体更换处理。

针对气动阀、电动阀处理，也需要评估阀门渗漏至目前状态的时间。进行统计并形成数据库以便定期跟踪和了解趋势，并根据渗漏至目前状态的时间，定期查看跟踪渗漏是否消除或恶化。对填料渗漏痕迹（硼结晶等）进行清理。评估阀门目前状态是否影响阀门性能（行程、时间、关闭力）要求。具备动作条件时，进行对称均匀紧固，并对紧固后的阀门进行动作，检查紧固后阀门性能。不具备动作条件时，应按照标准力矩进行复紧，以免产生卡涩，并定期进行检查清理。

对于渗漏无法紧固消除且可能会导致卡涩的，除解体工单外，还应申请策略性维修工单，对阀门定期进行动作检查、清理渗漏产物和润滑。定期动作的频率根据渗漏量大小评估来进行制定。

对于无法通过紧固消除的、渗漏量较大且对比数据库有恶化趋势，紧固没有缓解的、会影响周围设备和环境的、经评估在下个运行周期内不满足阀门性能的，需进行解体更换处理。

对于日常和大修的定期运行试验中有明确时间和动作要求的相关阀门，应控制复紧力矩，避免阀门产生卡涩。同时，在紧固处理后应增加该阀门至日常巡检清单中，定期巡检和清理填料渗漏产物。

阀门内部介质（硼酸溶液等）通过填料渗漏后会缓慢挥发产生结晶。这些结晶是缓慢产生的，它们不但会加剧阀门卡涩，而且进入阀杆和填料之间后会进一步磨损填料造成外漏。所以填料在执行紧固后，应纳入日常巡检清单中定期关注填料的状态，及时润滑或清理、动作，避免摩擦力恶化导致阀门无法动作或延迟产生的结晶造成外漏。

通常紧固螺栓采用工具是力矩扳手（棘轮力矩扳手、数显力矩扳手、表盘式力矩扳手）。一般紧固膜片采用套筒式插头力矩扳手，有利于快速安装且不和其他螺栓发生干涉。紧固填料使用开口式插头力矩扳手，有利于空间受限下、填料螺栓较长下紧固力矩。对于填料来说，紧固后可以使用游标卡尺测量填料压盖的高度，作为紧固后效果的参考。

3 结论

对核电厂阀门填料结构原理和失效情况进行分析，合适的最终力矩、逐层压紧的安装方式会显著提高填料的寿命。在填料发生泄漏之后，应根据当前泄漏情况对阀门的功能影响进行评估。根据阀门类型的不同、位置的不同采取逐步紧固、在线更换、临时处理、隔离或带压堵漏等处理方案。对于紧固可以消除的，采取核实的验证手段确保阀门动作性能不受影响。对于无法紧固的或紧固后可能存在功能性影响的，应采取定期检查或安排检修。

参考文献：

[1] GUO Z, HIRANO T, GORDON K R. Application of computational fluid dynamic analysis for rotating machinery: Part I. hydrodynamic, hydrostatic bearing and squeeze film damper [J]. Journal of engineering for gas turbines and power, 2005, 127: 445 — 451.

[2] 孙营, 王运喜, 詹瑜滨, 等. 调节阀阀杆密封泄漏分析及处理 [J]. 产业与科技论坛, 2022, 21 (18): 44 - 45.

[3] 王舜基, 李征, 魏世军, 等. 核电站电动和气动阀用密封填料的试验研究 [J]. 液压气动与密封, 2019, 39 (11): 47 - 49.

Analysis and response of valve packing leakage in nuclear power plants

MOU Yang

(China Nuclear Power Operation Management Co., Ltd., Jiaxing, Zhejiang 314300, China)

Abstract: Nuclear power plant valves undertake important control and isolation functions, and their most frequent failure during operation is packing leakage. This issue can lead to media leakage, causing environmental pollution or potential risk of personal injury, and has a certain impact on the safe and stable operation of the unit. By analyzing the structure and basic principles of valve packing, as well as the failure of the packing, the typical leak free life of the standard structure packing is obtained, providing a basis for intervention and preventive maintenance measures. Based on the analysis, the calculation process of tightening torque and the installation method for optimizing the sealing of fillers are provided. At the same time, according to the leakage situation of different fillers, the tightening and treatment strategies for fillers are formulated, providing reference for the treatment and response of filler defects.

Key words: Nuclear power plant; Valves; Filler; Leakage

需求驱动的核电科技成果转化体系构建

徐　中，尚宪和，吴　剑，杨琪震，刘东林

（中核核电运行管理有限公司，浙江　嘉兴　314300）

摘　要： 本文介绍秦山核电针对以往外部科技成果吸收工作局限于具体问题，缺乏完整体系和长远规划的困境，面对核电行业"走出去"的战略需求和美国电力科学院丰富的核电科技成果资源，挖掘行业发展、企业生产和人才培养的深层需求，构建专业主导的科技成果分级转化体系，建立并规范全面评估、分级处理的转化流程，建立并推广转化成果共享平台，坚持需求驱动和成果激励的机制，有效地推动国外先进核电科技成果的转化落地，提升机组安全生产水平，增强对外技术服务能力，并培养青年技术人才，为中国核电行业实现从跟跑、并跑到领跑提供强大助力，并对后续科技成果转化工作提出持续优化建议。

关键词： 技术转化；组织效率；员工激励；知识型员工

1　科技成果转化项目简介

1.1　项目背景

美国电力科学院（EPRI）于 1972 年在美国注册，从事常规发电、核电发电、输配电、环境保护等领域的技术研发，为会员单位提供共性技术开发和技术成果转化服务，其会员单位覆盖全球 40 多个国家、超 75％的商运核电机组。

2013 年，秦山核电因压力容器焊缝检查需要使用 EPRI 的无损检测技术授权，加入 EPRI 的 NMAC（核电维修）和 NDE（无损检测）两个模块，成为其会员单位。其后，秦山核电陆续增加会员模块，至 2020 年成为 EPRI 核电全会员。

1.2　科技成果转化的紧迫性

梳理评估国际先进科技成果，开展重要科技成果转化无疑是实现我国核电领域科技自立自强的重要手段之一，国际环境变化和企业发展需求都使得成果转化工作迫在眉睫。

1.2.1　国际环境变化

美国政府不断收紧涉核技术和材料出口审批，在核技术出口管制法规（810 条款）基础上，2018 年美国能源部发布《美国对中国民用核能合作框架》，限制中美民用核能合作；2019 年美国商务部将中国广核集团有限公司等 4 家国内核电企业纳入实体清单（entity list），严格禁止涉核技术和材料出口[1]；2020 年 4 月，美国商务部又颁布两项"最终规定"和一项"拟议规定"，对中国采取更严格的出口管制措施。随着中美关系的变化，秦山核电已出现涉美备件采购困难，无法保证与 EPRI 开展持续的技术合作。

1.2.2　企业发展需求

随着秦山核电安全生产水平和运行业绩逐年提升，机组负荷因子始终保持较高水平，多台机组 WANO 指标满分、世界排名第一，安全、质量、环保各项指标受控，提升管理水平、降低运营成本

作者简介：徐中（1987—），男，硕士，高级工程师，主要从事核电人因管理、设备数据分析、科研管理等工作。

成为公司发展的重要目标。中国核电"走出去"战略是"中国制造2025"的重要组成部分，是一张光鲜亮丽的"国家名片"，也是我国由制造业大国向制造业强国转变的重要支撑[2]，秦山核电作为中国核电起步的地方，在"走出去"战略中负有重大责任。EPRI拥有大量核电科技成果及良好实践，沉淀了美国核电企业多年运行经验，尽快转化吸收这些成果和经验能够帮助秦山核电有效降低运营成本，助力我国核电科技自立自强。

1.3 科技成果转化的目标

开展核电科技成果转化的工作目标是建立完整的组织体系和规范的工作流程，对EPRI存量科技成果进行全面评估和梳理，筛选出符合秦山核电需求的科技成果，进行有针对性的吸收转化和推广应用，最终提高秦山核电运营业绩和技术能力。

2 主要问题与解决方法

以往科技成果转化的主要问题集中在4个方面：①秦山核电当前9台机组运营指标均保持较高水平，涉美技术交流又有法律风险和复杂管控流程，开展成果转化动力不强；②EPRI的技术经验与成果不能直接应用，需要根据具体堆型技术特点和我国监管法规要求进行验证转化；③过去因特定的技术授权需要加入EPRI会员，缺乏对EPRI全部科技成果的完整认识和长远规划；④技术人员生产任务重，业余时间少，且存在管理限制和语言障碍，转化效率不高。

针对这4个问题，秦山核电优化外部科技成果转化工作的总体思路是：挖掘需求、激发动力、全面评估、分级处理、转化重点、提升效率。对现场急需的科技成果即时进行咨询、研讨和转化，保障生产所需；建立对EPRI成果的系统了解，筛选出适用于秦山核电的科技成果；组织对应专业的专家和青年技术骨干进行有针对性的重点转化；通过简化管控流程，提高转化效率，促进推广应用。将技术人员职业发展与公司安全生产、行业长远发展统一，充分激发各级人员参与成果转化的动力，又紧紧围绕安全生产主线，便于争取各项资源投入。

2.1 完善组织机构，保障资源投入

以往成果转化工作依赖临时项目机构，易形成"中轴依附"型决策方式，且机构变动频繁，不利于开展成果评估和转化[3]；与此同时，柔性的有机式组织、灵活组建的项目团队、临时委员会对企业的技术创新是有利的[4]。为保障科技成果转化工作高效开展，秦山核电依托设备管理委员会，设立了科技成果转化专项组织，下设核电维修（NMAC）、无损检测（NDE）、水化学（CHE）、仪控（I&C）、电厂技术（PE）、安全分析（RSM）及材料可靠性（MRP）共7个专业组。这样的组织架构既保证了机构较为稳定，便于全面评估和持续开展转化，又保持了一定的灵活性，便于及时调整专业人员。

委员会主任由公司领导担任，从公司层面保障成果转化工作所需的各项资源，也便于公司从行业发展高度制定长期规划、推进重大项目。委员会成员涵盖了技术与维修部门领导，他们关注机组技术难题并提出转化需求，在职责范围内协调各项资源；委员会专家和其他专业组成员是电厂技术骨干和青年人才，具有丰富的现场经验，负责开展具体科技成果转化。

除发掘电厂自身需求，评估转化科技成果以外，委员会和专业组成员还对接EPRI各层次技术和管理人员。其中，委员会与EPRI核电理事会（NPC）及核分院高层对接，专业组组长对接EPRI各模块经理和研究委员会（RIC），成员则对接各自专业的技术顾问委员会（TAC）和用户组（UG）（图1）。

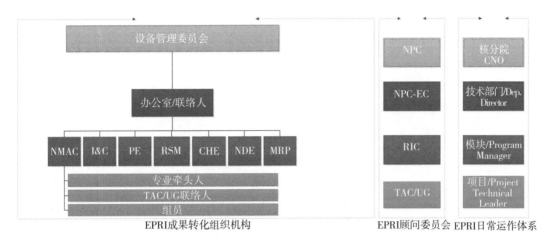

图 1　成果转化组织机构

2.2　需求对接与响应

专业组成员身处机组安全稳定运行一线，及时查询和比较美国同行经验能够有效提高工作效率，为保证其能够快速准确得到所需信息和响应，采取了以下措施：①建立资料与数据库，将 EPRI 资料按专业、发布时间等分门别类存放于内网服务器，方便一线员工及时查询相关报告；②编制双方通讯录，并按专业方向指定了联络人，紧急情况下可即时联络 EPRI 专家进行技术支持；③按需组织技术交流，以邮件、视频会议、线下研讨、现场技术支持等形式帮助工程师理解和使用 EPRI 各项成果。2021 年初，秦一厂大修过程中发现部分安全级焊缝不具备水压试验条件，及时通过专人联络 EPRI 专家，在 24 小时内收集整理美国相关经验并编制成技术报告，迅速取得国家核安全局认可，免除了水压试验，从而避免对大修主线的影响。

2.3　成果梳理与分级

为统一规划、明确目标，将有限资源集中到重点项目中，秦山核电邀请 EPRI 专家和高层系统介绍其成果组织体系、行业应用效果、科研项目管理等情况，公司领导总结对比中美核电行业发展历程和阶段，提出引入设备分级管理体系、电站业绩指标体系等战略或前瞻成果的需求；各专业组组织审查现有技术问题、重大变更改造、科研项目等，对比 EPRI 科技成果，发现有指导或借鉴意义的具体成果，提出转化需求；并鼓励一线工程师主动使用 EPRI 各类工作软件和技术文档，结合工程师反馈判定具体科技成果的价值。结合上述 3 个层级的需求和判断，将 EPRI 科技成果分为 3 类，进行不同处理，具体流程如图 2 所示。

A 类，专项转化。对经评估可提升电厂安全性、可靠性和经济性的科技成果，专项吸收转化，目标成果为技术导则、工作软件、现场技术改造等；对可以提升公司整体管理水平的系统成果（如设备可靠性管理体系），则组织重大专项进行持续吸收。

B 类，参考应用。对具有参考意义的科技成果，专业组审查筛选后组织重点章节翻译，结合电厂实际，编制为技术参考文件或技术文件模板。

C 类，自主学习。对暂无具体应用需求的科技成果，组织获取 EPRI 的完整技术报告，并按专业、发布时间等规则整理发布，配以相关简介翻译，供各专业工程师查阅学习，帮助工程师拓展专业视野，跟踪前沿进展。

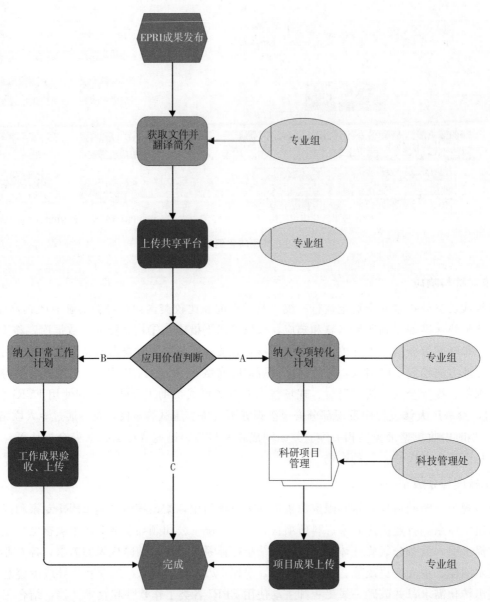

图 2　成果转化工作流程

2.4　专业分工，简化流程，提高效率

根据专业化分工理论，在专业化分工初期，随着专业化分工程度不断提高，个体效率与专业化分工程度呈现正相关关系，流程效率和组织效率也呈上升趋势[5]。秦山核电采取了以下专业化分工措施以提高科技成果转化效率。

（1）涉外审批专人专办

因涉外活动的管控要求，在会议、交流、技术支持活动前后需要进行一系列申报、注册、审批工作，但常因流程审批烦琐而错失窗口。为此，设置专门联络人，协调联络外事活动申报、审批等事务性工作，既保障各项活动合法合规，又提高审批效率，同时减少事务性工作占用专业工程师精力。

（2）资料交流专业翻译

语言因素始终是制约科技成果转化效率的瓶颈，英语资料既不利于工程师及时查找所需信息，又降低内部沟通交流效率。为此，通过委托外部翻译机构、组织英语专长的青年员工进行资料翻译和口译，方便广大员工检索使用。近两年 EPRI 资料访问量增长超过 3 倍，也给青年骨干提供锻炼英语能力的机会。

（3）资料平台建设

境外网站访问速度限制了工程师查找和获取 EPRI 资料及数据。为此，秦山核电在取得同意后，在内部网络建立 EPRI 资料平台，并协调 EPRI 通过加密光盘等手段传递存量资料，使工程师在内网环境下即可访问大多数 EPRI 技术报告。

（4）标准教材开发

非常设机构在保障灵活性的同时也带来人员流动的问题，而每个参与科技成果转化的工程师都必须完成 EPRI 账号注册、保密培训、签署保密协议等授权流程。为提高新成员入门效率，秦山核电组织开发注册和使用 EPRI 的中文教材，确保相关人员了解并遵守各项管理要求，提高授权和培训效率。使用标准教材后，完成 EPRI 账号注册平均所需时间由 3 周降到约 5 天。

（5）优化办公形式

在 EPRI 成果应用价值判断环节，既需要全组人员集中进行讨论，又需要每项成果的负责人对成果有充分的理解，为此采用"个人学习—小组讨论—个人学习"的循环工作方式；部分专业组还通过集中办公或设置子专业组保证不同技术需求都得到充分的考虑。

（6）定期跟踪反馈

在成果转化环节，有科研、技改等专门流程跟踪具体项目进度，但是项目被分散到不同的平台，且人员又都是兼职，易出现计划失控。为此，由成果转化办公室汇总各专业组转化计划并跟踪，以月报形式向委员会反馈，保证转化活动按计划进行。

2.5 加强人员激励，鼓励人才成长

EPRI 科技成果转化工作不属于工程师的本职，需要占用业余时间，如何充分调动工程师的积极性是很大的问题。根据马斯洛的需求层次理论，人的需求由低到高分为生理需要、安全需要、社交需要、尊重需要和自我实现需要。低层次需要得到基本满足之后，它的激励作用就会降低，核电专业技术人员的激励应更关注尊重需要和自我实现需要[6]；而根据现有研究，在国有企业中，知识型员工对成长因素、工作因素、精神因素等激励更为偏好[7]。因此，在对重大项目参与人员的物质激励以外，秦山核电通过目标激励、关怀激励、荣誉激励等非物质激励手段来提高工程师的积极性。

（1）目标激励：结合本职、融入现场

在成果梳理环节就充分考虑机组现场生产的实际需求，重点转化可以尽快部署、降低工程师负担的先进技术，并将吸收转化与技改、科研等项目结合，使工程师愿意投入更多的时间进行成果转化，也助力推动重点项目进展。例如，风险指引在役检查优化项目能够帮助减少大修期间无损检测工作量和集体剂量，项目成果对专业工程师有直接利好，因而得到各级领导和工程师的大力支持，项目推进迅速。

（2）关怀激励：鼓励经验分享、组织技术交流

为激发工程师成就动机，秦山核电组织内部技术分享会、出国学习交流，提供分享技术心得和转化经验的平台，打造工程师自我展示的舞台，帮助实现自身价值，加速个人职业发展和能力培养。

（3）荣誉奖励：申报奖项、争取荣誉

EPRI 科技成果转化吸收业绩不会计入工程师绩效考核，制约了工程师积极性。为此，秦山核电通过积极组织论文编写投稿、科技成果鉴定、申请发明专利和申报技术转化奖等为工程师争取荣誉，将具体成果与重要贡献人绑定，从而使科技成果转化为工程师职业发展加分。

3 项目成果

通过成体系实施需求驱动的科技成果转化，秦山核电获取并整理了 EPRI 技术资料，扩充了技术储备，提升了技术人员的素质和能力，实现了机组安全性、经济性和环境保护等各个方面的提升。

3.1 丰富技术储备

通过实施科技成果分级转化，秦山核电对 EPRI 科技成果进行筛选分级，重点掌握了一些先进的管理理念和技术方法，如设备分级管理体系及系列方法、风险指引在役检查优化方法、埋地管道检查与处理方法等，编制了《埋地管老化管理大纲》《数字化仪控系统设备管理技术导则》《GRA 电厂应用导则》等技术文件。

秦山核电还在此基础上开展了一批设备管理先进技术的预研和试点工作，如基于时间的预防性维修转向基于状态的预防性维修技术、预测性维修（Predictive Maintenance）技术和维修有效性评价规则（Maintenance Rule，MR）等，为进一步提升我国商业核电机组的安全性和经济性做好技术储备。

3.2 培养技术人才

参与科技成果分级转化的工程师锻炼了技术能力，掌握了电路卡件可靠性评价、数字化仪控手段与工具、人员可靠性分析等技术，以及 MAAP 风险分析、CHECWORKS 腐蚀分析等工作软件，实现了个人成长。同时，青年工程师的外语能力得到了锻炼，涌现出多名技术翻译人才。

3.3 提升机组安全

通过转化吸收 EPRI 科技成果，秦山核电开发了大修风险监测器等风险监控设备，编制了《流动加速腐蚀管理大纲》，应用超声波检测技术开展了管道减薄趋势分析和寿命预测等工作，提前发现隐患，避免设备缺陷。

3.4 实现降本增效

秦山核电吸收 EPRI 经验，开发预防性维修模板，优化预防性维修项目，减少了各机组维修工作量；秦山核电与 EPRI 共同研究凝汽器泄漏检测技术，验证了钠表在凝汽器海水泄漏检测场景的优势；风险指引在役检查优化项目已在方家山试点，减少大修主线的低低水位窗口约 20 小时，节约费用约 700 万元。

3.5 减少污染排放

秦山核电吸收 EPRI 风险指引在役检查优化技术，两台机组每燃料循环可减少无损检测人员的集体剂量约 20 man * mSv；实施设备冷却水缓蚀剂变更，缓蚀剂由铬酸盐替换为亚硝酸盐＋磷酸盐，杜绝了第一类排放污染物铬[8]的排放且降低铜、铁含量。

4 展望与建议

建立需求驱动的核电科技成果转化体系以来，秦山核电有效评估并转化了相当数量满足自身需求的科技成果，取得了良好的经济效益、社会效益和环境效益，后续随着成果转化工作的继续推进，必将有新的成绩。

但是科技成果转化工作仍有进一步完善的空间，结合近两年开展转化工作的经验，提出以下两点持续优化的建议。

（1）积极与行业内研究院所和设计单位合作。一方面，引入专业化程度更高的人员队伍，加深对相关技术的理解和掌握；另一方面，将各项转化成果应用到全产业链的技术提升和下一代核电产品的设计优化中，为实现中国核电行业从跟跑、并跑到领跑的转变积蓄力量。

（2）积极利用外国技术平台。通过会议、研讨、科研参与、奖项申报等活动输出自身的优势技术和独有经验，提升中国核电企业的国际影响力和对外形象，助力中国核电"走出去"战略和"中国制造 2025"战略。

参考文献：

[1] 周磊，杨威，余玲珑，等. 美国对华技术出口管制的实体清单分析及其启示 [J]. 情报杂志，2020，39（7）：1-6.

[2] 张莉. 高铁＋核电＋卫星成为"中国制造"新名片 [J]. 中国对外贸易, 2016 (1)：66－67.

[3] 薛传会. 高等学校非常设机构运行弊端与改革 [J]. 高校教育管理, 2015, 9 (1)：76－80.

[4] 陈建勋, 凌媛媛, 王涛. 组织结构对技术创新影响作用的实证研究 [J]. 管理评论, 2011, 23 (7)：62－71.

[5] 秘新建. 企业组织架构设计思路研究：基于组织效率最优角度 [J]. 商, 2016 (21)：28.

[6] 贺伟, 龙立荣. 基于需求层次理论的薪酬分类与员工偏好研究 [J]. 商业经济与管理, 2010 (5)：40－48.

[7] 熊志坚, 曲浩. 企业知识型员工激励因素个人喜好倾向评价实证研究 [J]. 科技管理研究, 2012, 32 (18)：145－150.

[8] 污水综合排放标准：GB 8978—1996 [S]. 北京：中国环境科学出版社, 1997.

Construction of demand－driven transformation system of nuclear power technology

XU Zhong，SHANG Xian-he，WU Jian，YANG Qi-zhen，LIU Dong-lin

(China Nuclear Power Operation Management Co., Ltd., Jiaxing, Zhejiang 314300, China)

Abstract：In this paper，Qinshan NPP targeted two main weaknesses in past technology transformation，which are limited to specific issues and lack of a complete system and long－term planning. In the face of the nuclear power industry "going out" strategy needs and technology resources provided by the electric power research institute，Qinshan NPP developed a demand－driven transformation system to combine the demands of the industry, enterprises and employees. This system includes professional leading organization, hierarchical transformation process and results sharing platform, and helps Qinshan NPP promote the application of advanced technologies，improve safety，enhance technical capabilities，and train technical personnel. This paper also puts forward the suggestions of continuous optimization for technology transformation.

Key words：Technology transformation；Organizational efficiency；Employee motivation；Knowledge－based employee

数据驱动的滚动轴承剩余寿命预测方法对比

徐　中，刘东林，麻浩军，李志涛，张元亮

（中核核电运行管理有限公司，浙江　嘉兴　314300）

摘　要： 随着核电厂设备维修策略的不断优化，关键部件的剩余寿命预测愈发重要。本文以某核电厂装机量最大的 6312/C3 深沟球轴承为例，通过台架试验采集了 4 组轴承全寿期的状态监测数据，在此基础上对比了隐马尔可夫（HMM）、长短时记忆神经网络（LSTM）和粒子滤波（PF）3 种数据驱动的剩余寿命预测方法，预测精度和鲁棒性对比显示 HMM 方法更符合轴承实际退化情况，能够获得更加准确的预测轴承剩余寿命。最后，使用网络公开数据集验证了 HMM 方法的扩展性。

关键词： 滚动轴承；寿命预测；隐马尔可夫；长短时记忆神经网络；粒子滤波

核电企业的设备维修策略正逐步从基于时间的维修（TBM）转向基于状态的维修（CBM），或是基于价值的维修（VBM），如何判断关键设备及关键零部件的状态和其剩余可用寿命，成为维修策略优化的重要基础。核电厂运行期间使用大量泵、风机、电机等转动设备进行工质输送，而轴承是这些转动设备非常重要且易损的零部件之一，根据行业统计，旋转设备的故障中 30% 以上源于轴承故障[1]，研究可靠的轴承寿命预测方法对核电设备维修策略优化具有重要意义。随着大数据技术的发展，将滚动轴承的振动监测信号处理与机器学习算法相结合已成为近年来的研究热点，已有大量相关专利应用这些基于状态监测数据的方法，如隐马尔可夫（HMM）[2]、长短时记忆神经网络（LSTM）[3] 和粒子滤波（PF）[4] 等。

1　材料与数据

本文选择某核电厂装机量最大的 6312/C3 深沟球轴承为研究对象。使用 B60－120R 寿命试验机，在试验机主轴上同时加装 4 组试验轴承，依次排序如图 1 所示，并以 3120 r/min 的转速及 37.5kN 径向载荷、0kN 轴向载荷进行加速耐久试验，完整采集 6312/C3 型轴承全寿命数据 4 套。

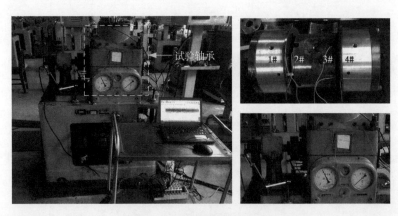

图 1　试验台架及轴承布置

轴承全寿期加速试验结果如表 1 所示。

作者简介： 徐中（1987—），男，硕士，高级工程师，主要从事核电人因管理、设备数据分析、科研管理等工作。

表 1　轴承全寿期加速试验结果

轴承编号	运行时长/min	失效形式
6312 – A	5864	滚动体剥落 1 cm
6312 – B	9241	滚动体剥落 0.8 cm
6312 – C	2532	外圈点蚀故障
6312 – D	4573	外圈剥落、内圈整圈点蚀

2　剩余寿命预测方法对比

2.1　HMM 预测方法

隐马尔可夫方法因其可以兼顾隐性状态对后续数据预测,与轴承退化情况吻合,故而在轴承寿命预测领域有较多应用。传统的马尔可夫链预测方法,对于一列具有隐含状态的随机变量,用步长为一的马尔可夫链和初始分布推算出未来时段的绝对分布来做预测分析,而利用当前信息预测时,随着预测步数的增加,真实值与预测值之间的灰度越来越大,预测的准确性也越来越低;并且,经过足够多的转移步数之后,系统最终会转移到一个固定的状态,即预测值呈线性增加,影响了隐马尔可夫预测方法的准确性,并限制此方法进行更长期预测。因此,在进行一步预测以后,要更新历史信息,去掉第一个数据,补充新预测的数据作为最后一个,然后再预测下一个数据。如此迭代更新,可以保持新信息的融入,保持模型参数的不断更新以更接近真实情况,提高对新信息的利用率,提高预测的准确性。同时,避免了系统较快进入平稳分布的现象。

HMM 方法对 4 组轴承的预测结果如图 2 所示,最终 HMM 方法预测剩余寿命准确率如表 2 所示。

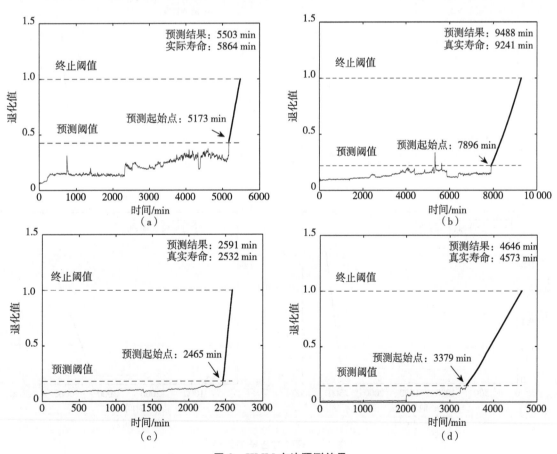

图 2　HMM 方法预测结果

(a) 6312 – A HMM 方法预测结果;(b) 6312 – B HMM 方法预测结果;

(c) 6312 – C HMM 方法预测结果;(d) 6312 – D HMM 方法预测结果

表 2   HMM 方法预测结果准确率

轴承编号	预测准确率
6312 - A	93.84%
6312 - B	97.40%
6312 - C	97.72%
6312 - D	98.44%

2.2 LSTM 预测方法

滚动轴承的退化过程是一个故障累积和不断发展的过程，其状态变化不仅与当前时刻的监测信息有关，更与历史时刻的监测值相关。传统的神经网络只考虑当前时刻设备的监测状态值，很难表征轴承随时间的退化发展过程。循环神经网络（RNN）是一种记忆性神经网络，可以考虑当前和历史时期的记忆数据，实现预测过程，从而克服了传统神经网络无法充分利用历史时刻数据的弊端。长短时记忆神经网络（LSTM）作为一种特殊的循环神经网络，其误差通过时间维度进行反向传播，经过训练使得网络可以实现时间序列数据的向后预测，从而使轴承在时间域的退化过程信息得到反映，因此对当前时刻之后的时间序列预测更加准确。

LSTM 方法对 4 组轴承的预测结果如图 3 所示，最终 LSTM 方法预测剩余寿命准确率如表 3 所示。

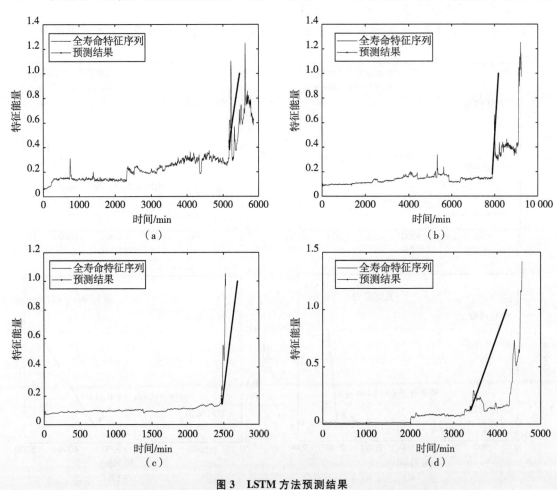

图 3   LSTM 方法预测结果

（a）6312 - A LSTM 方法预测结果；（b）6312 - B LSTM 方法预测结果；

（c）6312 - C LSTM 方法预测结果；（d）6312 - D LSTM 方法预测结果

表 3　LSTM 方法预测结果准确率

轴承编号	预测准确率
6312 - A	92.09%
6312 - B	88.57%
6312 - C	84.48%
6312 - D	93.33%

2.3　PF 预测方法

PF 方法是在传统非线性滤波方法（如卡尔曼滤波、扩展卡尔曼滤波等）的基础上发展而来的。与传统非线性滤波方法一样，PF 方法也采用贝叶斯理论，根据系统的观测数据对系统状态的概率密度函数进行估计。同时，序列重要性采样算法在 PF 方法中得到应用。基于贝叶斯理论和 SIS 算法，PF 方法在非线性、非高斯系统的模型参数估计中表现出明显的优势，并且已被应用于寿命预测领域中。

PF 方法对 4 组轴承的预测结果如图 4 所示，并在图中展示了粒子的分布状况和粒子对信号的识别情况，最终 PF 方法预测剩余寿命准确率如表 4 所示。

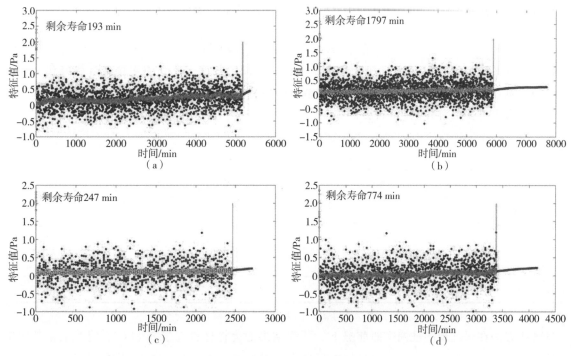

图 4　PF 方法预测结果

（a）6312 - A PF 方法预测结果；（b）6312 - B PF 方法预测结果；
（c）6312 - C PF 方法预测结果；（d）6312 - D PF 方法预测结果

表 4　PF 方法预测结果准确率

轴承编号	预测准确率
6312 - A	91.51%
6312 - B	83.24%
6312 - C	93.35%
6312 - D	90.91%

2.4 HMM、LSTM、PF 预测效果对比

根据 4 组轴承失效数据的特征序列，分别使用 HMM、LSTM、PF 方法对其寿命预测结果进行对比，结果如表 5 所示。从对比结果可以看出，基于 HMM 的预测结果与真实剩余寿命更为接近，预测准确率要大于其他两个方法，因此 HMM 方法更适合于对 4 组轴承进行寿命预测。

表 5 轴承剩余寿命预测结果对比

轴承编号	HMM 预测准确率	LSTM 预测准确率	PF 预测准确率
6312 – A	93.84%	92.09%	91.51%
6312 – B	97.40%	88.57%	83.24%
6312 – C	97.72%	84.48%	93.35%
6312 – D	98.44%	93.33%	90.91%

3 鲁棒性验证

鲁棒性是指在参数变动的干扰下，预测模型产生预测结果时维持稳定的能力。其定义为：

$$rob(F) = \frac{1}{K} \sum_k \exp\left(-\left|\frac{f_R(k)}{f(k)}\right|\right)。 \tag{1}$$

式中，f 表示平稳部分；f_R 表示随机余量。K 为样本时间总长度。此处使用鲁棒性指标作为预测数据结果的检测，用以评判 3 种预测方法的预测结果序列的鲁棒性，鲁棒性越大则表明预测结果序列越稳定，不会出现过多的奇异值。3 种方法的预测结果鲁棒性对比如表 6 所示。

表 6 3 种方法的预测结果鲁棒性对比

轴承编号	HMM 预测鲁棒性	LSTM 预测鲁棒性	PF 预测鲁棒性
6312 – A	52.19%	45.30%	38.70%
6312 – B	67.14%	65.87%	54.70%
6312 – C	69.51%	70.34%	43.32%
6312 – D	71.88%	72.79%	47.22%

HMM 方法在保证预测准确率的前提下，预测结果的鲁棒性都高于 50%，说明对轴承趋势数据的模拟预测过程中模型稳定，不会出现过多与真实结果差异较大情况。而 LSTM、PF 方法中均出现鲁棒性低于 50% 的情况，虽然 LSTM 方法有两组数据的预测结果鲁棒性略优于 HMM 方法，但是 LSTM 方法 4 组数据的鲁棒性方差为 12.5%，而 HMM 方法 4 组数据的鲁棒性方差为 8.8%，这说明 HMM 方法更为稳定。

4 扩展性验证

为了研究上述 HMM 方法的扩展性，分别使用网络公开数据集 "XJTU – SY 滚动轴承加速寿命试验数据集"[5] 验证所提预测方法的扩展性。所验证结果如图 5、表 7 所示，使用 HMM 方法分别预测 3 组数据，准确率均可达到 90% 以上。

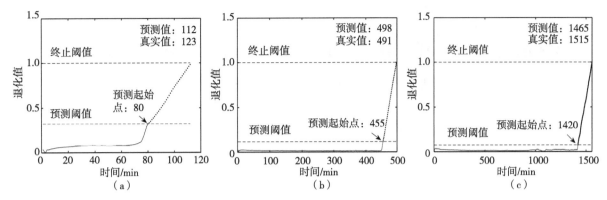

图 5 HMM 方法预测公开数据结果

(a) 预测 XJTU－SY 轴承 1－1 结果；(b) 预测 XJTU－SY 轴承 2－1 结果；(c) 预测 XJTU－SY 轴承 3－4 结果

表 7 HMM 方法扩展性验证结果准确率

数据类型	HMM 预测准确率
XJTU－SY 轴承 1－1	91.06%
XJTU－SY 轴承 2－1	98.59%
XJTU－SY 轴承 3－4	96.70%

5 结论

综上分析，常见的 HMM、LSTM 和 PF 3 种方法中，HMM 预测方法的准确性、鲁棒性及扩展性均具有一定优势，在滚动轴承寿命预测领域能满足核电厂开展设备转动机械状态监测的需求。

基于核电厂预防性维修现状，绝大多数设备/备件在到达使用寿命前就会被更换，导致这些设备/备件的真实寿命不可知，无法对其开展可靠性分析和预防性维修优化。数据驱动的方法可以基于状态监测数据给出这些设备/备件的预期寿命，进一步分析可以得到这些设备/备件的寿命分布，从而优化相应的预防性维修项目。

参考文献：

[1] 盛肖炜，于林鑫，毕鹏飞，等. 基于参数优化 VMD 和改进 DBN 的滚动轴承故障诊断方法研究 [J]. 机电工程，2021，38 (9)：1107－1116.

[2] 白瑞林，朱朔，李新. 一种改进 CHSMM 的滚动轴承剩余寿命预测方法：2018103250115 [P]. 2018－11－09.

[3] 王玉静，康守强，李少鹏，等. 一种基于 CNN 和 LSTM 的滚动轴承剩余使用寿命预测方法：201910162042.8 [P]. 2019－05－07.

[4] 雷亚国，李乃鹏，陈吴，等. 基于特征融合和粒子滤波的滚动轴承剩余寿命预测方法：201410135995.2 [P]. 2014－07－30.

[5] WANG B，LEI Y，LI N，et al. A hybrid prognostics approach for estimating remaining useful life of rolling element bearings [J]. IEEE transactions on reliability，2020，69 (1)：401－412.

Comparison of data - driven residual life prediction methods for rolling bearings

XU Zhong, LIU Dong-lin, MA Hao-jun, LI Zhi-tao,
ZHANG Yuan-liang

(China Nuclear Power Operation Management Co. , Ltd. , Jiaxing, Zhejiang 314300, China)

Abstract: With the continuous optimization of maintenance strategies for nuclear power plants, the remaining life prediction of critical components becomes more and more important. In this paper, we take 6312/C3 deep furrow ball bearings, which have the largest installed capacity in Qinshan nuclear power plant, as an example, and collect the condition monitoring data of four bearings throughout their lifetime through the platform test. On this basis, we compare three data - driven remaining life prediction methods, including Hidden Markov Model (HMM), Long Short Term Neural Memory networks (LSTMs) and particle filter (PF). The comparison of prediction accuracy and robustness shows that HMM is more consistent with the actual degradation of bearings, and can obtain a more accurate prediction of the remaining life of bearings. Finally, the scalability of the HMM method is verified by the network open data set. The result shows data - driven method can calculate the expected service life of these equipment/spare parts in nuclear power plants based on the condition monitoring data.

Key words: Rolling bearing; Life prediction; Hidden markov model; Long short term neural memory networks; Particle filter

基于动力学模型的滚动轴承载荷反演方法研究

刘东林，曾　春，张云华，麻浩军，徐　中

（中核核电运行管理有限公司，浙江　嘉兴　314300）

摘　要： 滚动轴承是核电厂旋转机械的关键部件，准确获取旋转机械运行状态下滚动轴承的动载荷具有重要的研究价值。本文基于建立实测滚动轴承动力学模型，将采集的滚动轴承振动加速度信号作为输入信号，建立基于滚动轴承动力学模型的动载荷反演模型。通过反演方法获得滚动轴承承载情况，实现利用实测滚动轴承振动加速度计算旋转机械运行状态下滚动轴承所受载荷，并通过试验验证了该方法的有效性。

关键词： 载荷反演；滚动轴承；动力学仿真；信号处理；故障诊断

滚动轴承是旋转机械中最关键的零部件之一[1]，同时，滚动轴承也是旋转机械中最易故障的零部件之一。据统计，旋转机械 30％的故障是由滚动轴承故障所引起的[2]。轴承发生故障后容易导致整个设备非计划停机，造成经济损失甚至人员伤亡，因此对滚动轴承状态进行监测诊断显得尤为重要。精确获取旋转机械运行时滚动轴承的载荷谱能够为轴承寿命预测研究、轴承动载荷仿真分析等提供依据，为旋转机械安全、可靠运行提供保障[3]。

1　滚动轴承动力学模型

1.1　滚动轴承动力学模型

滚动轴承、转轴和轴承座构成了一个复杂的系统，为了便于理论建模研究，对滚动轴承做了如下理论假设[4]。

（1）滚动轴承的几何形状都是理想的，忽略了轴承表面波纹和圆柱度的影响；

（2）旋转轴的速度为中速，因此可以忽略滚动轴承内部零件的离心力；

（3）滚动体与滚道的接触过程满足 Hertz 接触理论；

（4）忽略滚动体与滚道间的摩擦、滑动和接触阻尼。

基于上述假设，建立 5 自由度滚动轴承动力学模型[5]（图 1），包括内圈和外圈水平和垂直方向的 4 自由度和单元谐振器垂直方向的 1 自由度。

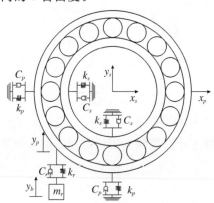

图 1　滚动轴承动力学模型

作者简介：刘东林（1977—），男，硕士，高级工程师，主要从事核电厂安全分析、设备可靠性等工作。

基于运动学和动力学的相关知识,动力学微分方程如下:

$$\begin{cases} m_s\ddot{x}_s + c_s\dot{x}_s + k_sx_s + f_x = 0 \\ m_s\ddot{y}_s + c_s\dot{y}_s + k_sy_s + f_y = F_r \\ m_p\ddot{x}_p + c_p\dot{x}_p + k_px_p - f_x = 0 \\ m_p\ddot{y}_p + (c_p+c_r)\dot{y}_p + (k_p+k_r)y_p - k_ry_b - c_r\dot{y}_b - f_y = 0 \\ m_r\ddot{y}_b + c_r(\dot{y}_b - \dot{y}_p) + k_r(y_b - y_p) = 0 \end{cases} \tag{1}$$

式中,m_s、c_s、k_s、m_p、c_p、k_p、m_r、c_r、k_r 分别代表轴承内圈、轴承外圈和单元谐振器的质量、阻尼和刚度;f_x、f_y 分别代表内圈、外圈与滚动体在水平和垂直方向的非线性接触力;F_r 代表作用在轴承内圈垂直方向上的外力;x_s、y_s、x_p、y_p 和 y_b 分别代表内圈和外圈的 2 个自由度和单元谐振器高频振动响应的 1 个自由度。

1.2 滚动轴承非线性接触力

滚动轴承平面结构如图 2 所示。滚动轴承外圈与轴承座固定,内圈随转轴一起转动,滚动体与内圈、外圈相接触并做纯滚动。

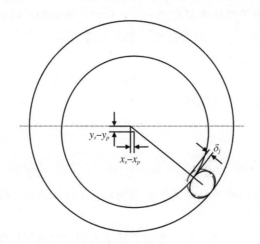

图 2 滚动轴承平面结构

结合内圈和外圈的相对位移,第 j 个滚动体的接触变形量 δ_j 可由如下公式计算:

$$\delta_j = (x_s - x_p)\sin(\phi_j - 3/2\pi) + (y_s - y_p)\cos(\phi_j - 3/2\pi) - C_r/2 \text{。} \tag{2}$$

式中,ϕ_j 为第 j 个滚动体相对于 x 轴的角位置,$j=1,2,\cdots,N_b$,N_b 为滚动体的个数;C_r 为滚动轴承游隙。角位置 ϕ_j 可由如下公式计算:

$$\phi_j = \theta_0 + \omega_c t + \frac{2\pi(j-1)}{N_b} \text{。} \tag{3}$$

式中,θ_0 为第一个滚动体相对于 x 轴的角位置;ω_c 为保持架的角速度,表示为:

$$\omega_c = \left(1 - \frac{D_b\cos\alpha}{D_p}\right)\frac{\omega_s}{2} \text{。} \tag{4}$$

式中,D_b 和 D_p 分别代表滚动体直径和滚动轴承节径;α 为滚动轴承的接触角;ω_s 为转轴的角速度。

仅在滚动体处于轴承承载区时才存在接触变形,因此,定义如下开关函数:

$$\gamma_j = \begin{cases} 1, \delta_j > 0 \\ 0, \text{其他} \end{cases} \text{。} \tag{5}$$

根据 Hertz 接触理论,第 j 个滚动体与滚道的接触力计算公式如下:

$$f_j = k_b\delta_j^n \text{。} \tag{6}$$

式中,k_b 为滚动体与滚道的接触刚度;n 为滚动轴承的载荷-位移指数,其中,圆柱滚子轴承的载荷-

位移指数 $n=10/9$。

由式（2）至式（6）可推出，轴承在水平和竖直方向的总的非线性接触力可以表示为：

$$\begin{cases} f_x = k_b \sum \gamma_j \delta_j^n \cos\phi_j \\ f_y = k_b \sum \gamma_j \delta_j^n \sin\phi_j \end{cases} \text{。} \tag{7}$$

2 载荷反演方法

2.1 系统状态空间模型构建

对于一个多自由度结构系统，其运动微分方程可表示为：

$$M\ddot{x} + C\dot{x} + Kx = f \text{。} \tag{8}$$

式中，M、C、K 分别为系统的质量系数矩阵、阻尼系数矩阵及刚度系数矩阵，$\ddot{x}$、$\dot{x}$、x 分别为系统的加速度、速度及位移向量，f 为外载荷向量，基于式（1）建立的动力学模型，各系数矩阵及向量对应关系如下：

$$M = \begin{bmatrix} m_s & 0 & 0 & 0 & 0 \\ 0 & m_s & 0 & 0 & 0 \\ 0 & 0 & m_p & 0 & 0 \\ 0 & 0 & 0 & m_p & 0 \\ 0 & 0 & 0 & 0 & m_r \end{bmatrix}; \quad C = \begin{bmatrix} c_s & 0 & 0 & 0 & 0 \\ 0 & c_s & 0 & 0 & 0 \\ 0 & 0 & c_p & 0 & 0 \\ 0 & 0 & 0 & c_p+c_r & -c_r \\ 0 & 0 & 0 & -c_r & c_r \end{bmatrix};$$

$$K = \begin{bmatrix} k_s & 0 & 0 & 0 & 0 \\ 0 & k_s & 0 & 0 & 0 \\ 0 & 0 & k_p & 0 & 0 \\ 0 & 0 & 0 & k_p+k_r & -k_r \\ 0 & 0 & 0 & -k_r & k_r \end{bmatrix} \text{。} \tag{9}$$

$$\ddot{x} = \begin{bmatrix} \ddot{x}_s \\ \ddot{y}_s \\ \ddot{x}_p \\ \ddot{y}_p \\ \ddot{y}_b \end{bmatrix}; \dot{x} = \begin{bmatrix} \dot{x}_s \\ \dot{y}_s \\ \dot{x}_p \\ \dot{y}_p \\ \dot{y}_b \end{bmatrix}; x = \begin{bmatrix} x_s \\ y_s \\ x_p \\ y_p \\ y_b \end{bmatrix}; f = \begin{bmatrix} -f_x \\ F_r - f_y \\ f_x \\ f_y \\ 0 \end{bmatrix} \text{。} \tag{10}$$

基于 Newmark 积分法，将系统加速度响应引入状态空间模型：

$$\begin{cases} x_{i+1} = x_i + \dot{x}_i \Delta t + \Delta t^2 [(0.5-\beta)\ddot{x}_i + \beta\ddot{x}_{x+1}] \\ \dot{x}_{i+1} = \dot{x}_i + [(1-\alpha)\ddot{x}_i + \alpha\ddot{x}_{i+1}]\Delta t \end{cases} \text{。} \tag{11}$$

式中，i 为第 i 个计算时间步；Δt 为时间积分步长；α 和 β 为 Newmark 积分法的两个参数，$\alpha \in [0, 1]$，$\beta \in [0, 0.5]$，一般情况，α 取 0.5，β 取 0.25。

结合式（8）和式（11），建立多自由度系统状态空间方程：

$$X_{i+1} = AX_i + Bf_i; \tag{12}$$

$$A = \begin{bmatrix} I & 0 & -\beta I \Delta t^2 \\ 0 & I & -\alpha I \Delta t \\ K & C & M \end{bmatrix}^{-1} \begin{bmatrix} I & I\Delta t & (0.5-\beta)I\Delta t^2 \\ 0 & I & (1-\alpha)I\Delta t \\ 0 & 0 & 0 \end{bmatrix}; B = \begin{bmatrix} I & 0 & -\beta I\Delta t^2 \\ 0 & 0 & -\alpha I\Delta t \\ K & C & M \end{bmatrix}^{-1} \begin{bmatrix} 0 \\ 0 \\ I \end{bmatrix}; X_i = \begin{bmatrix} x_i \\ \dot{x}_i \\ \ddot{x}_i \end{bmatrix} \text{。}$$

式中，I 为单位矩阵；0 为零矩阵；A 和 B 分别表示系统及输入影响矩阵；X 表示系统的状态变量，包括系统的位移、速度和加速度响应。

输出方程即为：

$$Y_i = DX_i, \quad D = \begin{bmatrix} 0 & 0 & I \end{bmatrix}. \tag{13}$$

式中，D 为输出影响矩阵；Y 为系统输出变量，即采集得到的系统加速度响应。

2.2 动载荷反演计算流程

（1）计算各项系数矩阵，包括系统的质量系数矩阵 M、阻尼系数矩阵 C 及刚度系数矩阵 K；系统状态空间系数矩阵 A、B、D；

（2）通过信号采集获得振动加速度信号 $\ddot{x}$；

（3）将采集得到的振动加速度信号 $\ddot{x}$ 代入状态递推公式，即式（8），计算位移响应 x_{i+1} 及速度响应 $\dot{x}_{i+1}$；

（4）将获得的位移响应 x_{i+1}，代入式（7），计算出 f_x 及 f_y；

（5）重复步骤（3）及步骤（4），计算出所有载荷，即为所求动载荷响应。

3 轴承动载荷试验验证

本文使用试验台采集的滚动轴承振动信号验证所提算法的有效性，采集现场如图 3 所示。加载机构位于试验台的中间位置，其上安装有压力传感器以供压力检测，轴上的载荷可以通过加载机构上的螺钉进行调整，并作用于悬空的加载轴承。振动加速度传感器竖直安装于被测轴承的轴承座上，采样频率为 25 600 Hz，采样时间为 10 s，加载载荷 F_r 为 1000 N。

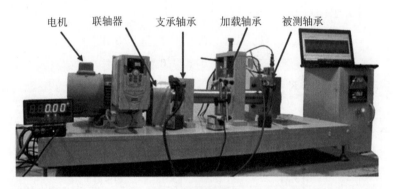

图 3　轴承试验台

轴承试验台结构如图 4 所示，其中，$l_1 = l_2 = 25$ cm，轴承质量 $m = 8.6$ kg，计算可得，被测轴承所受理论载荷为 543 N。

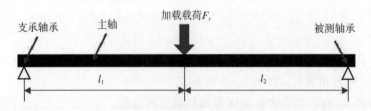

图 4　轴承试验台结构

轴承参数及其试验加载载荷如表 1 所示，采集的滚动轴承振动信号如图 5 所示。

表 1　轴承参数

轴承型号	滚珠数 Z/个	外径/mm	接触角	内径/mm	加载载荷/N
NU214	16	125	0°	70	1000

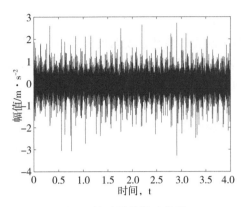

图 5　滚动轴承振动信号

将采集到的振动加速度信号与滚动轴承模型参数矩阵作为输入，代入到滚动轴承载荷反演模型中，通过载荷反演方法计算获取滚动轴承所受动载荷（图 6）。

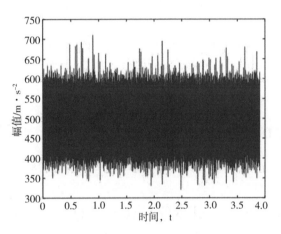

图 6　反演载荷

为评估载荷反演法的计算精度，采用均方根值作为反演载荷的评价指标，与实际施加载荷对比，整体相对误差的计算公式如下：

$$Re = \frac{|f_{RMS} - F_r|}{|F_r|} \times 100\% 。 \tag{14}$$

本文选取试验台采集时长为 4 s、转轴转频为 10 Hz 的数据进行计算，取得了较好的反演结果。反演载荷计算结果及误差如表 2 所示。

表 2　10 Hz 转频下反演载荷计算结果及误差

载荷	最大值	最小值	均方根值	相对误差
反演载荷	710.25	320.80	508.11	6.43%
加载载荷	543	543	543	

由表 2 可以看出，反演载荷的均方根值与实际加载载荷非常接近，整体相对误差较小，反演结果较为精确。

4　结论

（1）本文通过建立 5 自由度滚动轴承动力学模型，基于 Hertz 接触理论，构建了基于滚动轴承动力学模型的非线性接触力计算方法；

（2）本文基于建立的滚动轴承动力学模型，提取出模型中的质量系数矩阵、阻尼系数矩阵及刚度系数矩阵，集合 Newmark 积分法，建立了滚动轴承系统载荷反演模型，实现多自由度滚动轴承系统基于已获得振动信号的载荷反演计算方法；

（3）本文将试验台获取的滚动轴承振动加速度信号作为载荷反演模型的输入，通过滚动轴承动力学载荷反演模型计算出滚动轴承系统的实时载荷。计算结果表明，反演结果的均方根值与实际加载载荷整体相对误差较小，具有较好的反演精度，验证了该方法的有效性。

参考文献：

［1］ 王琇峰，文俊．基于噪声信号和改进 VMD 的滚动轴承故障诊断［J］．噪声与振动控制，2021，41 (2)：118－124.

［2］ 盛肖炜，于林鑫，毕鹏飞，等．基于参数优化 VMD 和改进 DBN 的滚动轴承故障诊断方法研究［J］．机电工程，2021，38 (9)：1107－1116.

［3］ 李春昱，宋冬利，张卫华．高速列车轴箱轴承载荷反演方法研究［J］．噪声与振动控制，2020，40 (5)：126－132.

［4］ 崔玲丽，张宇，巩向阳，等．基于振动响应机理的轴承故障定量诊断及量化分析［J］．北京工业大学学报，2015，41 (11)：1681－1687.

［5］ SAWALHI N, RANDALL R B. Simulating gear and bearing interactions in the presence of faults［J］. Mechanical systems and signal processing，2007，22 (8)：1924－1951.

A kinetic model for researching the rolling bearing load inversion method

LIU Dong-lin, ZENG Chun, ZHANG Yun-hua,
MA Hao-jun, XU Zhong

(China Nuclear Power Operation Management Co., Ltd., Jiaxing, Zhejiang 314300, China)

Abstract：Rolling bearing is the key component of rotating machinery, which is known as the joint of nuclear power plants. Accurately obtaining the dynamic load of rolling bearing under the running state of rotating machinery has important research value and can bring huge economic benefits to relevant enterprises. This paper presents a method to calculate the real-time dynamic load of rolling bearing under a running state of rotating machinery by using the measured vibration acceleration of rolling bearing. Firstly, the method establishes the nonlinear dynamic model of rolling bearing; Secondly, the state space model of rolling element system is established. Combined with the Newmark integral method and the measured vibration acceleration signal of rolling bearing, the motion status and internal dynamic load of rolling bearing under the current conditions are calculated, and the calculated operation status, dynamic load and bearing vibration signal of rolling bearing at the current time are re input into the dynamic model, calculate the nonlinear contact force inside the rolling bearing at the next moment; Finally, the time-domain dynamic load information of rolling bearing is calculated step by step through the inversion method until the full-time dynamic load of rolling bearing is calculated. The effectiveness of this method has been verified by experiments.

Key words：Load inversion; Rolling bearing; Dynamics simulation; Signal processing; Fault diagnosis

减少 GCT702AA 报警触发次数研究

赵国栋，周俊杰，郑国昊，常修猛，刘佳峰，陈龙飞

（中核核电运行管理有限公司，浙江　嘉兴　314300）

摘　要：核电厂的安全至关重要，核电厂运行人员的职责之一就是在日常和大修期间保证机组安全稳定运行，相比日常，大修期间主控人员工作强度大，工作环境恶劣，不但需执行相关规程，而且当主控触发报警时还需立即响应，报警涉及的知识复杂，涉及的专业包括运行、机械、电气、仪控、物理、辐射防护等，对操纵人员有较大的挑战，报警的频繁触发增加了主控人员的心理负担，本文主要分析 GCT702AA 报警触发的原因，后从运行角度和维修角度分析减少报警触发的对策、方法。

关键词：报警；影响；对策

1　报警触发的原因

1.1　报警卡

　　GCT702AA 报警名称为汽机旁路调节阀不能关闭，报警颜色为黄色，报警位置为 T09。

　　报警触发的原因是 GCT113 - 124VV 没有完全关闭，即任意一个阀门离开全关限位均触发 GCT702AA 报警，以 GCT113VV 为例，报警卡如图 1 所示。

GCT 702 AA	汽机旁路调节阀不能关闭		质量安全相关	☒	系列	位置	页：19/ 32	版次：012	张数号
KIT GCT *** EC	凝汽器 A 汽机旁路调节阀 1 GCT 113 VV 没有关闭		质量相关		A	T 09 GE	文件号：AA1GCT001		1/12
传感器	GCT 113 SXC		非质量相关		机组	颜色	正常值		关
确　认	模拟盘上指示灯和 KIT 中（GCT 113VV）				1	黄	**报警值**		没关闭
自动装置动作检查	无						**第二报警值**		无
							跳闸值		无
							逻辑图		1 DCS LG 295(177)
原因： 　　CEX 101 CS 第 1 组控制阀（GCT 113 VV）没有完全关闭。					要执行的操作： 　　如果旁路系统未运行，就地检查 CEX 101 CS 第 1 组 GCT 113 VV 阀门位置，如果它不能完全关严，关闭冷凝器 CEX 101 CS 第 1 组隔离阀 GCT 101 VV，并通知维修人员来处理故障。				
后果： 　　蒸汽可能意外地排入冷凝器。机组满负荷运行时，反应堆功率大于所允许的功率。					可能发生的危险/情况说明： 　　**警告：** 　　多于一个旁路蒸汽排放通道的隔离可能使蒸汽旁路系统的可用性降低到反应堆运行所不允许的水平。因此，在进行多于一个蒸汽排放通道的隔离操作之前，需获得有关的授权许可。				
有关程序	无				有关电源	无			

图 1　GCT702AA 报警卡

作者简介：赵国栋（1983—），男，本科，高级工程师，现主要从事反应堆运行工作。

1.2 逻辑图

以 GCT113 为例，反馈小于等于 3 取非后，其有两条逻辑：

①直接进或门，与其他阀门取或运算，到最后一个与门；

②一秒脉冲后再取非进与门，然后再跟其他阀门进最后一个与门。

因此，当 GCT113MM 反馈小于等于 3 时，阀关闭，输出命令为 1 取非后为 0，①逻辑到最后一个与门也输出为 0，②逻辑取非后到最后一个与门为 1，报警不能触发；

当 GCT113MM 反馈脱开，开度大于 3 时，阀未关闭，输出命令为 0 取非后为 1，①逻辑由 0 置 1，②逻辑由 0 置 1 一秒后复位归 0，取非后由 1 置 0 一秒后复位归 1，经与门后与①逻辑共同触发 GCT702AA 报警。

所以，当反馈开度脱开时，一秒后触发 GCT702AA 报警（图 2）。

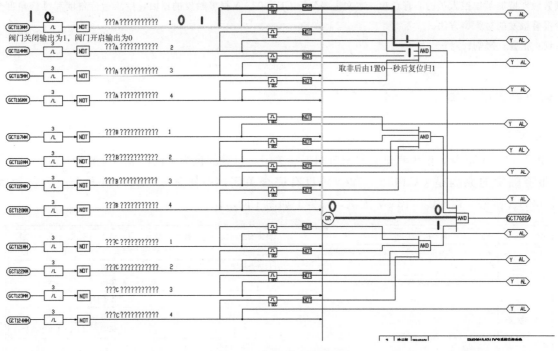

图 2　GCT702AA 逻辑图

2 报警触发的次数

2.1 表格分析（215 大修数据）

大修多次频发触发报警，以 215 大修收集到的数据为例，触发次数如表 1 所示。

表 1　触发次数

触发日期	触发次数/次	机组状态	备注
2022.02.28	37	低低水位	
2022.03.01	50	低低水位	
2022.03.02	27	低低水位	
2022.03.03	88	低低水位	
2022.03.04	81	充水装料	

触发日期	触发次数/次	机组状态	备注
2022.03.05	39	装料	
2022.03.06	35	装料结束（18：05）	
2022.03.07	2	排水到法兰面	
2022.03.08	18	一回路满水 24.5 米	
2022.03.12	22	正常运行水位 20.7 米，临界后核功率 12%	
2022.03.13	1	正常运行水位 20.7 米	
共计	410		

2.2 趋势分析（215 大修数据）

215 大修数据趋势如图 3 所示。

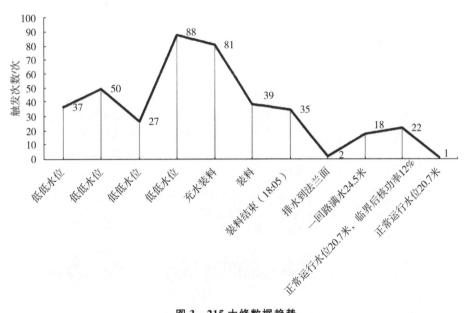

图 3 215 大修数据趋势

3 减少报警触发次数的措施

3.1 报警来源

GCT702AA 产生的原因有两个方面：①是机组控制导致阀门真实开启；②是检修工作导致阀门真实开启、限位离开全关（阀门关闭状态）、报警通道试验。

3.2 过程分析和解决措施

3.2.1 机组大修下行汽机打闸后

理论分析：在高负荷（电功率＞600 MWe）运行期间，当机组出现一列高加解列瞬态时快速降负荷到 600 MWe，以避免机组运行状况进一步恶化。

此时 GCT－C 带走一回路的热量，在 C8 触发后最终功率整定值回路动作，由于此前的功率大于 20%，所以最终功率整定值被设置为 20%。这里的 20% 指的是送到平均温度控制系统的 20% 和送到 GCT－C 系统控制其开度信号的 20%，20% 即平均温度为 290.8＋（310－290.8）×20%＝294.6°。控制棒会依据自动控制的要求将平均温度控制在 294.6°，GCT－C 也将依据 294.6° 来调节其几个阀门的开度，但是此时二回路的负荷除了 GCT-C 外，可能还会有 CET/STR/ADG 等用户及回路的漏气损耗等因素，这样就使得二回路的实际负荷要大于 GCT-C 的 20% 的负荷，这就会使一回路的平均温度下降，而控制棒的自动控制就会产生提棒信号，从而使得核功率最终稳定在与二回路负荷相当的水平上，即大约在 25% 左右。而这个 25% 不会影响到平均温度稳定在 294.6°，GCT-C 一个旁排阀带走的热量是 8.33%，由于一回路核功率的关系，其他阀门可能在关闭和开启节点上，导致 GCT702AA 频繁触发。

模拟机上验证的数据如表 2 所示。

表 2　模拟机上验证的数据

电功率	控制模式	核功率	121VV 开度	建议	备注
55 MW	P 模式	37%	33%	及时下插控制棒	
30 MW	P 模式	11%	41%	及时下插控制棒	
0 MW	P 模式	11%	92%	及时下插控制棒	停机
0 MW	P 模式	4%	40%	及时下插控制棒	停机

模拟机验证 GCT121VV 开度趋势如图 4 所示。

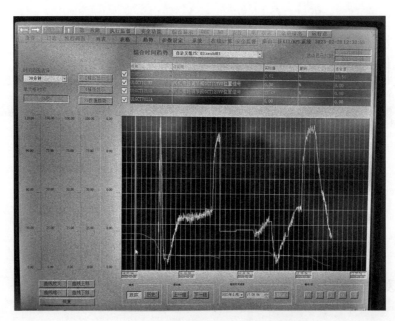

图 4　模拟机验证 GCT121VV 开度趋势

解决办法：及时手动下插控制棒

机组在大修下行控制时，核功率下降到 15%Pn 以下，GCT-C 切换到压力模式控制，控制棒切换到手动，手动下插控制棒降低一回路功率，此时一回路的热量由汽机＋GCT-C 导出，及时手动下插控制棒降低一回路功率可防止 GCT121VV 全开，GCT117VV 频繁开关会导致 GCT702AA 频繁触发，汽机打闸后，下插控制棒降低核功率，GCT-C 阀门逐渐关小。此过程中控制精确就只有 GCT121VV 部分开启，GCT702AA 报警不会触发。

3.2.2　机组大修上行临界后

核功率按照规程一般控制在 12%～14%，此时准备冲转并网，一回路热量主要由 GCT-C 带走，加上其他 CET 和 ADG 等负荷，此时 GCT121VV 全部开启，GCT117VV 部分开启，由于一回路功率变化，GCV117VV 可能在全关或者部分开启之间波动，导致 GCT702AA 频繁触发（图 5）。

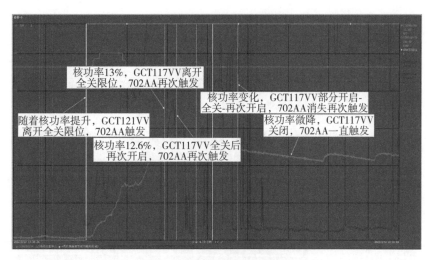

图 5　215 小修真实机组趋势

模拟机上验证的数据如表 3 所示。

表 3　模拟机上验证的数据

核功率	控制模式	121VV 开度	117VV 开度	备注
12%	P 模式	33%	0%	
12.32%	P 模式	41%	0%	
13.32%	P 模式	92%	0.2%～1%	
14%	P 模式	40%	1%	

模拟机验证时趋势如图 6 所示。

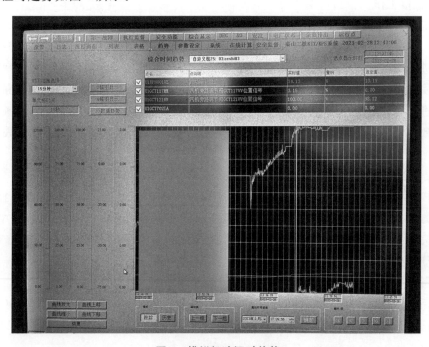

图 6　模拟机验证时趋势

模拟机 M1 考试时趋势如图 7 所示。

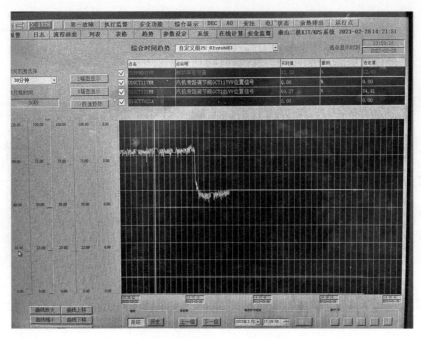

图 7　模拟机 M1 考试时趋势

解决办法：

经过模拟机自己设定场景和 M1 考试时场景分析，一回路核功率在 13.32％左右 GCT121VV 全开，GCT117VV 开度在 0.2％～1％波动，此时 GCT702AA 报警频繁触发，建议核功率避开此间隔，1D34 规程冲转并网前要求，通过提升控制棒方式提升核功率至 12％～14％Pn，建议修改规程，分成两个控制区间，提升核功率 12％～13％Pn，此时 GCT121VV 部分开启，GCT117VV 关闭，或者提升核功率 13.4％～14％Pn，此时 GCT121VV 全开，GCT117VV 部分开度。

3.2.3　旁排阀检修工作

查询历史工单发现维修检修工作一般有以下几种：阀门解体（机械）、定位器检修（仪控）、气动头解体（机械）、阀门控制检查（仪控）、阀门在线性能诊断（机械）。阀门检修完毕需执行修后试验。

维修机械进行阀门解体或者气动头检查前，仪控配合将限位挡板等附件拆除，这两项工作不会导致报警频繁触发，但检修完成需仪控配合恢复限位等附件，动作阀门此时会导致报警频繁触发。

维修仪控进行阀门定位器检查，更换限位开关后动作阀门会导致报警频繁触发，锁定阀更换后动作阀门也会导致报警频繁触发，阀门行程检查过程中阀门真实动作也导致报警频繁触发，即定位器检查工作过程中会导致报警频繁触发。

解决办法：

与维修仪控沟通后可采取如下办法：GCT 旁排阀检修工作开始前，通过 TCA 仪控闭锁 KSA 报警通道，使检修工作过程中无法触发报警，从跟踪 TCA 的角度出发，建议大修规程中增加 GCT 系统主隔离隔离完毕仪控实施 TCA 闭锁相关 KSA 报警通道，旁排阀检修完毕执行修后试验前解除 TCA 恢复报警通道。

3.2.4　旁排阀修后试验

阀门检修后执行修后试验，此时阀门需部分行程和全行程动作一次，主控产生 GCT702AA 报警无法避免。阀门修后试验规程如图 8 所示。

QS2	2GCT 系统阀门维修后试验规程	版次:004 页:1/56
		Q22-GCT-TPMATM-0001

2GCT121VV 维修后试验

风险分析：
1、确认设备检修完成，现场无遗留物项；
2、核对并建立阀门试验安全区，以免对设备和人员造成伤害；
3、工作前需核对好开始工况满足试验要求；
4、信号强制前提前通知机长，得许可后再实施。

操作开始时间： 年 月 日 操作完成时间： 年 月 日

序号	步骤内容	执行	备注
初始状态	1GCT121VV 检修工作已结束，满足试验要求		
1.	确认该设备检修工作已结束，工单已经完工，阀门可进行开关操作		维修后试验负责人
2.	各相关人员到位，召开开工前会并进行风险分析		
3.	通知机班长得到许可后，准备进行阀门维修试验		
4.	运行现场人员和维修试验人员到现场，确认满足维修要求		
5.	运行现场确认阀门气源/控制电源供给正常		2GCT121VV
6.	手动模拟信号将阀门开到相应开度，现场核对实际开度一致，开关过程中主控观DCS/模拟盘指示正常		
7.	主控人员准备好秒表，仪控模拟信号开关阀门一次，阀门动作前后需确认或记录下列信息		调开≤10秒 快开≤2秒 快关≤5秒
8.	若操作阀门时被强制，需根据当前机组状态解除相关信号强制		
9.	若有磁阀隔离主隔离，恢复阀门至隔离状态，挂回主隔离牌		
10.	向维修后试验经理汇报维修后试验情况		

注意事项：

QS2	2GCT 系统阀门维修后试验规程	版次:004 页:2/56
		Q22-GCT-TPMATM-0001

气动阀/电磁阀修后试验记录单

工作编号：
设备代码：2GCT121VV　设备名称：凝汽器C汽机旁路调节阀
工作内容：

设备修后试验前的检查与记录

检查项目	检查人员
相关（机械、仪控）检修工作结束	工作负责人
现场已清理	
已建立阀门试验安全区	
相关设备，系统允许该阀门试验	运行操作员
相关气源，控制信号已解除隔离	
手轮已处于中性点或不影响试验	

设备修后试验的检查与记录

气动阀修后试验判斯项目

检查项目		是	否	无关
现场条件	外观无异常			
	标牌整齐			
	无阻碍阀门运动的物件遗留			

检查项目	标准	实际值	合格	不合格	无要求	备注
操作方式（就地/远方）	就地					
动作方式气开/气关	气开气关					
减压阀后压力(bar/PSI)	7.0±0.3bar					
行程(mm×°)	160±3mm					
无漏气现象	无漏气					
开启时间(s)	调开≤10s 快开≤2s					
关闭时间(s)	调关≤10s 快关≤5s					

其它说明：

结论：合格 □；不合格 □；合格有缺陷 □

注：角行程阀门的行程以圆周度标示记

工作负责人（签字）： QC人员签字：
承包商（QC）人员（签字）： 修后试验人员（签字）：

图 8　阀门修后试验规程

3.3　各种解决方法分析

各种方法对比如表 4 所示。

表 4　各种方法对比

机组状态	涉及部门	解决方法	优点	缺点	推荐指数
机组下行	运行	降低核功率	快速	机组状态限制	五星
机组上行	运行	降低或提升核功率	快速	精确控制	五星
阀门检修	维修机械	降低或提升核功率	不产生报警	实施 TCA	三星
阀门检修	维修机械	闭锁 KSA 报警通道	不产生报警	实施 TCA	三星
修后试验	运行、维修	12 个阀门集中进行	报警集中产生	集中人力	四星

解决方法推荐百分比如图 9 所示。

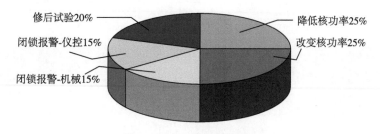

修后试验20%
闭锁报警-仪控15%
闭锁报警-机械15%
降低核功率25%
改变核功率25%

图 9　解决方法推荐百分比

4 结论

报警是由多个原因引起的，它涉及机械、仪控等多学科，报警响应是运行人员的职责之一，产生过多的报警需要更多的人员和精力去处理，大修期间过多的干扰报警严重影响主控人员的工作进程和精力，本文详细分析了 GCT702AA 报警产生的原因，并给出具体解决方法，使我们对如何减少报警有了一个清晰的思路，对于减少或者解决大修期间其他报警有了借鉴的意义，报警的减少使主控人员有更多的精力投入其他工作中去，对于保证机组安全有着不可忽略的影响。

Research on reducing GCT702AA alarm trigger times

ZHAO Guo-dong，ZHOU Jun-jie，ZHENG Guo-hao，CHANG Xiu-meng，LIU Jia-feng，CHEN Long-fei

(China Nuclear Power Operation Management Co. , Ltd. , Jiaxing, Zhejiang 314300, China)

Abstract：The safety of nuclear power plant is very important. One of the responsibilities of nuclear power plant operators is to ensure the safe and stable operation of the unit during routine and overhaul period. Compared with the routine overhaul period, the main control personnel work intensively and the working environment is bad. Therefore，it is not only necessary to follow relevant regulations，but also need to respond immediately when the main control triggers alarm. The knowledge involved in alarm is complex, and the majors involved include operation，machinery，electrical，instrument control，physics，radiation protection, etc. , which poses a great challenge to the operator. Frequent triggering of alarm increases the mental burden of the controller. This paper mainly analyzes the causes of cCT702AA alarm triggering. Rear View from Operation and Maintenance，The countermeasures and methods of reducing alarm triggering are analyzed.

Key words：Alarm；Influence；Countermeasure

核电厂典型气动调节阀在线诊断浅析

牟　杨

（中核核电运行管理有限公司，浙江　嘉兴　314300）

摘　要： 气动调节阀在电厂往往承担了重要的功能，根据不同的位置，性能的要求也有所不同，常闭边界调节阀要偏重于隔离密封性能，紧急备用调节阀要偏重于动作响应，参数控制调节阀要偏重于调节性能。这些性能往往不能兼顾，所以要根据工程实践进行在线诊断调教，以达到最佳的现场功能表现。这些调节阀也通常需要定期在线诊断，检查其性能是否满足要求，判断阀门性能是否降质。

关键词： 核电厂；气动调节阀；在线诊断

核电厂很多阀门设备往往承担着电厂重要功能，且阀门设备是核电厂数量最大的机械类设备，其中气动调节阀承担着电厂重要功能。作为一种流程控制的执行器，在核电厂中不仅要实现其流程控制的功能，还要在系统中实现一定的安全功能。例如，稳压器喷淋阀通过调节喷淋流量来控制稳压器压力，它的正常位置为关闭（除了机械最小开度外），故障安全位置为关闭，以保证在故障状态下，如失去压空，阀门最终位置为关闭状态，稳压器喷淋流量维持在最小喷淋流量，避免稳压器压力被过度降低上充流量调节阀，通过调节上充流量控制稳压器水位，它的故障安全位置为开启；余热排出流量调节阀调节余热排出流量，它的故障位置为保持开度，以保证堆芯的余热能正常排出。

他们根据不同的位置，性能的要求也有非常大的不同。大气释放阀、汽轮机旁路排放阀等常闭边界调节阀要偏重于隔离密封性能。它们的失效会导致蒸汽外漏等缺陷，影响机组功率和效率。紧急疏水调节阀等常备调节阀要偏重于动作响应。这类阀门的失效，会导致紧急工况下无法及时开启，造成系统水位控制超限，进而引发停机停堆等严重后果。主给水调节阀、上充下泄调节阀等重要系统参数控制调节阀要偏重于调节性能。这些阀门的调节精度要求很高，通常运行期间在某一开度下小幅调节，以维持系统参数的响应稳定。如果这类阀门调节精度失效，会导致整个系统的控制反应、控制精度下降，造成安全裕度的下降，甚至在特定工况下，会引发进一步严重后果。

不同位置的这些性能，如密封性、调节性、调节精度，往往不能兼顾，所以要根据工程实践进行在线诊断调教，以达到最佳的现场功能表现。这些调节阀也通常需要定期在线诊断，检查其性能是否满足要求，判断阀门性能是否降质。

1　阀门在线性能诊断参数

阀门在线诊断主要分为诊断参数和设定参数。诊断参数是直接测得、经过诊断软件得到，或者计算处理后的关键参数。设定参数是为了获取正确的性能，通过调整不同的参数组合，来获取最终的所需性能。不同的设定参数之间可能是相互关联和影响的。例如，增加了填料的摩擦力，可以显著提高阀门填料的防止外漏能力，但也显著增加了阀门的死区和拒动风险；增加了关闭力（阀门的始动气压）、全开全关气压，可以显著提高阀门的密封性能，但是却增加了阀门的进气动作时间或排气动作时间。

作者简介：牟杨（1987—），男，硕士，高级工程师，主要从事核电厂机械设备维修工作。

现场气动调节阀的故障非常复杂，其常见的故障是调节精度和拒动、外漏、内漏。与阀门性能相关的主要诊断参数如表1所示。

表1　诊断参数

相关故障	诊断参数
调节精度和拒动	阀门运动过程中的填料摩擦力
	阀门调节性能
	阀门及其附件——定位器、电气转换器（I/P）输出的起终点偏差
	阀门及其附件——定位器、电气转换器动态及静态输出曲线，包括精度、线性度、回差及死区
	气源波动
	阀门气动头输出压力与阀门实际行程的关系曲线
	阀门动态响应性能
	阀门动态响应速度
	阀门阶跃响应误差
	阀门密封性能
	气动头输出力
	气动头弹簧弹性设定范围
	阀门运动过程中的填料摩擦力
	阀门最终密封力
	阀门实际行程
外漏	阀门运动过程中的填料摩擦力
内漏	阀门密封性能
	阀门最终密封力

针对气动调节阀来说，这些关键参数对应的设定影响参数如下：

（1）弹簧初始设定。弹簧是气动阀推力的直接来源。弹簧设定是气动阀实现功能的核心。对于气动两位阀，弹簧力是提供给密封力的唯一来源。应保证性能诊断后执行机构提供的推力大于最小计算密封力。对于气动阀来说，弹簧力设定的定值叫作弹簧初始压缩量，专用名词为 bench set，其中调节阀还细分为全关时弹簧初始压缩量（lowbench set）和全开时弹簧初始压缩量（highbench set）。它的设定误差范围是±0.05bar。

执行机构维修后的重新调整是将弹簧调节器调回到原来的位置。在维修之前，先测量或记录弹簧调节器和轭架之间的距离，或者在维修过程中，数出并记录弹簧调节器被移动的圈数。在重新组装时，将弹簧调节器旋回到原来的被记录的位置即可，合适的弹簧初始压缩量（bench set）能保证阀门气动头投运后正常有效地工作，提供足够的关闭力和具有良好的开关性能。

弹簧初始压缩量调整是在 bench set 值（压力）下进行的，此时气动头处于空载状态，此试验可验证弹簧初始压缩量是否正确，也可检验使用的弹簧是否合适或损坏。在进气后，对气压进行测量，阀杆动作时的气压即为阀门的 bench set 值（lowbench set 值），刚刚到达全开时（即继续进气，位移不发生变化时）的气压即为阀门的 bench set 值（highbench set 值）。

对于两位阀来说，bench set 值有优先级，要确保起到密封的定值正确，如果是气开阀，则保证刚刚动作的压力值，如果是气关阀，则保证全关的压力值。对于调节阀，两个定值同样重要，测量和检测的方法是大同小异的。

对于弹簧初始压缩量，连续监测其变化。两位阀应控制其准确，误差≤10%。调节阀应控制其准确，误差≤5%。特殊工况阀门需要单独进行核定。

（2）电气转换器性能和供气压力。输入输出偏差要求±0.75%，供气压力常见为 20～50psi/0.2～1bar。

（3）定位器性能。对于调节阀，最重要的阀门附件是阀门的定位器。对于定位器在动作性能诊断时需要对其全行程的静态/动态死区和线性度进行测量，测试阶跃响应、阶跃敏感性、阶跃分辨率。其相关参数需要满足表 2 要求（除特殊要求外）。

表 2　定位器性能参数

参数	阈值
全行程动态迟滞＋死区误差平均值	≤5%
全行程动态迟滞＋死区误差最大值	≤5%
全行程动态线性度误差	≤5%
全行程静态迟滞＋死区误差平均值	≤1%
全行程静态迟滞＋死区误差最大值	≤1%
全行程静态线性度误差	≤2%

（4）全开、全关时控制信号

调节阀（不在系统中做密封功能）的动态到达全开全关时的控制信号应在表 3 范围内。其中，进气开和进气关的阀门数据相反。

表 3　气动阀全开全关控制信号范围

参数	阈值/mA
阀门动态到达全关位时控制信号	4.1～4.5
阀门动态到达全开位时控制信号	19.5～19.9

调节阀（在系统中做密封功能）的动态到达全开、全关时的控制信号不做严格要求。

（5）快开、快关时间。有部分阀门在设计上有快开和快关的功能，需要根据系统要求进行设置和控制。

（6）阀门的填料摩擦力。衡量阀杆能否正常动作且保证无外漏的参数。填料载荷的方向与阀杆的运动方向相反，因此在开、关两个方向上，均应加上该部分数值。填料载荷大小是变化的，并且受填料材料、填料压盖预紧力的影响。$F_{pack}=\pi \times d \times h \times z \times f$，$d$ 为阀杆直径，h 为单圈高度，z 为填料圈数，f 为摩擦系数（0.05～0.15）。

2　气动调节阀在线诊断方法

针对不同的阀门需要进行性能的取舍。工程上，为了足够的现场运行裕度和更长的寿命，可以在实际操作中优先保证关键设定参数，对部分影响的参数评估后进行一定程度上的牺牲，可以一定程度上超出常规允许上限（需针对性评估）（表4）。

表4 在线诊断参数取舍示例

类别	关键性能参数	关键参数设定	折中考虑参数
常闭边界调节阀	密封性（内漏）及可动作性	弹簧初始设定（LOWBENCH-SET）偏允许上限	始动气压偏上限或评估后超上限，即开启响应时间
常闭备用快开调节阀	快速开启及密封性	弹簧初始设定（LOWBENCH-SET）偏允许下限	填料摩擦力偏下限
实时调节调节阀	密封性（外漏）及调节性	填料摩擦力处于中值偏上	均衡各参数设定为中值

调节阀的故障诊断中，标准开、关曲线是诊断的基础。典型气动调节阀动作曲线如图1、图2所示，其典型气动调节阀阶跃响应曲线如图3、图4所示，典型气动调节阀信号-行程曲线如图5所示，典型气动调节阀信号-I/P输出曲线如图6所示，典型气动调节阀定位器输出-行程曲线如图7所示，典型气动调节阀行程-时间曲线如图8所示。

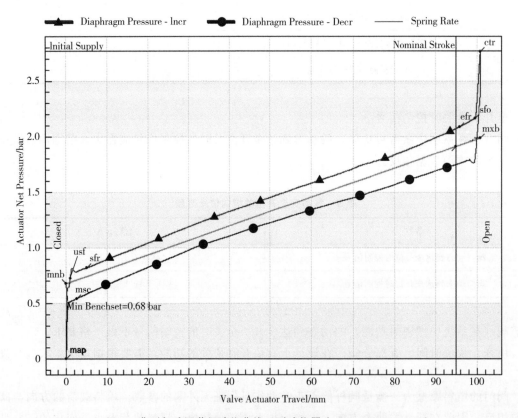

图1 典型气动调节阀动作曲线（测试仪器为 fisher flowscanner）

在曲线中，横坐标为行程，纵坐标为气压（以下均相同，不再重复说明）。下方"●—●"为开行程曲线，"▲—▲"为关行程曲线，"———"为平均值线（弹簧斜率）。

中间"———"：起点（mnb）为最小弹簧压缩值，终点（mxb）为 high benchset 值。

上方"▲—▲"：起点（usf）为回座点，终点（sfo）为信号全开点。

下放"●—●"：起点（msc）为阀芯启动点 low benchset 值，终点（mxb）为行程终点。

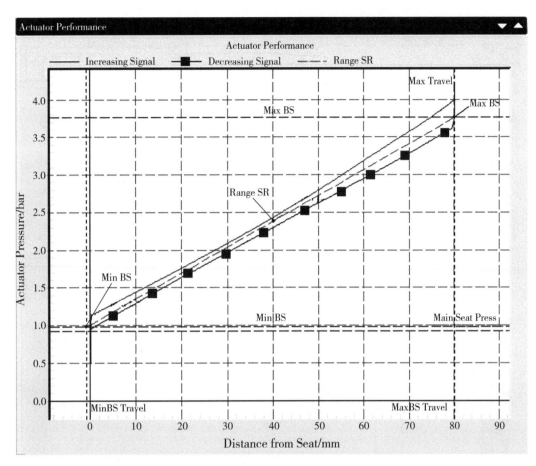

图 2　典型气动调节阀动作曲线（测试仪器为 crane viper）

下方"■—■"为开行程曲线，"——"为关行程曲线，中间虚线"－－－"为平均值线（弹簧斜率）。

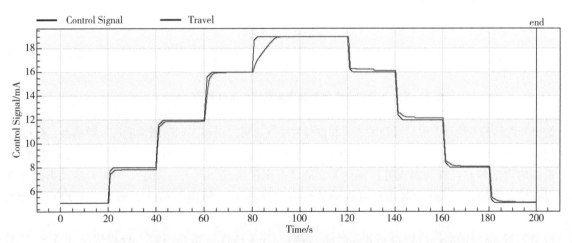

图 3　典型气动调节阀阶跃响应曲线（测试仪器为 fisher Flowscanner）

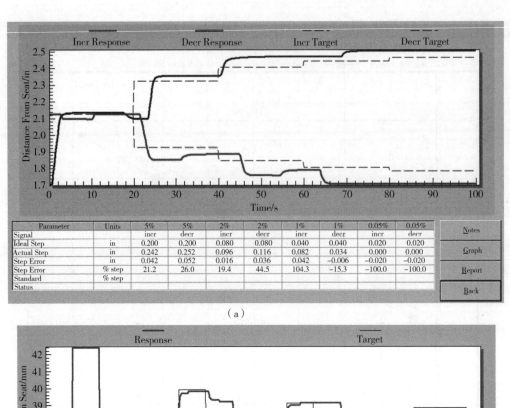

(a)

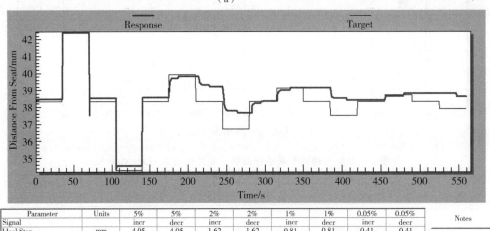

(b)

图 4　典型气动调节阀阶跃响应曲线（测试仪器为 Crane viper）

给出不同的输入信号，根据得到的时间和位移的曲线，可以得到不同阶跃的响应、敏感性、分辨率。

根据信号-行程的曲线可以得到整体阀门的动态死区情况（最大、最小、平均）和动态线性度。

根据输出信号和行程的曲线可以得到 I/P 的动态死区情况（最大、最小、平均）和动态线性度。

根据定位器输出-行程的曲线可以得到定位器的动态死区情况（最大、最小、平均）和动态线性度。

根据行程-时间的曲线可以得到开关时间（秒）、开关速度（毫米/秒）、行程情况（毫米）。同时可以测试阀门的快速响应能力。

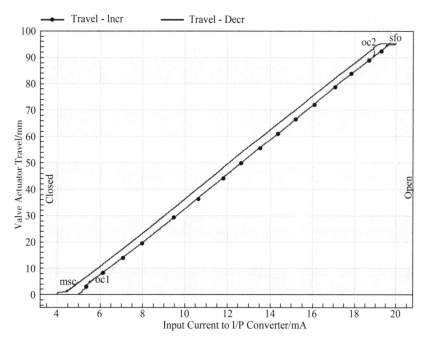

图 5 典型气动调节阀信号-行程曲线

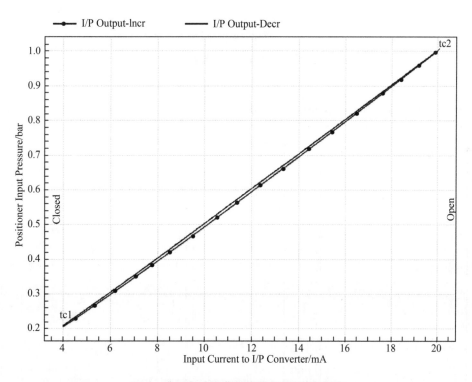

图 6 典型气动调节阀信号-I/P 输出曲线

调节阀的故障诊断较为复杂，主要分为 3 个方面：

第一，基于外观感知的检查。包含：外漏检查、动作声音检查、动作平稳情况检查等。

第二，基于参数的控制。包含上述关键参数中要求的相关参数的控制。调节阀的参数要求普遍较高，而且有的参数是相互关联的，调整其中一个，其他的可能会发生变化，可能会超出标准范围。需要进行系统性分析和调整。

第三，基于标准动作曲线。异常的开关曲线表征阀门可能存在设定或安装的问题。诊断后的曲线和解体前或上次诊断的曲线进行对比，如果有显著差异，也应该进行深入分析其变化的原因。

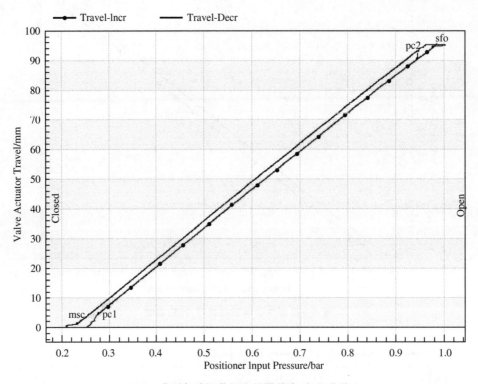

图7　典型气动调节阀定位器输出-行程曲线

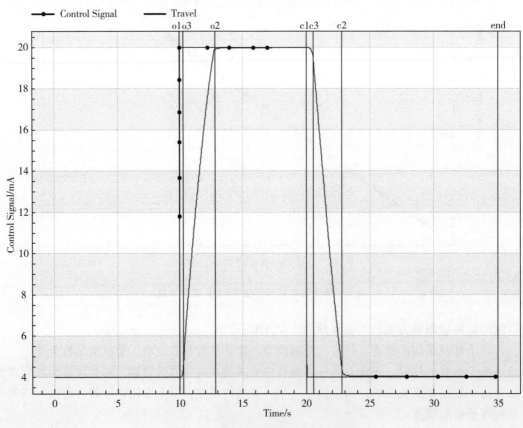

图8　典型气动调节阀行程-时间曲线

3 结论

对核电厂气动调节阀的动作性能检查参数进行分析归纳，并对指标要求和合格标准进行了研究，重点对气动调节阀的弹簧设定等关键参数、设定参数进行了研究，给出了各参数的含义、要求。给出了典型气动调节阀标准开、关动作曲线、阶跃响应曲线、信号-行程曲线、信号-I/P 输出曲线、定位器输出-行程曲线、行程-时间曲线，并对曲线的应用含义和在线诊断典型方法进行了分析说明。

Analysis of online diagnosis of typical pneumatic control valves in nuclear power plants

MOU Yang

(China Nuclear Power Operation Management Co., Ltd., Jiaxing, Zhejiang 314300, China)

Abstract: Pneumatic control valves often play an important role in power plants, and their performance requirements vary depending on different positions. Normally closed boundary control valves require performance to be more focused on isolation and sealing performance, emergency backup control valves need to be more focused on action response, and parameter control control valves need to be more focused on regulating performance. These performances often cannot be balanced, so online diagnosis and training should be carried out according to engineering practice to achieve the best on-site functional performance. These regulating valves also usually require regular online diagnosis to check whether their performance meets the requirements and determine whether the valve performance has degraded.

Key words: Nuclear power plant; Pneumatic control valve; Performance diagnosis

某核电厂主控室噪声分析和降噪措施研究

王　震[1]，张辉仁[1]，庄亚平[1]，缪正强[1]，高　宁[1]，张　锴[2]

(1. 山东核电有限公司，山东　烟台　265116；

2. 上海核工程研究设计院股份有限公司，上海　200233)

摘　要： 某核电厂满功率运行期间，主控室噪声达到了 60 dB（A）以上，在一定程度上影响操纵人员身心健康。本文对主控室及周围区域开展了振动和噪声测量，通过对振动和噪声数据进行频谱分析，明确了主控室噪声和主蒸汽管道振动的相关性，阐述了主蒸汽管道振动的原因和振动传递路径，详细介绍了主蒸汽管道扩径、主蒸汽管道贯穿件移位、主控室增加隔吸声屏障和主动降噪技术等方面的降噪措施，希望为后续核电项目主控室噪声控制提供借鉴和帮助。

关键词： 主控室噪声；主蒸汽管道；隔吸声屏障

核电厂的主控室是一个非常重要的房间，能够在电厂正常运行和预期瞬态及设计基准事故期间对电厂进行控制。根据核电厂的厂房布置情况，主控室周围不可避免会布置一些运转的机械设备，如通风空调系统的空气处理机组、循环水泵、风机等，设备运转的噪声和振动会通过空气或建筑结构传递至主控室，从而造成主控室噪声过大。主控室噪声过大会影响操纵员的工作效能和注意力，干扰人员交流和通信，掩盖报警信号，影响人员身体健康和舒适感，容易造成人因失误。所以，在生产期间必须严格控制主控室的噪声水平。

本文结合某核电厂主控室的厂房布置情况，通过对主控室及周围区域振动和噪声测量，分析主控室噪声的来源，并提出相应的解决措施，希望为后续核电厂主控室噪声的控制和预防提供借鉴。

1　主控室布置情况

某核电厂的主控室位于辅助厂房 4 层，其总体布置情况如图 1 所示。主控室周围的房间主要包括：主控室上部的空调机房、同一楼层的相邻的主蒸汽隔离阀间及北侧的第一跨厂房。主控室区域与主蒸汽隔离阀间设有一厚度为 600 mm 的混凝土墙体，主控室区域北侧的墙体与主蒸汽隔离阀间的 11 轴墙相连。主蒸汽隔离阀间的管道主要包括主蒸汽管道、主给水管道和启动给水管道，这 3 条管道从屏蔽厂房穿出后在主蒸汽隔离阀间自南向北敷设。主蒸汽管道上有 6 个主蒸汽安全阀支管、1 个主蒸汽隔离阀、1 个竖直支撑及多个其他形式的支撑。主蒸汽管道的封头与 11 轴墙上的贯穿件焊接，连接形式如图 2 所示，该点主要承受管道的扭矩和轴向力。

作者简介：王震（1983—），男，硕士生，高级工程师，现主要从事暖通空调、反应堆辅助系统等方面的工作。

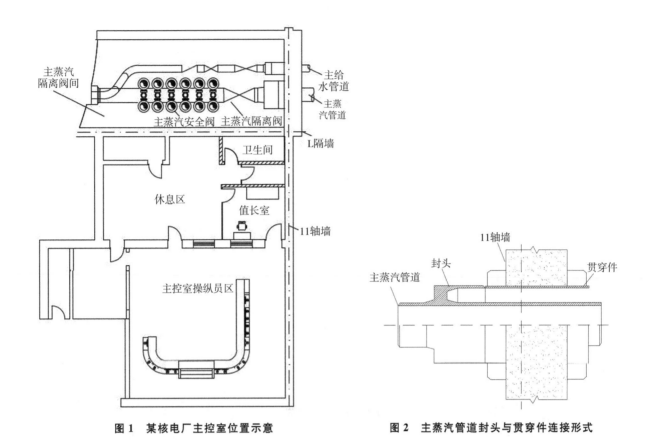

图 1   某核电厂主控室位置示意   图 2   主蒸汽管道封头与贯穿件连接形式

根据上述管道、支架和厂房布置情况,如果主蒸汽管道、主给水管道等管道存在振动,则很容易通过贯穿件、支撑等传递至周围区域,造成周围的墙体、管道等发生振动而产生噪声。

2   振动噪声测量情况

某核电厂调试和功率运行期间,当反应堆功率超过 85% 时,主控室开始出现较明显的噪声,当达到满功率时,主控室噪声达到最大值。经测量,反应堆满功率时操纵员区的噪声达到 60 dB(A)以上,在一定程度上影响操纵人员的身心健康。

为深入研究主控室噪声的噪声源和传递路径,为制定降噪方案提供基础数据,采用信号采集系统、振动加速度传感器及传声器等设备,对主控室区域和主蒸汽隔离阀间的墙体、管道、支撑等有代表性的位置和关键设备进行了振动和噪声测量,结合测量数据开展了频谱特性分析和声压级分析。

测量过程中,在主控室区域设置了 18 组振动加速度测点和 3 组噪声测点,3 组噪声测点分别位于主控室操纵员区、休息区和卫生间。主蒸汽隔离阀间设置了 28 组振动加速度测点,振动测点主要安装在主蒸汽管道及其支撑上。

反应堆 100% 功率运行工况下,主控室区域的噪声声压幅值、功率谱密度及声压级分别如图 3、图 4、图 5 所示。经分析,主控室噪声主要存在 189 Hz 和 314 Hz 两个强线谱,主控室操纵员区总声压级达到 61.3 dB(A),休息区总声压级达到 67.9 dB(A),卫生间总声压级达到 73.8 dB(A)。卫生间距离主蒸汽隔离阀间近,噪声较大,主控室操纵员区距离主蒸汽隔离阀间较远,噪声较小。

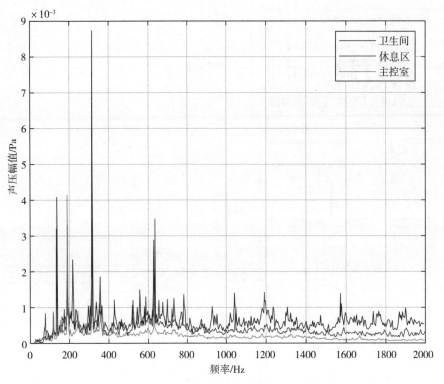

图 3　噪声声压幅值

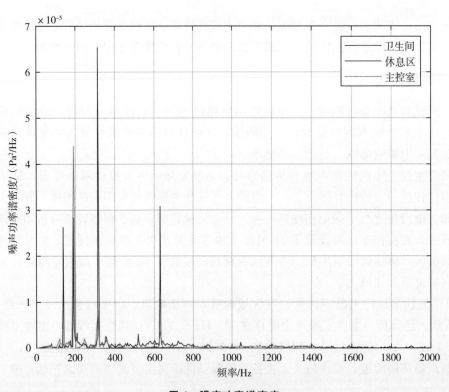

图 4　噪声功率谱密度

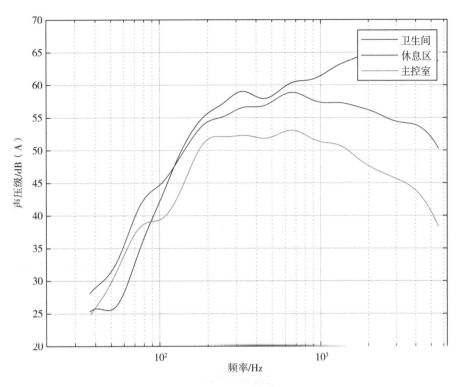

图 5　噪声 1/3 倍频程曲线

100％满功率工况下，主控室各振动测点的振动加速度幅值、振动功率谱密度如图 6、图 7 所示。主蒸汽隔离阀间各振动测点的振动加速度幅值如图 8 所示。

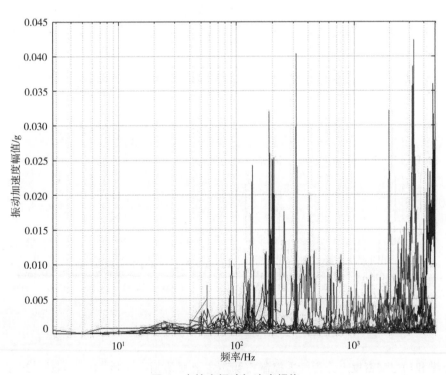

图 6　主控室振动加速度幅值

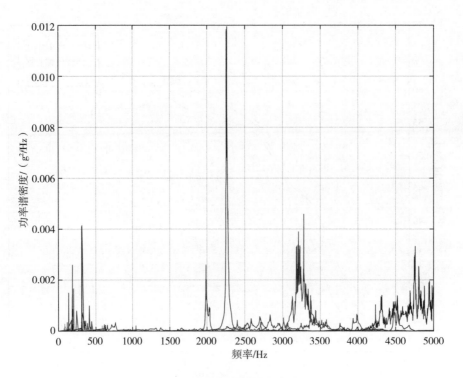

图 7 主控室振动功率谱密度

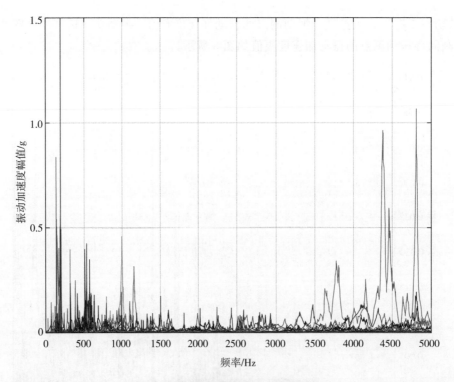

图 8 主蒸汽隔离阀间振动加速度幅值

从噪声频谱和功率谱密度上分析，主控制室噪声主要峰值频率包括 119.1 Hz、135.2 Hz、190 Hz、217.2 Hz、314.3 Hz 及 627.7 Hz，主控制室振动主要频率峰值包括 119.1 Hz、135.2 Hz、189.7 Hz、191.2 Hz、314.1 Hz 及 627.8 Hz。主蒸汽隔离间主要频率峰值包括 135.2 Hz、190 Hz、314.1 Hz

等。从峰值频率上可以看出，主控制室噪声与主控室墙体、主控室主蒸汽隔离阀间管道和支撑等物项的主要峰值频率一致，说明噪声源与主蒸汽管道振动存在很强的关联性。根据主控室噪声的频率分布情况，主控室噪声的强线谱主要是 400 Hz 以下的低频噪声。

3　产生主控室噪声的原因分析

反应堆升功率过程中，主蒸汽管道中的蒸汽流速同步增大。根据某核电厂的主蒸汽管道尺寸和反应堆功率水平，满功率时主蒸汽管道中的蒸汽流速约为 54.6 m/s，主蒸汽隔离阀处的蒸汽流速约为 82 m/s。根据美国 URD 文件（用户要求文件），推荐的蒸汽流速不超过 45.7 m/s，《化工工艺设计手册》推荐的饱和蒸汽主管流速为 30～40 m/s，对比发现某核电厂主蒸汽管道中的蒸汽流速偏高。

核电厂正常运行工况下，主蒸汽管道上的 6 个安全阀成关闭状态，在安全阀支管处形成封闭支管，当高速流体流经封闭旁支管时容易引起声共振。主蒸汽安全阀支管和主蒸汽隔离阀的布置情况如图 9 所示。

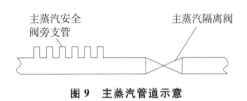

主蒸汽安全
阀旁支管　　　　　　主蒸汽隔离阀

图 9　主蒸汽管道示意

流致声共振是发生在特定结构中的流场与声场相互作用的现象。张辉等[1]对方形封闭旁支管流致声共振特征开展了试验研究，研究了主管道流速和旁支管长度对封闭旁支管声共振现象的影响，获得了声共振发生区域和压力脉动特征，研究结果表明随着旁支管长度的增大，共振工况声压幅值降低，声共振频率降低。赵伟等[2]开展了圆形封闭旁支管流致声共振实验研究。夏栓等[3]应用流体力学分析软件和声学分析软件，采用流声耦合分析的方法，对主蒸汽管道流场和声场进行了分析，表明在主蒸汽安全阀支管处和主蒸汽隔离阀空腔存在声共振现象，是导致主蒸汽管道振动的主要原因。

伴随着反应堆功率增加，主蒸汽管道中的蒸汽流速也随之增加。当反应堆功率低于 85% 时，主蒸汽管道中的蒸汽流速比较低，在主蒸汽安全阀支管处不存在流致声共振，主蒸汽管道振动较弱；当反应堆功率超过 85% 时，主蒸汽管道中的蒸汽流速较高，流经主蒸汽安全阀支管时产生流致声共振，主蒸汽管道振动加剧，然后主蒸汽管道通过 11 轴墙的贯穿件和支撑带动主控室区域的墙体、楼板等发生振动，进而产生主控室噪声。

4　降噪措施

4.1　主蒸汽管道扩径

为了降低蒸汽流速，安全壳厂房内的主蒸汽管道尺寸不变，将辅助厂房的主蒸汽管道管径由 DN950 改为 DN1050，主蒸汽隔离阀的口径也相应增大，扩径后蒸汽流速由 54.6 m/s 降至 45 m/s，压力脉动能量降低约 30%。为了实现变径，在主蒸汽管道穿出屏蔽厂房后增加一 DN950 x DN1050 的大小头。图 10 是修改前后的主蒸汽管道。

4.2　主蒸汽管道贯穿件移位

主蒸汽管道振动的主要传递路径是 11 轴墙上的贯穿件，为了降低主控室噪声，切断振动传递路径，将主蒸汽管道贯穿件移至 11 轴墙北侧的第一跨墙体上，如图 11 所示。因为主蒸汽管道和贯穿件为核安全相关物项，而第一跨为非核抗震类结构，所以将主蒸汽管道贯穿件移至第一跨墙体后，需对第一跨的结构按照抗震 I 类要求进行加固，并对主蒸汽管道开展相应的力学评估、抗震分析等工作。

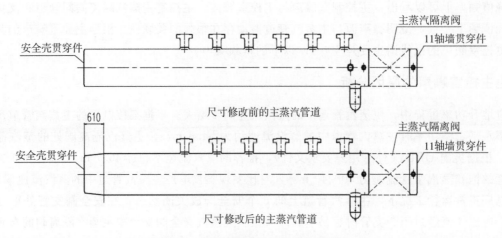

图 10   主蒸汽管道扩径前后的情况

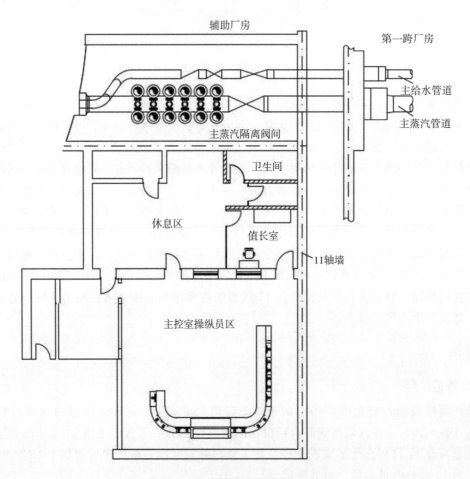

图 11   主蒸汽管道贯穿件移位示意

4.3   主控室区域增加隔吸声屏障和吸声方通

主控室区域存在低频和中高频的噪声,通过设置复合阻尼隔声板、金属超微孔蜂窝吸声板、金属超微孔吸声方通降低主控室噪声。

金属超微孔蜂窝吸声板和吸声方通主要是利用赫姆霍兹共振原理将声能转化为热能。金属超微孔蜂窝吸声板的材料为镀锌钢板或金属铝板，板内有蜂窝芯结构，单板厚度不小于 0.5 mm，孔径不大于 0.25 mm，穿孔率不小于 1.2%，吸声板板缝间设置减振塑胶棒并满填隔声密封胶。复合阻尼隔声板采用双层金属板加阻尼层的结构形式，主要起隔声的作用。为了减少通过墙体传递至复合阻尼隔声板的振动，在墙体和复合阻尼板之间设置阻尼减振器。在主控室区域顶部吊装金属超微孔吸声方通，吸声方通采用厚度为 0.5 mm 的薄板穿制 0.2 mm 的超微孔制成。

对于运行电厂而言，因主控室墙体上安装有多个显示屏、电缆管、接线盒等物项，部分区域安装复合隔吸声墙体受限，可以根据现场具体情况局部安装，但是局部安装在一定程度上将影响降噪效果。图 12 是主控室操纵员区复合隔吸声墙体的安装示意。

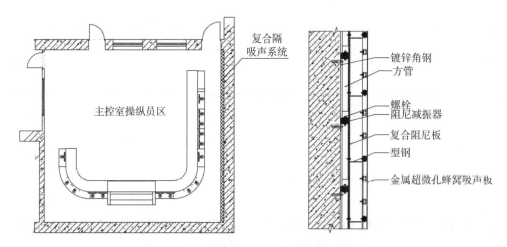

图 12　主控室操纵员区增加隔吸声屏障示意

4.4　主动降噪技术

主动降噪技术（Active Noise Control，ANC）也称为有源降噪技术，是利用声波干涉原理，通过扬声器发出一个跟原噪声幅值相同、相位相反的反噪声，利用反噪声抵消原噪声，通过"以声消声"达到降低噪声的目的。主动降噪系统主要包括初级声源、次级声源、自适应控制器、误差麦克风等设备，图 13 是典型的主动降噪系统。根据主控室噪声的频谱进行分析，主控室主要存在 189 Hz 和 314 Hz 等强线谱，属于低频噪声范围，可采用主动降噪技术对该频率范围的噪声进行控制。

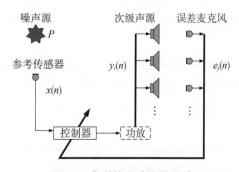

图 13　典型的主动降噪系统

为验证主动降噪技术对于降低主控室噪声的有效性，在核电站主控室现场开展了主动降噪系统降噪试验，选取的目标位置为主控室值长室的操纵工位。在靠近操纵员耳部位置放置一个监测麦克风，用于实时监测主动降噪系统控制前和控制后的声压级。开启主动降噪系统后，监测点位置在控制前和控制后的对比效果如图 14 所示。

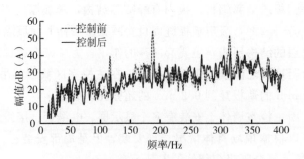

图 14　现场主动降噪控制效果

试验表明，主动降噪系统投用后，400 Hz 以内低频段峰值噪声得到明显改善。主动降噪系统投用前后的结果如表 1 所示。

表 1　主动降噪系统控制效果

单位：dB（A）

频率/Hz	控制前	控制后	降噪量
20～400	59.2	54.6	4.6

5　结论

通过对某核电厂主控室及周围区域的关键设备、支架、建筑结构的振动和噪声进行测量及数据分析，可以确认，主控室噪声主要是由主蒸汽管道振动引起。主蒸汽管道振动时，通过 11 轴墙上的主蒸汽管道贯穿件带动主控室周围的建筑结构振动，进而在主控室产生低频的结构噪声。主蒸汽管道振动的主要原因是反应堆满功率时蒸汽流经主蒸汽管道安全阀支管和主蒸汽隔离阀时存在流致声共振。

为了解决主控室噪声高的问题，提出了 4 种具体的降噪措施。

（1）在主蒸汽流量不变的条件下，增大主蒸汽管道截面积，降低主蒸汽流速，减弱主蒸汽管道安全阀支管和主蒸汽隔离阀处的脉动能量，避免在主蒸汽安全阀支管处产生流致声共振，进而消除主蒸汽管道振动。

（2）11 轴墙上的主蒸汽管道贯穿件是主蒸汽管道主要的振动传递路径，通过将主蒸汽管道贯穿件从 11 轴墙移至第一跨墙体上，切断主蒸汽管道的振动传递路径。在主蒸汽管道扩径的基础上，再将主蒸汽管道贯穿件移至第一跨墙体上，噪声源和传递路径均采取降噪措施，预计将取得较好的降噪效果。

（3）在主控室区域增加复合隔吸声屏障和吸声方通，通过隔声和吸声措施降低主控室区域的噪声。对于运行核电厂而言，主控室墙体上安装了多块显示屏和很多支撑、电缆管等，改造范围有限，难度较大，在一定程度上减弱了降噪效果；对于新建电厂而言，建议在初始设计阶段增加隔吸声屏障和吸声方通等降噪系统。

（4）在主控室操纵员工作区增加主动降噪设备，通过现场试验，试验区域 400 Hz 以下的低频噪声降低了约 4.6 dB（A）。主动降噪系统需要在主控室区域安装大量的次级声源和支架，并且为保证降噪效果，次级声源需与操纵员保持较近的距离，这在一定程度上影响了主控室区域的人员活动，所以需进一步开展工程应用研究。

参考文献：

［1］ 张辉，张锴，顾汉洋，等．方形封闭旁支管流致声共振实验研究［J］．原子能科学技术，2014，48（1）：86-91.

［2］ 赵伟，肖瑶，顾汉洋．圆形封闭旁支管流致声共振实验研究［J］．原子能科学技术，2018，52（1）：70-75.

［3］ 夏栓，詹敏明，陈星文，等．某核电厂主蒸汽管道振动原因分析及解决方案探讨［J］．核动力工程，2021，42（5）：138-142.

Study on noise analysis and noise reduction measures in the main control room of a nuclear power plant

WANG Zhen[1], ZHANG Hui-ren[1], ZHUANG Ya-ping[1],

MIAO Zheng-qiang[1], GAO Ning[1], ZHANG Kai[2]

(1. Shandong Nuclear Power Company, Yantai Shandong 265116, China；

2. Shanghai Nuclear Engineering Research & Design Institute Co. Ltd., Shanghai 200233, China)

Abstract：During the full power operation of a nuclear power plant, the noise of the Main Control Room (MCR) is higher than 60dB (A), which affects the physical and mental health of the operator to a certain extent. In this paper, the measurements of vibration and noise in MCR and related surrounding areas are carried out, and the relationship between MCR noise and vibration of main steam pipe are clarified, the causes of main steam pipe vibration and transmission path are defined. The noise reduction measures such as expanding the diameter of the main steam pipe, shifting of the main steam pipe penetration, adding the sound insulation barrier in the Main Control Room, and active noise reduction are introduced in detail, and hope that provide reference and help for the MCR noise control of subsequent nuclear power plant.

Key words：Main Control Room noise; Main steam pipe; Sound insulation barrier

Study on noise analysis and noise reduction measures
in the main control room of a nuclear power plant

核心理研究与培训
Nuclear Psychology Research
and Training

目　　录

基于敏捷管理的核电厂新建机组运行人员能力提升模型探索与实践

温海南，李　伟，张　林，徐　涛，董小涛

（江苏核电有限公司，江苏　连云港　222042）

摘　要：随着时代的进步和发展，核电等新能源装机大幅增加，田湾核电站机组规模不断扩大，多种堆型和标准并存，新技术不断开发应用，对电站的员工业务能力提出更高、更严格的要求。岗位职责中对员工的要求越来越高，想要更好地胜任工作岗位，就必须不断地提升自身的业务能力和执行力。在新建机组生产准备阶段，随着田湾核电站 7、8 号机组工程项目设计和工程进度的有序推进，事业环境因素和组织过程资产不断变化，如何保证运行人员业务能力和操作技能能够满足不断变化的岗位需求，做好生产准备阶段运行人员的工程参与工作，是一个难点。本文将敏捷管理应用于生产准备阶段运行人员工程参与工作过程中，从而建立生产准备阶段运行人员能力提升模型，并进行适用性探索。

关键词：业务能力；提升；敏捷管理；生产准备

运行人员培训在核电厂人员培训工作中扮演着重要的角色，目前核电运行人员培训主要是通过系统化培训方法（Systematic Approach to Training，SAT）得到满足核安全法规要求的合格人才[1]，从而有效提高和改善员工的知识水平、技能水平、态度，保证核电厂安全可靠的运行。

随着时代的进步和发展，岗位职责中对员工的要求也越来越高，想要更好地胜任工作岗位，就必须不断地提升自己的专业知识水平和业务能力，在新建机组生产准备阶段，随着工程进度的有序推进，事业环境因素和组织过程资产不断变化，对运行人员的要求也不断变化，把敏捷管理应用于生产准备阶段运行人员能力提升实践中，拥抱变化，通过不断反思复盘，循环迭代，持续改进提高，从而解决传统的人员培训因受时间、地点和环境因素的限制等不够灵活的问题。

目前，公司不断推广和创新系统化培训方法（SAT）的应用，如何优化培训体系，根据成人学习法则和记忆法则进行课程设计，通过现代化管理手段及信息化、智能化建设为员工提供快捷方便的学习渠道，是目前要解决的重点问题。

本文详细介绍了针对 7、8 号机组生产准备阶段，运行人员能力提升模型的探索和实践方法，将以人为本、以价值为导向、合作共赢、拥抱变化等敏捷管理理念与系统化培训方法相结合，并应用在生产准备阶段运行人员能力提升工作过程中。

1　田湾核电站操纵人员培养介绍

田湾核电站是国内核电同行中能够较早自主实施操纵人员培养的电站，其在操纵人员的培养方面积累了较丰富的培训经验。截至 2023 年 6 月，田湾自主组织高级操纵员培训 31 批次，培养出 419 名高级操纵员（SRO）；组织操纵员培训 37 批次，培养出 558 名操纵员（RO）。同时，为三门、海阳、福清、江西、辽宁核电及国核示范核电站培养出 159 名操纵员（RO），此业绩曾在全国质量奖评选活动中成为培训领域突出亮点。截至 2023 年，田湾核电站高级操纵员平均通过率为 91.2%，操纵员平均通过率为 76.1%。

作者简介：温海南（1984—），女，黑龙江，高级工程师，工学学士，主要从事核电厂运行培训工作。

2 田湾核电站7、8号机组生产准备阶段运行人员来源介绍

田湾核电站7、8号机组运行人员必须满足国家核安全法规、核安全导则和核工业标准，以及国家能源局规定的要求。为保持队伍精简高效，田湾核电站7、8号机组所有运行人员统筹考虑了1~8号机组人员配置，合理调配1~6号机组有经验人员参与生产准备工作，从而实现人员队伍不同层次的合理分布。田湾核电站7、8号机组运行人员培训主要分首批操纵人员培训及其他运行准备人员培训，其中首批操纵人员主要从1~6号机组运行人员中逐步调配，其他生产领域人员主要从各岗位配置有经验人员。人员技术专业不同，经验水平和年龄层次有差异，且法律法规不断完善，对操纵人员的要求不断变化，如何充分利用公司已有的培训管理体系和资源，通过1~6号机组生产运行来锻炼培养人才，并考虑将来发展的需要，按照"现代化、信息化、高起点"的要求，通过系统化、规范化的培训手段，使人员满足岗位工作需要是目前重点思考问题。

3 以人为本，课程设置过程中的敏捷实践

根据7、8号机组生产准备阶段运行人员的培训内容特点分析，运行人员理论培训主要以知识型培训为主，而知识型培训与技能型培训和态度培训相比，其特点就是可以广泛传播。

田湾核电站操纵员理论培训的教学模式是课堂集中培训，其优点是授课信息量大，对培训环境要求不高，单次培训费用较低。不足之处是：①灌输式学习使学员短时间内难以消化和理解所学知识；②连续不间断的授课也使教员始终处于高强度工作状态；③教员授课水平直接影响培训效果。

从7、8号机组运行人员的配置分析，其主要是有经验的专业技术人员，专业水平参差不齐，一刀切式培训方法显然会降低培训效率。

综上分析，要想提升培训效果必须考虑设置多元化课程，除了课堂授课之外还可以借助现代化信息手段开发线上视频培训，根据内容设置课程和开发微课。学员只需要一台电脑或一部手机，就能获得所需要的学习内容。通过微课制作，将系统化知识分解制作成20分钟一个的"知识模块"，每个"知识模块"内，每隔8分钟就需要设置适当的"互动"环节，课程设置灵活多样便于后续持续改进，同时也满足不同层次的人员进行有针对性学习的需求，达到用系统化知识填补碎片化时间的目的。以每个"知识模块"作为可交付的产品，培训管理人员在课程规划初期创建课程待办事项列表，通过迭代规划会议确认课程开发迭代周期内的开发课程列表，每个课程开发团队不超过5人，每日召开不超过15分钟的站会，用以沟通课程开发进展，如"我都完成了什么""我计划完成什么""我的风险（或问题）是什么"。对于已完成开发的课程，通过课程评估小组，召开课程评审会议，培训管理人员说明"已完成"和"未完成"课程列表，课程开发团队演示"已完成"的课程并解答所交付课程的问题，课程评估小组对课程进行验收，未完成的课程及未通过评审验收的课程重新放回课程待办列表，在下一次课程迭代规划会议评价，每个课程开发迭代周期内召开迭代回顾会议，最长不超过3小时，用于检视前一个课程迭代周期内的人、关系、过程和工具情况如何，总结良好经验及潜在需要改进的内容，同时制订改进计划。

开发多元化课程可通过线上和线下相结合的培训手段，在一定程度上也缓解了学员填鸭式学习和教员连续授课的压力。

4 可持续开发，人员培养过程递增的变化

为了保证机组后期的安全稳定运行，7、8号机组运行人员不但知识面要广，还必须在某些方面要精，要有深度，这样才能及时处理和解决运行中碰到的实际问题，敏捷管理原则是尽量做到简洁，尽最大可能减少不必要的工作，人员培养也不可能一步到位，应该保持稳定的进展速度，根据7、8号机组运行人员特点可将学习过程分为广学、精学、行学3个阶段。

第一阶段：广学

所谓广学，就是不需要学得很深，但要知识面广，如一名现场操作员，他需要了解核岛、常规岛、化学、仪控和机械电气等相关知识。当遇到问题时知道解决问题的方法，知道怎样获取相关问题的知识。"广学"可以使运行人员思路更宽、视野更开阔，从而在解决问题上也更快，因为可以快速地找到解决问题的方向，但这始终是停留于表面，如果岗位要求更高，这就需要进入第二阶段的学习。

第二阶段：精学

针对某些特殊的技能和专项知识，仅仅依靠广学是不够的，这就需要结合具体的岗位需求沿着专业方向进行深入研究，参加专业的课程培训，由专业技术人员进行深入指导，从而满足本岗位的要求，这就是"精学"。但"纸上得来终觉浅"，许多知识技能仅凭理论是不够的，还需要实践和实际操作，那么就需要开展第三阶段的学习。

第三阶段：行学

能力的提升70％靠工作实践或课后练习，20％靠与人沟通交流，向他人学习，10％靠自我学习或课堂培训。行学就是将自己所学的知识应用于实际工作中去，从实际工作中检查自己的理解是否正确，然后对自己所学的知识进行反馈，需要重新审视自己广学和精学阶段中所理解的知识，重新总结和提炼，形成新认知去指导实践，从而形成一个学习循环，不断提高技能水平。

根据生产准备阶段运行人员3个不同阶段，有针对性地培养对象，制订相应的专项培训计划，落实培训考核责任制。随着新建机组调试运行工作的不断调整，迭代改进培训方案，加强对运行人员和参加调试运行工作人员的关心帮助，定期进行技能比武，营造"比、学、赶、帮、超"的良好学习氛围。

根据人才培养的不同阶段辅助开发深度不同的培训资料。例如，对于新员工或实习期员工，其只需要进行"广学"，那么基础知识培训教材或开发的以20分钟为一个知识模块的教学视频就可以满足需求；对于需要深入培训的技术人员，其需要进行"精学"，如针对操纵人员的专项培训教材；对于后续"行学"的阶段，则根据岗位不同编制相应的岗位培训材料。

5 合作共赢，创建"TPS"三维驱动模型

7、8号机组运行人员是运行专职人员，为通才型专家。基于敏捷管理培养通才型专家，创建自组织团队，首先要自我抉择如何最好地完成工作，根据生产准备阶段运行人员工作特点，成立倒送电小组、移交接产小组，创新工作组，团队结构具有自治、平等、透明、互相协作和灵活等特征，小组成员拥有更大的责任感和自主权。将敏捷管理与系统化培训方法相结合，建设"三维驱动"模型，通过思想引领、平台搭建、标准执行的"TPS"三维驱动，激发员工内在动力，引导员工践行"主人思维"理念（图1）。

图1 "三维驱动"模型

"三维驱动"是指从思想引领、平台搭建和标准执行3个方面为团队提供外驱力，从而激发员工内驱力，具体内容如表1所示。

表1　"TPS"三维驱动模型

TPS		内容
T（thought）	思想引领 激发动力	从"工作理念的建立与宣贯""工作典型的塑造与宣传"等方面提升生产准备阶段运行人员的"主人翁精神"，使员工从认知上理解工作的意义和自身的价值，进一步激发全体运行人员的内驱力，使每一个运行人员主动争当精品工程、标杆工程的"有心人"
P（platform）	搭建平台 提升能力	当好运行工作的主人，必须要有丰富、扎实的专业知识，建立自组织团队培养模型，增强互动，开展请进来、走出去的技术经验交流，营造聚焦绩效、自主决策、自主担责的团队氛围，让员工在工作中主动学习、主动思考、主动钻研，使每一个运行人员成为运行准备工作的"有力人"
S（system）	推行标准 施加推力	针对当前生产准备阶段运行人员工作特点，及时对相关工作进行总结与定期回顾，建立相应的制度，将工作流程化、标准化、责任化，强化制度的保障作用，使制度、流程成为生产准备阶段运行工作开展的"推力"

6　拥抱变化，培养高素质综合型技能人才

培训项目实施主要考虑的是如何加快培训效果转移，使学员更好地掌握所学知识并且在今后的工作岗位中熟练运用。核电厂新建机组生产准备阶段，面对事业环境因素和组织过程资产不断变化，针对国家能源局、国家核安全局等部门发布的有关操纵人员培训、考核、授权等方面最新规定，不断迭代更新管理制度和工作计划，编制7、8号机组运行人员执照有效性保持措施专项报告，更新第一批操纵人员取照方案，优化岗位培训大纲。建立7、8号机组运行操纵人员信息数据库，对运行人员能力、业务水平及心理素质进行综合分析，找出人员能力提升弱项短板并制定相应改进措施，以"出业绩、出品牌、出人才"为基准理念，培养出思想觉悟高、业务能力强、身体素质优、安全文化深的"多维度、全方位、立体型"高素质综合型技能人才，确保稳步推进7、8号机组的调试和运行工作，为7、8号机组早日商运贡献出运行力量。

7　反思复盘，提升专业素质能力和业务绩效

人才培养所实施的每一个步骤都是为了增强培训人员的记忆力，从而让其尽快掌握所学的内容，提高其业务技能。为了达到培训效果，需要定期对已学过的内容进行加强与巩固，根据艾宾浩斯遗忘曲线（图2），反复回顾至少6次才能将知识由短期记忆变成长期记忆。在7、8号机组运行人员培养过程中应定期组织进行学员回顾和总结，通过回顾和反省，不仅能达到让学员牢记所学内容的目的，更能在经验中萃取有价值的元素，优化其思维模式，使其业务能力持续提高。定期反思也是人员心智模式的迭代，通过反思复盘形成培训闭环管理，从而改变其行为习惯，提升专业素质。

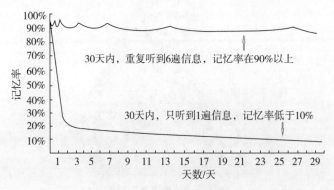

图2　艾宾浩斯遗忘曲线

8 总结

根据田湾核电站7、8号机组运行人员工作特点,将敏捷管理理念与系统化培训方法相结合,通过合理规划的培训课程与多元化的课程设置、可持续开发的人员培养过程、合作共赢的团队建设,激发员工内在动力,提高员工业务能力和执行力,同时拥抱变化,根据环境因素及个人业务能力提高,不断优化管理制度及更新迭代培养计划。通过定期回顾和反省,可持续改进团队行为,从而提升员工专业素质能力和业务绩效,使团队更具有竞争优势,不仅有利于打造具有战斗力的精品运行团队,而且有助力打造标杆工程和精品工程。

参考文献:

[1] 邹正宇. 核电厂系统化培训法操作指南 [M]. 北京:原子能出版社,2011.
[2] 国家能源局. 核电操纵人员执照考核:NB/T 20257—2013 [S]. 北京:核工业标准化研究所,2013
[3] 鲍勃·派克. 重构学习体验 [M]. 南京:江苏人民出版社,2015.
[4] 田俊国. 上接战略下接绩效:培训就该这样搞 [M]. 北京:北京联合出版公司,2013.
[5] 陈锐. 世界500强资深培训经理人教你做培训管理 [M]. 北京:企业管理出版社,2016.

Exploration and practice of agile management – based model for improving the ability of operators of new units in nuclear power plants

WEN Hai-nan, LI Wei, ZHANG Lin, XU Tao, DONG Xiao-tao

(Jiangsu Nuclear Power Co., Ltd., Lianyungang, Jiangsu 222042, China)

Abstract:With the progress and development of The Times, nuclear power and other new energy installed capacity increased significantly, Tianwan nuclear power plant unit scale continues to expand, a variety of types and standards coexist, the development and application of new technology, the power plant staff business capacity needs to put forward higher and more stringent requirements. The requirements for employees in the job responsibilities are higher and higher. If you want to be better qualified for the job, you must constantly improve the business ability and executive power of employees. In the production preparation stage of newly built units, with the orderly progress of the project design and engineering progress of Tianwan Nuclear Power Plant No. 7 and No. 8 units, the business environment factors and organizational process assets are constantly changing. How to ensure that the operational capabilities and operational skills of the operators are competent for the changing job requirements, and how to do the project participation of the operators in the production preparation stage is a difficult point. In this paper, agile management is applied to the process of project participation of operation personnel in the production preparation stage, so as to establish the method of capacity improvement model in the production preparation stage for applicability exploration.

Key words:Business capability; To promote; Agile management; Production reserve

核电厂建设期的运行人员风险及应对分析

张　林，李　伟，刘　雪，温海南

（江苏核电有限公司，江苏　连云港　222042）

摘　要： 随着国家"双碳"目标的持续推进、能源安全战略的深化落实，核能将保持积极安全有序发展的态势。而确保核电厂安全、可靠的必要条件是使核电厂的运行、检修、管理和技术支持人员获得并保持规定的资格和工作能力，并且确保能够履行其职责的人员足够数量。因此，在核电厂建设期存在人员资质、数量、能力的风险，直接影响到新建机组装料和后续安全稳定运行。本文对主要风险进行分析，并在培训大纲的基础上提出搭建一套全流程培养体系，从需求源头出发，全流程控制，为新建核电机组的人员培养提供有效方案。

关键词： 核电厂；人员风险；全流程

随着国家"双碳"目标的持续推进、能源安全战略的深化落实，核能将保持积极安全有序发展的态势。近年来，随着核电事业的平稳发展，各电厂的人才培养体系已逐渐建立，但针对新建机组的人员培养研究仍不完善，主要存在对法规政策的适应性不足、流程不完善、培训质量低、预备人员培训中运行经验和实际操纵能力薄弱等各种问题。在核能保持平稳有序发展节奏的背景下，各新建核电机组的预备人员培训问题得到了应有的重视。预备人员的培养工作是新机组顺利完成建设及后期安全稳定运行的重中之重，而其中培训课程体系的完善更是关键，需提前准备、提前介入、提前筹划。以 VVER 压水堆为例，该堆型的建设周期为 52 个月，运行预备人员主要分为预备值长/副值长、预备操纵员和现场操纵员 3 类，主要涉及的课程培训为基本安全培训、现场操作员培训、操纵员培训、操纵员岗前培训、高级操纵员培训、值长岗前培训、再培训等 7 类[1]。为直接涉及安全的重要活动的所有人员编制培训大纲，进行系统培训，可以基本满足核电厂预备人员能力要求，但具体实施过程中发现，如果在培训大纲的体系下再配套实施一套有弹性的培养细则，可以大幅提高预备人员的运行经验和实际操纵能力。

1　生产准备阶段关键岗位及人员分析

1.1　主要阶段及岗位人员划分

一般生产准备期间主要划分为 3 个阶段，即总体策划阶段：工程前期准备—机组 FCD；全面实施阶段：机组 FCD—机组 220 kV 辅助电源可用；接产和试运行阶段：机组 220kV 辅助电源可用—商业运行。工程前期阶段涉及部门较多，此处仅以运行部门的前期列举。

总体策划阶段。开展生产准备策划和前期准备工作，做好生产准备工作的总体策划和前期准备工作，完成生产准备大纲、生产准备二级进度计划的编制等。

全面实施阶段。编制培训教材、开展培训与授权，为接产试运行做好人员准备；升版生产管理程序，逐步完善生产管理体系；制定并执行生产技术文件编制计划；参与系统和设备调试，负责移交后系统的临时运行和维护等。

接产和试运行阶段。完成第一批操纵人员执照考试，各生产处室人员基本到位，完成生产人员的授权工作；完成生产管理程序的升版及生产技术文件的编制，并开展生产技术文件的验证、修订、升

作者简介： 张林（1988—），男，河北，工程师，本科，主要从事反应堆运行工作。

版、完善工作；按照电厂正常运行和首次换料大修需求，完成生产物资的准备；参与调试过程，确保生产人员熟悉现场和设备；以接产为重点，全面验证生产准备的工作质量，实现工程建设向生产的有序平稳过渡等（表1）。

表 1　关键技术岗位人员划分

运行领域	操纵员和高级操纵员
维修领域	维修各专业工程师及以上人员、燃料操作人员等
技术支持领域	技术改造、系统和设备管理、核燃料管理、物理试验、性能试验、材料役检、老化防腐、计量管理、化学等领域工程师及以上人员
技术管理领域	大修计划、日常计划、发电规划、备件采购及管理等岗位工程师及以上人员
监督领域	核安全、质保、工业安全、消防、辐射防护、环境应急等领域工程师以上人员

关键技术岗位人员是生产准备及商运后运行、维修、技术等专业岗位的骨干，是生产准备期间的重点培养对象。

1.2　运行主要任务及人员配备

（1）运行准备主要任务

建立和完善运行组织机构；运行人员准备，特别是持照人员的准备和培养；编制运行技术文件和管理程序；准备运行生产物资；参与系统、设备的设计审查相关工作；参与 DCS 设计，主要参与人机界面设计审查、DCS 验证等；参与调试相关活动；参与移交接产，负责 TOTO 后系统的运行。

（2）运行人员配备

运行值班操纵人员建议配置如表 2 所示。

表 2　运行值班操纵人员建议配置

SRO	数量/名	RO	数量/名
运行处处长	1		
运行处副处长	3		
值长	14	主控室操纵员	36
副值长	14	隔离经理	12
白班值	3	白班值	6
总计	35	总计	54

其他岗位，如模拟机教员、核安全监督工程师可以由曾持有 SRO/RO 或持有新建机组 SRO/RO 执照的人员担任；现场操作员 150 人左右，每值 25 人左右；其他运行管理人员 19 人左右，包括系统工程师，以及运行管理科、运行技术科、运行支持科相应技术骨干。

1.3　关键人员主要培训方式

（1）厂内培训。充分利用厂区已有的培训资源，参加电厂组织的安全知识、专业知识、岗位技能、工作流程、管理技能、法规标准等方面的培训；

（2）工程参与。从电厂设计和设备采购阶段开始介入，通过参与设计审查、设备监造、设备安装和系统调试，全方位学习和掌握相关专业知识；

（3）外部培训。借助参考电站、设备供应商、专业培训机构及其他方面的培训资源，进行必要的专业知识、岗位技能等方面的培训，使学员掌握岗位所需的专业知识和技能。

关键技术人员培训流程如图 1 所示。

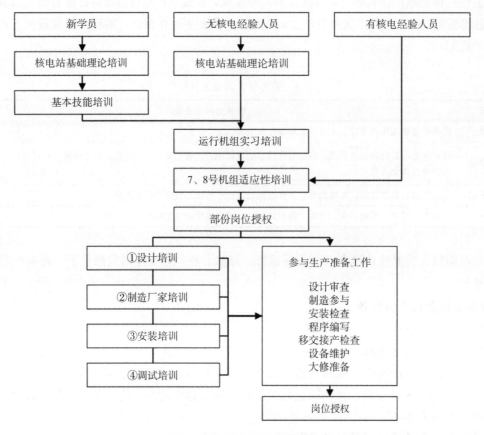

图 1 关键技术人员培训流程

1.4 建设期人员存在的主要风险及分析

(1) 员工与当前岗位的适应性不足

存在首批 RO 人员取照考核通过率低的风险。首批 SRO 与 RO 一般来自其他电厂或者本厂其他运行处室，机型存有一定差异，容易出现员工与当前岗位的适应性不足。新机组首批 RO 取照考试往往因调试运行工作繁重而通过率较低，根据历史经验，首批 RO 通过率在 65％ 左右。因此，电厂的首批 RO 通过率存在一定风险。另外，在计算通过率时应考虑机组运行操纵人员、模拟机教员、核安全监督工程师等岗位配置的需求。

(2) 预备操纵员的岗位不能实现全覆盖

根据《国家能源局关于印发〈核电厂操纵人员培训和再培训大纲编制规范〉的通知》规定，学员在实际工作岗位上运行值班，在授权人员监护下学习、观摩和操作。岗前培训的工作岗位应覆盖核岛、常规岛、电气、外围等所有现场操作员岗位，培训时间不少于 17 个月。该文件首次提到岗位全覆盖问题，即需要有设定岗位的全部培训经历。因此，在岗位说明大纲的设置中应提前考虑岗位问题，在岗位培训大纲中应考虑人员培训授权问题，在人员的调配中应考虑岗位经历问题。如果是新建电厂应考虑 17 个月的现场值班经历中的岗位分配事宜。

(3) 首批操纵人员的培训时长问题

根据规范要求，RO 应进行不少于 360 学时的核电基础理论培训、不少于 180 学时的系统与运行培训、不少于 400 学时的 RO 模拟机培训。同时规定 SRO 的理论培训不少于 80 学时，模拟机培训不少于 80 学时，但新电厂一般涉及机型不同问题，则需要对 RO 阶段的模拟机进行重新培训，即 480 学时。一般新电厂的模拟机房可用时间较晚，又涉及调试与接产工作的同步开展，此时需要进行分批培训，这样就存在时间问题。建议考虑 RO 与 SRO 的理论培训分批交叉进行，模拟机培训如果时间紧张可考虑采用倒班的方式开展。

2 人才培养全过程培训体系构建的思路

核电厂运行人员主要分为现场操作员和主控操纵员两类，培训理念亦有所不同，现场操作员以"重基础、强能力、宽视野、多样性"为人才培养理念，主控操纵员以"高起点、厚基础、强能力、重创新"为人才培养理念，致力于培养综合素质高、操作能力强、具有全局视野和扎实基础的人才。确立"面向全体、分类施教、依托专业、强化实践"的培养思路，实施拔尖人才培养、跨处室联合培养、专业化实践培养、交流培养等多样性人才培养方法。

2.1 构建多向耦合的内容体系

着重处理好课堂教学、现场实践训练的关系，构建全过程课程链条。其中的重点是强化课程体系的优化，探索在专业基础理论培训中植入与生产实际相结合的基因，补齐历次核电厂预备人员仅依托基础理论培训的短板。根据预备人员培养目标，构建了理论知识、模拟机培训和现场培训三大类显性课程，以及核安全文化、行为规范、运行经验等 3 个层次隐性课程，将生产实际融入人才培养的各个环节，构建显性与隐性课程相结合的预备人员课程体系。课程体系中注重专业理论教育、生产经验和实际控制的多向耦合。一是推动预备人员与专业理论教育相融合。针对不同层次的预备人员编制不同层级的专业教材，同时将教材再进行分级、分类，全面涵盖机械、电气、仪控、泵和阀门等各专业，并采用知识讲授、课堂研讨、学习汇报、课后作业等培训方式。二是推动预备人员与生产经验相融合。将国内外重要运行事件及电厂内相关运行反馈、重要状态报告、重大技术改造等编入培养体系中，确保新机组的预备人员充分吸收相关生产经验。三是推动预备人员与实际控制相融合。建立"理论课程＋现场识别＋模拟机操作"的多层次实践培养体系，注重将生产需求融入预备人员的培养中，建立交叉整合的培养体系。

2.1.1 合理设计培养目标与耦合课程体系

专业培养目标及专业核心能力的确定是构建课程体系的关键，而课程体系合理性是保障课程内容与职业标准对接的基本要求。因此，首要先对接最新职业标准、行业标准和岗位规范，依据职业岗位（群）的任职条件，确定典型工作任务（项目），对典型工作任务（项目）实现包含的各因素及其相互作用的工作要求、标准和操作方法认真分析，准确把握，并进行合理的分解与归纳，从而确立专业培养目标及专业核心能力。其次要根据专业培养目标及专业核心能力实现的要求，进行行动领域设计、学习领域设计、学习情境设计，并归纳不同领域所应掌握的知识点、技能点，从而确定所对应的核心课程、主要课程、支撑课程及主要教学内容，在此基础上形成课程体系[2]（表3）。

表 3 课程体系设置

培训类别		培训内容
基本安全培训	通用培训	核安全、工业安全、应急管理、辐射防护等
	个性化培训	本核电厂的实物控制区、辐射防护区、消防响应行动等
现场操作员培训	现场系统原理	核电厂现场一回路、二回路、电气、仪控、废物处理、通风、消防及其他与核电厂安全运行相关的系统和设备的运行原理、运行工况、操作和控制方法、故障分析等
	现场操作员岗前培训	在实际工作岗位上运行值班，培训应覆盖核岛、常规岛、电气、外围等所有现场操作员岗位

培训类别		培训内容
操纵员培训	核电基础理论培训	反应堆物理、热工水力学、核电厂辐射防护、核电厂材料、核电厂水化学、核电厂通用机械设备、核电厂电气原理与设备，以及核电厂仪表与控制等
	系统与运行培训	核电厂系统、运行技术规格书、核安全分析、严重事故管理等
	模拟机培训	操纵员模拟机培训一般分为正常运行工况、预计运行事件工况、事故工况和综合场景练习等，将机组上经常遇到的操作、故障和概率较高的事故作为培训重点
操纵员岗前培训		覆盖主控室所有操纵员工作岗位（如核岛操纵员、常规岛操纵员）
高级操纵员培训	高级理论培训	在操纵员理论培训基础上，进一步强化核安全法规、运行技术规格书、瞬态和事故分析、应急响应、堆芯损坏缓解、运行期望和涉网管理等方面知识
	模拟机培训	在操纵员模拟机培训基础上，进一步强化学员在预计运行事件和事故工况下的全面工作能力，以多重和复杂故障的综合场景训练为主，侧重培养学员的运行协调、沟通和指挥能力，以及调动各方资源协同运作的管理能力
值长岗前培训		在获得值长岗位授权前完成，培训内容包括专业技术和管理能力培训
再培训	基本安全再培训	复习和强化基本安全培训初训内容，学习内外部经验反馈
	理论再培训	强化重要基础理论和运行规程知识，深入学习内外部经验反馈，掌握最近或即将进行的核电厂设计和程序变更
	模拟机再培训	对本核电厂最终安全分析报告中所列出的预计运行事件和设计基准事故进行不少于两次模拟机再培训，并针对内、外部经验反馈事件等

2.1.2 推动生产实际与模拟机深度融合

坚持以生产与运行需求为导向的生产与模拟机深度融合，推动运行处等生产部门与培训处的培训部门共同制定人才培养目标，共同制订教学计划和实训课程。一是要做到精准需求。将大纲、法规，需求调查、弱项分析，高岗位培训，内外部事件及时纳入模拟机培训课程。二是要做到精心设计。保证模拟机场景的挑战性、真实性、防人因的实用性。三是做到精确实施。通过培训通知单、双教员制、培训日报、培训总结、考核等方式推动开展。主要做法可以结合运行、培训、技术支持、维修等处室的培养环境与资源优势，共同构建"使命共担、课程共建、师资共享、人才共育"的深度融合机制。通过"生产实际问题→应用探索→模拟机实践↔问题深化学习→知识灵活运用"的路径，实现员工能力培养与生产需求的有效契合。

2.2 搭建规范有效的管理机制

全过程培养即实现现场操作员、预备操纵员、主控室各岗位适应性的全岗位培训方式，在方式上扫除将课堂作为唯一授课方式的篱笆，打破科室、处室、岗位之间的壁垒，协同协作、创新机制，多模式、跨处室实施高质量培养模式。

2.2.1 实施标准化培训流程

一是构建"高级操纵员＋现操班长＋新员工"的三级单线培训流程。实施一级对一级负责、一级对一级培养的机制，处室内统一抓计划、抓进度、抓质量等关键点控制，实现由点画线，将线连成网的培训网络。二是构建"课堂＋推演＋模拟机＋现场"的教学模式，将理论授课由教室搬到厂房，将概念上的认知升级为具体的设备及实际的演化过程，将考试成绩转换为操作能力，着重从基础理论知识、训练、实践3个层次进行培养，促使预备人员能够提前熟悉岗位职责、人员绩效、核电厂状态和参数监视、程序使用、运行值班管理和主控室重大操作等。三是形成"本处室＋培训处室＋实践处室""三师"指导队伍的"三对一"机制，本处室对预备人员的培养全面负责，搭建整体培训架构，实施过程管理和培训质量验证。培训处室对预备人员开展消防、工业安全、辐射防护等核心素质培训及岗位专业能力培训。实践处室主要对预备人员开展实际运行操作和相关运行经验培训。

2.2.2 严格把握教员资格

核电厂预备人员的特点与定位，决定了认知教员的素质除了应具备一般的教员属性外，还应具备特殊属性，即较高的实践教学能力。实践教学能力是指教员具有较丰富的从事核电实际生产的经历，对实际生产有足够的了解和经验，并且能够将这些经历、经验、能力充分展示出来，达到培养的目的。因此，在理论教员和模拟机教员的基础上增设现场实践教员，选拔具有扎实理论功底和现场工作经验的高级操纵员担任，同时对教员的任职资格提出明确要求。例如，理论培训教员应具有相应的专业技术能力或相关授课经验；岗前培训教员应具有相应岗位授权；模拟机教员应满足下列条件之一：持有或曾经持有本核电厂相应级别执照；持有或曾经持有其他核电厂相应级别执照，并完成模拟机教学相关的差异性培训等。

2.2.3 强化有效的管理监督

实施动态管理。分层分类建立学院信息数据库，"一人一档""一类一册"，进行跟踪培养，及时更新表现和工作实绩等情况，动态描绘成长轨迹。严格日常监督。始终把培训人员置于应有的监督管理之中。对在跟踪培养中发现不担当、不作为、不胜任的人员，及时予以调整，坚持能者上、优者奖、庸者下、劣者汰，使能上能下成为常态。真诚关心爱护。坚持严管与厚爱结合、约束与激励并重，对表现突出的先进典型及时给予表扬，对于在全年各项考核中成绩优秀人员，通过处内发文优先推荐至处内人才库培养，并作为推荐至各级荣誉备选人的重要依据。建立必要的考核机制，对于SRO/RO选拔考试，将日常考核要求需掌握的知识进行比例固化；组织岗位授权人员定期开展上机题库考试；针对各层次人员进行定期再培训随机口试。

3 结论

（1）核电厂在运行人员培养上存在一定风险，主要表现为预备操纵人员的岗位适应性不足、首批取照人员的通过率较低，以及根据最新的政策要求存在现有人员不能实现岗位全覆盖的问题，同时培训时间冲突问题在各电厂也时有存在。

（2）现有的培训模式能够满足基本岗位培训需求，但培训方式单一，培训课程体系设置不合理，没有对培训人员实施全时间段的培养，会出现技能参差不齐的情况。

（3）发挥用人处室的重要主体作用。创新合作育人的途径与方式，推进各相关处室、相关专业参与人才培养全过程，建立完善培养目标融合、教师队伍融合、资源共享融合的全流程融合育人机制，建立联合培养、一体化育人的人才培养新模式。

（4）建立高效的管理体制。按照目标管理的要求，明确培训体系中各参与处室及人员的工作内容、职责及权限，达到高效率地实现质量目标的目的。同时，建立有效的规章制度，约束组织成员的行为。强化督导工作，保障整体培训工作稳定、有序、高效运行。

参考文献：

[1] 国家能源局关于印发《核电厂操纵人员培训和再培训大纲编制规范》的通知［EB/OL］.（2022 - 06 - 30）. http://zfxxgk. nea. gov. cn/2022 - 06/30/c_1310657531. htm.

[2] 张福强，许芳奎. 论高职教育人才培养全过程质量保障体系的构建［J］. 教育与职业，2018（2）：46 - 51.

Personnel risk analysis during the construction of nuclear power plants

ZHANG Lin, LI Wei, LIU Xue, WEN Hai-nan

(Jiangsu Nuclear Power Co. , Ltd. , Lianyungang, Jiangsu 222042, China)

Abstract: With the continuous advancement of the national "dual carbon" goal and the deepening implementation of the energy security strategy, nuclear energy will maintain a positive, safe and orderly development trend. A sine qua non for ensuring the safety and reliability of nuclear power plants is for the operation, maintenance, management and technical support personnel of nuclear power plants to obtain and maintain the required qualifications and working capacity and a sufficient number of personnel capable of performing their duties. Therefore, there are risks of personnel qualification, quantity and capacity during the construction period of nuclear power plants, which directly affect the assembly materials of the new machine and the subsequent safe and stable operation. This paper analyzes the main risks, and proposes to build a set of whole - process training system on the basis of the training outline, starting from the source of demand and controlling the whole process, so as to provide an effective plan for the personnel training of new nuclear power units.

Key words: Nuclear power plants; Personnel risk; Whole process

核电厂操纵人员瞬态响应心理素质训练技术研究

黄乃曦[1]，吴珊珊[2]

(1. 核动力运行研究所，湖北 武汉 430000；2. 武汉瑞莱保科技有限公司，湖北 武汉 430000)

摘 要： 在核电领域，人的不安全行为是核电厂事件和事故的主要触发因素之一，由于瞬态工况出现的突发性和复杂性，以及若不及时、正确处理所造成后果的严重性，加上平时缺少对该方面心理素质的训练，极易诱发操纵人员的过度心理应激反应。本研究从核电厂操纵人员瞬态响应心理素质训练入手，探索瞬态下心理素质模型，研究切实可行的心理素质训练技术与方法，为后续规划建设从操纵人员心理测评到心理培训，再到心理训练的综合性技术支持平台，建立一套针对核电厂操纵人员不同人力资源阶段的全方位心理服务体系奠定基础。其中，瞬态下心理素质模型指标包括自我效能、情绪调节、心理弹性、认知加工、团队合作、人际沟通、职业认同、成就动机、风险意识 9 个指标，训练方法分为个体训练、团体训练、认知引导讲授。其中，个人训练部分项目组编制了核电厂操纵人员应激心理素质训练装置建设方案，为后续开发操纵人员瞬态响应心理素质训练装置奠定前期基础。

关键词： 核电；操纵人员；瞬态响应；心理素训练

在核电领域，核电厂发生的各类事件中直接或间接与人因有关的事件占事件总数的 60%～70%，人因是导致核电厂事故的重要因素[1-4]。在瞬态工况中，操纵人员的过度心理应激反应对核电安全存在潜在危险。调研了解到，目前核电厂操纵人员瞬态培训课程设置中没有专门针对操纵人员心理素质开展训练的课程或其他方法，因此目前模拟机上的瞬态培训课程无法满足心理素质的提升需求，无法完全满足操纵人员岗位的瞬态干预能力培养、维持和提升需求。

本研究通过对瞬态下心理素质模型进行研究，探索核电厂操纵人员心理素质训练技术与方法，打造核电运行人员序列从心理测评到心理培训，再到心理训练的综合性服务平台，为建立一套针对核电运行人员不同人力资源阶段的全方位心理服务体系奠定基础。

1 核电厂操纵人员瞬态响应心理素质调研

1.1 核电厂操纵人员瞬态响应心理素质相关要求

国家标准 GBZ/T 164—2022《核动力厂操纵人员健康标准》对核电厂操纵人员心理健康指标提出相关标准，其中，心理警觉和情绪稳定、感觉敏锐、能够进行快速而准确的沟通、运动能力、动作范围和灵巧性等都是与瞬态工况中心理应激相关的指标。

核电厂主要通过操纵人员模拟机培训观察与评估、运行经理带队对运行值开展能力评估、模拟机教员主控室观察评估、运行管理层主控室管理巡视、操纵人员能力相关的专项评估活动等多种方式开展瞬态下操纵人员的能力评估，评估指标为 INPO 5 项能力指标。通过每年复训来考验操纵人员对瞬态情况的控制能力，对瞬态期间主控室操纵人员行为从密切监视、精确控制、团队合作、保守决策、知识技能、值长领导力、反应性管理提出相关要求。

1.2 非核电高风险行业心理素质训练现状

通过对文献资料的梳理，项目组对非核电厂高风险行业从业人员应激心理能力训练的指标和方法归纳如下[5-10]（表 1）。

作者简介： 黄乃曦（1983—），男，主任工程师，主要从事核电厂操纵人员执照考核及心理测评研究。

表1 非核电厂高风险行业从业人员应激心理能力训练的指标和方法

训练对象	训练指标	训练方法举例
飞行员	• 生理素质：心率变异性（HRV）、血压（收缩压、舒张压） • 心理素质：情绪管理、人际关系、社会支持	• 通过系统脱敏技术和生物反馈技术，可使飞行员重复、持续地暴露在强刺激情境中，并通过放松训练对抗所产生的应激反应，使刺激逐渐失去引起应激反应的作用
特警	• 心理素质：情绪管理、心理弹性、自我控制、人际关系、沟通能力、团队协作	• 通过有针对性地设置近似实战的环境和条件，模拟警务实战景象和情境，使特警队员感受特殊压力下的心理刺激，训练他们在特定环境、情景条件下的心理适应能力、心理承受能力和心理自控能力

2 心理素质模型构建

共选取 31 名核电厂运行、培训等岗位人员进行深度访谈，每人访谈时间为 60～90 分钟，并进行了全程录音。访谈采用关键事件技术法，在对核电厂相关人员进行深度访谈后，将录音材料及相关访谈记录材料整理成逐字文字稿，进行编码。通过编码，最终得到 9 个核心素质的指标。

经过编码及专家评定初步确立，分析确定核电厂操纵人员瞬态响应心理素质 2 级 3 维 9 个指标的心理素质模型（图1）。

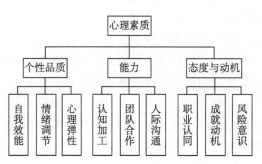

图1 核电厂操纵人员瞬态响应心理素质模型

3 训练方法研究

基于心理学理论和非核电厂高风险行业从业人员应激心理能力训练方法，项目组针对瞬态响应中操纵人员不同的心理素质指标的特点，结合不同心理素质训练方法的特点和适用性，开展各项指标的训练方法分析。训练方法分为个体训练、团体训练、认知引导讲授。本研究仅对个体训练进行详细介绍。

个体训练一般通过具备生物反馈功能的软件系统平台进行。其中，通常涉及放松技术、系统脱敏技术、生物反馈技术等；生物反馈训练可以提高机体应对压力的能力，随着生物反馈训练时间的推移，效果会相对显著。训练时间的延长，有助于条件反射的形成，同时有训练经验的个体较快进入生物反馈状态，可以较好地调整自己的应激水平。经过长期的系统放松训练，受训者可以逐渐形成并掌握自身生理和心理调节技能[11-15]。

3.1 操纵人员瞬态响应心理素质训练应用方式

操纵人员瞬态响应心理素质训练应用方式为首先对人员的心理素质进行评估，参考常模标准判断个体的心理素质是否存在偏离，针对偏离的指标制定个性化训练方案，并结合不同的训练方式开展训练，最后通过相同的测评方式或平行的测评方式对心理素质指标进行效果评估。训练全程的测评数据，包括心理数据和生理数据，均进行数据化管理，为个体心理素质动态评估和训练效果跟踪奠定基础。

3.2 心理素质训练实施

应激心理素质个体训练方法以生物反馈技术、系统脱敏技术为依据，使操纵人员重复、持续地暴露在强刺激情景中，并结合放松训练技术对抗所产生的应激反应，使刺激逐渐失去引起应激反应的作用，来达到提升自我效能、情绪调节、心理弹性、认知加工等心理素质指标的目的。

（1）训练流程

应激训练具体训练过程分为心理素质前测/生理指标基线采集、应激状态诱发、心理素质提升训练、心理素质后测/生理指标采集4个阶段。

操纵人员在进行应激心理素质训练之前，需要进行基线数据采集（即心情平静状态下的生理指标），用于与后期应激训练形成对比。

其中，心理素质训练包括应激源呈现、主观评定、放松训练3个步骤。

应激训练根据内容分为基本训练和专项训练，分别对应训练场景中的基本类和专项类的场景。

根据实际的场地及预算，可分2个阶段进行开发，即初阶版与进阶版训练装置。在初阶版训练中，每个类别仅包含一个刺激强度等级；在进阶版训练中，每个类别分为3个从弱到强的刺激强度等级，可以逐步对每个等级进行训练。

在每个等级中，具体训练流程如下：

①基线数据采集：采集操纵人员心情平静状态下的生理指标及心理状态；

②应激状态诱发：呈现能有效引起学员产生应激反应的应激源（图片或视频应激素材）全程实时监测学员的生理指标，且对心理指标采取主观报告；

③心理素质提升训练（初阶版）：在该环节中，应激状态诱发后即通过生物反馈及系统脱敏技术，开展放松训练，通过放松训练对抗所产生的应激反应；

④心理素质提升训练（进阶版）：在该环节中，对于每个层级的应激素材，均需开展放松训练，待上一环节训练通过（即监测的生理指标能否快速有效恢复基线平静状态）后，学员方可进入下一环节的训练，待该类别的所有场景均训练通过后，方可结束；

⑤训练过程中需全程实时监测学员的生理指标，且生理指标变化以可视化的形式呈现在训练屏幕上，学员可观察自己的生理指标变化；

⑥应激任务后测：训练后，再次测量生理指标，且学员报告主观心理感受，专家对操纵人员应激训练效果进行评价。

（2）场景呈现

训练场景可通过虚拟现实技术实现，也可通过仿真技术实景呈现。因此，可采用VR虚拟现实进行训练或模拟训练装置开展训练[16-17]。

在项目推广初期，先从基本类中选取典型场景进行VR技术开发，后期再从专项类中选取典型场景进行VR技术开发。专项类任务需注重对后果严重性的告知，及通过在系统设计计时或倒计时加强时间压力的紧迫感。在专项类任务中，需分解每一步的场景、画面、特效、模块、动作等，编制VR开发脚本。其中，瞬态场景的设计和参数设置可与仿真中心开展合作，利用仿真技术平台，真实模拟实际机组工况。

3.3 心理素质训练效果评价

在训练过程实施后，要对个体的心理素质水平再次进行评估，并开展训练效果的分析与评价，训练效果分析与评价的具体思路如表2所示。

表 2　训练效果分析与评价

对比方式	对比结果	训练效果评价
生理数据对比	应激诱发后＞基线值	产生了应激反应
	应激诱发后与基线值两者无显著差异	未产生应激反应
生理数据对比	训练后＜应激状态	达到了训练效果
	两者无显著差异	未达到训练效果
生理数据对比	训练后与基线值两者无显著差异	达到了训练效果
	训练后＞基线期	未达到训练效果
心理数据对比	训练后相比训练前显著提升	达到了训练效果
	训练后相比训练前提升不显著	未达到训练效果
他评数据对比	训练后相比训练前显著提升	达到了训练效果
	训练后相比训练前提升不显著	未达到训练效果

4　结论

本研究基于核电或其他高风险行业的调研与分析，得出核电厂操纵人员瞬态工况下的心理素质指标模型，并运用生物反馈、放松训练、适应性训练、系统脱敏等多种技术，对操纵人员瞬态响应心理素质进行分析和研究，开发操纵人员瞬态响应心理素质训练素材，结合系统脱敏及生物反馈等技术开发通过渐进式克服焦虑、恐惧等应激反应的行为训练技术，提出操纵人员瞬态响应心理素质训练具体举措。根据不同指标特点，编制了一套完整的操纵人员瞬态响应心理素质训练方案，其中训练方法包括个体训练、团体训练、认知引导讲授等。

对于个人训练部分，项目组编制了核电厂操纵人员应激心理素质训练装置建设方案，为后续开发操纵人员瞬态响应心理素质训练装置奠定前期基础。

在后续推广应用中，通过对操纵人员在瞬态工况下的心理素质进行有效评估与提升训练，对操纵人员瞬态工况中的自我效能、情绪调节、心理弹性、认知加工、团队合作、人际沟通、职业认同、成就动机、风险意识等心理素质进行综合训练，可减少或避免操纵人员在面临瞬态等紧急工况时的应激障碍，使操纵人员能更好地运用相应的知识、技能等合理处理瞬态工况，降低事故处理偏差，减少停机停堆等事故的发生，提升运行业绩，保障核安全。

参考文献：

[1] 张力. 核电站人因失误心理背景分析 [J]. 核动力工程，1992，13 (5)：27 - 30.

[2] 张力，许康. 人因可靠性分析的新方法 — ATHEANA：原理与应用 [J]. 工业工程与管理，2002，7 (5)：14 - 19.

[3] 张力. 概率安全评价中人因可靠性分析技术 [M]. 北京：原子能出版社，2006.

[4] HANCOCK P A. Stress and adaptability [M]. Dordrecht：Martinus Nijhoff，1986.

[5] 游旭群，姬鸣，顾祥华，等. 航空安全文化评估新进展 [J]. 心理与行为研究，2008 (6)：130 - 136.

[6] 游旭群，晏碧华，李瑛，等. 飞行管理态度对航线飞行驾驶行为规范性的影响 [J]. 心理学报，2008 (40)：466 - 473.

[7] 王春梅. 甘肃省公安民警心理健康问题研究 [J]. 中国公共安全 (学术版)，2011 (1)：131 - 136.

[8] 陈队永，信占莹，申维新，等. 对驾驶员应激训练的分析与实验 [J]. 公路与汽运，2004 (6)：19 - 21.

[9] 杭荣华，杨丽，刘新民，等. 综合性心理干预对刑事警察心理健康状况和职业倦怠的影响 [J]. 右江民族医学院学报，2012，34 (5)：713 - 715.

[10] 张振声. 警察心理学 [M]. 北京：中国人民公安大学出版社，2003.

［11］彭聃龄. 普通心理学 ［M］. 北京：北京师范大学出版社，2012.

［12］孟昭兰. 情绪心理学 ［M］. 北京：北京大学出版社，2005.

［13］郭晓飞. 心理调节的原理和应用 ［M］. 北京：中国社会科学出版社，2006.

［14］刘兴华，梁耀坚，段桂芹，等. 心智觉知认知疗法：从禅修到心理治疗的发展 ［J］. 中国临床心理学杂志，2008 （3）：334 - 336.

［15］陈建文，徐菲菲. 艾里斯认知技术在心理情绪调整中的运用 ［J］. 中国临床康复，2006 （22）：134 - 136.

［16］游立雪，李勋祥. 虚拟技术在心理治疗中的应用研究 ［J］. 数字技术与应用，2016 （11）：77 - 79.

［17］陈永科，芮杰. 虚拟现实技术在战时心理训练系统的应用研究 ［J］. 兵器装备工程学报，2017，38 （6）：161 - 164.

Research on transient response psychological quality training techniques for nuclear power plant operators

HUANG Nai-xi[1], WU Shan-shan[2]

(1. Research Institute of Nuclear Power Operation, Wuhan, Hubei 430000, China;

2. Wuhan Ruilaibao Technology Co., Ltd, Wuhan, Hubei 430000, China)

Abstract: In the field of nuclear engineering, human unsafe behavior is one of the main triggering factors for nuclear power plant accidents and incidents. Due to the suddenness and complexity of transient operating conditions, as well as the severity of the consequences if not handled in a timely and correct manner, coupled with a lack of training on psychological qualities in this area, it is easy to induce excessive psychological stress reactions among operators. This study starts with the transient response psychological quality training of nuclear power plant operators, explores the psychological quality model under transient conditions, and studies practical and feasible psychological quality training techniques and methods. It lays the foundation for the subsequent planning and construction of a comprehensive technical support platform from operator psychological evaluation to psychological training, and then to psychological training, and establishes a comprehensive psychological service system for different human resource stages of nuclear power plant operators.

Key words: Nuclear power; Operators; Transient response; Psychological training